学ぶ人は、
変えて
ゆく人だ。

目の前にある問題はもちろん、

人生の問いや、

社会の課題を自ら見つけ、

挑み続けるために、人は学ぶ。

「学び」で、

少しずつ世界は変えてゆける。

いつでも、どこでも、誰でも、

学ぶことができる世の中へ。

旺文社

数学Ⅲ・C 入門問題精講

改訂版

池田洋介 著

Introductory Exercises in Mathematics Ⅲ・C

旺文社

はじめに

　数学Ⅲ・C 入門問題精講を皆様にお届けできることを大変うれしく思います．本書は数学Ⅰ・A，Ⅱ・B 入門問題精講に続く，いわばシリーズの完結編ということになります．

　なぜか世間一般では「入門」という言葉が「簡単」の代名詞のように使われている傾向があります．しかし「入門」とはある分野を学ぶ上での土台を作ったり，ルールを理解したりするという学びのプロセスのことであり，本来難易度とは関係ありません．特に本書がカバーする「微積分」においては，この「入門」こそがある意味最も難しい部分といっても過言ではないのです．

　すこしページをめくっていただければわかる通り，この本では問題演習そのものよりも基本事項の「解説」に重点をおいています．通常であれば「公式」として簡潔にまとめてある内容であっても，その公式がなぜ成り立つのかを，それ以前のさらに素朴な事柄に戻って解説していきます．それは一見回り道のように思えるかもしれませんが，実はそこに数学にとって大切なことすべてが凝縮されているといっても決していいすぎではないと思います．それは今後みなさんが何百の難問に取り組んでいくための確固たる基盤となってくれるでしょう．

　数学の解説を書く上で僕が心がけていることがあります．それは数学の「難しさ」から逃げないということです．残念ながら数学は難しい．でもそれはまぎれもなく数学という学問の一端であるのだから，変に希釈するのではなく，難しいものは難しいままで，その代わり丁寧に言葉を尽くして説明することにしました．これは，この入門問題精講シリーズが当初からずっと貫いてきたスタンスでもあります．

　だから，本書を読み進める上で大切なアドバイスを一つしておきます．

　最初からすべてを理解しようとしないことです．

　数学に躓いてしまう人の多くは，「すべてを完璧に理解しないと次に進んではいけない」と考えてしまうとても律儀な人であったりします．でも，その姿勢は数学を学ぶ上では障壁になることもあります．最初

からすべてを理解できる人はいません。「わからない」があって当たり前。書いてあることが6，7割理解できたかなと思えば，先を読み進めてみる。実際に練習問題に取り組んでみる。そしてある程度全体像が見えてきた時点で，もう一度最初から説明を読み直してみてください。すると，最初「わからない」と思っていたことが案外すっと頭に入ってくるということが数学の学習ではよくあります。新しいことを吸収していくのがうまい人というのは，意外と「わからない」の飼いならし方がうまい人なんです。

ただし，放置してはいけない「わからない」が2つあります。1つは「言葉の意味」のわからない。この言葉なんだっけ，と思ったときはそれが説明されている場所まで戻って意味を確認する癖をつけましょう。もう1つは既習事項の「わからない」。本書では，数学I・AやII・Bで学習済みの内容について改めて1から説明することはしていません。可能であれば，入門問題精講のI・A，II・Bを手元に置いて，折に触れてその内容を読み直すことも必要になるかもしれません。

冒頭で，この本はシリーズの完結編だといいましたが，数学III・Cの分野では，これまで学習してきたことがすべて集結しあるべき場所に収まっていく，どんな小説にも負けないほどの大団円が待っています。無味乾燥に見える式や記号の背後にある心躍るストーリーを味わってもらうことも，本書の大きな目的です。

数学なんてなんの役にも立たない

よく耳にする言葉です。それは確かにその通りでしょう。でも，僕はむしろそれこそが数学の魅力であるような気がしています。あらゆる数学的事実というのは，役に立つか立たないかという人間のものさしをはるかに超越したところに，ただ凛と立つ。だからこそ美しいのではないでしょうか。考えてみれば，音楽も詩も小説も，人生を豊かにするものはいつだってなんの役に立たないものなのです。

この本がみなさんの人生のささやかな糧となることを願って

池田洋介

目　次

第 10 章　複素数平面

著 者 紹 介

池田洋介 (いけだ　ようすけ)

京都大学理学部数学科卒。河合塾で数学講師を務めるとともに，ジャグリング，パントマイムの公演を世界各国で行う日本を代表するパフォーマーの一人。確かな数学力，豊富な無駄知識，独特の斜め 45 度視点から繰り出される語り口が持ち味。

本書の特長とアイコンの説明

　本書は数学Ⅲ・Cの基礎・基本を徹底的に解説した演習書です。

　いきなり練習問題，応用問題に入るのではなく，「講義」でその単元特有の考え方，公式などを解説しました。

　できるだけ堅苦しくない解説を心がけました。今まで捉えにくかった定義や公式のイメージがきっとつかめるはずです。

　また，問題にとりかかる前によく読めば，例題がスムーズに理解できるようになるでしょう。

練習問題　教科書や入試の基本的問題を取り扱っています。「講義」で解説されている事柄をより一層理解するためにも，必ず練習問題に取り組んでください。これらの問題は，標準レベル以上の問題を解く上でもカギとなる問題です。

応用問題　練習問題よりも少しだけレベルの高い問題です。最初は難しく感じる問題もあるかもしれませんが，入試においては解けなければならない問題です。徐々に解けるようになるようにしてください。

コメント　より発展的な事柄，別の視点で捉えるとどうなるか？　などを解説しています。

注意　間違いやすい事柄，ちょっとしたヒントなどを解説しています。

編集協力：株式会社オルタナプロ
木村直嗣

第1章 いろいろな関数

　数学Ⅲでは，さまざまな関数を扱うことになります．まずは，「関数」というものについて復習しておきましょう．関数というのは

xの値を決めればyの値がただ1つ決まる

という対応関係のことでした．例えば，

$$y=2x+3$$

のように，yがxの式で書き表せるとき，

$$x=1 \quad であれば \quad y=5$$
$$x=2 \quad であれば \quad y=7$$

のように，xの値に対してyの値がただ1つに決まるので，この対応は関数となります．言い方を変えれば，**関数とはxという入力に対して，yという出力を返すような装置**なのです．

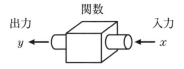

　関数には名前をつけることができます．上の関数 $y=2x+3$ にfという名前をつけてみましょう．「関数fに $x=1$ を入力すると $y=5$ が出力される」ということは

$$f(1)=5$$

と簡潔に表すことができます．
　今までどおり関数をxの式で表したければ，fに変数xを入れた結果をxの式で書き表せばよいのです．

$$f(x)=2x+3$$

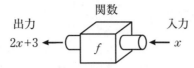

　関数に名前をつけることは，その関数の「入力」と「出力」だけに注目し**「関数の中で起こっていることを見えないようにする」**という効果があります．関数の性質を理解する上ではその方が都合のいいことも多いのです．

　関数に名前をつけるもう1つの役割は，「**x の式で書き表すことが難しい関数を扱うことができる**」ということです．例えば，実数 x に対して，下図のように「単位円周上に x に対応する点Pをとったときの，点Pの Y 座標」を y とするという対応を考えてみましょう．この対応により，x に対して y の値がただ1つに決まるので，確かにこれは関数です．

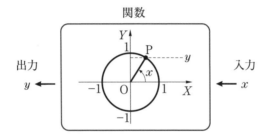

　ところが，この y を具体的に x の式で書き表すことはできません．ですから，私たちはこの関数に名前をつけてあげるのです．よく知っているように，この関数には sin という名前がつけられています．

$$y = \sin(x)$$

おなじみの**三角関数**ですね．

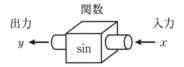

　通常は，（　）は省略して $y = \sin x$ と書いているので，あまり意識していなかったかもしれませんが，実は **sin というのも f と同じく関数につけられた名前**なのです．

多項式関数

　いろいろな関数の例を見ていきましょう．あらゆる関数の中で私たちに最も
なじみが深いのが，y が x の**多項式（整式）で表される関数**です．これを**多項式
関数**と呼びます．最初に例に出した

$$y = 2x + 3$$

も多項式関数です．これは，「y が x の 1 次式」で書き表せているので（x の）
1 次関数と呼ばれます．一般に，「y が x の n 次式」で書き表されている関数
は（x の）**n 次関数**と呼ばれます．

$$y = 3x^2 - 5x + \frac{1}{2} \quad \boxed{2\text{ 次関数}}$$

$$y = x^3 + x^2 - \sqrt{3}\,x + 1 \quad \boxed{3\text{ 次関数}}$$

　なお，x を含まない

$$y = 5$$

のような関数も多項式関数に含まれます．これは，どんな x の値に対しても y
の値が 5 になるという関数と考えることができます．これを（x の）**定数関数**と
呼びます．

多項式関数以外のいろいろな関数

　多項式関数以外の関数の例を見てみましょう．

$$y = \frac{3x - 5}{2x + 3}, \quad y = \frac{x^2 + 2x + 3}{x - 4}$$

のように，$\dfrac{(x \text{ の多項式})}{(x \text{ の多項式})}$ の形で表される関数を考えることもできます．これ
らを**分数関数**といいます．また，

$$y = \sqrt{x - 2}, \quad y = \sqrt[3]{x^2 + 3x + 5}$$

のように，根号の中に x の式が現れるような関数も考えられます．これらを
無理関数といいます．

　さらに，先ほども取り上げましたが

$$y = \sin x, \quad y = \cos x, \quad y = \tan x$$

という**三角関数**や，

$$y = 2^x, \quad y = \log_3 x$$

といった**指数関数・対数関数**なども有名な関数の例です．

(1) $f(x)=\dfrac{x^2-2x+3}{x-3}$, $g(x)=\sqrt{3x-5}$ とする. $f(-3)$, $g(7)$ を求めよ.

(2) 正の実数 x に対して,「x の小数第1位を四捨五入してできる整数」

を対応させる関数を h とする. $h(5.5)$, $h\left(\dfrac{11}{3}\right)$, $h(\sqrt{2})$ を求めよ.

精 講 名前のつけられた関数の扱いを練習しましょう.

$f(-3)$ は,関数 f に -3 を入力したときの出力を意味します.
$f(x)$ が x の式で表されている場合は,x に -3 を代入するだけです. ただし,(2)の h のように x の式では表せない関数もあります.

解 答

(1) $f(-3)=\dfrac{(-3)^2-2\cdot(-3)+3}{-3-3}=\dfrac{18}{-6}=-3$

-3 を代入

$g(7)=\sqrt{3\cdot7-5}=\sqrt{16}=4$

7 を代入

(2) $h(5.5)=6$ 5.5 の小数第1位を四捨五入

$h\left(\dfrac{11}{3}\right)=h(3.66\cdots)=4$

$h(\sqrt{2})=h(1.414\cdots)=1$

関数の定義域と値域

2次関数

$$y=x^2$$

は,どんな実数 x を入れても,y の値を求めることができますが,対数関数

$$y=\log_2 x$$

では,x が0以下のときは y の値を求めることができません. ですから,この関数を考えるときは,「x には必ず正の値を入れてください」という制約をつけておく必要があります. このような,「x が取りうる(取ることが許されている)値の範囲」のことを**定義域**といいます. 一方,x が定義域のすべての値を

取るときに，「**y が取りうる値の範囲**」のことを**値域**といいます．言い方を変えれば

> **定義域：入力の取りうる値の範囲**
> **値域：出力の取りうる値の範囲**

ということです．

2 次関数

$$y = x^2$$

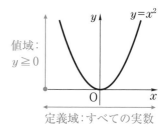

の x に入れることができるのは「すべての実数」です．また，x がすべての実数を動くとき，y の取りうる値は「0 以上のすべての実数」です．よって，定義域と値域は以下のようになります．

> **定義域：すべての実数，値域：$y \geqq 0$**

対数関数

$$y = \log_2 x$$

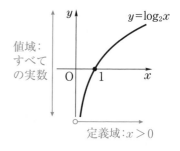

の x に入れることができるのは「正の実数」です．また，x がすべての正の実数を動くとき，y は「すべての実数」を取ります．よって，

> **定義域：$x > 0$，値域：すべての実数**

となります．

注意　関数自体の性質から自然に定義域や値域が決まる場合もありますが，すべての実数で定義される関数であっても，x の取りうる値の範囲に条件をつけることはあります．例えば，「2 次関数 $y = x^2$ の $x \geqq 1$ の範囲だけを考えたい」といった場合には，定義域と値域は次のようになります．

> **定義域：$x \geqq 1$，値域：$y \geqq 1$**

練習問題 2

(1) 次の関数の定義域と値域を求めよ.

(ⅰ) $y = \dfrac{1}{x}$　　(ⅱ) $y = \log_2(x-1)$

(2) 次の関数の与えられた定義域における値域を求めよ.

(ⅰ) $y = x^2 - 2x + 3$　　（定義域 $x \geqq 0$）

(ⅱ) $y = 2^x$　　　　　　（定義域 $0 \leqq x \leqq 2$）

精 講　高校数学では関数の定義域は実数の範囲で考えますが，関数によっては定義域が「すべての実数」ではないものがあるので，注意が必要です．値域を調べるときはグラフを使うのが便利です．

解　答

(1)(ⅰ) 分数の分母は 0 にならないので

$y = \dfrac{1}{x}$ の定義域は

$x \neq 0$ であるすべての実数

値域は右のグラフより

$y \neq 0$ であるすべての実数

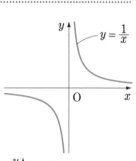

(ⅱ) 対数の真数は正なので

$y = \log_2(x-1)$ の定義域は

$x - 1 > 0$　すなわち　$x > 1$

値域は右のグラフより　**すべての実数**

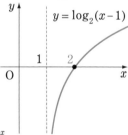

(2)(ⅰ) $y = x^2 - 2x + 3$
　　　 $= (x-1)^2 + 2$

のグラフは下図のとおり．

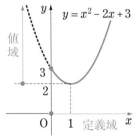

$x \geqq 0$ における y の値域は

$y \geqq 2$

(ⅱ) $y = 2^x$ のグラフは下図のとおり.

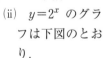

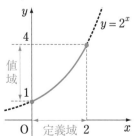

$0 \leqq x \leqq 2$ における y の値域は

$1 \leqq y \leqq 4$

合成関数

$$f(x) = x^2, \ g(x) = x + 3$$

という2つの関数を考えてみましょう. f というのは「x を入力すると, それを2乗した値 (x^2) を出力する箱」, g は「x を入力すると, それに3を加えた値 ($x+3$) を出力する箱」だとイメージしてみてください.

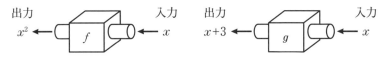

ここで, 下図のように g の出口を f の入り口に「**連結**」してみましょう. この場合, g の入り口から x を入れると, f の出口からはどんな式が出てくるでしょうか.

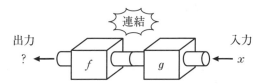

これは, 次のように **2つのステップに分けて** 考えてあげればいいでしょう. まず, g の箱から $x+3$ が出力され, それがそのまま f の箱に入力されます. f の箱は, $x+3$ を2乗して, $(x+3)^2$ を出力します.

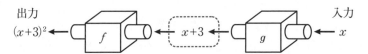

2つの箱を連結させることによって, 「x を入力すると, $(x+3)^2$ を出力する」という箱ができました. つまり, **2つの関数を連結したものを新しい関数と考えることができる** わけです.

この関数を式で表してみましょう. 上の場合は, f という関数の中に g という関数を入れた

$$f(g(x))$$

という関数を考えていることになります. 実際に計算すると

$$f(g(x)) = f(x+3) = (x+3)^2$$

となりますね. 先に g の箱が動き, 次に f の箱が動く. ですから, 式としては g が「内側」, f が「外側」になります. このように, 「関数 f の中に関数 g が入る」ことによってできる新しい関数 $f(g(x))$ を f と g の**合成関数**といい, $\boldsymbol{f \circ g}$ という名前をつけます. つまり

$$(f \circ g)(x) = f(g(x))$$

です. 上の例では

$$(f \circ g)(x) = (x+3)^2$$

となります.

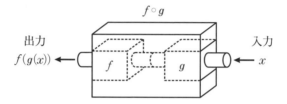

 注意 1　合成関数 $f \circ g$ は, 表記上は f が先, g が後に書かれていますが, 実際は「**g が先, f が後**」に動く関数であることに注意してください. $(f \circ g)(x) = f(g(x))$ ですから, 先に動く関数ほど右に並ぶのです.

　合成関数は, 関数を**どの順番で合成するか**がとても大切になります. f と g の順番を入れ替えて $g \circ f$ という合成関数を作ってみると, 下のようになります.

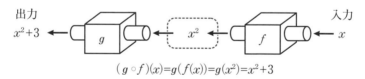

$$(g \circ f)(x) = g(f(x)) = g(x^2) = x^2 + 3$$

　$f \circ g$ は「3 を足してから 2 乗する」, $g \circ f$ は「2 乗してから 3 を足す」です. **合成の順番が違えば, 全く別の関数になる**ことをおさえておきましょう.

 注意 2　よく勘違いされますが, 「合成関数」は単なる「関数の積」とは**違います**.

$$\underset{積}{\underbrace{f(x)g(x) = x^2(x+3)}}, \quad \underset{合成}{\underbrace{(f \circ g)(x) = f(g(x)) = (x+3)^2}}$$

「関数の積」は単に出てきた結果をかけ算しただけですが, 「合成」は関数の中に関数が入り込んでいるわけです.

関数を分割してとらえる

先ほどは「2つの関数を合成して新しい関数を作る」という操作を見ましたが，逆に**ある関数を合成される前の2つの関数に分割する**ことを考えてみましょう．

$$y = \log_3(x^2 + 2x + 3)$$

という関数を見てください．実は，この関数は**2つの関数が合成されていた**ものと見ることができます．

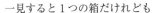

一見すると1つの箱だけれども

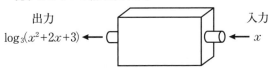

内部には2つの箱が連結されている

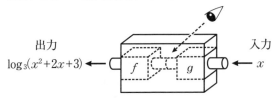

それは，次の2つの関数です．

$$f(x) = \log_3 x \qquad g(x) = x^2 + 2x + 3$$

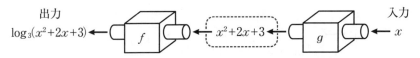

式で書けば $f(g(x))$，つまり「**対数関数 f の中に2次関数 g が入っている**」という構造をしているわけですね．この関係を見えやすくするには，内側の関数 $g(x)$ **を t と置き換えてみる**といいでしょう．すると

$$y = f(t), \; t = g(x)$$

すなわち

$$y = \log_3 t, \; t = x^2 + 2x + 3$$

と関数が2つに分割されます．このように，**ある関数を2つの関数の合成関数としてとらえる**視点は，後々にとても大切になってきます．

練習問題 3

(1) $f(x)=3x+2$, $g(x)=x^2+1$ とする．次の関数を x の式で表せ．

(i) $f\circ g(x)$ (ii) $g\circ f(x)$ (iii) $g\circ g(x)$

(2) 例を参考にして，(i)〜(iv)の関数を変数 t を用いて2つの関数に分割して書き表せ．

例 $y=\log_3(x^2+2x+3)$ ⋯⋯→ $y=\log_3 t$, $t=x^2+2x+3$

(i) $y=\sin(x^2+2x)$ (ii) $y=\sin^2 x+2\sin x$

(iii) $y=2^{x^2}$ (iv) $y=\tan(\log_2 x)$

精講 同じ2つの関数でも，合成する順番が違えば別の関数になります．

$$f\circ g(x)=f(\underline{g(x)}),\quad g\circ f(x)=g(\underline{f(x)})$$

（g が内側）　（f が内側）

合成関数 $y=f\circ g(x)=f(g(x))$ について，内側の関数 $g(x)$ を t とおくと

$$y=f(t),\quad t=g(x)$$

のように2つの関数に分割して表すことができます．

解答

(1)(i) $f\circ g(x)=f(g(x))=f(x^2+1)$ （g が f の中に入っている）

$=3(x^2+1)+2=\boldsymbol{3x^2+5}$

(ii) $g\circ f(x)=g(f(x))=g(3x+2)$ （f が g の中に入っている）

$=(3x+2)^2+1=\boldsymbol{9x^2+12x+5}$

(iii) $g\circ g(x)=g(g(x))=g(x^2+1)$ （g が g の中に入っている）

$=(x^2+1)^2+1=\boldsymbol{x^4+2x^2+2}$

(2)(i) $y=\sin(x^2+2x)$ の x^2+2x を1つのかたまりと見れば，2次関数が三角関数の中に入っている形であることがわかる．　 を t とおいて，

$\boldsymbol{y=\sin t,\ t=x^2+2x}$

（$\sin^2 x=(\sin x)^2$）

(ii) $y=(\sin x)^2+2(\sin x)$ の $\sin x$ を1つのかたまりと見れば，三角関数が2次関数の中に入っている形であることがわかる．　 を t とおいて，

$\boldsymbol{y=t^2+2t,\ t=\sin x}$

(iii) $y=2^{x^2}$ の x^2 を t とおいて，

$\boldsymbol{y=2^t,\ t=x^2}$ （2次関数が指数関数の中に入っている）

(iv) $y=\tan(\log_2 x)$ の $\log_2 x$ を t とおいて，

$\boldsymbol{y=\tan t,\ t=\log_2 x}$ （対数関数が三角関数の中に入っている）

1次分数関数

分数関数の中でも

$$y = \frac{ax+b}{cx+d}$$

の形で表されるものを**1次分数関数**といいます．ここでは，1次分数関数のグラフのかき方を見ておきます．いきなり一般的な形で考えるのは難しいので，まずは**最も単純**な1次分数関数として

$$y = \frac{k}{x}$$

のグラフを考えましょう．中学校ですでに学んだように，この関数のグラフは原点Oに対して点対称な2つの曲線となります．この曲線を**双曲線**といいます．$k>0$ のときと $k<0$ のときで，グラフの形状はそれぞれ下図のようになります．

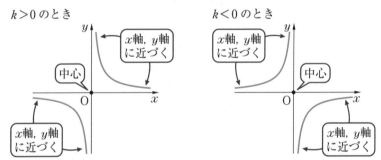

点対称の中心を，双曲線の**中心**といいます．また，2つの曲線は中心から遠ざかるほど，x 軸，y 軸に限りなく近づいていきます．このように，曲線が限りなく近づく直線のことを**漸近線**といいます．まとめると

　$y = \dfrac{k}{x}(k \neq 0)$ **は原点Oを中心とし，x 軸と y 軸を漸近線とする双曲線**

です．このグラフより，この関数の定義域と値域は以下のようになることがわかります．

　　　　定義域：$x \neq 0$（のすべての実数），値域：$y \neq 0$（のすべての実数）

実は，すべての1次分数関数はこの基本となる $y = \dfrac{k}{x}$ のグラフを**平行移動**したもの**です**．具体的な例として

$$y = \frac{2x+1}{x-1}$$

のグラフをかくことにします．

まず $2x+1$ を $x-1$ で割り算します。右のように、たった1段で終わる簡単な作業です。商は2、余りは3ですから、除法の基本式を立てれば、

$$\begin{array}{r} 2 \\ x-1\overline{\smash{\big)}2x+1} \\ \underline{2x-2} \\ 3 \end{array}$$

商　　余り

$$2x+1=2(x-1)+3$$

と表すことができます。

これを用いると、もとの関数は

$$\frac{B+C}{A}=\frac{B}{A}+\frac{C}{A}$$

$$y=\frac{2x+1}{x-1}=\frac{2(x-1)+3}{x-1}=\frac{2(x-1)}{x-1}+\frac{3}{x-1}=2+\frac{3}{x-1}$$

約分

と変形でき、さらにこれは

$$y-2=\frac{3}{x-1}$$ ← 2を左辺に移項

と書き直せます。この式は

$y=\dfrac{3}{x}$ の x の代わりに $x-1$ を、y の代わりに $y-2$ を代入したもの

になっています。つまり、この関数のグラフは

$y=\dfrac{3}{x}$ のグラフを x 軸方向に1、y 軸方向に2だけ平行移動したもの

となります。

この平行移動により、双曲線の中心は原点から点 $(1,\ 2)$ へ移動し、漸近線は y 軸が $x=1$ に、x 軸が $y=2$ に移動します。したがって、この関数のグラフは

点 $(1,\ 2)$ を中心とし、$x=1$、$y=2$ を漸近線とする双曲線

となります。

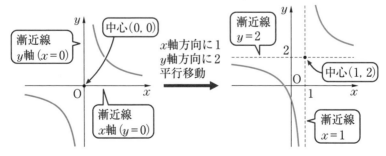

この関数の定義域と値域は以下のようになります。

定義域：$x \neq 1$ (のすべての実数)、値域：$y \neq 2$ (のすべての実数)

練習問題4

次の1次分数関数のグラフをかき，定義域と値域を求めよ．

(1) $y = \dfrac{-4x+9}{x-2}$　　(2) $y = \dfrac{2x+1}{x+3}$

精 講 前のページに述べたように，1次分数関数は

$$y = \frac{ax+b}{cx+d} = q + \frac{k}{x-p} \quad \left(\text{すなわち } y-q = \frac{k}{x-p}\right)$$

と変形することができ，この関数のグラフは

$y = \dfrac{k}{x}$ のグラフを x 軸方向に p，y 軸方向に q だけ平行移動したもの

となります．その図形は

点 (p, q) を中心とし，$x = p$，$y = q$ を漸近線とする双曲線

となります．グラフをかくときは，まず漸近線からかくのがポイントです．さらに x 切片，y 切片も計算しておくといいでしょう．y 切片は $x = 0$ を代入したときの y の値，x 切片は $y = 0$ となる x の値ですから，ともに最初の式から暗算でも求めることができます．

:::: 解 答 ::::

(1) $y = \dfrac{-4x+9}{x-2} = \dfrac{-4(x-2)+1}{x-2}$

$\qquad = -4 + \dfrac{1}{x-2}$

$$\begin{array}{r} -4 \\ x-2\ \overline{)\ -4x+9} \\ \underline{-4x+8} \\ 1 \end{array}$$

この関数のグラフは，$y = \dfrac{1}{x}$ のグラフを x 軸方向に 2，y 軸方向に -4

だけ平行移動したものである．これは，$(2, -4)$ を中心とし $x = 2$，$y = -4$ を漸近線とする双曲線となる．

$y = 0$ より

$\qquad \dfrac{-4x+9}{x-2} = 0$ 　分子 $=0$

$-4x+9 = 0$ より $x = \dfrac{9}{4}$

x 切片 $\left(\dfrac{9}{4},\ 0\right)$

$x = 0$ より

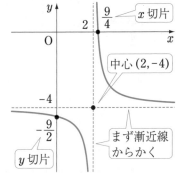

$$y = \frac{-4 \cdot 0 + 9}{0 - 2} = -\frac{9}{2}$$

y 切片 $\left(0, -\frac{9}{2}\right)$

以上より，グラフは前ページの図のようになる．

定義域は $x \neq 2$，値域は $y \neq -4$

(2) $y = \dfrac{2x+1}{x+3} = \dfrac{2(x+3)-5}{x+3}$

$\qquad = 2 - \dfrac{5}{x+3}$

$$\begin{array}{r} 2 \\ x+3 \overline{)\,2x+1} \\ \underline{2x+6} \\ -5 \end{array}$$

この関数のグラフは $y = -\dfrac{5}{x}$ のグラフを x 軸方向に -3，y 軸方向に 2 だけ平行移動したものである．これは，$(-3, 2)$ を中心とし $x = -3$，$y = 2$ を漸近線とする双曲線となる．

$y = 0$ より　$2x+1 = 0$, $x = -\dfrac{1}{2}$

$x = 0$ より　$y = \dfrac{2 \cdot 0 + 1}{0 + 3} = \dfrac{1}{3}$

x 切片 $\left(-\dfrac{1}{2}, 0\right)$, y 切片 $\left(0, \dfrac{1}{3}\right)$

以上より，グラフは右図のようになる．

定義域は $x \neq -3$，値域は $y \neq 2$

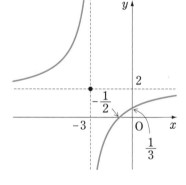

練習問題 5

(1) 曲線 $y = \dfrac{3x-4}{x-2}$ と $y = x$ の交点の座標を求めよ.

(2) 不等式 $\dfrac{3x-4}{x-2} > x$ を解け.

精講 グラフの交点を求めるには，2つの曲線の方程式を連立させます.
(1)で，y を消去すると

$$\frac{3x-4}{x-2} = x$$

という分数方程式が得られます．この方程式は，$x \neq 2$ という条件のもとで両辺を $(x-2)$ 倍すれば，2次方程式にしてしまえます.

(2)も両辺を $(x-2)$ 倍したくなりますが，不等式の場合は $x-2$ の符号によって不等号の向きが変わりますから，なかなか面倒です．こういうときは，2つの曲線のグラフを利用する手が有効です.

::: 解 答 :::

(1) $y = \dfrac{3x-4}{x-2}$ ……① と $y = x$ ……② から y を消去すると

$$\frac{3x-4}{x-2} = x$$

分母は 0 になってはいけないので $x \neq 2$ ……③
両辺を $(x-2)$ 倍すると，

$$3x - 4 = x(x-2)$$
$$x^2 - 5x + 4 = 0$$
$$(x-1)(x-4) = 0$$
$$x = 1,\ 4 \quad (\text{これらは③を満たす})$$

$x = 1$ を②に代入して $y = 1$，$x = 4$ を②に代入して $y = 4$
求める交点の座標は，

(1, 1)，(4, 4)

(2) ①を変形すると

$$y = 3 + \frac{2}{x-2}$$

$$\begin{array}{r} 3 \\ x-2\overline{\smash{)}3x-4} \\ \underline{3x-6} \\ 2 \end{array}$$

①と②のグラフは右下図のようになり, (1)より, その交点は $(1, 1)$, $(4, 4)$ である.

不等式

$$\frac{3x-4}{x-2} > x \quad \cdots\cdots ④$$

の解は, $y = \dfrac{3x-4}{x-2}$ が $y = x$ より上側にあ

るような x の値の範囲なので, グラフより,

$$x < 1, \quad 2 < x < 4$$

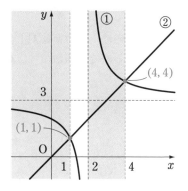

別 解

直接式で解く場合は, $x > 2$ と $x < 2$ で場合分けすることになる.

(ア) $x > 2$ の場合, ④の両辺に $x - 2(>0)$ をかけて

$$3x - 4 > x(x-2) \quad \boxed{\text{不等号の向きはそのまま}}$$
$$x^2 - 5x + 4 < 0$$
$$(x-1)(x-4) < 0$$
$$1 < x < 4$$

$x > 2$ より, $2 < x < 4$

(イ) $x < 2$ の場合, ④の両辺に $x - 2(<0)$ をかけて

$$3x - 4 < x(x-2) \quad \boxed{\text{不等号の向きが反転}}$$
$$(x-1)(x-4) > 0$$
$$x < 1, \quad 4 < x$$

$x < 2$ より, $x < 1$

(ア), (イ)より

$$x < 1, \quad 2 < x < 4$$

逆関数

ある対応が関数であるためには，入力 x に対して出力 y の値が「**ただ1つ**」に決まらなければなりません．

$$y = x^2 + 1$$

という対応は，入力 x に対してその値を「2乗して1足した」出力 y がただ1つに決まるので，関数です．例えば，この関数に2を入力すると5が出力されます．

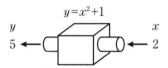

では，対応を「**ひっくり返してみる**」とどうなるでしょうか．いまこの装置の出口の方から5という数を入れてみると装置の入口からは「**2乗して1を足すと5になる**」ような数が出てきます．すると，2という数だけでなく -2 という数も出力されてしまいました．確かに2も -2 も「2乗して1を足す」と5になります．

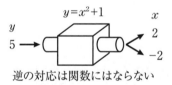

逆の対応は関数にはならない

1つの入力に対して2つの数が出力されてしまいますのでこの対応は関数とはいえませんね．一般に，**ある対応が関数であったとしてもそれをひっくり返した対応が関数になるとは限りません**．これは，グラフを見てみるとわかりやすいでしょう．$y = x^2 + 1$ は x の値に対して y の値を必ずただ1つに決めますが y の値に対しては x の値はただ1つに決まるわけではないのです．

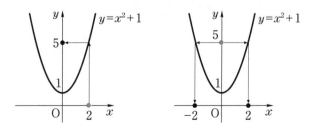

しかし，もしこの関数の定義域を $x \geqq 0$ に限定して

$$y = x^2 + 1 \quad (x \geqq 0)$$

という関数を考えたらどうでしょうか.

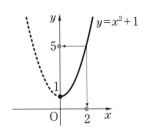

この関数では，$x \geqq 0$ であるようなxの値に対してyの値がただ1つに決まるだけでなく，$y \geqq 1$ であるようなyの値に対してもxの値は**ただ1つに決まります**. つまり，この場合は「逆の対応」も関数と見ることができるわけです. このように，**「逆の対応」が関数として見られるとき**に，これを元の関数の**逆関数**といいます.

コメント

ある関数において，「定義域内のxの値に対して値域内のyの値がただ1つ対応する」だけでなく「値域内のyの値に対して定義域内のxの値がただ1つ対応する」とき，xとyは**1対1に対応する**といいます. ある関数のxとyに1対1の対応があるとき（あるいはそうなるようにうまく定義域をとったとき），その関数は逆関数をもつことになります.

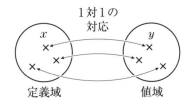

逆関数の求め方

　$y=x^2+1\,(x\geqq0)$ の逆関数を式で表してみましょう．元の関数は y が x の式で表されていますが，逆に x を y の式で書き表します．

$$x^2=y-1$$

　x に何の条件もついていなければ $x=\pm\sqrt{y-1}$ となり，x の値が1つに決まらないのですが，**$x\geqq0$ という条件**があることにより，

$$x=\sqrt{y-1}$$

と x の値を1つに決めることができます．これで，「y を入力すると x が出力される」という式ができました．ただ，通常の関数は「入力を x，出力を y」で書き表すので，**体裁を整えるために x と y を入れ替えます**．

$$y=\sqrt{x-1}$$

　これが，$y=x^2+1$ の逆関数となります．

　逆関数と元の関数は同じものの裏表．ですから，元の関数のグラフの x と y のラベルを付け替えれば，それがそのまま逆関数のグラフになります．**「定義域」と「値域」もそっくりそのままひっくり返ります**．

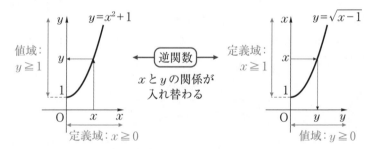

　ただ，もちろん x 軸が縦軸，y 軸が横軸だと**何かと見にくいので**，x 軸と y 軸が見慣れた向きになるようにかき直してあげましょう．これは，**グラフ全体を $y=x$ という直線を軸にクルリと反転させる**ことに他なりません．

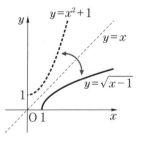

　以上のことから，逆関数のグラフは「**元の関数のグラフを $y=x$ に関して対称移動したもの**」であることがわかります．

例えば，無理関数

$$y=\sqrt{x}$$

は $y=x^2\ (x\geqq0)$ の逆関数で，そのグラフは右図のように「横に寝かせた放物線の上半分」となります．

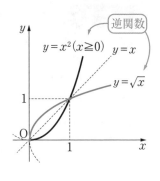

$y=x^2\ (x\geqq0)$ は

　　　　定義域：$x\geqq0$，値域：$y\geqq0$

$y=\sqrt{x}$ は

　　　　定義域：$x\geqq0$，値域：$y\geqq0$

となります．

また，（数学Ⅱで学んだように）対数関数

$$y=\log_2 x$$

は指数関数 $y=2^x$ の逆関数です．

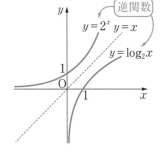

$y=2^x$ は

　　　定義域：すべての実数，値域：$y>0$

$y=\log_2 x$ は

　　　定義域：$x>0$，値域：すべての実数

となります．

　ここで，

関数 f の逆関数を f^{-1} と表す

という約束をします．例えば，前ページで見たように，

$$f(x)=x^2+1\quad（定義域：x\geqq0，値域：y\geqq1）$$

に対して

$$f^{-1}(x)=\sqrt{x-1}\quad（定義域：x\geqq1，値域：y\geqq0）$$

となります．

練習問題 6

$f(x)=x^2-4 \ (x \leqq 0)$ とする.

$f^{-1}(x)$ を x の式で表し，その定義域と値域を求めよ．また，$y=f^{-1}(x)$ のグラフをかけ．

精講 逆関数の式を求めるときは，$y=f(x)$ として

　　　① x を y の式で表す　　② x と y を入れかえる

という操作を行います.

逆関数の定義域と値域は，元の関数の定義域と値域が入れかわったものとなります.

また，$y=f^{-1}(x)$ のグラフは，$y=f(x)$ のグラフを $y=x$ について対称移動したものになります.

━━━━━━━━━━━ 解　答 ━━━━━━━━━━━

$f(x)=x^2-4 \ (x \leqq 0)$ の

$$\begin{cases} \text{定義域は } x \leqq 0 \\ \text{値域は } y \geqq -4 \end{cases}$$

$y=x^2-4$ とおく.

x について解くと

　　　$x^2=y+4$

$x \leqq 0$ より，$x=-\sqrt{y+4}$ ◁ x を y の式で表す

x と y を入れかえて

　　　$y=-\sqrt{x+4}$ ◁ これが逆関数

よって

　　　$f^{-1}(x)=-\sqrt{x+4}$

$f^{-1}(x)$ の

$$\begin{cases} \text{定義域は } x \geqq -4 \\ \text{値域は } y \leqq 0 \end{cases}$$
$f(x)$ の定義域と値域が入れかわる

$y=f^{-1}(x)$ のグラフは右図のとおり.

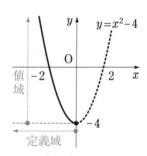

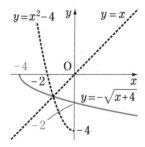

無理関数のグラフ

　無理関数 $y=\sqrt{x}$ のグラフが横に寝かせた放物線の上半分になることは，p27 ですでに見ました．a を正の実数として，無理関数

$$y=\sqrt{ax} \quad \cdots\cdots①$$

を考えましょう．そのグラフは，$y=\sqrt{x}$ のグラフを y 軸方向に $\sqrt{a}$ 倍したもの $\left(\text{あるいは } x \text{ 軸方向に } \dfrac{1}{a} \text{ 倍したもの}\right)$ になります．

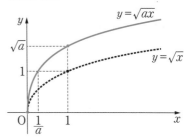

　①の y を $-y$ に置き換えた $-y=\sqrt{ax}$ （すなわち $y=-\sqrt{ax}$ ）のグラフは，①のグラフを x 軸に関して対称移動したものになります．また，①の x を $-x$ に置き換えた $y=\sqrt{-ax}$ のグラフは，①のグラフを y 軸に関して対称移動したものになります．

　さらに，①の x を $-x$ に，y を $-y$ に置き換えた $y=-\sqrt{-ax}$ のグラフは，①のグラフを原点に関して対称移動したものになります．

　以上より

$$y=\sqrt{ax}, \quad y=\sqrt{-ax}$$
$$y=-\sqrt{ax}, \quad y=-\sqrt{-ax}$$

のグラフを1つの図にまとめると，右のようになります．

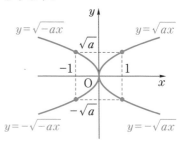

　これらのグラフを基本にすると，無理関数 $y=\sqrt{ax+b}$ のグラフをかくことができます．

　例えば $y=\sqrt{2x-4}$ は $y=\sqrt{2(x-2)}$ と書き直せ，これは $y=\sqrt{2x}$ の x を $x-2$ に置き換えたものになっています．そのグラフは，$y=\sqrt{2x}$ のグラフを **x 軸方向に 2 だけ平行移動**した右図のようなグラフになります．

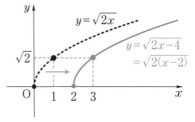

> **練習問題 7**
>
> 次の無理関数のグラフをかけ.
> (1) $y=\sqrt{x-3}$　　(2) $y=\sqrt{2x+5}$　　(3) $y=\sqrt{-x+4}$

精 講 $y=\sqrt{ax+b}=\sqrt{a\left(x+\dfrac{b}{a}\right)}$

ですので, $y=\sqrt{ax+b}$ のグラフは $y=\sqrt{ax}$ のグラフを x 軸方向に $-\dfrac{b}{a}$ だけ

平行移動したものになります.

また, y 切片が存在する場合は, $x=0$ を代入すればすぐに求められます.

░░░░░░░░░░░░░░░░░░░░░░░░░░░ 解 答 ░░░░░░░░░░░░░░░░░░░░░░░░░░░

(1) $y=\sqrt{x-3}$ のグラフは, $y=\sqrt{x}$ のグラフを x
　軸方向に 3 だけ平行移動したものである.
　　そのグラフは右図のようになる.

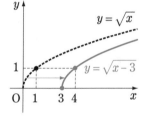

(2) $y=\sqrt{2x+5}=\sqrt{2\left(x+\dfrac{5}{2}\right)}$ のグラフは, $y=\sqrt{2x}$

　のグラフを x 軸方向に $-\dfrac{5}{2}$ だけ平行移動したも

　のである. そのグラフは右図のようになる.

　($x=0$ を代入すると $y=\sqrt{5}$ なので, y 切片は

　$(0,\ \sqrt{5}\,)$)

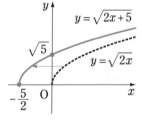

(3) $y=\sqrt{-x+4}=\sqrt{-(x-4)}$ のグラフは $y=\sqrt{-x}$
　のグラフを x 軸方向に 4 だけ平行移動したもので
　あるから, そのグラフは下図のようになる.

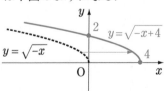

　($x=0$ を代入すると $y=2$ なので, y 切片は $(0,\ 2)$)

第2章 数列の極限

無限に続いていく数列

この章では数列，特に**無限に続いていく数列**について考えてみたいと思います．数列を文字で表すときは，

$$a_1, \ a_2, \ a_3, \ \cdots, \ a_n, \ \cdots$$

のようにアルファベットの右下に数字をつけたものを使います．数列の第n項 a_n を数列の**一般項**といい，一般項が a_n であるような数列を $\{a_n\}$ と表します．ちなみに，数列は数直線上の「点の列」として見ることができます．「数」を「点」に置き換えるのは，数列のふるまいを目で見て理解できるのでとても有効です．

数学Bでは，数列の一般項や第n項までの和を求めることを学びました．これらはすべて「**有限**」の世界の話でしたね．数学Ⅲで，私たちはいよいよ「**無限**」の世界に足を踏み入れます．この数列の行く先の運命，つまり「**nをどんどん大きくしていったとき，数列の項の値がどうなるのか**」ということを考えていくのです．

例えば，一般項が $a_n = \dfrac{1}{n}$ であるような数列 $\{a_n\}$ について考えてみましょう．

$$\{a_n\} : \frac{1}{1}, \ \frac{1}{2}, \ \frac{1}{3}, \ \frac{1}{4}, \ \frac{1}{5}, \ \cdots$$

これを数直線上の点で表すと，次のようになります．

n が大きくなるにつれて，a_n は **0 に限りなく近づいている**ことが見てとれます．

一般に，数列 $\{a_n\}$ において，n が限りなく大きくなるとき，a_n が一定の値 α に限りなく近づくようなとき，

数列 $\{a_n\}$ は α に収束する

といい，これを

$$\lim_{n\to\infty} a_n = \alpha$$

> a_n の極限値は α に「等しい」

あるいは，より単純に

$$a_n \to \alpha \quad (n \to \infty)$$

> a_n は α に「近づく」

と書き表します．この α を，数列 $\{a_n\}$ の**極限値**といいます．

　この記号を使えば，

$$\lim_{n\to\infty}\frac{1}{n}=0 \ \text{あるいは} \ \frac{1}{n} \to 0 \quad (n \to \infty)$$

となります．0は数列 $\left\{\dfrac{1}{n}\right\}$ の極限値です．

注意　数列 $\{a_n\}$ の極限値が α であることを，うっかり

$$\lim_{n\to\infty} a_n \to \alpha \quad \text{や} \quad a_n = \alpha \quad (n \to \infty) \qquad \times \quad 誤った表記$$

などと書かないように注意しましょう．$\lim\limits_{n\to\infty} a_n (a_n の極限値)$ は α に「等しい（$=$）」，一般項 a_n は α に「近づいている（$\to$）」です．

少し踏みこんで

　数列 $\left\{\dfrac{1}{n}\right\}$ は「**0に限りなく近づいている**」という表現をしましたが，「限りなく」とか「近づく」というのは，ずいぶんと漠然とした表現です．これに対して，もう少し厳密な定義を与えるのであれば，「**0のどんな近くをクローズアップしてみても，ある項から先のすべての項がそこに入っている**」という表現になります．

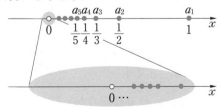

例えば，0 の周りの $0.001 = \dfrac{1}{1000}$ という小さな範囲を顕微鏡で観察したとしても，そこには a_{1001} 以降のすべての項

$$\frac{1}{1001},\ \frac{1}{1002},\ \frac{1}{1003},\ \cdots$$

が**入っています**．さらに顕微鏡の解像度を上げて，0 の周りの 0.0001 という範囲を見ても，やはりそこには a_{10001} 以降のすべての項

$$\frac{1}{10001},\ \frac{1}{10002},\ \frac{1}{10003},\ \cdots$$

が**入っています**．このように，どんなに 0 に近寄っても，ある項以降のすべての項がそこには含まれているというのが，数列が 0 に収束するということの意味なのです．ちなみに，数列 $\left\{\dfrac{1}{n}\right\}$ に対して，この条件を満たす値は 0 以外にはありません．例えば，-0.01 に対して同じことをすれば，ある程度クローズアップしたとたん，数列の項はその中に一つも含まれなくなります．

すべての数列が収束して極限値をもつわけではありません．数列 $\{a_n\}$ が収束しないとき，

数列 $\{a_n\}$ は発散する

といいます．発散にもいくつかのタイプがあるので，まとめておきましょう．

① 値が限りなく大きくなる場合

（例）$a_n = 2^n$, $\{a_n\}$: 2, 4, 8, 16, 32, $\cdots$

② 値が限りなく小さくなる場合

（例）$a_n = -3n$, $\{a_n\}$: -3, -6, -9, -12, -15, $\cdots$

③ ①，②のどちらでもない場合

(例) $a_n = (-1)^n$, $\{a_n\}$: -1, 1, -1, 1, -1, 1, $\cdots$

①のとき，数列 $\{a_n\}$ は**正の無限大に発散する**といい，次のように書きます．

$$\lim_{n \to \infty} a_n = \infty \quad \text{または} \quad a_n \to \infty \quad (n \to \infty)$$

②のとき，数列 $\{a_n\}$ は**負の無限大に発散する**といい，次のように書きます．

$$\lim_{n \to \infty} a_n = -\infty \quad \text{または} \quad a_n \to -\infty \quad (n \to \infty)$$

③のとき，数列 $\{a_n\}$ は**振動する**といいます．

注意 $\lim\limits_{n \to \infty} a_n = \infty$ という書き方をしますが，∞（無限大）というのは**値ではない**ので，「極限値が無限大である」という言い方はしません．そもそも，値ではないものを「＝（イコール）」でつないで書くことが変なのですが，ここは**数学の慣習**ということで飲み込んでおきましょう．

練習問題 1

次の数列の極限を調べよ.

(1) $\displaystyle\lim_{n\to\infty}(2n^2+n)$ (2) $\displaystyle\lim_{n\to\infty}\left(2+\frac{1}{n^2}\right)$

(3) $\displaystyle\lim_{n\to\infty}\frac{3n-1}{n}$ (4) $\displaystyle\lim_{n\to\infty}\frac{5-3n^2}{n}$

精 講 n が大きくなれば, 数列 $\{n\}$, $\{n^2\}$, $\{n^3\}$, … などが正の無限大に発散することはすぐにわかります. であれば, その「逆数」を一般項とする数列 $\left\{\dfrac{1}{n}\right\}$, $\left\{\dfrac{1}{n^2}\right\}$, $\left\{\dfrac{1}{n^3}\right\}$, … などが 0 に収束することもすぐにわかるでしょう. このような「**極限がすぐにわかるような項**」が現れる形をうまく作りましょう.

░░░░░░░░░░░░░░░░░░░░░░░░░░░░ 解 答 ░░░░░░░░░░░░░░░░░░░░░░░░░░░░

(1) n が限りなく大きくなると, $2n^2$ も n も限りなく大きくなるので, $2n^2+n$ も限りなく大きくなる. よって

$$\lim_{n\to\infty}(2n^2+n)=\infty \quad \boxed{\text{正の無限大に発散}}$$

(2) n が限りなく大きくなると, $\dfrac{1}{n^2}$ は 0 に限りなく近づくので, $2+\dfrac{1}{n^2}$ は限りなく 2 に近づく. よって

$$\lim_{n\to\infty}\left(2+\frac{1}{n^2}\right)=2 \quad \boxed{\text{2 に収束する}}$$

(3) $\dfrac{3n-1}{n}=\dfrac{3n}{n}-\dfrac{1}{n}=3-\dfrac{1}{n}$ $\boxed{\text{分母を分配する} \quad \dfrac{b+c}{a}=\dfrac{b}{a}+\dfrac{c}{a}}$

与式 $=\displaystyle\lim_{n\to\infty}\left(3-\underbrace{\frac{1}{n}}_{\text{0 に近づく}}\right)=3$ $\boxed{\text{3 に収束する}}$

(4) (3)と同様に変形する.

$$\lim_{n \to \infty} \frac{5-3n^2}{n} = \lim_{n \to \infty} \left(\frac{5}{n} - 3n \right) = -\infty \quad \boxed{\begin{array}{l} \text{負の無限大に} \\ \text{発散する} \end{array}}$$

$\underset{\boxed{0\text{に近づく}}}{\frac{5}{n}} \quad \underset{\boxed{\begin{array}{l}\text{限りなく}\\\text{大きくなる}\end{array}}}{3n}$

コメント

指数表記を用いると

$$1 = n^0, \quad \frac{1}{n} = n^{-1}, \quad \frac{1}{n^2} = n^{-2}$$

などと表せることを思い出しておきましょう. 一般に, $\{n^k\}$ の収束・発散は k の符号によって次のように判別できます.

$$\lim_{n \to \infty} n^k = \begin{cases} \infty & (k > 0 \text{ のとき}) \\ 1 & (k = 0 \text{ のとき}) \\ 0 & (k < 0 \text{ のとき}) \end{cases}$$

k が 0 より大きいかどうかが, 数列 $\{n^k\}$ の運命の分かれ目になるわけです. 例えば,

$$\lim_{n \to \infty} \sqrt{n} = \lim_{n \to \infty} n^{\frac{1}{2}} = \infty \qquad \lim_{n \to \infty} \frac{1}{\sqrt[3]{n}} = \lim_{n \to \infty} n^{-\frac{1}{3}} = 0$$

$\qquad\qquad\quad \boxed{0\text{ より大きい}} \qquad\qquad\qquad\qquad\quad \boxed{0\text{ より小さい}}$

です.

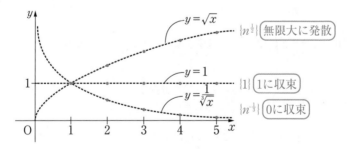

$$\boxed{\text{等比数列の極限}}$$

等比数列 $\{r^n\}$ の極限について考えてみましょう.

$$\{r^n\} : r,\ r^2,\ r^3,\ r^4,\ r^5,\ \cdots$$

(i) $-1 < r < 1$ のときは,r が正であるか負であるかに関係なく r^n の「絶対値」は 0 に近づくことになります.したがって,数列は 0 に収束します.

$$\left\{\left(\frac{1}{2}\right)^n\right\} :\ \frac{1}{2},\ \frac{1}{4},\ \frac{1}{8},\ \frac{1}{16},\ \frac{1}{32},\ \cdots\ \rightarrow 0\,(\text{収束})$$

$$\left\{\left(-\frac{1}{2}\right)^n\right\} : -\frac{1}{2},\ \frac{1}{4},\ -\frac{1}{8},\ \frac{1}{16},\ -\frac{1}{32},\ \cdots\ \rightarrow 0\,(\text{収束})$$

(ii) $r < -1$ または $1 < r$ のときは,r^n の絶対値は限りなく大きくなっていきます.したがって,数列は発散します.

$$\{2^n\}\ :\ 2,\ 4,\ \ 8,\ 16,\ \ 32,\ \cdots\ \ \text{発散(正の無限大)}$$

$$\{(-2)^n\} : -2,\ 4,\ -8,\ 16,\ -32,\ \cdots\ \ \text{発散(振動する)}$$

(iii) $r=1$ と $r=-1$ のときは,以下のようになります.

$$\{1^n\}\ :\ \ 1,\ 1,\ \ 1,\ 1,\ \ 1,\ \cdots\ \rightarrow 1\,(\text{収束})$$

$$\{(-1)^n\} : -1,\ 1,\ -1,\ 1,\ -1,\ \cdots\ \ \text{発散(振動する)}$$

以上の結果をまとめると,次のようになります.

$$\begin{cases} -1 < r < 1 \quad \textbf{のとき} \quad \displaystyle\lim_{n\to\infty} r^n = 0 \\[2mm] r = 1 \qquad\quad \textbf{のとき} \quad \displaystyle\lim_{n\to\infty} r^n = 1 \\[2mm] r \leqq -1,\ 1 < r \quad \textbf{のとき} \quad \{r^n\}\ \textbf{は発散する} \end{cases}$$

$\left.\begin{array}{c} \\ \\ \end{array}\right\} \{r^n\}$ は収束する

以上より,等比数列 $\{r^n\}$ が収束するための必要十分条件は

$$-1 < r \leqq 1$$

であることがわかります.ただし,$-1 < r < 1$ のときと $r=1$ のときでは極限値が異なることに注意が必要です.

練習問題 2

(1)　次の数列の極限を調べよ.

　(i)　$\displaystyle \lim_{n\to\infty}(1.1)^n$　(ii)　$\displaystyle \lim_{n\to\infty}\left(-\frac{2}{3}\right)^n$　(iii)　$\displaystyle \lim_{n\to\infty}\left(-\frac{3}{2}\right)^n$　(iv)　$\displaystyle \lim_{n\to\infty}\frac{2^n+(-1)^n}{3^n}$

(2)　x は実数の定数とする. 次の数列が収束するような x の値の範囲と, その極限値を求めよ.

$$1,\ x-1,\ (x-1)^2,\ (x-1)^3,\ \cdots,\ (x-1)^{n-1},\ \cdots$$

精 講　等比数列の収束, 発散は,「**公比**」に注目しましょう.

　$-1<(公比)\leqq1$ であれば収束, それ以外は発散です. ただし, $-1<(公比)<1$ のときと (公比)$=1$ のときでは, 極限値が異なることに注意してください.

解　答

(1)(i)　$1.1>1$ なので　$\displaystyle \lim_{n\to\infty}(1.1)^n=\infty$　$\boxed{(公比)>1}$

　(ii)　$-1<-\dfrac{2}{3}<1$ なので, $\displaystyle \lim_{n\to\infty}\left(-\frac{2}{3}\right)^n=0$　$\boxed{-1<(公比)<1}$

　(iii)　$-\dfrac{3}{2}<-1$ なので　$\left(-\dfrac{3}{2}\right)^n$ は**発散（振動）する**　$\boxed{(公比)<-1}$

　(iv)　$\displaystyle \lim_{n\to\infty}\frac{2^n+(-1)^n}{3^n}=\lim_{n\to\infty}\left\{\frac{2^n}{3^n}+\frac{(-1)^n}{3^n}\right\}$　$\boxed{分母を分配する}$

　　　　　　　　　$\displaystyle =\lim_{n\to\infty}\left\{\left(\frac{2}{3}\right)^n+\left(-\frac{1}{3}\right)^n\right\}=0$

　　　　　　$\boxed{\begin{array}{c}-1<(公比)<1\ より\\ともに\ 0\ に収束\end{array}}$

(2)　$1,\ x-1,\ (x-1)^2,\ (x-1)^3,\ \cdots$

　　は, 初項 1, 公比 $x-1$ の等比数列である.

　　この数列が収束する条件は

　　　　$-1<x-1\leqq1$　$\boxed{-1<(公比)\leqq1}$

　　　　　$\boxed{-1<(公比)<1}$

　　　(ア)　$-1<x-1<1$　すなわち　$0<x<2$ のとき
　　　　　数列は 0 に収束する.

> (公比)＝1

㋑ $x-1=1$ すなわち $x=2$ のとき

数列は 1, 1, 1, 1, … ＜ すべての項が1

となり，1に収束する．

㋐，㋑より

数列が収束する x の値の範囲は **$0<x\leqq2$**

極限値は $\begin{cases} 0 & (0<x<2 \text{ のとき}) \\ 1 & (x=2 \text{ のとき}) \end{cases}$

コメント

　練習問題1，練習問題2の解答でさりげなく使われていたのですが，極限の世界でもいわゆる「分配法則」が成り立ちます．

☑ 極限値の性質

　数列 $\{a_n\}$ と数列 $\{b_n\}$ がともに収束して，$\lim_{n\to\infty} a_n=\alpha$, $\lim_{n\to\infty} b_n=\beta$ であれば，

$$\lim_{n\to\infty}(a_n+b_n)=\lim_{n\to\infty}a_n+\lim_{n\to\infty}b_n=\alpha+\beta$$

> 極限の分配法則

　直感的には，ほぼ当たり前のように思えるのですが，この「分配」ができるためには，　　の条件（各項が収束していること）が**不可欠**です．これが成り立たない場合は，このような分配をしてはいけません．例えば

$$\lim_{n\to\infty}(n^2-n)=\underbrace{\lim_{n\to\infty}n^2}_{ア}-\underbrace{\lim_{n\to\infty}n}_{イ}$$

は**間違い**です（そもそも，ア，イの部分が発散して極限値をもたないのですから，右辺の引き算は意味をもちません）．

　この極限の性質は，足し算だけでなく，引き算や，かけ算，割り算にも成り立ちます（ただし，割り算の場合は分母が0以外の値に収束しなければなりません）．

$$\lim_{n\to\infty}(a_n-b_n)=\alpha-\beta, \ \lim_{n\to\infty}a_nb_n=\alpha\beta, \ \lim_{n\to\infty}\frac{a_n}{b_n}=\frac{\alpha}{\beta}$$

第2章

不定形の極限

　数列 $\{n\}$ と数列 $\{n^2\}$ の極限はともに正の無限大に発散するので，その 2 つの数列の「和」である数列 $\{n^2+n\}$ の極限も正の無限大に発散することは，考えるまでもなくわかります．

$$\lim_{n\to\infty}(n^2+n)=\infty$$

　このように，2 つの項が**協力関係**にあるような場合は，極限を求めるのはとても簡単です．それが難しいのは，2 つの項に**競合関係**が存在するときです．例えば，2 つの数列の「差」である数列 $\{n^2-n\}$ の極限を考えてみましょう．

$$\lim_{n\to\infty}(n^2-n)$$

　n^2 は数列の値を「限りなく大きくする」方向に，n は数列の値を「限りなく小さくする」方向に働きます．いわば**2 つの項の間で「綱引き」が行われているような状態**．形式的に書けば

$$\infty-\infty$$

です．注意してほしいのは，∞ は「数」ではないので，

$$\infty-\infty=0$$

といった安易な計算は**できない**ということです．では，この綱引きの結果はどうなるのでしょうか．考えられる結末は 3 つあります．

　　① 　n^2 が競り勝って，数列は正の**無限大に発散**する
　　② 　n が競り勝って，数列は負の**無限大に発散**する
　　③ 　両者の間で折り合いをつけて，**何らかの値に収束**する

　これらのうちのどれになるかは，この式の形のままでは判断できません．このような「結末がどうなるか判断できない形」のことを**不定形**といいます．
　この式を**不定形でない形に変形する**ことを**不定形を解消する**といいます．この場合は，次のように式を n^2 でくくることで不定形が解消します．

$$\lim_{n\to\infty}(n^2-n)=\lim_{n\to\infty}n^2\left(1-\frac{1}{n}\right)$$

　n^2 は無限大に発散し，$1-\dfrac{1}{n}$ は 1 に収束するので，形式的には $\infty\times1$ という形です．「1 に収束する」ものと「無限大に発散する」もののかけ算ならば，無限大に発散することは明らかでしょう．

$$\lim_{n\to\infty}n^2\left(1-\frac{1}{n}\right)=\infty$$

つまり，これは「① n^2 が競り勝った」というケースといえます．

別の例を見てみましょう．次の極限はどうなるでしょうか．

$$\lim_{n\to\infty}\frac{n^2+1}{2n^2+n}$$

この数列の中にも「綱引き」があります．n が大きくなれば，分子の n^2+1 は限りなく大きくなり，それは数列の値を「限りなく大きくする」方向に引っ張ります．一方で分母の $2n^2+n$ も限りなく大きくなり，それは数列の値を「限りなく 0 にする」という方向に引っ張ります．つまり

$$(n^2+1)\times\frac{1}{2n^2+n}$$

限りなく
大きくなる　　限りなく
　　　　　　　0 に近づく

という形の綱引きが行われていることになります．これは，$\infty\times0$ $\Big($あるいは $\frac{\infty}{\infty}\Big)$ という形の不定形です．ここでも，① 分子が競り勝って**無限大に発散する**，② 分母が競り勝って **0 に収束する**，③ 両者の間で折り合いをつけて**その間の値に収束する**，という 3 つの結末が考えられます．

この不定形は，分母・分子を n^2 で割り算することで解消されます．

$$\lim_{n\to\infty}\frac{n^2+1}{2n^2+n}=\lim_{n\to\infty}\frac{(n^2+1)\times\dfrac{1}{n^2}}{(2n^2+n)\times\dfrac{1}{n^2}}=\lim_{n\to\infty}\frac{1+\dfrac{1}{n^2}}{2+\dfrac{1}{n}}$$

部分が
0 に収束する

分子は 1 に，分母は 2 に収束する形なので，もはや**綱引きは行われていません**．数列は $\frac{1}{2}$ に収束します．

$$\lim_{n\to\infty}\frac{n^2+1}{2n^2+n}=\frac{1}{2}$$

これは，「③ **両者の間で折り合いをつけた**」というケースになります．

極限が問題になるとき，それはほぼ間違いなく不定形をしています．何と何が競合しているのかを見抜いた上で，その不定形をどのように解消するか，が極限の問題を解くポイントになります．

練習問題 3

次の極限について調べよ.

(1) $\displaystyle\lim_{n\to\infty}(n^3-5n^2)$

(2) $\displaystyle\lim_{n\to\infty}\dfrac{3n^2-5n+4}{2n^2+8n-9}$

(3) $\displaystyle\lim_{n\to\infty}\dfrac{n^2-3n}{n^3+1}$

(4) $\displaystyle\lim_{n\to\infty}\dfrac{(n+1)(n+2)(n+3)}{6n^3+1}$

精 講 (1)は $\infty-\infty$ の不定形, (2)～(4)は $\dfrac{\infty}{\infty}$ という形の不定形です. この不定形を解消するには

最も次数が大きい項に注目する

というのが1つのセオリーです. 最も次数が大きい項が k 次であるときは, n^k でくくったり, 分母・分子を n^k で割り算したりすることで不定形が解消されることが多いのです.

解 答

3次

n^3 でくくる

(1) $\displaystyle\lim_{n\to\infty}(n^3-5n^2)=\lim_{n\to\infty}n^3\left(1-\dfrac{5}{n}\right)=\infty$

$[\infty-\infty]$ の不定形

$\infty\times1$

不定形を解消

注意 毎回 $\displaystyle\lim_{n\to\infty}$ を書くのが面倒なときは

ココは＝ではなく ⟶

$$n^3-5n^2=n^3\left(1-\dfrac{5}{n}\right)\longrightarrow\infty\quad(n\longrightarrow\infty)$$

のように書くといいでしょう.

2次

(2) $\dfrac{3n^2-5n+4}{2n^2+8n-9}=\dfrac{(3n^2-5n+4)\times\dfrac{1}{n^2}}{(2n^2+8n-9)\times\dfrac{1}{n^2}}$

分母・分子を n^2 で割る

$\left[\dfrac{\infty}{\infty}\right]$ の不定形

不定形を解消

$=\dfrac{3-\dfrac{5}{n}+\dfrac{4}{n^2}}{2+\dfrac{8}{n}-\dfrac{9}{n^2}}$

部分が0に収束する

$$\longrightarrow\dfrac{3}{2}\quad(n\longrightarrow\infty)$$

(3) $\dfrac{n^2-3n}{n^3+1} = \dfrac{(n^2-3n)\times\dfrac{1}{n^3}}{(n^3+1)\times\dfrac{1}{n^3}}$ ← 分母・分子 を n^3 で割る

3次

不定形を解消

$\left[\dfrac{\infty}{\infty}\right]$ の 不定形 $= \dfrac{\dfrac{1}{n}-\dfrac{3}{n^2}}{1+\dfrac{1}{n^3}}$ ← 部分が 0 に収束する

$\longrightarrow \dfrac{0}{1}=0 \quad (n\longrightarrow\infty)$

(4) 3次

$\dfrac{(n+1)(n+2)(n+3)}{6n^3+1}$ ← $\left[\dfrac{\infty}{\infty}\right]$ の不定形

$= \dfrac{(n+1)(n+2)(n+3)\times\dfrac{1}{n^3}}{(6n^3+1)\times\dfrac{1}{n^3}}$ ← 分母・分子 を n^3 で割る

不定形を解消

$= \dfrac{\dfrac{n+1}{n}\cdot\dfrac{n+2}{n}\cdot\dfrac{n+3}{n}}{(6n^3+1)\times\dfrac{1}{n^3}}$ ← 3つの n を 各項に分ける

$= \dfrac{\left(1+\dfrac{1}{n}\right)\left(1+\dfrac{2}{n}\right)\left(1+\dfrac{3}{n}\right)}{6+\dfrac{1}{n^3}}$ ← 部分が 0 に収束する

$\longrightarrow \dfrac{1\cdot1\cdot1}{6}=\dfrac{1}{6} \quad (n\longrightarrow\infty)$

コラム　〜「無限の大きさ」に関する感覚〜

$$n^3+3n^2+5n$$

という式の中には，n^3，$3n^2$，$5n$ という3つの項が含まれています．そのどれもが，n が限りなく大きくなると無限大に発散するのですから，その点において3つの項は「対等」であるように思えます．でも，それは**全く違います**．

　n が大きくなるにつれて，3つの値の**大きさの比**がどのようになるのか，わかりやすく**文字の大きさ**で表現してみましょう．$n=3$ のときは，3つの値の大きさにはさほど違いはありませんが，$n=8$ くらいになると，3つの値には目に見えて開きが出てきます．

<table>
<tr><td>$n=3$ のとき</td><td>$n=8$ のとき</td></tr>
</table>

$$n^3+3n^2+5n$$
27　　27　　15

$$n^3+3n^2+5n$$
512　　192　　40

そして，$n=100$ のときがコレです．

$n=100$ のとき　　$n^3 + \cdot + \cdot$
1000000　30000　500

　n^3 以外の項はゴマ粒のようになり，ほとんど見えなくなってしまいましたね．どの項の値も大きくなってはいるのですが，占有率（シェア）という点でいえば，n^3 がほぼ市場を独占している，いわゆる一人勝ちの状態です．

　このように，一般項が多項式である数列の場合，n が大きくなればなるほど**最高次の項が実質その項の値のすべてを占める**という状況が生じます．「対等」どころか完全な「独り占め」状態ですね．n^3+3n^2+5n にとって，「$3n^2+5n$」の部分はあってもなくても何も変わらないゴマ粒なのですから，この式は実質「n^3」と見ても全く差し支えないということになります．

n がとても大きいならば
$$n^3+3n^2+5n \approx n^3$$

　$\approx$ というのは，「**ほぼ等しい**」という意味です．ずいぶんと感覚的な式ですが，このざっくりした「感覚」こそが，極限を考える上でとても重要なのです．

$$\frac{3n^2-5n+4}{2n^2+8n-9}$$

という分数式の極限を考えたいとします．たくさんの項に目移りしてしまいますが，極限において重要になるのは**最高次の項**だけ．それ以外はすべてゴマ粒です．

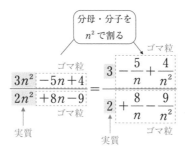

このざっくりとした感覚で，分母を「ほぼ $2n^2$」，分子を「ほぼ $3n^2$」ととらえてしまえば，その極限が $\frac{3}{2}$ であることは瞬時に見抜けてしまいます．

もちろん，この「感覚」の式をそのまま答案に書くわけにはいかないので，それをきちんと式として表現する方法が，「**最高次数で分母・分子を割り算する**」という操作なのです．それにより，「実質」部分は定数に，「ゴマ粒」部分は 0 に収束する式に変わります．

$$\frac{3n^2-5n+4}{2n^2+8n-9}=\frac{3-\dfrac{5}{n}+\dfrac{4}{n^2}}{2+\dfrac{8}{n}-\dfrac{9}{n^2}}$$

「だれにも無限の可能性がある」なんていいますが，実のところ，その「無限」は残酷な格差社会です．多項式の場合は**次数が大きい方**が，指数の場合は**底が大きい方**が絶対的な強者となります．極限における「**強者一人勝ち**」の感覚は，ぜひもっておきましょう．

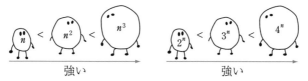

練習問題 4

次の極限を調べよ.

(1) $\displaystyle\lim_{n\to\infty}(5^n-4^n)$ (2) $\displaystyle\lim_{n\to\infty}\frac{3^{n+1}+2^{n+1}}{3^n+2^n}$ (3) $\displaystyle\lim_{n\to\infty}\frac{5\cdot3^n+2^{2n}}{3^{n+2}+7}$

精 講 多項式の場合は,「最も次数が大きな項」に注目するのがセオリーでしたが,指数の場合は,「最も底が大きな項」に注目するのがセオリーになります.

████ 解 答 ████

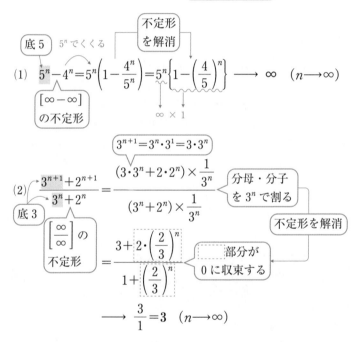

(3) 底 4

$$\dfrac{5\cdot 3^n+2^{2n}}{3^{n+2}+7}=\dfrac{5\cdot 3^n+4^n}{9\cdot 3^n+7}$$

$2^{2n}=(2^2)^n=4^n$
$3^{n+2}=3^n\cdot3^2=9\cdot3^n$

$\left[\dfrac{\infty}{\infty}\right]$ の不定形

$$=\dfrac{(5\cdot3^n+4^n)\times\dfrac{1}{4^n}}{(9\cdot3^n+7)\times\dfrac{1}{4^n}}$$

分母・分子を 4^n で割る

不定形を解消

$$=\dfrac{5\cdot\left(\dfrac{3}{4}\right)^n+1}{9\cdot\left(\dfrac{3}{4}\right)^n+7\cdot\left(\dfrac{1}{4}\right)^n}$$

___ 部分が（正の値をとりながら）0 に収束する

$$\longrightarrow \infty \quad (n\longrightarrow\infty)$$

第2章

注意 (3)の最後の式は，分子が定数，分母が 0 に収束する $\left[\dfrac{1}{0}\right]$ という形をしています．この形は少しやっかいな形で，「発散する」ことは確定するのですが，そのふるまいが「∞」か「−∞」か「振動する」かは，分母がどのように 0 に収束するかによって変わります．

(3)のように，分母が「正の値をとりながら」0 に収束するのであれば，全体は正の無限大に発散しますし，分母が「負の値をとりながら」0 に収束するのであれば，負の無限大に発散します．また，$\left(-\dfrac{1}{2}\right)^n$ のように，正負を交互に行き来しながら 0 に収束する場合は，振動します．

このような場合は，セオリーに反して分母が定数に収束するような変形をする方が有効です．(3)においては，**分母・分子を 3^n で割る**と，次のように極限がわかりやすくなります．

$$\dfrac{5\cdot3^n+4^n}{9\cdot3^n+7}=\dfrac{5+\left(\dfrac{4}{3}\right)^n}{9+7\cdot\left(\dfrac{1}{3}\right)^n}\longrightarrow\infty\quad(n\longrightarrow\infty)$$

分母・分子を 3^n で割る

練習問題 5

次の極限を調べよ.

(1) $\displaystyle \lim_{n\to\infty} \frac{\sqrt{4n^2+1}}{n+1}$　　(2) $\displaystyle \lim_{n\to\infty}(\sqrt{n+1}-\sqrt{n})$　　(3) $\displaystyle \lim_{n\to\infty}(\sqrt{n^2+2n}-n)$

精 講　ルートの含まれる極限計算です. 平方根は $\dfrac{1}{2}$ 乗ですから, 例えば $\sqrt{4n^2+1}$ は, 実質 2 次式 $\times \dfrac{1}{2}=1$ 次式 と見なすことができます. そう考えれば, (1)の分母・分子はともに 1 次式と見なせますから, セオリーどおり分母・分子を n で割り算すればよいのです.

(2), (3)について, $\sqrt{a}-\sqrt{b}$ という形の式は

$$(\sqrt{a}-\sqrt{b})\times\underbrace{\frac{\sqrt{a}+\sqrt{b}}{\sqrt{a}+\sqrt{b}}}_{1}=\frac{(\sqrt{a})^2-(\sqrt{b})^2}{\sqrt{a}+\sqrt{b}}=\frac{a-b}{\sqrt{a}+\sqrt{b}}$$

と変形することで根号を分母にもっていくことができます. よく知っている「分母の有理化」の逆の操作です(「分子の有理化」と呼ばれます). この変形は, 不定形の解消に利用できることがあります.

解 答

(1)　$\dfrac{\sqrt{4n^2+1}}{n+1}=\dfrac{\sqrt{4n^2+1}\times\dfrac{1}{n}}{(n+1)\times\dfrac{1}{n}}$　$\lbrace$ 分母・分子を n で割る

$\left[\dfrac{\infty}{\infty}\right]$ の 不定形　$=\dfrac{\sqrt{(4n^2+1)\times\dfrac{1}{n^2}}}{(n+1)\times\dfrac{1}{n}}$　$\lbrace$ $\dfrac{1}{n}=\sqrt{\dfrac{1}{n^2}}$

不定形を解消

$=\dfrac{\sqrt{4+\dfrac{1}{n^2}}}{1+\dfrac{1}{n}}\longrightarrow\dfrac{\sqrt{4}}{1}=2\quad(n\longrightarrow\infty)$

(2) $\sqrt{n+1}-\sqrt{n}=\dfrac{(\sqrt{n+1}-\sqrt{n})(\sqrt{n+1}+\sqrt{n})}{\sqrt{n+1}+\sqrt{n}}$ ← 分子の有理化

$[\infty-\infty]$ の不定形 $=\dfrac{(n+1)-n}{\sqrt{n+1}+\sqrt{n}}$

不定形を解消

$=\dfrac{1}{\sqrt{n+1}+\sqrt{n}}$

$\longrightarrow 0 \quad (n\longrightarrow\infty)$

(3) $\sqrt{n^2+2n}-n=\dfrac{(\sqrt{n^2+2n}-n)(\sqrt{n^2+2n}+n)}{\sqrt{n^2+2n}+n}$ ← 分子の有理化

$[\infty-\infty]$ の不定形 $=\dfrac{(n^2+2n)-n^2}{\sqrt{n^2+2n}+n}$

まだ $\left[\dfrac{\infty}{\infty}\right]$ の不定形

$=\dfrac{2n}{\sqrt{n^2+2n}+n}$

分母・分子 を n で割る

$=\dfrac{2}{\sqrt{1+\dfrac{2}{n}}+1} \longrightarrow \dfrac{2}{\sqrt{1}+1}=1 \quad (n\longrightarrow\infty)$

不定形を解消

コメント

(3)のように，2段構えで不定形が解消されるケースもあります．

練習問題 6

次の漸化式で表される数列 $\{a_n\}$ の極限 $\lim\limits_{n \to \infty} a_n$ を調べよ.

(1) $a_1 = 1,\ a_{n+1} = \dfrac{1}{3} a_n + 2$ (2) $a_1 = -2,\ a_{n+1} = -\dfrac{3}{2} a_n + 5$

精 講 $a_{n+1} = p a_n + q$ 型の漸化式の一般項の求め方は,数学Bの数列で学習しています.付け加わるのは,極限を計算する部分だけです.

━━━━━━━━━━ 解 答 ━━━━━━━━━━

(1) $a_1 = 1,\ a_{n+1} = \dfrac{1}{3} a_n + 2$ ……①

a_n と a_{n+1} を x におきかえた1次方程式 $x = \dfrac{1}{3} x + 2$ を解くと $x = 3$ なので,

$$3 = \dfrac{1}{3} \cdot 3 + 2 \quad \cdots\cdots ②$$

①−② より

$$a_{n+1} - 3 = \dfrac{1}{3}(a_n - 3)$$

数列 $\{a_n - 3\}$ は,初項 $a_1 - 3 = -2$,公比 $\dfrac{1}{3}$ の等比数列なので

$$a_n - 3 = -2 \cdot \left(\dfrac{1}{3}\right)^{n-1}$$
$$a_n = 3 - 2\left(\dfrac{1}{3}\right)^{n-1}$$

$-1 < \dfrac{1}{3} < 1$ より,$\lim\limits_{n \to \infty} \left(\dfrac{1}{3}\right)^{n-1} = 0$ であるから

$$\lim\limits_{n \to \infty} a_n = \mathbf{3}$$

(2) $a_1 = -2,\ a_{n+1} = -\dfrac{3}{2} a_n + 5$

(1)と同様にすると

$$a_{n+1} - 2 = -\dfrac{3}{2}(a_n - 2)$$

数列 $\{a_n - 2\}$ は,初項 $a_1 - 2 = -4$,公比 $-\dfrac{3}{2}$ の等比数列なので

$$a_n-2=-4\cdot\left(-\frac{3}{2}\right)^{n-1}$$

$$a_n=2-4\left(-\frac{3}{2}\right)^{n-1}$$

$-\dfrac{3}{2}<-1$ より，数列 $\left\{\left(-\dfrac{3}{2}\right)^{n-1}\right\}$ は発散するので，数列 $\{a_n\}$ も**発散す**

る.

コメント

漸化式 $a_{n+1}=\dfrac{1}{3}a_n+2$ で定まる数列 $\{a_n\}$ の値の動きを，グラフによって

視覚化する方法があります.

xy 平面上に $y=\dfrac{1}{3}x+2$ と $y=x$ をかき，x 軸上に $(a_1,\ 0)$ をとります.

この点から x 軸に垂直に進み，$y=\dfrac{1}{3}x+2$ のグラフにぶつかった点の y 座標

が a_2 です（図1）.

さらにその点から x 軸に平行に進み $y=x$ のグラフにぶつかった点の x 座

標が a_2 となります（図2）.

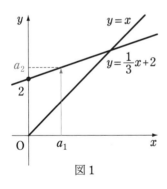

図1

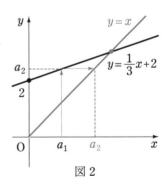

図2

以下，同様にして

$\qquad a_3,\ a_4,\ a_5,\ \cdots$

を x 軸上にとっていくことができます（図3）. そ

の値は $3\left(y=\dfrac{1}{3}x+2\ \text{と}\ y=x\ \text{の交点の}\ x\,\text{座標}\right)$

に近づいていくことがわかります.

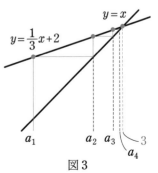

図3

はさみうちの原理

極限について，次の不等式の関係が成り立ちます.

✓ 不等式と極限①

数列 $\{a_n\}$ と数列 $\{b_n\}$ において，

$$\text{すべての自然数} n \text{で} \ a_n \leqq b_n \ \cdots\cdots ①$$

が成り立っていて，かつ $\{a_n\}$, $\{b_n\}$ がそれぞれ α, β に収束するのであれば

$$\alpha \leqq \beta \ \cdots\cdots ②$$

が成り立つ.

これは，何も難しい話ではありません.

下図1のように，数列を数直線上にとっていったとき，「① どの n に対しても a_n が b_n の右側に来ない」のであれば，その終着点 α, β についても「② α は β の右側には来ない」ということを上の定理はいっています．直感的には当たり前ですね．もし図2のように α が β より右側にあるのであれば，どこかの段階で a_n は b_n を追い越さざるをえなくなるからです.

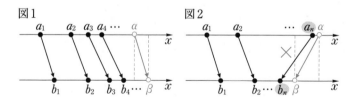

1つ注意してほしいのは，仮に①の等号が成立することがなかったとしても（つまり a_n が b_n に一度も追いつくことがなかったとしても），α, β の値が**等しいことは起こりうる**ということです.

例えば，

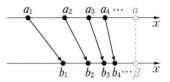

$$a_n=1-\frac{2}{n}, \quad b_n=1-\frac{1}{n}$$

は，どの n に対しても $a_n<b_n$ が成り立ちますが，その極限値はともに 1，つまり $\alpha=\beta$ です．

さて，この関係を応用すると，次のとても面白い定理が導かれます．

☑ 不等式と極限②

数列 $\{a_n\}$，数列 $\{b_n\}$，数列 $\{c_n\}$ において，

$$すべての自然数 n で \quad a_n \leqq c_n \leqq b_n$$

が成り立っている．$\{a_n\}$，$\{b_n\}$ が収束し，

$$\lim_{n\to\infty} a_n = \lim_{n\to\infty} b_n = \alpha$$

であれば，$\{c_n\}$ も収束し，

$$\lim_{n\to\infty} c_n = \alpha$$

である．

これは通称，**はさみうちの原理**といわれています．右図のように，c_n はつねに a_n と b_n の間にあるとします．ここでもし，数列 $\{a_n\}$ と $\{b_n\}$ の値が同じ値に収束するのであれば，それに「はさまれている」数列 $\{c_n\}$ もやはり**同じ値に収束せざるをえなくなる**，というのがこの定理の主張です．

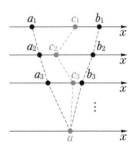

コメント1

　この原理は，**追い込み漁**を連想させます．細長い水路のどこかに魚がいることがわかっている状態で，A は左側から，B は右側から細長い板で水路を塞ぎながら徐々に近づいていきます．魚は逃げることができないので，常に2枚の板の間のどこかにいる状態です．最終的にAとBが同じ場所にたどりついたとき，魚は必ずその2枚の板の間に挟まっているはずです．これが，はさみうちの原理なのです．

　この「はさみうちの原理」は，極限の計算において**とても重要な働き**をします．具体例で説明しましょう．

$$c_n = \frac{2\cos\left(\frac{n\pi}{3}\right)}{n}$$

という数列の極限を知りたいとします．この数列の
分子のみを書き並べると

$2\cos\dfrac{\pi}{3}$, $2\cos\dfrac{2\pi}{3}$, $2\cos\pi$, $2\cos\dfrac{4\pi}{3}$, $2\cos\dfrac{5\pi}{3}$,

$2\cos 2\pi$, …
すなわち，

　　　1，−1，−2，−1，1，2，…
です．$\{c_n\}$ はこの第 n 項を n で割ったものになるのですから，

$$\{c_n\}: \frac{1}{1},\ \frac{-1}{2},\ \frac{-2}{3},\ \frac{-1}{4},\ \frac{1}{5},\ \frac{2}{6}\ \cdots$$

となります．増えたり減ったりと，まさに水路にいる魚のように「つかみどころのない」数列ですね．この極限を**直接考えるのは**難しそうです．

　そこで登場するのが，「はさみうちの原理」です．アイデアとしては，この数列を，**より単純でかつ同じ極限値をもつ2つの数列** $\{a_n\}$, $\{b_n\}$ によって**はさんであげよう**というのです．

　数列の一般項を，「不等式」を使ってざっくりととらえてみましょう．cos の値は中の角度が何であろうが必ず −1 以上1以下の数なのですから，どんな自然数 n に対しても，

$$-1 \leqq \cos\left(\frac{n\pi}{3}\right) \leqq 1 \quad \text{すなわち} \quad -2 \leqq 2\cos\left(\frac{n\pi}{3}\right) \leqq 2$$

大ざっぱに見積もる

が成り立ちます．このすべての辺を n で割り算すると，

$$-\frac{2}{n} \leqq \frac{2\cos\left(\dfrac{n\pi}{3}\right)}{n} \leqq \frac{2}{n}$$

です（n は正の数ですから，不等号の向きは変わりません）．つまり

$$-\frac{2}{n} \leqq c_n \leqq \frac{2}{n}$$

という式が成り立つことがわかったのです．つかみどころのない数列 $\{c_n\}$ を，単純な 2 つの数列 $\left\{-\dfrac{2}{n}\right\}$ と $\left\{\dfrac{2}{n}\right\}$ で「はさむ」ことができたわけです．そしてもちろん，この 2 つの数列はともに 0 に収束します．

$$\lim_{n\to\infty}\left(-\frac{2}{n}\right)=0, \qquad \lim_{n\to\infty}\frac{2}{n}=0$$

　したがって，**はさみうちの原理**より，真ん中の数列も 0 に収束することになります．

$$\lim_{n\to\infty}c_n=0$$

コメント2

　数列 $\{c_n\}$ の分子はせわしなく増減するので，その 1 つ 1 つの値の動きに注目しようとすると，わけがわからなくなります．ここで大切なのは，**木を見ずに森を見る**こと．分子がどう暴れようと，その値は結局「−2 と 2 の間にある」という大局的な（大ざっぱな）とらえ方ができることが重要なのです．一方で，分母はどんどん値を大きくしていくのですから，その結果が 0 になることは直感的には当たり前．この「当たり前」をきちんと定式化したのが，上の「はさみうちの原理」を用いた説明となります．

応用問題

　実数 x に対して，「x を超えない最大の整数」を $[x]$ と書くことにする．例えば

$$[1.5]=1, \quad [2.4]=2, \quad [3]=3$$

である．数列 $\{a_n\}$ の一般項を $a_n = \left[\dfrac{n}{2}\right]$ とおく．

(1) a_1, a_2, a_3, a_4 を求めよ．

(2) 実数 x に対して，$x-1 < [x] \leqq x$ であることを示せ．

(3) はさみうちの原理を用いて，次の極限を求めよ．

$$\lim_{n \to \infty} \frac{a_n}{n}$$

精 講 $[x]$ という記号を**ガウス記号**といい，**x を超えない最大の整数**を表します．ガウス記号の意味を，図形的に見ておきましょう．数直線上に，下図のように整数の点（格子点）をとります．このとき，$[x]$ は数直線上で x から左（自分自身も含む）にある最も近い格子点に対応します．

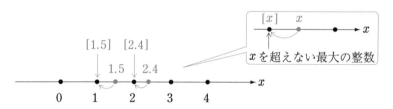

::::::::::::::::::::::::::::::::::::::　解　答　::::::::::::::::::::::::::::::::::::::

(1) $a_1 = \left[\dfrac{1}{2}\right] = [0.5] = \mathbf{0}$, $\quad a_2 = \left[\dfrac{2}{2}\right] = [1] = \mathbf{1}$,

　$a_3 = \left[\dfrac{3}{2}\right] = [1.5] = \mathbf{1}$, $\quad a_4 = \left[\dfrac{4}{2}\right] = [2] = \mathbf{2}$

(2) $[x]$ は，数直線上で x から左（自分自身も含む）にある最も近い格子点（右図）なので，

$$\underbrace{[x] \leqq \underbrace{x < [x]+1}_{②}}_{①}$$

　①より $[x] \leqq x$, ②より $x-1 < [x]$ なので
　　$x-1 < [x] \leqq x$

コメント

　例えば，$[x]=1$ となるのは $1\leqq x<2$ の
実数，$[x]=2$ となるのは $2\leqq x<3$ の実数
です．$y=[x]$ のグラフは，右図のようにな
ります．このグラフから，$x-1<[x]\leqq x$ を
読みとることもできます．

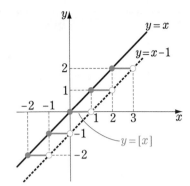

(3)　(2)より

$$\frac{n}{2}-1<\left[\frac{n}{2}\right]\leqq\frac{n}{2}\quad\text{すなわち}\quad\frac{n}{2}-1<a_n\leqq\frac{n}{2}$$

　すべての辺を n で割って

$$\frac{1}{2}-\frac{1}{n}<\frac{a_n}{n}\leqq\frac{1}{2}$$

$$\lim_{n\to\infty}\left(\frac{1}{2}-\frac{1}{n}\right)=\frac{1}{2},\ \lim_{n\to\infty}\frac{1}{2}=\frac{1}{2}$$

> 左辺も右辺も
> $n\to\infty$ で $\frac{1}{2}$ に収束する

　なので，はさみうちの原理より

$$\lim_{n\to\infty}\frac{a_n}{n}=\frac{1}{2}$$

コメント

　厳密にいうならば，$\left[\dfrac{n}{2}\right]$ の値は，n が奇数なら $\dfrac{n}{2}-\dfrac{1}{2}$，$n$ が偶数なら $\dfrac{n}{2}$

です．ただ，n が大きくなれば，こんな $\dfrac{1}{2}$ 程度の増減はあってもなくても同

じですから，大ざっぱに $\dfrac{n}{2}-1<\left[\dfrac{n}{2}\right]\leqq\dfrac{n}{2}$ と見積もってしまうのが，ここ

でのポイントです．

> ## 無限級数

数学Bで，数列 $\{a_n\}$ の初項から第 n 項までの和 S_n を，シグマ $\sum$ という記号を用いて次のように表すことを学びました．

$$S_n = \sum_{k=1}^{n} a_k = a_1 + a_2 + a_3 + \cdots + a_n$$

S_n は「有限個の項の和」ですから，n がどれだけ大きな値であろうと，この足し算には必ず「終わり」があります．しかし，もしこの「終わり」がなかったとしたら … 永遠に続く足し算．何かの地獄のようではありますが，私たちはまさにこれから「**無限個の項の和**」というものを考えてみたいと思うのです．

$$\sum_{k=1}^{\infty} a_k = a_1 + a_2 + a_3 + \cdots + a_n + \cdots$$

このように，無限個の項を足し算でつないだものを**無限級数**といいます．

とはいってみたものの，「無限個の項」を足し算することは現実的には不可能ですから，それを扱うためには「**そもそも無限個の項の和とは何なのか**」をきちんと**定義してあげる**必要があります．

私たちは「有限個の和」であれば実行できます．そこで，この無限級数を左から順に1個ずつ足し算していくことにしましょう．「第1項目までの和 S_1」，「第2項目までの和 S_2」，「第3項目までの和 S_3」，…と順番に求め，その結果を並べると，そこに $\{S_n\}$ という数列ができます．

$$\{S_n\} : S_1, \ S_2, \ S_3, \ S_4, \ \cdots$$

$\{S_n\}$ が数列ということは…，そう，私たちは「数列 $\{S_n\}$ の極限」を考えることができます．もし**数列 $\{S_n\}$ が収束するのであれば，その極限値を「無限個の項の和」であると考える**のは自然な流れに思えますね．かくして，無限級数の和は次のように定義されます．

無限級数の和

無限級数

$$\sum_{k=1}^{\infty} a_k = a_1 + a_2 + a_3 + \cdots + a_n + \cdots$$

の第1項から第n項までの和をS_nとする(すなわち $S_n = a_1 + a_2 + \cdots + a_n$).
ここで,数列$\{S_n\}$が収束し,

$$\lim_{n \to \infty} S_n = S$$

であれば,**無限級数 $\displaystyle\sum_{k=1}^{\infty} a_k$ は収束する**といい,Sを**無限級数の和**という.

また,これを $\displaystyle\sum_{k=1}^{\infty} a_k$ と表す.

具体例で見てみましょう.$a_n = \left(\dfrac{1}{2}\right)^{n-1}$ であるとき,無限級数

$$\sum_{k=1}^{\infty} a_k = 1 + \frac{1}{2} + \frac{1}{4} + \frac{1}{8} + \cdots$$

について考えます.第1項から第n項までの和をS_nとすると,等比数列の和
の公式より,

$$S_n = \underbrace{1 + \frac{1}{2} + \cdots + \left(\frac{1}{2}\right)^{n-1}}_{\text{初項1, 公比} \frac{1}{2}, \text{ 項数} n} = \frac{1 \cdot \left\{1 - \left(\frac{1}{2}\right)^n\right\}}{1 - \frac{1}{2}} = 2\left\{1 - \left(\frac{1}{2}\right)^n\right\}$$

です.$\displaystyle\lim_{n \to \infty} S_n = 2$ となるので,**無限級数 $\displaystyle\sum_{k=1}^{\infty} a_k$ は収束し,その和は2**,すな

わち,$\displaystyle\sum_{k=1}^{\infty} a_k = 2$ です.

もちろん,数列$\{S_n\}$が発散することも起こりえます.例えば,$a_n = n$ であ
るとき,無限級数

$$\sum_{k=1}^{\infty} a_k = 1 + 2 + 3 + 4 + \cdots$$

の第1項から第n項までの和をS_nとすると,

$$S_n = 1 + 2 + 3 + \cdots + n = \frac{1}{2}n(n+1)$$

となり,$\displaystyle\lim_{n \to \infty} S_n = \infty$ です.このように,数列$\{S_n\}$が発散するときは,

無限級数 $\displaystyle\sum_{k=1}^{\infty} a_k$ は発散する

ということにします.

コメント

$$1+\frac{1}{2}+\frac{1}{4}+\frac{1}{8}+\cdots=2$$

という結果について，ちょっとした思い出話を．
中学生のとき，トレーニングで大きな校庭の周り
を走らされることになったのですが，走ることが
あまり得意ではなかった僕は，「**前に走った距離
の半分の距離を走ったら立ち止まって休憩する**」
というメニューを設定しました．まず1周走り休

み，次はその半分である $\frac{1}{2}$ 周を走り休み，次は

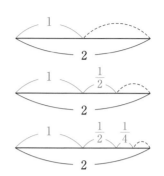

その半分である $\frac{1}{4}$ 周走り休み，と繰り返すので

す．ところが，繰り返すうちに，これはどんなに繰り返しても2周以上は走る
必要がないことに気づいたのです．上図を見るとわかりますが，結局これは2
周するための残り距離を半分ずつに刻んでいるにすぎないからです．これこそ
が，まさにこの無限級数の和が2であることの意味なのです．

注意 数列の一般項を表すとき，$a_n=2n-1$ のように一般項を n を用い

て表しますよね．なぜそうするのかというと，和においては「数列の n 項目まで

の和」というように，足し算の末項の項数を表す文字として n を使うことが多

く，そことの混同を避けるためです．

$$\sum_{k=1}^{n}(2k-1)=1+3+5+7+\cdots+(2n-1) \left\{ \begin{array}{l} \text{一般項が }2k-1\text{ の数列を} \\ \text{第1項から第}n\text{項まで足す} \end{array} \right.$$

ところが，無限級数には末項がないため，「第何項目まで」を表す文字は必
要ありません．よって，一般項を表す文字を n のままにしておいても混同は生
じません．

$$\sum_{n=1}^{\infty}(2n-1)=1+3+5+7+\cdots$$

前ページまでの説明では，無限級数を $\sum\limits_{k=1}^{\infty} a_k$ と表していましたが，上のよ

うに添え字は n のままで $\sum\limits_{n=1}^{\infty} a_n$ と表すことも多いです．どちらにせよ，表し

ているものは**同じもの**なので，添字の違いは本質的に重要な問題ではありませ
ん．

練習問題 7

次の無限級数の収束・発散を調べ，収束する場合はその和を求めよ．

(1) $1+3+5+\cdots+(2n-1)+\cdots$

(2) $1-\dfrac{1}{2}+\dfrac{1}{4}-\dfrac{1}{8}+\cdots+\left(-\dfrac{1}{2}\right)^{n-1}+\cdots$

(3) $\dfrac{1}{1\cdot2}+\dfrac{1}{2\cdot3}+\dfrac{1}{3\cdot4}+\cdots+\dfrac{1}{n(n+1)}+\cdots$

(4) $\displaystyle\sum_{n=1}^{\infty}\dfrac{1}{\sqrt{n+1}+\sqrt{n}}$

精 講 無限級数の計算では，まず「第1項から第n項までの和」S_nを計算します．このS_nのことを，無限級数の**(第n)部分和**といいます．S_nをどうやって求めるかは，数学Bの数列ですでに学んだ内容ですから，無限級数で新たにつけ加わるのは，$\lim\limits_{n\to\infty}S_n$を計算することだけです．

解 答

以下，第n部分和をS_nとする．

(1) $S_n=1+3+5+\cdots+(2n-1)$

初項 1，末項 $2n-1$，項数 n の等差数列

$\qquad=\dfrac{n\{1+(2n-1)\}}{2}$

等差数列の和の公式 $S=\dfrac{(項数)\{(初項)+(末項)\}}{2}$

$\qquad=n^2$

$\lim\limits_{n\to\infty}S_n=\infty$ より，無限級数は**発散する**．

(2) $S_n=1-\dfrac{1}{2}+\dfrac{1}{4}-\dfrac{1}{8}+\cdots+\left(-\dfrac{1}{2}\right)^{n-1}$

初項 1，公比 $-\dfrac{1}{2}$，項数 n の等比数列

$\qquad=\dfrac{1\cdot\left\{1-\left(-\dfrac{1}{2}\right)^n\right\}}{1-\left(-\dfrac{1}{2}\right)}$

等比数列の和の公式 初項a，公比r，項数nの等比数列の和Sは $S=\dfrac{a(1-r^n)}{1-r}$

$\qquad=\dfrac{2}{3}\left\{1-\left(-\dfrac{1}{2}\right)^n\right\}$

ココが 0 に収束する

$\lim\limits_{n\to\infty}S_n=\dfrac{2}{3}$ より，無限級数は収束し，その和は $\dfrac{2}{3}$

(3)　$S_n = \dfrac{1}{1 \cdot 2} + \dfrac{1}{2 \cdot 3} + \dfrac{1}{3 \cdot 4} + \cdots + \dfrac{1}{n(n+1)}$

$\dfrac{1}{k(k+1)} = \dfrac{1}{k} - \dfrac{1}{k+1}$　なので，〔部分分数分解〕

$$S_n = \left(\dfrac{1}{1} - \dfrac{1}{2} \right) + \left(\dfrac{1}{2} - \dfrac{1}{3} \right) + \left(\dfrac{1}{3} - \dfrac{1}{4} \right) + \cdots + \left(\dfrac{1}{n} - \dfrac{1}{n+1} \right)$$

〔隣り合う項が打ち消しあう〕

$$= 1 - \dfrac{1}{n+1}$$

〔ココが 0 に収束する〕

$\displaystyle \lim_{n \to \infty} S_n = 1$　より，無限級数は収束し，その和は **1**

〔分母の有理化〕

(4)　$\dfrac{1}{\sqrt{k+1} + \sqrt{k}} = \dfrac{\sqrt{k+1} - \sqrt{k}}{(\sqrt{k+1} + \sqrt{k})(\sqrt{k+1} - \sqrt{k})} = \sqrt{k+1} - \sqrt{k}$

なので，

$$S_n = \sum_{k=1}^{n} \dfrac{1}{\sqrt{k+1} + \sqrt{k}} = \sum_{k=1}^{n} (\sqrt{k+1} - \sqrt{k})$$

$$= (\sqrt{2} - \sqrt{1}) + (\sqrt{3} - \sqrt{2}) + (\sqrt{4} - \sqrt{3}) + \cdots$$

$$\cdots + (\sqrt{n} - \sqrt{n-1}) + (\sqrt{n+1} - \sqrt{n})$$

$$= \sqrt{n+1} - \sqrt{1}$$

$$= \sqrt{n+1} - 1$$

〔このように書くと
わかりやすい
$\sqrt{2} - \sqrt{1}$
$+ \sqrt{3} - \sqrt{2}$
$+ \sqrt{4} - \sqrt{3}$
　　$\vdots$
$+ \sqrt{n+1} - \sqrt{n}$〕

$\displaystyle \lim_{n \to \infty} S_n = \infty$　より，無限級数は**発散する**．

無限等比級数

数列 $\{a_n\}$ が **等比数列** となっているとき，無限級数 $\sum\limits_{n=1}^{\infty} a_n$ を **無限等比級数** といいます．初項が $a\,(\neq 0)$，公比が r である無限等比級数は

$$\sum_{n=1}^{\infty} ar^{n-1} = a + ar + ar^2 + ar^3 + \cdots$$

ですね．無限等比級数は問題としてよく出てくるので，その結果を簡単に導ける公式を作っておきましょう．

$r \neq 1$ のとき，部分和は

$$S_n = a + ar + ar^2 + \cdots + ar^{n-1} = \frac{a(1-r^n)}{1-r} \quad \begin{array}{l} \text{初項 } a, \text{ 公比 } r\,(\neq 1), \\ \text{項数 } n \text{ の等比数列の和} \end{array}$$

です．p37 の「等比数列の極限」のところで見たように

$$\begin{cases} -1 < r < 1 \text{ のとき} \quad \lim\limits_{n\to\infty} r^n = 0 \quad (\text{収束}) \\ r \leq -1,\ 1 < r \text{ のとき } \lim\limits_{n\to\infty} r^n \text{ は発散する} \end{cases}$$

ですから，

$$\begin{cases} -1 < r < 1 \text{ のとき} \quad \lim\limits_{n\to\infty} S_n = \dfrac{a}{1-r} \quad (\text{収束}) \\ r \leq -1,\ 1 < r \text{ のとき } \{S_n\} \text{ は発散する} \end{cases}$$

となります．また，$r = 1$ のときは，部分和は

$$S_n = \underbrace{a + a + \cdots + a}_{n\text{個}} = na \quad \begin{array}{l} \text{初項 } a, \text{ 公比 } 1, \\ \text{項数 } n \text{ の等比数列の和} \end{array}$$

ですから，$\{S_n\}$ は発散します．以上をまとめると，次のようになります．

☑ 無限等比級数の公式

初項 $a\,(\neq 0)$，公比 r の無限等比級数 $\sum\limits_{n=1}^{\infty} ar^{n-1}$ が収束するための条件は，

$-1 < r < 1$ であり，その和は，$\dfrac{a}{1-r}$ である．

注意 等比数列 ar^{n-1} が収束する条件は $-1 < r \leq 1$ でしたが，無限等比級数 $\sum\limits_{n=1}^{\infty} ar^{n-1}$ が収束する条件は $-1 < r < 1$ と $r = 1$ を **含まない** ことに注意してください．

練習問題 8

(1)　次の無限等比級数の収束・発散を調べ，収束する場合はその和を求めよ.

(i)　$3 - 2 + \dfrac{4}{3} - \dfrac{8}{9} + \cdots$　　(ii)　$1 + \dfrac{5}{4} + \dfrac{25}{16} + \dfrac{125}{64} + \cdots$

(2)　循環小数 $0.7777\cdots$ を分数の形に直せ.

精 講　無限等比級数であることがわかったならば，まず公比に注目します.
$-1 < (公比) < 1$ であれば無限級数は収束し，その和は

$$\frac{(初項)}{1 - (公比)}$$

と計算できます. 公比が上の範囲になければ，無限級数は発散です.

　また，循環小数 $0.7777\cdots$ は

$$0.7 + 0.07 + 0.007 + \cdots$$

という無限級数と考えることで，その値を計算できます.

解　答

(1)(i)　初項 3, 公比 $-\dfrac{2}{3}$ の無限等比級数である.

$-1 < (公比) < 1$ より，無限等比級数は収束し，その和は

$$\frac{3}{1 - \left(-\dfrac{2}{3}\right)} = \frac{3}{\dfrac{5}{3}} = \frac{9}{5}$$

$$\underbrace{\qquad}_{\dfrac{(初項)}{1 - (公比)}}$$

分母・分子を
3倍する

(ii)　初項 1, 公比 $\dfrac{5}{4}$ の無限等比級数である.

$(公比) > 1$ より，無限等比級数は**発散する**.

コメント　無限等比級数の公式が使えるのは，あくまで $-1 < (公比) < 1$ が成り立つときだけです. 例えば，(ii)で

$$\frac{1}{1 - \dfrac{5}{4}} = -4$$

を計算しても，この値には何の意味もありません.

(2)　$0.7777\cdots = 0.7 + 0.07 + 0.007 + \cdots$

$$= \frac{7}{10} + \frac{7}{100} + \frac{7}{1000} + \cdots$$

は，初項 $\dfrac{7}{10}$，公比 $\dfrac{1}{10}$ の無限等比級数である.

　$-1 <$ （公比） < 1 より，無限等比級数は収束し，その和は

$$\frac{\dfrac{7}{10}}{1 - \dfrac{1}{10}} = \frac{7}{10 - 1} = \frac{7}{9}$$

練習問題 9

　1辺の長さが2の正三角形 ABC について，各辺の中点を結んで正三角形を4つの正三角形に分割し，その中央にできる正三角形を塗りつぶす．塗りつぶされていない正三角形のうち，頂点Aを含むものについて，上と同様の操作を行う．以下これを繰り返し行う．n 回目で塗りつぶされる正三角形の面積を T_n とするとき，$\displaystyle\sum_{n=1}^{\infty} T_n$ を求めよ.

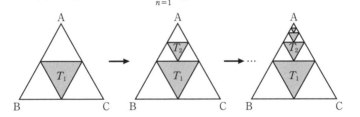

精講　数列 $\{T_n\}$ は等比数列になるので，$\displaystyle\sum_{n=1}^{\infty} T_n$ は無限等比級数になります．無限等比級数であることさえわかれば，あとは「初項」と「公比」で和が計算できるので，T_n の一般項を求める必要すらありません．

::::::::: 解　答 :::::::::

正三角形 ABC の面積は

$$\frac{1}{2} \times 2 \times 2 \times \sin 60° = \frac{1}{2} \times 2 \times 2 \times \frac{\sqrt{3}}{2} = \sqrt{3}$$

よって，

$$T_1 = \frac{1}{4} \times （\text{正三角形 ABC の面積}） = \frac{\sqrt{3}}{4}$$

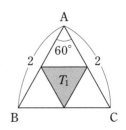

中点連結定理より，面積 T_n の正三角形と面積 T_{n+1} の正三角形の 1 辺の長さの比は $2:1$ である．したがって

$$T_n : T_{n+1} = 2^2 : 1^2$$
$$= 4 : 1$$

面積比は相似比の2乗

よって，

$$T_{n+1} = \frac{1}{4} T_n$$

したがって，$\displaystyle\sum_{n=1}^{\infty} T_n$ は初項 $\dfrac{\sqrt{3}}{4}$，公比 $\dfrac{1}{4}$ の無限等比級数である．$-1 < (公比) < 1$ より，この無限等比級数は収束し，その和は

$$\frac{\dfrac{\sqrt{3}}{4}}{1-\dfrac{1}{4}} = \frac{\sqrt{3}}{4-1} = \frac{\sqrt{3}}{3}$$

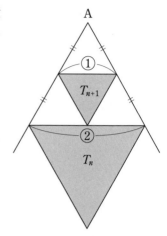

無限級数が収束するための条件

同じように無限の項の和をとっているのに，収束するものもあれば，発散するものもあります．**その違いはどこにあるのか**，というのは，数学的にとても興味深い問いです．収束する無限級数をいくつか観察してみましょう．

$$\sum_{n=1}^{\infty}\left(\frac{1}{2}\right)^{n-1}=1+\frac{1}{2}+\frac{1}{4}+\frac{1}{8}+\cdots=2 \quad \triangleleft \boxed{\text{p59}}$$

$$\sum_{n=1}^{\infty}\frac{1}{n(n+1)}=\frac{1}{2}+\frac{1}{6}+\frac{1}{12}+\frac{1}{20}+\cdots=1 \quad \boxed{\text{練習問題 7}(3)}$$

1つ観察できるのは，無限級数が収束する場合，**足していく数はどんどん 0 に近づいている**ということです．上の例では，$\left(\frac{1}{2}\right)^{n-1}$ も $\frac{1}{n(n+1)}$ もともに n が大きくなれば 0 に収束していますね．一般に，次のことが成り立ちます．

☑ 収束するための必要条件

無限級数 $\sum_{n=1}^{\infty} a_n$ が収束する $\implies \lim_{n\to\infty} a_n=0 \quad \cdots\cdots(*)$

証明は難しくありません．

無限級数 $\sum_{n=1}^{\infty} a_n$ が収束するとして，その和を S としましょう．

また，第 n 部分和を S_n とします．ここで，$n \geq 2$ において

$$a_n=S_n-S_{n-1}$$

が成り立ちます．さらに，

$$\begin{array}{rl} S_n & =a_1+\cdots+a_{n-1}+a_n \\ -)\ \ S_{n-1} & =a_1+\cdots+a_{n-1} \\ \hline S_n-S_{n-1}= & \phantom{a_1+\cdots+a_{n-1}}\ a_n \end{array}$$

$$\lim_{n\to\infty}S_n=S, \ \lim_{n\to\infty}S_{n-1}=S$$

なのですから

$$\lim_{n\to\infty}a_n=S-S=0$$

となり，証明するべき式が導かれました．

直感的な言い方をすれば，「歩きながらある場所にどんどん近づいていこうとすれば，一歩で進む距離をどんどん小さくしていく必要がある」ということです．

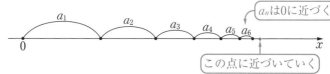

$\boxed{a_n \text{は} 0 \text{に近づく}}$

$\boxed{\text{この点に近づいていく}}$

さて,（＊）が成り立つならば,（＊）の**対偶命題**

$$\lim_{n \to \infty} a_n \neq 0 \implies \text{無限級数} \sum_{n=1}^{\infty} a_n \text{ は発散する}$$

も成り立ちます．これは,「**数列の一般項が 0 に収束していないような無限級数は発散する**」ということを意味します．この事実は, 発散する無限級数を手っ取り早く検出するための「**判別テスト**」として使えます．例えば, 無限級数

$$\sum_{n=1}^{\infty} \frac{n}{n+1} = \frac{1}{2} + \frac{2}{3} + \frac{3}{4} + \frac{4}{5} + \cdots$$

の収束・発散を考えてみましょう．部分和を調べる前に, まずは一般項の極限を調べてみます．

$$\lim_{n \to \infty} \frac{n}{n+1} = \lim_{n \to \infty} \frac{1}{1 + \dfrac{1}{n}} = 1$$

一般項は 1 に収束する（0 に収束しない！）ので, この時点で**無限級数は発散する**と確定します．このように, 無限級数を見たときは, まず一般項が 0 に収束するかどうかを確認するクセをつけておくとよいでしょう．

一方, 一般項が 0 に収束するような無限級数は確実に収束するのかというと, **そうではない**のが数学の奥深いところです．（＊）の逆, つまり

$$\lim_{n \to \infty} a_n = 0 \implies \text{無限級数} \sum_{n=1}^{\infty} a_n \text{ が収束する}$$

は**一般には成り立ちません**．$\lim_{n \to \infty} a_n = 0$ の場合は, 無限級数 $\sum_{n=1}^{\infty} a_n$ は**収束する場合も発散する場合も両方ありえます**．

ここで, 次のとても単純な無限級数を観察してみましょう．

$$\sum_{n=1}^{\infty} \frac{1}{n} = 1 + \frac{1}{2} + \frac{1}{3} + \frac{1}{4} + \frac{1}{5} + \cdots$$

　自然数の逆数からなる数列の和です．一般項 $\dfrac{1}{n}$ は 0 に収束していますが，それだけではこの無限級数は収束しているのか発散しているのかは判断できません．さらに問題なのは，この無限級数の部分和

$$S_n = 1 + \frac{1}{2} + \frac{1}{3} + \cdots + \frac{1}{n}$$

は，簡単な n の式で表すことができないということです．ここは，コンピューターの力を借りましょう．以下に n が 1 から 10 のときの S_n の値（小数点以下第 3 位を四捨五入）を表にしてみます．

n	1	2	3	4	5	6	7	8	9	10
S_n	1	1.5	1.83	2.08	2.28	2.45	2.59	2.72	2.83	2.93

　$n=4$ で 2 を超えるまでは威勢がよかったのですが，そのあとずいぶん長く 2 と 3 の間でくすぶっている状況．このまま成長は頭打ちになってしまうのか…とだれもが思うのですが，ここで n を 10，100，1000 とさらに長いスパンで増やしてみると，だれもが目を疑う光景が待っています．

n	10	10^2	10^3	10^4	10^5	10^6	10^7	10^8	10^9	10^{10}
S_n	2.93	5.19	7.49	9.79	12.09	14.39	16.70	19.00	21.30	23.60

　10 億歩を歩いてようやく 20 を超えるくらい．亀の歩み，というのが亀に失礼に思えてくるくらい遅いですが，着実に S_n **の値は増え続けている**のです．結論をいいましょう．この調子で S_n の値はゆっくりゆっくり増え続け，ついには**無限大に発散する**ことになります．つまり

無限級数 $\displaystyle\sum_{n=1}^{\infty} \dfrac{1}{n}$ は発散する

のです．この健気さ．下手なドラマよりよっぽど胸を打ちます．

　この無限級数が発散することをきちんと証明するには，何と**積分**の学習（p300）を待たなければなりません．ただ，この結果自体は，数学的にはとても意義深いものなので，ぜひ心の奥に留めておいてください．

練習問題 10

次の無限級数の収束・発散を調べ，収束する場合はその和を求めよ．

(1) $\dfrac{1}{3}+\dfrac{3}{5}+\dfrac{5}{7}+\cdots+\dfrac{2n-1}{2n+1}+\cdots$

(2) $\log_2\dfrac{1}{3}+\log_2\dfrac{3}{5}+\log_2\dfrac{5}{7}+\cdots+\log_2\dfrac{2n-1}{2n+1}+\cdots$

(3) $\displaystyle\sum_{n=1}^{\infty}\dfrac{1}{4n^2-1}$

精講　無限級数の計算です．部分和を計算する前に，まず「一般項が 0 に収束するか」を確かめましょう．一般項が 0 に収束しなければ，その時点で無限級数の発散が確定します．ただし，一般項が 0 に収束したとしても，無限級数が収束するとは限りません．

::: 解　答 :::

(1) $\displaystyle\lim_{n\to\infty}\dfrac{2n-1}{2n+1}=\lim_{n\to\infty}\dfrac{2-\dfrac{1}{n}}{2+\dfrac{1}{n}}=\dfrac{2}{2}=1$

> $\dfrac{1}{3},\ \dfrac{3}{5},\ \dfrac{5}{7},\ \cdots$ の一般項は
> $\dfrac{1+(n-1)\cdot2}{3+(n-1)\cdot2}=\dfrac{2n-1}{2n+1}$

一般項は 0 に収束しないので，無限級数は **発散する**．

(2)

$$\lim_{n\to\infty}\log_2\dfrac{2n-1}{2n+1}=\lim_{n\to\infty}\log_2\dfrac{2-\dfrac{1}{n}}{2+\dfrac{1}{n}}=\log_21=0$$

なので，無限級数の収束・発散は，これだけではわからない．

書く必要はないが，頭の中で確認する

第 n 部分和を S_n とする．

$$\log_2\dfrac{2k-1}{2k+1}=\log_2(2k-1)-\log_2(2k+1)$$

なので，

$$S_n=\log_2\dfrac{1}{3}+\log_2\dfrac{3}{5}+\log_2\dfrac{5}{7}+\cdots+\log_2\dfrac{2n-1}{2n+1}$$

$$=(\log_21-\log_23)+(\log_23-\log_25)+(\log_25-\log_27)+\cdots$$

$$\cdots+\{\log_2(2n-1)-\log_2(2n+1)\}$$

$$=\log_21-\log_2(2n+1)$$

$$=-\log_2(2n+1)$$

$$\lim_{n\to\infty}S_n=-\infty \ \text{より,無限級数は発散する.}$$

(3) $\left(\begin{array}{l}\lim\limits_{n\to\infty}\dfrac{1}{4n^2-1}=0 \ \text{なので,無限級数の収束・発散はこれだけではわから}\\ \text{ない.}\end{array}\right)$

第 n 部分和を S_n とする.

$$\frac{1}{4k^2-1}=\frac{1}{(2k-1)(2k+1)}=\frac{1}{2}\left(\frac{1}{2k-1}-\frac{1}{2k+1}\right)$$

なので,

部分分数分解

$$S_n=\sum_{k=1}^{n}\frac{1}{4k^2-1}=\frac{1}{2}\sum_{k=1}^{n}\left(\frac{1}{2k-1}-\frac{1}{2k+1}\right)$$

$$=\frac{1}{2}\left\{\left(\frac{1}{1}-\frac{1}{3}\right)+\left(\frac{1}{3}-\frac{1}{5}\right)+\left(\frac{1}{5}-\frac{1}{7}\right)+\cdots+\left(\frac{1}{2n-1}-\frac{1}{2n+1}\right)\right\}$$

$$=\frac{1}{2}\left(1-\frac{1}{2n+1}\right)$$

$$\lim_{n\to\infty}S_n=\frac{1}{2} \ \text{より,無限級数は収束し,その和は} \ \frac{1}{2}$$

コメント

(2)と(3)の無限級数はともに一般項が 0 に収束しますが,(2)は無限級数が発散し,(3)は収束しています.

コラム ～無限の和のパラドックス～

$$S=1-1+1-1+1-1+\cdots$$

という,1 と -1 を交互に足したような無限級数について考えてみましょう.この和を,次のように偶数番目と奇数番目をセットにして足してみます.

$$S=(1-1)+(1-1)+(1-1)+\cdots$$
$$=0+0+0+\cdots$$
$$=0 \quad\cdots\cdots\text{①}$$

「無限に 0 を足す」ことになるので,その和は 0 になりました.

次に,最初の 1 だけを残し,残りを奇数番目と偶数番目でセットにして足してみます.

$$S = 1 - (1-1) - (1-1) - (1-1) - \cdots$$
$$= 1 - 0 - 0 - 0 - \cdots$$
$$= 1 \quad \cdots\cdots ②$$

今度は,「1から無限に0を引く」ことになるのでその和は1となりました.
さらに, S を2つ並べたものをずらして足し算すると,次のようになります.

打ち消しあう

$$\begin{array}{r} S = 1-1+1-1+1-1+\cdots \\ +)\ S = 1-1+1-1+1-\cdots \\ \hline 2S = 1 \end{array}$$

より, $S = \dfrac{1}{2}$ $\cdots\cdots ③$

同じ S を求めているはずなのに,①〜③の異なる答えが出てきてしまいました.どのやり方もそれなりに説得力があるように思えるのですが,いったいどれが正しいのでしょうか.

このようなときは,**定義に戻って考える**ことが大切です.無限級数の定義というのは,部分和の作る数列 $\{S_n\}$ の極限でしたよね.「第1項目までの和」,「第2項目までの和」,「第3項目までの和」と,$\{S_n\}$ を順に書き並べてみると

$$\{S_n\} : 1,\ 0,\ 1,\ 0,\ 1,\ 0,\ 1,\ 0,\ \cdots$$

のように1と0が交互に繰り返す数列になります.この数列の極限は「**発散（振動）する**」のですから,**無限級数 S は発散する（和は存在しない）**というのが正しい答えになります.つまり,上の①〜③はすべて間違っていることになります.

この話は,無限に対して私たちの直感がいかに役に立たないかということを教えてくれます.**有限の世界では当たり前にできることも,無限の世界ではできるとは限りません.**①や②で行ったような,「かっこをつけて足す順番を替える」操作は,有限の和なら問題ありませんが,無限の和においては許されていません.また,③のような計算は,「和が存在すること」が前提となっていますが,無限の世界では,その「和の存在」自体が確かではないためやはりできないのです.

有限の常識は無限の非常識.無限という得体のしれないものを扱うときは,直感ではなく**「定義」に基づいてものを考える**ということを肝に銘じておきましょう.

> ### 練習問題 11
>
> 次の無限級数の収束・発散を調べ，収束する場合はその和を求めよ．
>
> (1) $1-1+2-2+3-3+4-4+\cdots$
>
> (2) $1-1+\dfrac{1}{2}-\dfrac{1}{2}+\dfrac{1}{3}-\dfrac{1}{3}+\dfrac{1}{4}-\dfrac{1}{4}+\cdots$

精講 直感に頼らず「部分和を計算し，その極限を調べる」という手続きを踏んでいきましょう．

:::::::::::::::::::::::::::::::: 解 答 ::::::::::::::::::::::::::::::::

以下，第 n 部分和を S_n とすると

(1) $\{S_n\}$: $1,\ 0,\ 2,\ 0,\ 3,\ 0,\ 4,\ 0,\ \cdots$

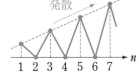

となる．この数列は発散するので，無限級数は

発散する．

注意 より厳密に書けば，$\{S_n\}$ の「奇数項目だけを見た数列」は

$1,\ 2,\ 3,\ 4,\ \cdots$ となり正の無限大に発散し，「偶数項目だけを見た数列」は

$0,\ 0,\ 0,\ 0,\ \cdots$ となり 0 に収束します．このような場合，数列 $\{S_n\}$ の極限

としては発散です．

(2) $\{S_n\}$: $1,\ 0,\ \dfrac{1}{2},\ 0,\ \dfrac{1}{3},\ 0,\ \dfrac{1}{4},\ 0,\ \cdots$

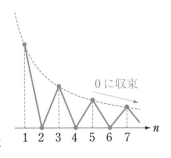

「奇数項目だけを見た数列」は

$1,\ \dfrac{1}{2},\ \dfrac{1}{3},\ \dfrac{1}{4},\ \cdots$ より，0 に収束する．

また「偶数項目だけを見た数列」も

$0,\ 0,\ 0,\ 0,\ \cdots$ より，0 に収束する．

よって，$\displaystyle\lim_{n\to\infty}S_n=0$ であるから，無限級数は

収束し，その和は **0** である．

コメント 2日に1回，店長が従業員の様子を見回りに来るお店があったとします．店長の目には，どの従業員も真面目でよく働くように見えていたとしても，実際にどうかは少し疑問です．従業員は，店長が見回りに来た日だけ真面目に働き，来ない日はサボっている可能性もあるからです．数列の場合も同じで，「偶数項目だけを見た数列」が収束していたとしても，それをもって数列が収束していると判断してしまうのは危険なのです．「偶数項目だけを見た数列」だけでなく，「奇数項目だけを見た数列」も観察し，それが同じ値に収束していたときに限り，その数列はその値に収束すると判断できるのです．

第3章 関数の極限と微分

前の章では「数列」の極限を扱いましたが，この章では「関数」の極限を考えてみたいと思います．

数列 $\{a_n\}$ が $n=1$, 2, 3, $\cdots$ という自然数 n に対して a_n の値が決まるのに対し，関数 $f(x)$ は実数 x に対して $f(x)$ の値が決まります．数列は「**とびとび**」で値が決まり，関数は「**べったり**」と値が決まっているというイメージになります．

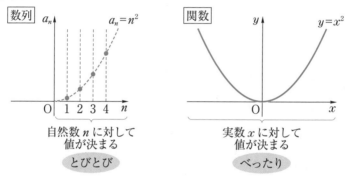

関数 $f(x)$ の収束や発散，極限値などは，数列のときと全く同じように考えることができます．ただし，数列の極限が問題になるのは「**n が限りなく大きくなったとき**」だけでしたが，関数の場合は「**x が限りなく大きくなったとき**」だけではなく，「**x が限りなく小さく（負の値をとって絶対値が限りなく大きく）なったとき**」や「**x が限りなくある一定の値 a に近づいたとき**」の極限も問題となりえます．極限のバリエーションが数列よりも増えるわけですね．

$$\lim_{x \to \infty} f(x) \qquad \lim_{x \to -\infty} f(x) \qquad \lim_{x \to a} f(x)$$

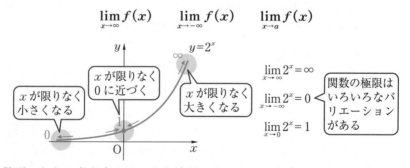

数列のときの考え方がそのまま適用できるところも多いですが，逆に関数ならではの難しさが生じる部分もあります．ここは具体的に問題を解きながら見ていくことにしましょう．

練習問題 1

次の極限を調べよ.

(1) $\displaystyle\lim_{x\to\infty}\frac{3x^2+1}{x^2+x+1}$　　(2) $\displaystyle\lim_{x\to\infty}\frac{2^{x+1}+2^{-x}}{3\cdot2^x+1}$

(3) $\displaystyle\lim_{x\to\infty}\left(\sqrt{x^2+x+2}-x\right)$　　(4) $\displaystyle\lim_{x\to-\infty}\left(\sqrt{x^2+x+2}+x\right)$

精 講　$x\to\infty$ のときは，関数と数列で扱いに違いはありません．数列と同様に，「次数が最も大きい項」に注目して，不定形を解消します．

$x\to-\infty$ のときは，注意するべきことがあります．$x<0$ のとき，$\sqrt{x^2}=-x$ ですから，x が根号の中に入るときは

$$x=-\sqrt{x^2}$$

ココにマイナスがつく

例えば
$-5=-\sqrt{(-5)^2}$

となるのです．この符号のつけ忘れはとても多いので，$x\to-\infty$ の場合は $t=-x$ と変数変換し，**$t\to\infty$ に置き換えてしまう**のが安全です．

解 答

分母・分子を x^2 で割る

(1) $\displaystyle\lim_{x\to\infty}\frac{3x^2+1}{x^2+x+1}=\lim_{x\to\infty}\frac{3+\dfrac{1}{x^2}}{1+\dfrac{1}{x}+\dfrac{1}{x^2}}=\frac{3}{1}=3$

$\left[\dfrac{\infty}{\infty}\right]$ の不定形

部分が 0 に収束する

分母・分子を 2^x で割る

(2) $\displaystyle\lim_{x\to\infty}\frac{2^{x+1}+2^{-x}}{3\cdot2^x+1}=\lim_{x\to\infty}\frac{2\cdot2^x+\dfrac{1}{2^x}}{3\cdot2^x+1}=\lim_{x\to\infty}\frac{2+\dfrac{1}{4^x}}{3+\dfrac{1}{2^x}}=\frac{2}{3}$

$\left[\dfrac{\infty}{\infty}\right]$ の不定形

(3) $\displaystyle\lim_{x\to\infty}\left(\sqrt{x^2+x+2}-x\right)=\lim_{x\to\infty}\left(\sqrt{x^2+x+2}-x\right)\times\frac{\sqrt{x^2+x+2}+x}{\sqrt{x^2+x+2}+x}$

$[\infty-\infty]$ の不定形

$\displaystyle=\lim_{x\to\infty}\frac{(x^2+x+2)-x^2}{\sqrt{x^2+x+2}+x}$　分子の有理化

$$=\lim_{x\to\infty}\frac{x+2}{\sqrt{x^2+x+2}+x} \quad \leftarrow \left[\frac{\infty}{\infty}\right] \text{ の不定形}$$

$$=\lim_{x\to\infty}\frac{(x+2)\times\dfrac{1}{x}}{(\sqrt{x^2+x+2}+x)\times\dfrac{1}{x}} \quad \leftarrow \boxed{\text{分母・分子を } x \text{ で割る}}$$

$x>0$ より

$$\sqrt{x^2+x+2}\times\frac{1}{x}$$
$$=\sqrt{\frac{x^2+x+2}{x^2}}$$
$$=\sqrt{1+\frac{1}{x}+\frac{2}{x^2}}$$

$$=\lim_{x\to\infty}\frac{1+\dfrac{2}{x}}{\sqrt{1+\dfrac{1}{x}+\dfrac{2}{x^2}}+1}$$

$$=\frac{1}{\sqrt{1}+1}=\frac{1}{2}$$

(4) $\displaystyle\lim_{x\to-\infty}(\sqrt{x^2+x+2}+x)=\lim_{x\to-\infty}\frac{(x^2+x+2)-x^2}{\sqrt{x^2+x+2}-x} \quad \leftarrow \boxed{\text{分子の有理化}}$

$\boxed{[\infty-\infty] \text{ の不定形}}$

$$=\lim_{x\to-\infty}\frac{x+2}{\sqrt{x^2+x+2}-x} \quad \leftarrow \left[\frac{-\infty}{\infty}\right] \text{ の不定形}$$

$$=\lim_{x\to-\infty}\frac{(x+2)\times\dfrac{1}{x}}{(\sqrt{x^2+x+2}-x)\times\dfrac{1}{x}} \quad \leftarrow \boxed{\begin{array}{c}\text{分母・分子を}\\x\text{で割る}\end{array}}$$

$x<0$ より

$$\sqrt{x^2+x+2}\times\frac{1}{x}$$
$$=-\sqrt{\frac{x^2+x+2}{x^2}}$$
$$=-\sqrt{1+\frac{1}{x}+\frac{2}{x^2}}$$

$$=\lim_{x\to-\infty}\frac{1+\dfrac{2}{x}}{-\sqrt{1+\dfrac{1}{x}+\dfrac{2}{x^2}}-1}$$

$$=\frac{1}{-\sqrt{1}-1}=-\frac{1}{2}$$

別 解

$t=-x$ とおくと，$x\to-\infty$ のとき，$t\to\infty$

与式$=\displaystyle\lim_{t\to\infty}(\sqrt{(-t)^2-t+2}-t) \quad \boxed{x \text{ を } -t \text{ に置き換える}}$

$$=\lim_{t\to\infty}(\sqrt{t^2-t+2}-t)$$

$$=\lim_{t\to\infty}\frac{-t+2}{\sqrt{t^2-t+2}+t}$$

$$=\lim_{t\to\infty}\frac{-1+\dfrac{2}{t}}{\sqrt{1-\dfrac{1}{t}+\dfrac{2}{t^2}}+1}$$

あとの流れは
(3)と同様

$$=\frac{-1}{\sqrt{1}+1}=-\frac{1}{2}$$

練習問題 2

次の極限を調べよ.

(1) $\displaystyle\lim_{x\to 3}\frac{x^2-2x-3}{x-3}$　　(2) $\displaystyle\lim_{x\to -1}\frac{x^3+1}{2x^2+x-1}$　　(3) $\displaystyle\lim_{x\to 0}\frac{\sqrt{x+4}-2}{x}$

精 講　x が定数に近づく場合の極限です. $\left[\dfrac{0}{0}\right]$ の不定形ですが, いずれも「約分」をすることで不定形が解消します. 不定形が解消してしまえば, 極限をとる操作は「代入」と何ら違いはありません.

::::: 解　答 :::::

因数分解

不定形が解消

(1) $\displaystyle\lim_{x\to 3}\frac{x^2-2x-3}{x-3}=\lim_{x\to 3}\frac{(x+1)(x-3)}{x-3}=\lim_{x\to 3}(x+1)=\boldsymbol{4}$

$\left[\dfrac{0}{0}\right]$ の不定形

約分

因数分解

不定形が解消

(2) $\displaystyle\lim_{x\to -1}\frac{x^3+1}{2x^2+x-1}=\lim_{x\to -1}\frac{(x+1)(x^2-x+1)}{(x+1)(2x-1)}=\lim_{x\to -1}\frac{x^2-x+1}{2x-1}$

$\left[\dfrac{0}{0}\right]$ の不定形

約分

$=\dfrac{3}{-3}=\boldsymbol{-1}$

(3) $\displaystyle\lim_{x\to 0}\frac{\sqrt{x+4}-2}{x}=\lim_{x\to 0}\frac{\sqrt{x+4}-2}{x}\times\frac{\sqrt{x+4}+2}{\sqrt{x+4}+2}$　◁ 分子の有理化

$\left[\dfrac{0}{0}\right]$ の不定形　$\displaystyle=\lim_{x\to 0}\frac{(x+4)-4}{x(\sqrt{x+4}+2)}$

$\displaystyle=\lim_{x\to 0}\frac{x}{x(\sqrt{x+4}+2)}$　◁ 約分

$\displaystyle=\lim_{x\to 0}\frac{1}{\sqrt{x+4}+2}$　◁ 不定形が解消

$=\dfrac{1}{\sqrt{4}+2}=\dfrac{1}{4}$

コメント　約分によって, **不定形の原因**(値を 0 にしていた部分)がとり除かれるという感覚をもつといいでしょう.

練習問題 3

$\displaystyle\lim_{x \to 2} \frac{x^2+ax+b}{x-2}=5$ であるとき，定数 a，b の値を求めよ．

精 講 $\dfrac{x^2+ax+b}{x-2}$ という式は，$x \to 2$ のとき (分母)$\to 0$ となるので，

(分子)が「発散」または「0 以外の定数に収束」の場合は発散してしまいます．
式が収束する可能性があるのは，(分子)$\to 0$ のときだけです．いいかえれば，
(分子)$\to 0$ であることが，式が収束するための**必要条件**となります．これを用
いて，a，b の条件を決めてしまいましょう．

ただし，このとき左辺の極限は $\left[\dfrac{0}{0}\right]$ の不定形になるので，これが本当に収
束するかどうかはきちんと確認しなければなりません．

░░░░░░░░░░░░░░░░░░░░ 解 答 ░░░░░░░░░░░░░░░░░░░░

$$\lim_{x \to 2} \frac{x^2+ax+b}{x-2}=5 \quad \cdots\cdots ①$$

〈分母〉

$\displaystyle\lim_{x \to 2}(x-2)=0$ となるので，①の左辺の極限が収束するためには

$$\lim_{x \to 2}(x^2+ax+b)=0$$

が必要である．これより 〈分子〉

$\qquad 4+2a+b=0$ すなわち $b=-2a-4 \quad \cdots\cdots ②$

このとき

$$\lim_{x \to 2} \frac{x^2+ax+b}{x-2}=\lim_{x \to 2} \frac{x^2+ax-2a-4}{x-2} \quad \langle②を代入\rangle$$

$$=\lim_{x \to 2} \frac{(x-2)(x+a+2)}{x-2}$$

$$=\lim_{x \to 2}(x+a+2) \quad \langle約分\rangle$$

$$=a+4$$

因数分解
$\quad x^2+ax-2a-4$
$=(x-2)a+x^2-4$
$=(x-2)a+(x-2)(x+2)$
$=(x-2)(x+a+2)$

より，①の左辺の極限は $a+4$ に収束する．$((*))$

①より $a+4=5$ すなわち $a=1$

②に代入して，$b=-6$

注意 ②は，①の左辺の極限が収束するための**必要条件**にすぎないのです
が，実際にこれを左辺に代入して計算すれば，$(*)$で極限が収束することが確
かめられます．この段階で，②は**十分条件**にもなります．

右極限と左極限

関数 $y=\dfrac{1}{x-1}$ は，x が 1 に右側から近
づくと正の無限大に発散しますが，左側から
近づくと負の無限大に発散しています．

一般に，x が a に右側から近づくことを

$$x \rightarrow a+0$$

左側から近づくことを

$$x \rightarrow a-0$$

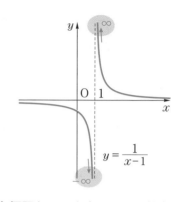

$y=\dfrac{1}{x-1}$

と書いて，そのときの極限をそれぞれ**右極限**，**左極限**といいます．この記号を
用いると

右極限　　　　　　　左極限

$$\lim_{x \to 1+0} \frac{1}{x-1}=\infty, \quad \lim_{x \to 1-0} \frac{1}{x-1}=-\infty$$

となります．

注意　$a=0$ のときの右極限，左極限は，単に $x \rightarrow +0$，$x \rightarrow -0$ と
書きます．

別の例として，**第 2 章**の**応用問題**でも登場した，ガウス記号を用いた関数

$$y=[x]$$

に登場してもらいましょう．$[x]$ は「**x を超
えない最大の整数**」を表し，そのグラフは右
図のようになります．この関数の $x=1$ にお
ける右極限と左極限は，

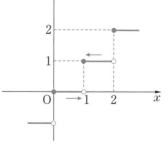

$$\lim_{x \to 1+0} [x]=1, \quad \lim_{x \to 1-0} [x]=0$$

です．右極限と左極限が異なる値に収束する
ような場合，

$$\lim_{x \to 1} [x] \text{ は存在しない}$$

となります．一般に，$\lim_{x \to a} f(x)$ が存在するためには，**右極限 $\lim_{x \to a+0} f(x)$ と
左極限 $\lim_{x \to a-0} f(x)$ がともに収束し，その極限値が同じ値**でなければなりませ
ん．

第3章

練習問題 4

次の極限を調べよ.

(1) $\displaystyle\lim_{x\to2+0}\frac{x}{x-2}$ (2) $\displaystyle\lim_{x\to2-0}\frac{1}{(x-1)(x-2)}$ (3) $\displaystyle\lim_{x\to0}\frac{|x|}{x}$

精 講 　右極限, 左極限を練習しましょう.

分数関数の分母が 0 に近づく場合は,「正の値をとりながら」近づくか「負の値をとりながら」近づくかで, **関数のふるまいが変わる**ので, 注意が必要です. (3)は, $x>0$ と $x<0$ で場合分けしてみましょう.

::::::::::::::::::::::::::::::::::: 解　答 :::::::::::::::::::::::::::::::::::

(1) $x\to2+0$ のとき, $x-2$ は正の値をとりながら 0 に近づくので,

$$\lim_{x\to2+0}\frac{x}{x-2}=\infty$$

> 分子は 2 に近づき, 分母は正の値をとりながら 0 に近づくので, 正の無限大に発散する

(2) $x\to2-0$ のとき, $x-1$ は 1 に近づき, $x-2$ は負の値をとりながら 0 に近づくので, $(x-1)(x-2)$ は負の値をとりながら 0 に近づく.

よって

$$\lim_{x\to2-0}\frac{1}{(x-1)(x-2)}=-\infty$$

> 分子は定数, 分母は負の値をとりながら 0 に近づくので, 負の無限大に発散する

コメント

$y=(x-1)(x-2)$ のグラフは右図のようになり, $x\to2-0$ のとき, $(x-1)(x-2)$ は負の値をとりながら 0 に近づくことがわかります.

(3) $|x|=\begin{cases}x & (x\geqq0 \text{ のとき})\\ -x & (x<0 \text{ のとき})\end{cases}$ である.

$x\to+0$ のとき, $|x|=x$ なので

$$\lim_{x\to+0}\frac{|x|}{x}=\lim_{x\to+0}\frac{x}{x}=\lim_{x\to+0}1=1$$

$x\to-0$ のとき, $|x|=-x$ なので

$$\lim_{x\to-0}\frac{|x|}{x}=\lim_{x\to-0}\frac{-x}{x}=\lim_{x\to-0}(-1)=-1$$

右極限と左極限が異なるので

$$\lim_{x\to0}\frac{|x|}{x} \text{ は存在しない}.$$

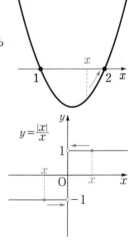

関数の連続

$y=x^2$ と $y=[x]$ のグラフを比べたとき，前者は「連続である（つながっている）」と感じ，後者は「不連続である（とぎれとぎれである）」というふうに感じます。

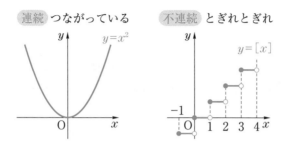

連続 つながっている　　不連続 とぎれとぎれ

この「連続」ということばに，もう少し厳密な数学的な定義を与えてみます。

その最初のステップとして，まずは関数が「**各xの値に対して**」連続であるかどうかを定義していきます。つまり，いきなり「$y=x^2$ は連続か」ではなく，「$y=x^2$ は $x=1$ において連続か」とか「$y=x^2$ は $x=2$ において連続か」ということを考えるのです。その定義は，次のようになります。

☑ 連続の定義

関数 $f(x)$ が $x=a$ において連続であるとは，

$$\lim_{x \to a} f(x) = f(a) \quad \cdots\cdots (*)$$

が成り立つことである。

はい，キョトンですよね。この式だけを見せられて，「これが連続だ」といわれても，ほとんどの人にとっては意味不明でしょう。ここは，もう少していねいに説明します。（$*$）は1つの式の中に次の**2つの内容**が含まれています。

① **極限 $\lim\limits_{x \to a} f(x)$ が存在すること**　② **その極限値が $f(a)$ となること**

①が成り立つためには，（p79で見たように）右極限 $\lim\limits_{x \to a+0} f(x)$ と左極限 $\lim\limits_{x \to a-0} f(x)$ がともに存在し，その極限値が同じ値でなければなりません。

　下図Aのように，右極限と左極限が異なる値に収束した場合は，$f(x)$ は $x=a$ において「連続ではない」ことになります．

　次に②です．左辺の極限が存在することがいえたとしても，それが肝心の「$x=a$ のときの $f(x)$ の値」と一致しない場合があります．これは，下図Bのようにグラフ上で $x=a$ の部分だけが「離れ小島」のようになっているケースです．このような場合も，$f(x)$ は $x=a$ で「連続ではない」ことになります．

　①と②をともにクリアしたもの，つまり「**右極限と左極限が同じ値に収束し，かつその極限値が $f(a)$ と一致した**」とき（下図C），初めて私たちは $f(x)$ が $x=a$ **で連続である**といえます．

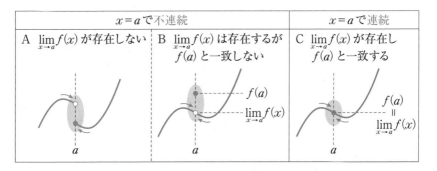

$x=a$で不連続		$x=a$で連続
A $\lim_{x \to a} f(x)$ が存在しない	B $\lim_{x \to a} f(x)$ は存在するが $f(a)$ と一致しない	C $\lim_{x \to a} f(x)$ が存在し $f(a)$ と一致する

　このように，関数 $f(x)$ が連続かどうかが「各 x ごと」にチェックされ，その結果，「**定義域内のすべての x で $f(x)$ が連続**」であることが確かめられたのであれば，そこで初めて「**関数 $f(x)$ は連続である**」とか「**$f(x)$ は連続関数である**」といういい方ができます．これが，私たちが最初に「連続」ということばから連想した「つながっている」というイメージです．

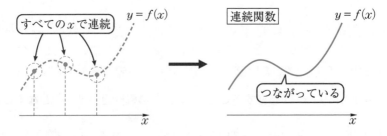

　$y=x^2$ は「すべての実数 x で連続」なので，連続関数です．$y=[x]$ は「x が整数であるとき連続ではない」ので，連続関数ではありません．

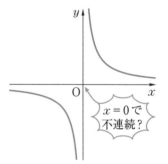

注意 1 関数 $y=x^2$ の「x を 1 に近づけたときの極限」は，単に「関数 $y=x^2$ に $x=1$ を代入した値」すなわち $1^2=1$ となります．このように，不定形の極限でない場合，「極限をとること」と「代入すること」には何の違いもありません．しかし，この**「極限をとることと代入することが同じことになる」**という性質こそ，**まさに「連続関数」の性質**

$$\lim_{x \to a} f(x) = f(a)$$

に他なりません．当たり前すぎてあまり意識しませんが，私たちはこのような何気ない計算において，知らず知らずのうちに「連続」という性質の恩恵を受けているのです．

　多項式関数，分数関数，無理関数，三角関数，指数関数・対数関数など，私たちに馴染みのある関数(およびそれらの和，差，積，商，合成などの操作から得られる関数)はすべて連続関数です．ですから，このような関数の極限を考えるときは，安心して「代入」という操作をして構いません．

注意 2 $y=\dfrac{1}{x}$ のグラフは $x=0$ でグラフがつながっていないので，連続関数ではないように見えますが，そもそも $x=0$ はこの関数の定義域にはありません．$y=\dfrac{1}{x}$ は，「定義域内のすべての x に対して連続」ですから，**れっきとした連続関数です**．

$x=0$ で
不連続？

👣 **少し踏みこんで**

　「連続」の定義が私たちにとっていまひとつピンとこないのは，「つながっている」という直感的には揺るぎようのないくらい明快な事柄を，わざわざ小難しく定義しているだけのように感じてしまうからです．

　しかし，「x を決めれば y が決まる」という対応は，ときに私たちの直感を遥かに凌駕するおそろしい怪物を生み出します．例えば，次の対応によって決まる関数 f を考えてみましょう．

$$f(x)=\begin{cases} 1 & (x \text{ が有理数のとき}) \\ -1 & (x \text{ が無理数のとき}) \end{cases}$$

　例えば，3.5 は有理数なので $f(3.5)=1$ ですし，$\sqrt{3}$ は無理数なので $f(\sqrt{3})=-1$ です．対応自体はとても明快ですね．しかし，この関数をグラフで表すと次の図のようになります．

どんなに目をこらして見ても，$y=1$ と
$y=-1$ の 2 本の直線があるようにしか見え
ませんが，実際はそれぞれの直線は有理数，
無理数に対応する無数の点の集まりです．有
理数と無理数というのは，どちらも数直線上
にぎっしり詰まっているため，その**「隙間」**
を認識することは人の直感を超えているのです。

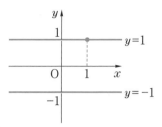

　この $f(x)$ が**「$x=1$ で連続か」**を考えてみましょう．グラフを見れば
「つながっている」ように思えても，実際は $x=1$ の周りのどんな小さ
な範囲にも**無理数は存在する**ので，x が 1 にどれほど近づいても $f(x)$ の
値は 1 と -1 の間を目まぐるしく行き来します．つまり，$\displaystyle\lim_{x\to 1} f(x)$ は**発**
散します．定義に忠実に考えるなら，このグラフは**「$x=1$ で連続ではな**
い」といわなければなりません．同じことは，$x=\sqrt{3}$ などの無理数の点
でもいえます．驚くべきことに，この関数は**「いたるところで不連続」**な
のです。

　さらに驚くべき関数をご覧にいれましょう．f の定義を次のように変え
ます．

$$f(x)=\begin{cases} 1 & （x が有理数のとき） \\ x & （x が無理数のとき） \end{cases}$$

　これも，グラフにすると $y=1$ と $y=x$
という 2 本の直線があるように見えます．
$x\neq 1$ であるような点では，先ほどと同様に
この関数は不連続です．しかし，x が 1 に近
づいたときは，x が有理数であろうと無理数
であろうと $f(x)$ は 1 に近づくので，
$\displaystyle\lim_{x\to 1} f(x)=1$ が成り立ちます．さらに

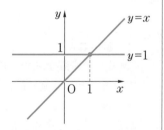

$f(1)=1$ なので，$\displaystyle\lim_{x\to 1} f(x)=f(1)$，つまりこの関数は **$x=1$ では連続**な
のです。

　おそろしいことに，$f(x)$ は「$x=1$ においてのみ連続で，それ以外の
いたるところで不連続」な関数なのです．少し頭がクラクラしてきますね．
このような単純な規則で作られる関数に対してさえ，私たちの「つながっ
ている」という直感が全く役に立たなくなるのがわかると思います．直感
に頼らない「定義」は，このような怪物と対峙するための**武器**なのです。

次のような関数 $f(x)$ を考える.

$$f(x)=\begin{cases} x^2+1 & (x<1) \\ a & (x=1) \\ -x+b & (x>1) \end{cases}$$

$f(x)$ が $x=1$ で連続となるような a, b の値を求めよ.

精 講 $f(x)$ が $x=1$ で連続であるためには

   ① $\displaystyle\lim_{x\to 1} f(x)$ が存在する   ② $\displaystyle\lim_{x\to 1} f(x)=f(1)$

の 2 つの条件が成り立たなければなりません. この 2 つの条件から, a, b の値を決めていきましょう.

:::::::::::::::::::::::::::::::: 解 答 ::::::::::::::::::::::::::::::::

$f(x)$ が $x=1$ で連続である条件は

$$\lim_{x\to 1} f(x)=f(1) \quad \cdots\cdots ①$$

が成り立つことである.

左辺の極限が存在するのは, 左極限と右極限が一致するときである.

$$\lim_{x\to 1-0} f(x)=\lim_{x\to 1-0}(x^2+1)=2$$

$$\lim_{x\to 1+0} f(x)=\lim_{x\to 1+0}(-x+b)=-1+b$$

より

$$2=-1+b \quad\text{すなわち}\quad b=3$$

このとき $\displaystyle\lim_{x\to 1} f(x)=2$ であり, また $f(1)=a$ であるから, ①より $2=a$

以上より, $a=2$, $b=3$

$x<1$ では
$f(x)=x^2+1$

$x>1$ では
$f(x)=-x+b$

$x=1$ では
$f(x)=a$

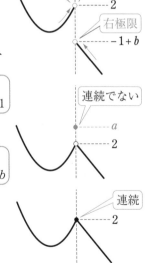

左極限 / 連続でない / 2 / 右極限 / $-1+b$

連続でない / a / 2

連続 / 2

第3章

微分の定義

　微分については，数学Ⅱですでに学習しています．数学Ⅲになって扱う関数
のバリエーションは増えますが，微分の定義自体は数学Ⅱで学んだものと**何ら
変わりがありません**．ここで簡単に振り返ってみましょう．

　関数 $f(x)$ において，x が a から $a+h$
まで変化するとき，$f(x)$ は $f(a)$ から
$f(a+h)$ まで変化します．x の増分を $\varDelta x$,
y の増分を $\varDelta y$ と書くと，

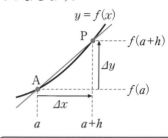

$$\varDelta x= \ (a+h)-a \ \ \ \ =h,$$
$$\varDelta y= \ f(a+h)-f(a)$$

です．このときの変化の割合，つまり

> 直線APの傾き$=\dfrac{\varDelta y}{\varDelta x}=\dfrac{f(a+h)-f(a)}{h}$

$$\frac{(y \text{の増分})}{(x \text{の増分})}=\frac{\varDelta y}{\varDelta x}=\frac{f(a+h)-f(a)}{h} \ \ \ \cdots\cdots①$$

を $f(x)$ の（x が a から $a+h$ まで変化するときの）**平均変化率**といいます．こ
れは図形的には $\mathrm{A}(a,\ f(a))$ と $\mathrm{P}(a+h,\ f(a+h))$ としたときの**直線 AP の
傾き**に相当します．

　次に，$\varDelta x$（すなわち h）を限りなく 0 に近づけたとき，①の極限

$$\lim_{h\to0}\frac{f(a+h)-f(a)}{h} \ \ \ \cdots\cdots②$$

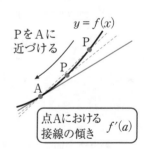

を考えます．この極限値が存在するのであれば，そ
の値を $f(x)$ の $x=a$ における**微分係数**といい，こ
れを $\boldsymbol{f'(a)}$ と表します．図形的に見ると，これは
「P が限りなく A に近づいたときに直線 AP の傾き
が近づく値」ですから，$y=f(x)$ のグラフの**点Aに
おける接線の傾き**に相当します．

▷**コメント**

　①が（$x=a$ から $x=a+h$ の間の）「**平均**」の変化率であるのに対して，②
は（$x=a$ における）「**瞬間**」の変化率ということができます．

具体的な例を見ておきましょう．ここでは

$$f(x)=\frac{1}{x} \quad \text{の} \quad x=2 \quad \text{における微分係数}$$

を求めることにします．x が 2 から $2+h$ まで変化するときの平均変化率は

$$\frac{f(2+h)-f(2)}{h}$$

です．これは，右図の直線 AP の傾きですね．

次に，h が 0 に近づくときのこの式の極限を考えてみましょう．

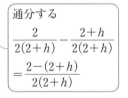

$$\lim_{h \to 0}\frac{f(2+h)-f(2)}{h}=\lim_{h \to 0}\frac{\dfrac{1}{2+h}-\dfrac{1}{2}}{h}$$

$$=\lim_{h \to 0}\frac{1}{h}\cdot\frac{-h}{2(2+h)}$$

$$=\lim_{h \to 0}\frac{-1}{2(2+h)}$$

$$=-\frac{1}{4}$$

h が約分されて不定形が解消する

通分する

$$\frac{2}{2(2+h)}-\frac{2+h}{2(2+h)}$$
$$=\frac{2-(2+h)}{2(2+h)}$$

極限値が存在しましたので，求める微分係数は $-\dfrac{1}{4}$，記号を使って書けば

$$f'(2)=-\frac{1}{4}$$

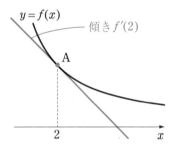

となります．これが $f(x)$ の $x=2$ における瞬間の変化率であり，さらにこれは $y=f(x)$ の点Aにおける接線の傾きに相当します．

さて，ここで一つ注意しておくべきことがあります．前ページで②の極限値が「存在するのであれば」という含みのある言い方をしましたが，ここが数学Ⅱまでの微分と違うところです．数学Ⅱで私たちが扱ったのは，「多項式関数」だけでした．多項式関数では，この極限値は必ず存在していたので，それが「存在するかどうか」などを考える必要はなかったのです．しかし，これから私たちが相手にする「**一般の関数**」では，この極限値は必ずしも存在するとは限りません．つまり，微分係数が求められることは決して当たり前のことではなくなるのです．

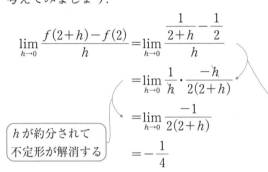

典型的な例として

$$f(x)=|x| \ \text{の} \ x=0 \ \text{における微分係数}$$

を考えてみましょう. それは

$$\frac{f(0+h)-f(0)}{h}=\frac{|0+h|-|0|}{h}=\frac{|h|}{h}$$

の $h\to 0$ における極限を調べる, ということです. 実は, この極限の計算は**練習問題4**(3)で行っていますね. この極限は, 右極限をとるか左極限をとるかで結果が変わってきます.

$$\lim_{h\to +0}\frac{|h|}{h}=\lim_{h\to +0}\frac{h}{h}=1, \ \ \lim_{h\to -0}\frac{|h|}{h}=\lim_{h\to -0}\frac{-h}{h}=-1$$

右極限と左極限が一致しないということは, 極限は存在しない, つまり**微分係数は存在しない**ことになります.

これは, 図形的に見るとわかりやすいです. $y=|x|$ はVの字のように $x=0$ で下に「尖って」いるグラフとなり, 点PがA$(0, 0)$に右から近づけば直線APの傾きは1になり, 左から近づけば -1 になります. つまり, 点Aにおける「接線の傾き」を**定めることができない**のです.

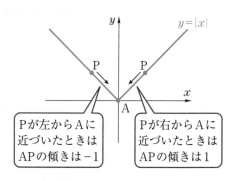

このように, 一般の関数では, ②の極限値がどんな x に対しても存在するとは限りません. そこで, $x=a$ において②の極限値が存在することを, 「**$f(x)$ は $x=a$ で微分可能である**」ということにします. これは, $y=f(x)$ のグラフの点A$(a, f(a))$における接線の傾きが決まるということですので, 直感的にはその点においてグラフが「なめらかである(尖っていない)」ことを意味しています.

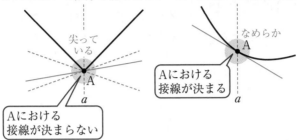

　このように，$f(x)$ が微分可能であるかどうかは，「各 x ごとに」判定されます．そして，もし $f(x)$ が「定義域内のすべての x において微分可能」であれば（つまり $y=f(x)$ のグラフがいたるところで「なめらか」であれば），$f(x)$ を**微分可能（な関数）**と呼びます．これは，「連続関数」を定義したときと全く同じ流れですね．

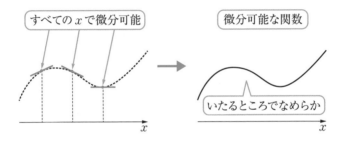

練習問題 6

　次の関数 $f(x)$ が，与えられた x の値で微分可能であるかどうかを調べ，微分可能であれば微分係数を求めよ．
(1)　$f(x)=x-|x|$　$(x=0)$　　　(2)　$f(x)=x|x|$　$(x=0)$

精 講　$f(x)$ が $x=a$ で微分可能であるための条件は，

$$極限 \lim_{h \to 0} \frac{f(a+h)-f(a)}{h} が存在する$$

ことです．そのためには，**右極限と左極限がともに存在し，それが一致する**ことが，必要かつ十分な条件になります．

(1) $f(x)=x-|x|=\begin{cases} x-x =0 & (x \geqq 0 \ \text{のとき}) \\ x-(-x)=2x & (x<0 \ \text{のとき}) \end{cases}$

$$\lim_{h \to +0} \frac{f(0+h)-f(0)}{h} = \lim_{h \to +0} \frac{0-0}{h} = 0 \quad \begin{cases} h>0 \ \text{のとき} \\ f(h)=0 \end{cases}$$

$$\lim_{h \to -0} \frac{f(0+h)-f(0)}{h} = \lim_{h \to -0} \frac{2h-0}{h} \quad \begin{cases} h<0 \ \text{のとき} \\ f(h)=2h \end{cases}$$

$$= \lim_{h \to -0} \frac{2h}{h} = 2$$

右極限と左極限が一致しないので,

$$\lim_{h \to 0} \frac{f(0+h)-f(0)}{h} \ \text{は存在しない.}$$

よって, $f(x)$ は $x=0$ で微分可能ではない.

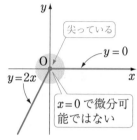

(2) $f(x)=x|x|=\begin{cases} x \cdot x =x^2 & (x \geqq 0 \ \text{のとき}) \\ x \cdot (-x)=-x^2 & (x<0 \ \text{のとき}) \end{cases}$

$$\lim_{h \to +0} \frac{f(0+h)-f(0)}{h} = \lim_{h \to +0} \frac{h^2-0}{h} = \lim_{h \to +0} h = 0 \quad \begin{cases} h>0 \ \text{のとき} \\ f(h)=h^2 \end{cases}$$

$$\lim_{h \to -0} \frac{f(0+h)-f(0)}{h} = \lim_{h \to -0} \frac{-h^2-0}{h} = \lim_{h \to -0} (-h) = 0 \quad \begin{cases} h<0 \ \text{のとき} \\ f(h)=-h^2 \end{cases}$$

右極限と左極限が一致するので

$$\lim_{h \to 0} \frac{f(0+h)-f(0)}{h} = 0$$

$f(x)$ は $x=0$ で微分可能で, 微分係数は **0**

コメント

(1), (2)は, どちらも $x=0$ で2つのグラフが連結
されていますが, (1)は連結部分が尖っているため,
接線の傾きが決められません. 一方, (2)は連結部分
がなめらかなため, 接線の傾きが決まります.

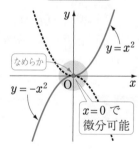

微分可能と連続

関数 $f(x)$ が $x=a$ において微分可能であるための条件は，極限値

$$\lim_{h\to 0}\frac{f(a+h)-f(a)}{h}$$

が存在することでしたが，この式の分母は 0 に収束するので，これが有限の値に収束するためには，分子も 0 に収束しなければなりません（**練習問題 3** 参照）.
これは

$$\lim_{h\to 0}f(a+h)=f(a)$$

ということを意味し，さらにこの式は，$x=a+h$ と書き換えれば，

$$\lim_{x\to a}f(x)=f(a)$$

ですから，「$f(x)$ が $x=a$ で連続である」ことに他なりません.

つまり，「$f(x)$ が $x=a$ で微分可能」であるためには，少なくとも「$f(x)$ が $x=a$ で連続」でなければならない（←必要条件）ということです.

$$\text{「}f(x)\text{ が }x=a\text{ で微分可能」}\Longrightarrow\text{「}f(x)\text{ が }x=a\text{ で連続」}$$

この逆は，一般には成り立ちません. すでに見た $y=|x|$ という関数は，「$x=0$ で連続」であっても「$x=0$ で微分可能ではない」という例です.

直感的には，ある点で「つながっている」ことがいえれば連続，「つながっている」上でさらに「なめらかである」といえれば微分可能です.「微分可能」というのは「連続」の**上位互換**なのです.

連続	×	○	○
微分可能	×	×	○
例			

つながっていない（当然なめらかではない）　　つながっているがなめらかではない　　つながっていてなめらかである

ある関数が，「定義域内のすべての x において微分可能」であれば，「定義域内のすべての x において連続」でもありますから，微分可能な関数は連続関数です．しかし，**連続関数が微分可能な関数とは限りません.**

導関数

$f(x)$ が微分可能な関数であれば，定義域内の実数 a に対して微分係数 $f'(a)$ が決まるので，この対応を関数と見ることができます．

$$a \xrightarrow[f']{\text{導関数}} \overset{\text{微分係数}}{f'(a)}$$

通常の関数と同じように a を x に置き換えて $f'(x)$ と書いたものを，$f(x)$ の**導関数**といいます．$f'(x)$ の定義は，微分係数 $f'(a)$ の定義において a を x に置き換えたものにすぎません．

☑ 導関数の定義

$$f'(x) = \lim_{h \to 0} \frac{f(x+h) - f(x)}{h}$$

$f(x) = \dfrac{1}{x}$ の導関数を求めてみましょう．

$$\begin{aligned}
f'(x) &= \lim_{h \to 0} \frac{\dfrac{1}{x+h} - \dfrac{1}{x}}{h} = \lim_{h \to 0} \frac{1}{h}\left(\frac{1}{x+h} - \frac{1}{x}\right) \quad \overset{\text{導関数の定義}}{} \\
&= \lim_{h \to 0} \frac{1}{h} \cdot \frac{x - (x+h)}{(x+h)x} = \lim_{h \to 0} \frac{1}{h} \cdot \frac{-h}{(x+h)x} \quad \overset{h \text{を約分}}{} \\
&= \lim_{h \to 0} \frac{-1}{(x+h)x} \\
&= -\frac{1}{x^2}
\end{aligned}$$

図形的に見れば，導関数は「$y = f(x)$ のグラフの x における接線の傾き」を表す関数です．上の結果を使えば，$x=1$，$x=2$，$x=3$ における $y = \dfrac{1}{x}$ のグラフの接線の傾きはそれぞれ

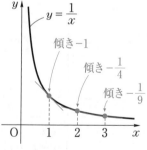

$$f'(1) = -1, \quad f'(2) = -\frac{1}{4}, \quad f'(3) = -\frac{1}{9}$$

と，とても簡単にわかります．

関数 $f(x)$ に対して，その導関数 $f'(x)$ を求めることを，関数を**微分する**といいます．

練習問題 7

次の関数を，定義にしたがって微分せよ．

(1) $f(x)=\dfrac{1}{x^2}$　　(2) $f(x)=\sqrt{x}$

精講 微分の定義にしたがって，導関数を求めてみましょう．実は，これらの微分は，後に紹介する公式を用いるとあっという間にできます．

解 答

(1) $f'(x)=\lim\limits_{h\to 0}\dfrac{f(x+h)-f(x)}{h}$

$=\lim\limits_{h\to 0}\dfrac{\dfrac{1}{(x+h)^2}-\dfrac{1}{x^2}}{h}$

$=\lim\limits_{h\to 0}\dfrac{1}{h}\cdot\dfrac{-2hx-h^2}{(x+h)^2x^2}$

$=\lim\limits_{h\to 0}\dfrac{1}{h}\cdot\dfrac{h(-2x-h)}{(x+h)^2x^2}$ ←約分すると不定形が解消する

$=\lim\limits_{h\to 0}\dfrac{-2x-h}{(x+h)^2x^2}$

$=\dfrac{-2x}{x^2\cdot x^2}=-\dfrac{2}{x^3}$

$\dfrac{\dfrac{1}{(x+h)^2}-\dfrac{1}{x^2}}{}$ 通分

$=\dfrac{x^2-(x+h)^2}{(x+h)^2x^2}$

$=\dfrac{x^2-(x^2+2hx+h^2)}{(x+h)^2x^2}$

(2) $f'(x)=\lim\limits_{h\to 0}\dfrac{f(x+h)-f(x)}{h}=\lim\limits_{h\to 0}\dfrac{\sqrt{x+h}-\sqrt{x}}{h}$

$=\lim\limits_{h\to 0}\dfrac{\sqrt{x+h}-\sqrt{x}}{h}\times\dfrac{\sqrt{x+h}+\sqrt{x}}{\sqrt{x+h}+\sqrt{x}}$ ←分子の有理化

$=\lim\limits_{h\to 0}\dfrac{(x+h)-x}{h(\sqrt{x+h}+\sqrt{x})}$

$=\lim\limits_{h\to 0}\dfrac{h}{h(\sqrt{x+h}+\sqrt{x})}$ ←約分すると不定形が解消する

$=\lim\limits_{h\to 0}\dfrac{1}{\sqrt{x+h}+\sqrt{x}}=\dfrac{1}{\sqrt{x}+\sqrt{x}}=\dfrac{1}{2\sqrt{x}}$

コメント

多項式関数において，微分は「**肩の上の数字を前に出し，肩の上の数を1つ減らす**」という操作で簡単にできました．例えば

$$(x^2)' = 2x, \quad (x^3)' = 3x^2 \underset{}{\boxed{(x^n)' = nx^{n-1}}}$$

という具合です．さて，このことを踏まえて，あらためてここまでに計算した微分の結果を並べてみましょう．

$$\left(\frac{1}{x}\right)' = -\frac{1}{x^2}, \quad \left(\frac{1}{x^2}\right)' = -\frac{2}{x^3}, \quad (\sqrt{x}\,)' = \frac{1}{2\sqrt{x}}$$

これは，指数を使って書き直すと，こうなります．

$$(x^{-1})' = -x^{-2}, \quad (x^{-2})' = -2x^{-3}, \quad \left(x^{\frac{1}{2}}\right)' = \frac{1}{2}x^{-\frac{1}{2}}$$

おわかりですね．先ほどの操作が，肩の上の数が「負の数」や「分数」のときも**同様に成り立っている**のです．これは実に驚くべきことです．

微分に関して，一般に次の公式が成り立ちます．

☑ 微分の公式

$$(x^\alpha)' = \alpha x^{\alpha-1} \quad (\alpha \text{ は実数})$$

これを用いれば，例えば $x\sqrt{x}$ の微分が

$$(x\sqrt{x}\,)' = \left(x^{\frac{3}{2}}\right)' = \frac{3}{2}x^{\frac{1}{2}} = \frac{3}{2}\sqrt{x}$$

と，いとも簡単にできてしまいます．この公式の証明はもう少し後(対数微分法 p148)で行いますが，この公式は成り立つものとして，この後は積極的に使っていくことにします．

積の微分と商の微分

微分には，「定数倍は前に出せる」「和は分配できる」という性質があったことは，すでに数学Ⅱで学習しています．

$$\{kf(x)\}' = kf'(x), \quad \{f(x) + g(x)\}' = f'(x) + g'(x)$$

　注意してほしいのは，このように微分を「分配」できるのはあくまで「和（差）」のときであって，**積や商の場合は**下のように微分を分けることは**できない**ということです．

$$\{f(x)g(x)\}'=f'(x)g'(x) \qquad \times \quad やってはダメな変形$$

$$\left\{\frac{f(x)}{g(x)}\right\}'=\frac{f'(x)}{g'(x)} \qquad \times \quad やってはダメな変形$$

　ただし，積や商においても使える微分の公式はちゃんと存在します．それが次のものです．

☑ **積や商の微分公式**

$$\{f(x)g(x)\}'=f'(x)g(x)+f(x)g'(x)$$

$$\left\{\frac{f(x)}{g(x)}\right\}'=\frac{f'(x)g(x)-f(x)g'(x)}{\{g(x)\}^2}$$

　積に関しては，「**半分ずつ微分したものを足し算する**」と覚えるとわかりやすいでしょう．例えば，$y=(x^3-1)(x^2+1)$ の微分は

$$y'=\underline{(x^3-1)'(x^2+1)+(x^3-1)(x^2+1)'}$$

半分ずつ微分して足す

$$=3x^2(x^2+1)+(x^3-1)2x$$
$$=3x^4+3x^2+2x^4-2x=5x^4+3x^2-2x$$

となります．ちなみに，普通に $y=x^5+x^3-x^2-1$ と展開してから微分しても

$$y'=5x^4+3x^2-2x$$

と同じ結果が得られますね．

　商の公式は，分母が2乗され，分子は（積の公式と対照的に）「**半分ずつ微分したものの引き算**」が出てきます．少し複雑ですが，こればっかりは繰り返し使って覚えるよりほかはありません．例えば，$y=\dfrac{x}{x^2+1}$ の微分は

半分ずつ微分して引く

$$y'=\frac{x'(x^2+1)-x(x^2+1)'}{(x^2+1)^2}=\frac{x^2+1-x\cdot 2x}{(x^2+1)^2}=\frac{1-x^2}{(x^2+1)^2}$$

分母は2乗

となります．

練習問題 8

次の関数を微分せよ.

(1) $y=(2x+1)(x^2+x+1)$　　(2) $y=\dfrac{x-1}{x^2-x+1}$

(3) $y=\dfrac{\sqrt{x}}{x+1}$　　　　　　(4) $y=\dfrac{1}{x^3+1}$

精講 積や商の微分公式を活用してみましょう. これらの公式は, とにかく使いながら覚えていくのが, 一番効率的です.

ちなみに, 商の微分公式で $f(x)=1$ としたものは,

$$\left\{\frac{1}{g(x)}\right\}'=-\frac{g'(x)}{\{g(x)\}^2}$$

となります. この形もよく使われるので, 覚えておいてください.

解 答

(1)　$y'=\underline{(2x+1)'(x^2+x+1)+(2x+1)(x^2+x+1)'}$　←半分ずつ微分して足す

$=2(x^2+x+1)+(2x+1)(2x+1)$

$=2x^2+2x+2+4x^2+4x+1$

$=\boldsymbol{6x^2+6x+3}$

(2)　$y'=\dfrac{(x-1)'(x^2-x+1)-(x-1)(x^2-x+1)'}{(x^2-x+1)^2}$　←半分ずつ微分して引く

←分母は2乗

$=\dfrac{1\cdot(x^2-x+1)-(x-1)(2x-1)}{(x^2-x+1)^2}$

$=\dfrac{-x^2+2x}{(x^2-x+1)^2}\left(=\dfrac{-x(x-2)}{(x^2-x+1)^2}\right)$

(3)　$y'=\dfrac{(\sqrt{x})'(x+1)-\sqrt{x}(x+1)'}{(x+1)^2}$

$\boxed{\begin{array}{l}(\sqrt{x})'=(x^{\frac{1}{2}})'\\[4pt]\phantom{(\sqrt{x})'}=\dfrac{1}{2}x^{-\frac{1}{2}}\\[4pt]\phantom{(\sqrt{x})'}=\dfrac{1}{2\sqrt{x}}\end{array}}$

$=\dfrac{\dfrac{1}{2\sqrt{x}}(x+1)-\sqrt{x}\cdot1}{(x+1)^2}$

分母・分子に $2\sqrt{x}$ をかける

$=\dfrac{x+1-\sqrt{x}\cdot2\sqrt{x}}{2\sqrt{x}(x+1)^2}$

$=\dfrac{x+1-2x}{2\sqrt{x}(x+1)^2}=\dfrac{-x+1}{2\sqrt{x}(x+1)^2}$

(4) $\quad y' = -\dfrac{(x^3+1)'}{(x^3+1)^2} = -\dfrac{3x^2}{(x^3+1)^2}$ $\quad\left\{\begin{array}{l} f(x)=1 \text{ のときの公式} \\ \left\{\dfrac{1}{g(x)}\right\}' = -\dfrac{g'(x)}{\{g(x)\}^2} \quad \text{を使う} \end{array}\right.$

積の公式の証明

　積の公式を**証明**してみましょう．$f(x)$ も $g(x)$ も微分可能な関数であるとして，$f(x)g(x)$ の導関数は

$$\lim_{h\to 0}\frac{f(x+h)g(x+h)-f(x)g(x)}{h} \quad \cdots\cdots ①$$

という極限の計算になります．ここで，①の分数の分子

$$f(x+h)g(x+h)-f(x)g(x) \quad \cdots\cdots ②$$

に注目します．$f(x+h)g(x+h)$ と $f(x)g(x)$ の差を取っているのですが，その**中継地点**として $\boldsymbol{f(x)g(x+h)}$ という式を用意してあげます．

　この式をはさむことで，まず f の中身のみが変化し，次に g の中身のみが変化するといった具合に，差が2つに分割されます．

$$\begin{aligned} ② &= f(x+h)g(x+h) - f(x)g(x+h) + f(x)g(x+h) - f(x)g(x) \\ &= \{f(x+h)-f(x)\}g(x+h) + f(x)\{g(x+h)-g(x)\} \end{aligned}$$

　これを h で割り算すると

$$\frac{f(x+h)-f(x)}{h}\cdot g(x+h) + f(x)\cdot\frac{g(x+h)-g(x)}{h}$$

となり，$h\to 0$ の極限をとると

$$\frac{f(x+h)-f(x)}{h}\to f'(x), \quad \frac{g(x+h)-g(x)}{h}\to g'(x), \quad g(x+h)\to g(x)$$

なので，

$$① = f'(x)g(x) + f(x)g'(x)$$

が導かれることになります．

　商の微分の証明も微分の定義からできますが，後ほど学ぶ「合成関数の微分」を使う方が簡単ですから，そこで証明します（p107）．

　注意　上で，$\displaystyle\lim_{h\to 0}g(x+h)=g(x)$ としたのは，何でもない式変形に見えますが，実はここに「**$g(x)$ が連続関数である**」という性質が使われています．$g(x)$ は微分可能な関数ですから，連続関数でもあるのです（p91）．

微分の記号

$y = f(x)$ の微分を y' や $f'(x)$ と表すことはすでに知っていると思いますが，ここで微分を表す新しい記号に慣れておきましょう．y を x で微分することを

$$\frac{dy}{dx} \quad \text{あるいは} \quad \frac{d}{dx}y$$

と表します．この記号を用いれば，例えば x^3 や $\frac{1}{x}$ の微分は

$$\frac{dx^3}{dx} = 3x^2, \quad \frac{d}{dx}\left(\frac{1}{x}\right) = -\frac{1}{x^2}$$

などと表すことができます．

導関数というのは，平均変化率 $\frac{\Delta y}{\Delta x}$ の Δx を 0 に近づけたときの極限であったことを思い出してください．x，y の増分 **Δx, Δy が限りなく微小なものになったものが dx, dy** だと考えれば，この記号のニュアンスが理解できると思います．

これはあくまで「記号」であり，**「dx 分の dy」という分数ではない**のですが，実はこれが分数と**よく似たふるまいをする**ということを，p100 の「合成関数の微分法」の中で見ていくことになります．

練習問題 9

次の微分を計算せよ.

(1) $\dfrac{d}{dx}\left(\dfrac{x^2}{t^3}\right)$　　(2) $\dfrac{d}{dt}\left(\dfrac{x^2}{t^3}\right)$

精 講　$\dfrac{d}{dx}$, $\dfrac{d}{dt}$ のような微分記号の利点の1つは，複数の文字を含む式があったときに「**どの変数で微分するか**」を明示できることです. $\dfrac{d}{dx}$ は「xで微分する」，$\dfrac{d}{dt}$ は「tで微分する」という意味になります.

第3章

解 答

xの関数と見て微分する

(1) $\dfrac{d}{dx}\left(\dfrac{x^2}{t^3}\right)=\dfrac{1}{t^3}\dfrac{d}{dx}x^2=\dfrac{1}{t^3}\cdot 2x=\dfrac{2x}{t^3}$

定数を前に出す

tの関数と見て微分する　　$(t^{-3})'=-3t^{-4}$

(2) $\dfrac{d}{dt}\left(\dfrac{x^2}{t^3}\right)=x^2\dfrac{d}{dt}\left(\dfrac{1}{t^3}\right)=x^2\dfrac{-3}{t^4}=-\dfrac{3x^2}{t^4}$

定数を前に出す

合成関数の微分法

　微分計算において極めて重要な「合成関数の微分」が，ここで満を持して登場します．微分の学習における1つの関門となるのですが，わかってしまえば「平方完成」などと同様，何も考えずにできる「作業」です．まずは細かい理屈を抜きにして，具体例で説明しましょう．

$$y=(x^2+1)^3 \quad \cdots\cdots ①$$

という関数を考えます．いま知りたいのは，これを x で微分した結果です．これは，p98 で登場した新しい微分の記号を使えば

$$\frac{dy}{dx} \quad \fbox{y を x で微分}$$

と表せます．

　これまで通り計算するのであれば，①の右辺を $y=x^6+3x^4+3x^2+1$ と展開して微分の公式を用いればよいでしょう．

$$\frac{dy}{dx}=6x^5+12x^3+6x$$

　もちろん，これで問題ないのですが，ここでは同じ結果を別の方法で導いてみたいと思います．p14 で解説したように，①は「2次関数が3次関数の中に入っている」合成関数と見ることができます．内側の関数 x^2+1 を変数 t とおくことで，①は

$$y=t^3, \quad t=x^2+1 \quad \cdots\cdots ②$$

と2つの関数に分割して表せるということをすでに練習しています．

　「y は t の関数」「t は x の関数」ですから，ここで「y を t で微分」したものと，「t を x で微分」したものを計算しましょう．ここでも新しい微分の記号を使えば

$$\frac{dy}{dt}=3t^2 \quad \fbox{y を t で微分} \qquad \frac{dt}{dx}=2x \quad \fbox{t を x で微分} \quad \cdots\cdots ③$$

となります．結論を先にいえば，求めるべき $\dfrac{dy}{dx}$ は，③の2つの式をかけ算することで得られます．つまり，合成関数に関して，次の美しい公式が成り立つということです．

合成関数の微分公式

$$\frac{dy}{dx}=\frac{dy}{dt}\cdot\frac{dt}{dx}$$ ◁ あたかも分数のかけ算のように見える

実際に計算すると，次のようになります．

$$\frac{dy}{dx}=\frac{dy}{dt}\cdot\frac{dt}{dx}=3t^2\cdot2x=3(x^2+1)^2\cdot2x=6x(x^2+1)^2$$

$t=x^2+1$(t を元に戻す)

得られた式を展開してみれば

$$6x(x^2+1)^2=6x(x^4+2x^2+1)=6x^5+12x^3+6x$$

となり，確かに先ほどの結果と一致していますね．

もう一つ，別の例を見てみましょう．

$$y=\sqrt{x^2+1}$$

の微分です．これは，「2次関数が無理関数の中に入っている」という合成関数で，ルートの中の x^2+1 を t とおくと，次のように2つの関数に分割できます．

$$y=\sqrt{t}, \quad t=x^2+1$$

ここで，合成関数の微分公式を用いると，

$$\frac{dy}{dx}=\frac{dy}{dt}\cdot\frac{dt}{dx}=\frac{1}{2\sqrt{t}}\cdot2x=\frac{1}{2\sqrt{x^2+1}}\cdot2x=\frac{x}{\sqrt{x^2+1}}$$

となります．実は，慣れてくれば t という置き換えをしなくても合成関数の微分ができるようになるのですが，それは練習問題で実践する中で解説することにしましょう．

コメント

合成関数の微分は，$\dfrac{dy}{dx}$ という「分数」に dt が右図のように挿入されたと考えるとイメージしやすいでしょう．$\dfrac{dy}{dt}$ や $\dfrac{dt}{dx}$ などは，微分の「記号」にすぎないのですが，あたかも分数式のようにふるまうのが面白いところです．同じことは，合成の入れ子が何重になっても成立します．式が「連鎖」していく様子から，この規則のことを**チェインルール**と呼んだりします．

$y \leftarrow t \leftarrow x$

$$\frac{dy}{dx}=\frac{dy}{dt}\times\frac{dt}{dx}$$

$y \leftarrow t \leftarrow s \leftarrow x$

$$\frac{dy}{dx}=\frac{dy}{dt}\times\frac{dt}{ds}\times\frac{ds}{dx}$$

第3章

練習問題 10

次の関数を微分せよ.

(1) $y=(x^2+x+1)^4$　　(2) $y=\sqrt{x^3+x}$　　(3) $y=\dfrac{1}{\sqrt{x^2+1}}$

(4) $y=x^3\sqrt{x^3-1}$　　(5) $y=\dfrac{x}{\sqrt{x^2+1}}$

精講 前ページまでで説明した合成関数の微分を実践してみましょう. はじめは t という置き換えをするといいですが, 要領がつかめてきたら置き換えをせずに一気にやってしまえるようにしましょう.

解　答

(1) 与えられた関数は

$$y=t^4, \quad t=x^2+x+1$$

> 4次関数の中に2次関数の入った合成関数

と2つの関数に分割できる.

$$\frac{dy}{dx}=\frac{dy}{dt}\cdot\frac{dt}{dx}=4t^3\cdot(2x+1)$$
$$=4(x^2+x+1)^3(2x+1)$$

$t=x^2+x+1$

(2) 与えられた関数は

$$y=\sqrt{t}, \quad t=x^3+x$$

> 無理関数の中に3次関数の入った合成関数

と2つの関数に分割できる.

$$\frac{dy}{dx}=\frac{dy}{dt}\cdot\frac{dt}{dx}=\frac{1}{2\sqrt{t}}\cdot(3x^2+1)$$
$$=\frac{3x^2+1}{2\sqrt{x^3+x}}$$

$t=x^3+x$

$$\frac{d}{dt}\sqrt{t}=\frac{d}{dt}t^{\frac{1}{2}}$$
$$=\frac{1}{2}t^{-\frac{1}{2}}$$
$$=\frac{1}{2\sqrt{t}}$$

コメント

慣れてくれば, 合成関数の微分は t で置き換えをせずに, すべて頭の中で行います. 例えば, (1)では

$$y=(x^2+x+1)^4$$

を微分するときは, 頭の中で x^2+x+1 を1つの「かたまり」と見て, その

「かたまり」で y を微分した結果を書きます．

$$y'=4(x^2+x+1)^3 \ \overbrace{\text{まだ途中}}$$

次に，その「かたまり」と見た部分を x で微分した式を，後ろからかけます．

$$y'=4(\underline{x^2+x+1})^3 \times (2x+1) \ \overbrace{\text{これで完成}}$$
$$\underset{\text{微分}}{\underbrace{\qquad}}$$

(2)も同様に

$$y=\sqrt{x^3+x}=(x^3+x)^{\frac{1}{2}}$$

の x^3+x を「かたまり」と見て，上と同様に考えます．

$$y'=\frac{1}{2}(x^3+x)^{-\frac{1}{2}} \times (3x^2+1)$$
$$\underset{\text{微分}}{\underbrace{\qquad}}$$

　ある部分を「かたまり」と見て微分するというのは，比較的自然にできると思うのですが，そのあとにその**「かたまり」の微分をかけ算する**というのが，合成関数の微分の肝となります．これが何も考えずとも実行できるようになるまで，練習をしてください．

(3)　$y=\dfrac{1}{\sqrt{x^2+1}}=(x^2+1)^{-\frac{1}{2}}$ 　$\boxed{a^{-\frac{3}{2}}=\dfrac{1}{a^{\frac{3}{2}}}=\dfrac{1}{a \cdot a^{\frac{1}{2}}}=\dfrac{1}{a\sqrt{a}}}$

$$y'=-\frac{1}{2}(x^2+1)^{-\frac{3}{2}} \times 2x=-\frac{1}{2(x^2+1)\sqrt{x^2+1}} \cdot 2x=-\frac{x}{(x^2+1)\sqrt{x^2+1}}$$
$$\underset{\text{微分}}{\underbrace{\qquad}}$$

コメント

　商の微分公式を用いてもよいのですが，むしろ一手間多くなります．

$$y'=-\frac{(\sqrt{x^2+1})'}{(\sqrt{x^2+1})^2}=-\frac{1}{x^2+1} \cdot \frac{1}{2}(x^2+1)^{-\frac{1}{2}} \times 2x$$
$$=-\frac{x}{(x^2+1)\sqrt{x^2+1}}$$

　商の微分は，公式を用いずに，合成関数の微分として行うほうがいい場合も多いです．

(4) まず，積の微分公式を用いる．

$$y' = (x^3)'\sqrt{x^3-1} + x^3(\sqrt{x^3-1})' \quad \leftarrow 積の微分公式$$

$$= 3x^2\sqrt{x^3-1} + x^3\left\{(x^3-1)^{\frac{1}{2}}\right\}' \quad \left.\begin{array}{c} \\ \end{array}\right\} 合成関数$$

$$= 3x^2\sqrt{x^3-1} + x^3\left\{\frac{1}{2}(x^3-1)^{-\frac{1}{2}} \times 3x^2\right\} \quad の微分$$

$$= 3x^2\sqrt{x^3-1} + \frac{3x^5}{2\sqrt{x^3-1}} \quad \left.\begin{array}{c} \\ \end{array}\right\} 通分$$

$$= \frac{6x^2(x^3-1)+3x^5}{2\sqrt{x^3-1}}$$

$$= \frac{9x^5-6x^2}{2\sqrt{x^3-1}} \quad \left(= \frac{3x^2(3x^3-2)}{2\sqrt{x^3-1}}\right)$$

(5) ここも，商の微分公式を用いるより，積の微分公式と合成関数の微分を用いるほうが，手間は少なくなる．

$$y = x(x^2+1)^{-\frac{1}{2}}$$

$$y' = x'(x^2+1)^{-\frac{1}{2}} + x\left\{(x^2+1)^{-\frac{1}{2}}\right\}'$$

$$= (x^2+1)^{-\frac{1}{2}} + x\left\{-\frac{1}{2}(x^2+1)^{-\frac{3}{2}} \times 2x\right\}$$

$$= \frac{1}{\sqrt{x^2+1}} - \frac{x^2}{(x^2+1)\sqrt{x^2+1}}$$

$$= \frac{(x^2+1)-x^2}{(x^2+1)\sqrt{x^2+1}} = \frac{1}{(x^2+1)\sqrt{x^2+1}}$$

合成関数の微分の意味

入力側のつまみを動かすとその値が出力に変換され，出力側のつまみが動くような 2 つの装置 f, g を考えてみます．下図のように，装置 f は入力のつまみの動きを 3 倍にして出力し，装置 g は入力のつまみの動きを 2 倍にして出力します．このとき，**f の変化率は 3，g の変化率は 2** ということができます．

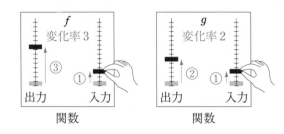

ここで，**g の出力側のつまみと f の入力側のつまみを棒で連結**してみたとしましょう．これで，g の入力つまみを動かすと f の出力つまみが動くという 1 つの装置 $f \circ g$ ができます．この装置の変化率は，どうやったら計算できるでしょうか．

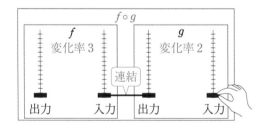

入力つまみを 1 だけ動かしてみましょう．装置 g によりその動きが 2 倍されて，連結部分は 2 動きます．連結部分が 2 動くと，装置 f によりその動きが 3 倍されて，出力つまみは 6 動きます．装置 $f \circ g$ は入力つまみの動きを 6 倍することになるので，**$f \circ g$ の変化率は 6** となります．

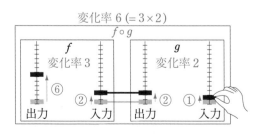

　ここからわかるのは，**合体した装置の変化率(6)は，それぞれの装置の変化率の積 (3×2) で計算できる**ということです．つまり

$$(f \circ g \text{ の変化率})＝(f \text{ の変化率})×(g \text{ の変化率})$$

です．少し大ざっぱではありますが，まさにこれが合成関数の微分の公式がいっていることなのです．

　上で考えたことを，もう一度文字を使ってやってみます．合成関数の入力つまみの値を x，連結部分の値を t，出力つまみの値を y とします．また，関数 f, g の変化率をそれぞれ a, b とします．

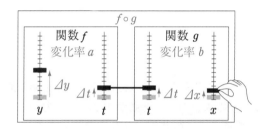

　x を $\varDelta x$ 動かしたときに，連結部分が $\varDelta t$ 動き，出力つまみが $\varDelta y$ 動いたとします．関数 g の変化率を考えれば，$\varDelta t$ は $\varDelta x$ の b 倍，関数 f の変化率を考えれば，$\varDelta y$ は $\varDelta t$ の a 倍です．したがって，$\varDelta y$ は $\varDelta x$ の $a×b$ 倍となります．

$$\varDelta y \xleftarrow{a \text{ 倍}} \varDelta t \xleftarrow{b \text{ 倍}} \varDelta x$$
$$a×b \text{ 倍}$$

　ただ厳密には，ここは「ほぼ」$a×b$ 倍というべきです．というのも，a や b は最初のつまみの位置における「瞬間の」変化率ですから，つまみの位置がずれれば変化率自体が変動してしまいます．ただ，$\varDelta x$ が限りなく小さくなれば，その「ほぼ」はとれて，正確に $a×b$ 倍になると見ていいでしょう．

　$a＝(f \text{ の変化率})＝\dfrac{dy}{dt}$, $b＝(g \text{ の変化率})＝\dfrac{dt}{dx}$ ですから，これで合成関数の微分の公式が得られました．

$$\frac{dy}{dx}＝a×b＝\overbrace{\frac{dy}{dt}}_{f \text{ の変化率}}×\overbrace{\frac{dt}{dx}}^{g \text{ の変化率}}$$

　もちろんかなり荒っぽい説明ではありますが，合成関数の微分の「心」を理解する上では十分でしょう．より厳密な証明は，巻末を参照してください．

練習問題 11

　合成関数の微分を利用して，
$$\left\{\frac{1}{g(x)}\right\}' = -\frac{g'(x)}{\{g(x)\}^2}$$
を示せ．また，これと**積の微分公式**を使って，商の微分公式
$$\left\{\frac{f(x)}{g(x)}\right\}' = \frac{f'(x)g(x) - f(x)g'(x)}{\{g(x)\}^2}$$
を示せ．

 　先送りにしておいた商の微分公式を，合成関数の微分公式を用いて証明してみましょう．

::::::::::::::::::::::::::::::::::: 解　答 :::::::::::::::::::::::::::::::::::

$y = \dfrac{1}{g(x)} = \{g(x)\}^{-1}$ より，合成関数の微分にしたがえば

$$y' = -\{g(x)\}^{-2} \times g'(x) = -\frac{g'(x)}{\{g(x)\}^2}$$

また，$y = \dfrac{f(x)}{g(x)} = f(x) \times \dfrac{1}{g(x)}$ について，積の微分公式より

$$y' = f'(x) \times \frac{1}{g(x)} + f(x) \times \left\{\frac{1}{g(x)}\right\}'$$

上の結果を
用いた

$$= \frac{f'(x)}{g(x)} - \frac{f(x)g'(x)}{\{g(x)\}^2}$$

$$= \frac{f'(x)g(x) - f(x)g'(x)}{\{g(x)\}^2}$$

逆関数の微分法

　合成関数の微分の流れで,「逆関数の微分」についても説明します. p 105
で登場した装置が, ここで再度登場します. この装置では, 入力を1動かした
とき, 出力が2動きます. その**変化率は2**です. ここで, この装置の**入力と出
力を入れ替えてみましょう**. これが逆関数ですね. この逆関数の入力(もとの
出力)を1動かすと, 出力(もとの入力)はどれだけ動くでしょうか.

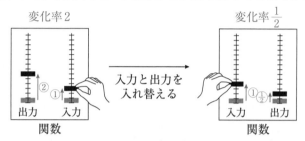

　もちろん $\dfrac{1}{2}$ ですよね. つまり, **逆関数の変化率は $\dfrac{1}{2}$**.

　「**入力と出力を入れ替えると, 変化率は逆数になる**」のです. これを式で表
すと, 次のようになります.

$$\frac{dy}{dx}=\frac{1}{\dfrac{dx}{dy}}$$

　具体例で見たほうがわかりやすいでしょう.

$$y=\sqrt{x-1} \quad (x\geqq1)$$

の微分をしたいとします. ルートの微分の仕方を知らないと, y を x で微分す
ることはできません. 一方, x を y の式で表すと

$$x=y^2+1$$

となり, これは2次関数になります. これなら, 数学Ⅱまでの知識で微分する
ことはできますね.

$$\frac{dx}{dy}=2y$$

　これは,「x を y で微分した式」なのですが, いま求めたいのは,「y を x で
微分した式」です. それを知るには, 上の結果の逆数をとればよい, というの
が先ほど説明したことです. つまり,

$$\frac{dy}{dx}=\frac{1}{2y} \left< \begin{array}{c} \dfrac{1}{\dfrac{dx}{dy}} \end{array} \right.$$

となります．この操作は，あたかも**両辺の逆数をとっているように見える**ところが面白いところです．結果は x の式で書きたいので，y を x の式に戻してあげれば

$$\frac{dy}{dx} = \frac{1}{2\sqrt{x-1}} \quad \boxed{y=\sqrt{x-1}}$$

となります．この結果が正しいことは，もとの関数を「合成関数の微分」を利用して微分してみればすぐに確かめられます．

　ここで行われたことは，グラフで見るととてもわかりやすいです．

　まず知りたかったのは，$y=\sqrt{x-1}$ という関数のグラフの x における接線の傾きです（図1）．

　このグラフを y 軸を横軸にして見ると，$x=y^2+1$ という2次関数のグラフと見ることができます（図2）．

　このグラフの与えられた点における接線の傾きは，$2y$ と計算できます．

　再び x 軸を横軸になるようにすると，接線は直線 $y=x$ に関して反転させられるのですから，傾きは $2y$ の逆数，すなわち $\dfrac{1}{2y}$ となるわけです（図3）．

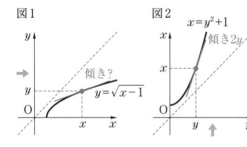

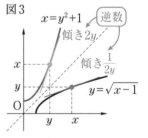

第3章

練習問題 12

逆関数の微分を用いて，$y=\sqrt[3]{x}$ を微分せよ．

精 講　$y=\sqrt[3]{x}=x^{\frac{1}{3}} \iff x=y^3$

なので，「y を x で微分する」より「x を y で微分する」方が簡単です．それを利用してみましょう．

::::: 解　答 :::::

$y=\sqrt[3]{x}=x^{\frac{1}{3}}$ を x について解くと

$$x=y^3$$
$$\frac{dx}{dy}=3y^2$$

x を y で微分するのは簡単

よって，

$$\frac{dy}{dx}=\frac{1}{\dfrac{dx}{dy}}=\frac{1}{3y^2}=\frac{1}{3\left(x^{\frac{1}{3}}\right)^2}$$

逆数　　$y=x^{\frac{1}{3}}$

$$=\frac{1}{3x^{\frac{2}{3}}}=\frac{1}{3\sqrt[3]{x^2}}$$

コメント

同様にして，一般に $y=x^{\frac{1}{n}}$（n は自然数）の微分をすることもできます．

x について解いて，y で微分すると

$$x=y^n, \ \frac{dx}{dy}=ny^{n-1}$$

なので

$$\frac{dy}{dx}=\frac{1}{\dfrac{dx}{dy}}=\frac{1}{ny^{n-1}}=\frac{1}{n\left(x^{\frac{1}{n}}\right)^{n-1}}=\frac{1}{nx^{1-\frac{1}{n}}}=\frac{1}{n}x^{\frac{1}{n}-1}$$

です．これで，$\alpha=\dfrac{1}{n}$（n は自然数）のときの微分の公式

$$(x^{\alpha})'=\alpha x^{\alpha-1}$$

が導けたことになります．

第4章　いろいろな関数の微分

　ここまでの話で，私たちは多項式関数，分数関数，無理関数，およびその和，差，積，商や合成という操作で作られる関数について，微分ができるようになりました．それだけでも，かなりの幅広い関数をカバーできるようになったのですが，実は本当の難敵はここから先に控えています．そう，いよいよ私たちは「**三角関数**」や「**指数関数・対数関数**」の微分について考えていくことになります．具体的には

$$y=\sin x, \ y=\cos x, \ y=2^x, \ y=\log_2 x$$

といった関数が，微分したときにどうなるのかを知りたいわけです．

　結論にたどりつくまでは，少し長く険しい道のりになりますが，それを乗り越えた先には，驚くほど美しい景色が待っています．積み重ねてきたことがつながり，一気に視界が開ける，そんな数学の面白さ，奥深さをぜひ堪能していただきたいと思います．

第4章

三角関数の微分

　まずは「三角関数」を見ていきましょう．手始めに

$$f(x)=\sin x$$

を考えます．この関数のグラフは，下図のようになります．

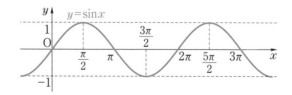

　どのような関数でも，微分の定義自体は何一つ変わりません．この関数を微分するには

$$\lim_{h\to 0}\frac{f(x+h)-f(x)}{h}=\lim_{h\to 0}\frac{\sin(x+h)-\sin x}{h} \quad \cdots\cdots(\ast)$$

という極限の計算をすればよいのでした．

　この計算を先に進めるためには，「**三角関数の極限**」と「**和積公式**」という2つの事柄を学ぶ必要があります．まずはその解説をし，その後で再び(*)の式に戻ってくることにしましょう．

三角関数の極限

　三角関数 $y=\sin x$ において，変数 x の単位は「**ラジアン**」を使います．数学Ⅱで学んだ弧度法ですね．復習をしておくと，弧度法というのは「角」を半径1の円(単位円)の「弧の長さ」に対応させるものです．単位円の円周の長さは 2π ですから，円一周(360°)は 2π(ラジアン)，円半周(180°)は π(ラジアン)，円4分の1周(90°)は $\dfrac{\pi}{2}$(ラジアン)などとなります．

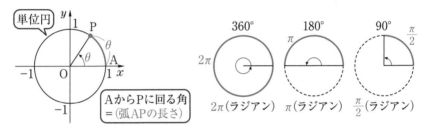

　このことを踏まえて，三角関数について次の美しい極限の式が成り立つことを見ていきたいと思います．

☑ 三角関数の極限

$$\lim_{t \to 0} \frac{\sin t}{t} = 1$$

　t が0に近づくと $\sin t$ も t も0に近づくので，$\dfrac{\sin t}{t}$ の極限は $\left[\dfrac{0}{0}\right]$ の不定形です．この不定形を解消しようにも，分子が三角関数なので「約分をする」というわけにもいきませんね．この極限値が1になる理由は式だけを見ていてもわかりません．そこで，その理由を「図形的に」説明してみようと思います．

t を正 $\left(0<t<\dfrac{\pi}{2}\right)$ とし，t に対応する点Pを単
位円周上にとります（右図）．さらに，点 A$(1,\ 0)$，
点Pから x 軸におろした垂線の足をHとします．
先ほど説明した弧度法の定義を思い出すと

$t=($弧 **AP** の長さ$)$

であり，また $\sin t$ は点Pの y 座標なので，

$\sin t=($線分 **PH** の長さ$)$

となります．

　点Pにいる人が x 軸に到達しようと思ったとき，x 軸に向けて垂直に進む経
路が線分 PH で，円に沿って進む経路が弧 AP です．PH は点Pから x 軸への
最短経路ですから，当然 PH の長さは弧 AP の長さよりも短くなるはずです．
つまり，次の不等式が成り立ちます．

$$\sin t<t \quad \left(0<t<\frac{\pi}{2}\right)$$

　ただ，下図のように点Pが点Aのすぐ近くにあった場合は，この 2 つの値の
違いはそれほど大きなものにはなりません．点Aに近いところでは，円の勾配
が垂直に近づいていくので，「x 軸に向けて垂直に進むこと」と「円に沿って
進むこと」の差はほとんどなくなってしまうからです．

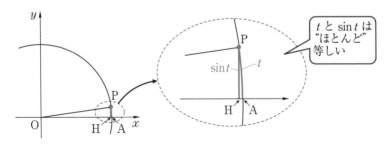

このことからわかるのは

t が 0 に近づけば，　t と $\sin t$ はほとんど等しくなる

ということです．それは，「$\dfrac{\sin t}{t}$ はほとんど 1 と等しくなる」といい換えて
も構いません．これを極限の式で表現すると

$$\lim_{t \to +0} \frac{\sin t}{t} = 1$$

となるわけです。t が負の値をとって0に近づくときは $t = -s$ とおけば

$$\lim_{t \to -0} \frac{\sin t}{t} = \lim_{s \to +0} \frac{\sin(-s)}{-s} = \lim_{s \to +0} \frac{\sin s}{s} = 1 \quad \boxed{\sin(-s) = -\sin s}$$

のように、上の結果に帰着できます。右極限も左極限も同じ値1に収束するので、$\dfrac{\sin t}{t}$ は1に収束することが説明できました。

コメント

上の「説明」はかなり直感的で、直感的な説明というのは（特に極限の話をする上で）かなり危ういところがあるということを承知しておいてください。ただここでは、この極限の式が

t が 0 に近いならば、$\sin t \approx t$ $\boxed{\begin{array}{l}\sin t と t は\\ \text{"ほとんど"等しい}\end{array}}$

という「感覚」を表しているということをさしあたって理解していただきたいと思います。より厳密な証明は、「はさみうちの原理」を用いて行います（巻末）。

練習問題 1

次の極限を計算せよ.

(1) $\displaystyle\lim_{x\to 0}\frac{\sin 2x}{x}$ (2) $\displaystyle\lim_{x\to 0}\frac{\sin 3x}{\sin 5x}$ (3) $\displaystyle\lim_{x\to\infty}x\sin\frac{1}{x}$ (4) $\displaystyle\lim_{x\to 0}\frac{1-\cos x}{x^2}$

精 講 うまく式変形や変数変換をすることで, $\displaystyle\lim_{t\to 0}\frac{\sin t}{t}$ の形に帰着させることがポイントになります. (4)は, sin を含んでいないので一見難しいのですが, 分母・分子に $1+\cos x$ をかけ算することで道が開けます.

解 答

(1) $t=2x$ とおくと, $x=\dfrac{t}{2}$ であり, $x\to 0$ のとき $t\to 0$ である.

$$与式=\lim_{t\to 0}\frac{\sin t}{\dfrac{t}{2}}=\lim_{t\to 0}2\cdot\frac{\sin t}{t}=2\cdot 1=2 \quad\left\langle \frac{\sin t}{t}\to 1\ (t\to 0)\right.$$

別 解

2 倍角の公式を用いて

$$与式=\lim_{x\to 0}\frac{2\sin x\cos x}{x}=\lim_{x\to 0}2\cos x\cdot\frac{\sin x}{x}=2\cdot 1\cdot 1=2$$

$$\cos 0=1$$

コメント

$\displaystyle\lim_{t\to 0}\frac{\overset{A}{\sin t}}{\underset{B}{t}}=1$ の公式を用いるときは, A と B の部分が 0 に近づく「**同じ形の式**」である必要があります. (1)の

$$\lim_{x\to 0}\frac{\overset{A}{\sin 2x}}{\underset{B}{x}}\quad\text{この式の形が違う}$$

は, A, B の部分の式の形が違うので, 1 には収束しません. このときは, 次のようにして**式の形をそろえる**ことで公式が使える形にするといいでしょう.

$$\lim_{x\to 0}\frac{\sin 2x}{x}=\lim_{x\to 0}\frac{\overset{A}{\sin 2x}}{\underset{B}{2x}}\times 2 \quad\text{① ココの式をそろえるために分母を 2 倍する}$$

$$=1\times 2=2 \quad\text{② 分母を 2 倍した分, 全体を 2 倍して帳尻をあわせる}$$

(2) $\displaystyle\lim_{x\to 0}\frac{\sin 3x}{\sin 5x}=\lim_{x\to 0}\frac{\dfrac{\sin 3x}{x}}{\dfrac{\sin 5x}{x}}$ 〔分母・分子 を x で割る〕

$\displaystyle =\lim_{x\to 0}\frac{\dfrac{\sin 3x}{3x}\times 3}{\dfrac{\sin 5x}{5x}\times 5}=\frac{1\times 3}{1\times 5}=\frac{3}{5}$

〔公式が使え る形にする〕

$\displaystyle\lim_{t\to 0}\frac{\sin t}{t}=1$

(3) $t=\dfrac{1}{x}$ とすると，$x=\dfrac{1}{t}$ であり，$x\to\infty$ のとき $t\to +0$

$$\lim_{x\to\infty}x\sin\frac{1}{x}=\lim_{t\to +0}\frac{1}{t}\sin t=\lim_{t\to +0}\frac{\sin t}{t}=\boldsymbol{1}$$

コメント

　慣れてくれば，置き換えをせずに計算することができます．

$$\lim_{x\to\infty}x\sin\frac{1}{x}=\lim_{x\to\infty}\frac{\sin\dfrac{1}{x}}{\dfrac{1}{x}}=1$$

0 に近づく 同じ形の式

(4) $\displaystyle\lim_{x\to 0}\frac{1-\cos x}{x^2}=\lim_{x\to 0}\frac{1-\cos x}{x^2}\times\frac{1+\cos x}{1+\cos x}$ 〔分母・分子に $1+\cos x$ をかける〕

$\displaystyle =\lim_{x\to 0}\frac{1-\cos^2 x}{x^2(1+\cos x)}$ $\sin^2 x+\cos^2 x=1$ より $1-\cos^2 x=\sin^2 x$

$\displaystyle =\lim_{x\to 0}\frac{\sin^2 x}{x^2(1+\cos x)}$

$\displaystyle =\lim_{x\to 0}\left(\frac{\sin x}{x}\right)^2\cdot\frac{1}{1+\cos x}=1^2\cdot\frac{1}{1+1}=\frac{1}{2}$

〔$\cos 0=1$〕

三角関数の極限の図形的意味

$\displaystyle\lim_{t\to 0}\frac{\sin t}{t}=1$ という式の図形的な意味を見てみましょう. $y=\sin x$ のグラフ上に点 O(0, 0) と点 P(t, $\sin t$) をとったとき, $\dfrac{\sin t}{t}$ は「直線 OP の傾き」を表しています. t が 0 に限りなく近づくとき, 点 P は点 O に限りなく近づきますから, 直線 OP の傾きは $y=\sin x$ のグラフの原点 O における接線の傾きに近づいていきます. つまり, $\displaystyle\lim_{t\to 0}\frac{\sin t}{t}=1$ という式は「**$y=\sin x$ のグラフの原点における接線の傾きが 1 である**」ことを意味していることになります.

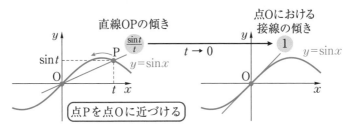

右図のように原点付近を拡大してみれば, $y=x$ と $y=\sin x$ のグラフは**ほとんど見分けがつきません**. これが（x が 0 に十分近いときは）

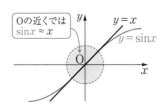

$$\sin x \approx x$$

という感覚です. いい方を変えれば, $\sin x$ は 1 次式 x によって「近似」できるわけですね. この感覚をもつと, **練習問題 1** の(1), (2)は

$$\frac{\sin 2x}{x} \approx \frac{2x}{x}=2,\quad \frac{\sin 3x}{\sin 5x} \approx \frac{3x}{5x}=\frac{3}{5}$$

のように,「目で見て」答えを出すことができます. ただし, これはあくまで「感覚」の式なので, 数学の答案として書いてはいけません.

和積の公式

三角関数の微分に向けてのもう1つの準備として，三角関数の「和積公式」について学びましょう．この公式は，三角関数の「加法定理」を用いて導くことができます．

まず，4つの加法定理の式を書き並べてみます．

 三角関数の加法定理

$$\sin(\alpha+\beta)=\sin\alpha\cos\beta+\cos\alpha\sin\beta \quad\cdots\cdots\text{①}$$
$$\sin(\alpha-\beta)=\sin\alpha\cos\beta-\cos\alpha\sin\beta \quad\cdots\cdots\text{②}$$
$$\cos(\alpha+\beta)=\cos\alpha\cos\beta-\sin\alpha\sin\beta \quad\cdots\cdots\text{③}$$
$$\cos(\alpha-\beta)=\cos\alpha\cos\beta+\sin\alpha\sin\beta \quad\cdots\cdots\text{④}$$

これだけは必ず覚えておこう

①と②の右辺には，$\sin\alpha\cos\beta$ と $\cos\alpha\sin\beta$ という2種類の式が現れます．この2つの式を取り出してみましょう．

①＋② をすることで，
$$\sin(\alpha+\beta)+\sin(\alpha-\beta)=2\sin\alpha\cos\beta \quad\cdots\cdots\text{⑤}$$
となり，右辺に $\sin\alpha\cos\beta$ だけが残ります．

同様に，①－② をすると
$$\sin(\alpha+\beta)-\sin(\alpha-\beta)=2\cos\alpha\sin\beta \quad\cdots\cdots\text{⑥}$$
となり，右辺に $\cos\alpha\sin\beta$ だけが残ります．

同様に，③と④からは $\cos\alpha\cos\beta$，$\sin\alpha\sin\beta$ の2種類の式を取り出せます．

③＋④ より
$$\cos(\alpha+\beta)+\cos(\alpha-\beta)=2\cos\alpha\cos\beta \quad\cdots\cdots\text{⑦}$$
③－④ より
$$\cos(\alpha+\beta)-\cos(\alpha-\beta)=-2\sin\alpha\sin\beta \quad\cdots\cdots\text{⑧}$$

さて，⑤～⑧の式をよく見ると，どれも左辺は三角関数の「和（差）」，右辺は三角関数の「積」の形をしていますね．実は，これが**「和積公式」**の原型となる式です．ただ，このままでは使いにくいので，式を加工してあげます．左辺に登場する $\alpha+\beta$，$\alpha-\beta$ の部分をそれぞれ A，B と**変数変換**します．つまり

$$A=\alpha+\beta, \quad B=\alpha-\beta$$

とおくのです．両辺の和と差をとると

$$A+B=2\alpha, \quad A-B=2\beta$$

ですから

$$\alpha=\frac{A+B}{2}, \quad \beta=\frac{A-B}{2}$$

です．これらを⑤から⑧の式に戻すと，次のような4つの式が得られます．

☑ 三角関数の和積公式（和を積に直す公式）

$$\sin A+\sin B=2\sin\frac{A+B}{2}\cos\frac{A-B}{2} \quad \cdots\cdots ⑤'$$

$$\sin A-\sin B=2\cos\frac{A+B}{2}\sin\frac{A-B}{2} \quad \cdots\cdots ⑥'$$

$$\cos A+\cos B=2\cos\frac{A+B}{2}\cos\frac{A-B}{2} \quad \cdots\cdots ⑦'$$

$$\cos A-\cos B=-2\sin\frac{A+B}{2}\sin\frac{A-B}{2} \quad \cdots\cdots ⑧'$$

第4章

それぞれが似ているようで少しずつ違うので，丸暗記しようとすると大変です．しかし，その原型にあたる⑤〜⑧の式は加法定理から比較的すぐに導けます．忘れたときは，まず⑤〜⑧の式を導き，そこから連想してこの公式にたどりつくようにするといいでしょう．

コメント

⑤〜⑧の式の両辺を2（または −2）で割ってから左辺と右辺を入れ替えれば，次の式が得られます．これは，和積公式のもう一つの形です．

☑ 三角関数の和積公式（積を和に直す公式）

$$\sin\alpha\cos\beta=\frac{1}{2}\{\sin(\alpha+\beta)+\sin(\alpha-\beta)\} \quad \cdots\cdots ⑤''$$

$$\cos\alpha\sin\beta=\frac{1}{2}\{\sin(\alpha+\beta)-\sin(\alpha-\beta)\} \quad \cdots\cdots ⑥''$$

$$\cos\alpha\cos\beta=\frac{1}{2}\{\cos(\alpha+\beta)+\cos(\alpha-\beta)\} \quad \cdots\cdots ⑦''$$

$$\sin\alpha\sin\beta=-\frac{1}{2}\{\cos(\alpha+\beta)-\cos(\alpha-\beta)\} \quad \cdots\cdots ⑧''$$

⑤'〜⑧' が「和を積に直す」公式であるのに対して，⑤''〜⑧'' は「積を和に直す」公式なので，前のものと区別して「**積和公式**」と呼ぶこともあります．

練習問題 2

(1) 和積公式を用いて，次の式の値を求めよ.

　(i) $\cos\dfrac{7}{12}\pi+\cos\dfrac{1}{12}\pi$　　(ii) $\sin\dfrac{5}{12}\pi-\sin\dfrac{1}{12}\pi$

(2) 次の積を和（または差）の形で表せ.

　(i) $\sin 5\theta\cos 3\theta$　　(ii) $\sin 2\theta\sin\theta$

精講 和積公式の練習です．公式を覚えていない人は，それを導き出すところからやってみてください.

解 答

(1)(i) $\cos(\alpha+\beta)+\cos(\alpha-\beta)=2\cos\alpha\cos\beta$ となるので，
$A=\alpha+\beta,\ B=\alpha-\beta$ とすれば

$$\cos A+\cos B=2\cos\frac{A+B}{2}\cos\frac{A-B}{2}\quad\text{［和積公式］}$$

これから，$\cos\dfrac{7}{12}\pi+\cos\dfrac{1}{12}\pi=2\cos\dfrac{\pi}{3}\cos\dfrac{\pi}{4}$

$$\frac{\frac{7}{12}\pi+\frac{1}{12}\pi}{2}=\frac{\pi}{3}$$
$$\frac{\frac{7}{12}\pi-\frac{1}{12}\pi}{2}=\frac{\pi}{4}$$

$$=2\cdot\frac{1}{2}\cdot\frac{1}{\sqrt{2}}=\frac{1}{\sqrt{2}}$$

(ii) $\sin(\alpha+\beta)-\sin(\alpha-\beta)=2\cos\alpha\sin\beta$ となるので，
$A=\alpha+\beta,\ B=\alpha-\beta$ とすれば

$$\sin A-\sin B=2\cos\frac{A+B}{2}\sin\frac{A-B}{2}\quad\text{［和積公式］}$$

これから，$\sin\dfrac{5}{12}\pi-\sin\dfrac{1}{12}\pi=2\cos\dfrac{\pi}{4}\sin\dfrac{\pi}{6}=2\cdot\dfrac{1}{\sqrt{2}}\cdot\dfrac{1}{2}=\dfrac{1}{\sqrt{2}}$

(2)(i) $\sin(\alpha+\beta)+\sin(\alpha-\beta)=2\sin\alpha\cos\beta$ より，

$$\sin\alpha\cos\beta=\frac{1}{2}\{\sin(\alpha+\beta)+\sin(\alpha-\beta)\}\quad\text{［積和公式］}$$

これから，$\sin 5\theta\cos 3\theta=\dfrac{1}{2}(\sin 8\theta+\sin 2\theta)$

(ii) $\cos(\alpha+\beta)-\cos(\alpha-\beta)=-2\sin\alpha\sin\beta$ より

$$\sin\alpha\sin\beta=-\frac{1}{2}\{\cos(\alpha+\beta)-\cos(\alpha-\beta)\}\quad\text{［積和公式］}$$

これから，$\sin 2\theta\sin\theta=-\dfrac{1}{2}(\cos 3\theta-\cos\theta)$

三角関数の微分

必要な知識はすべて揃いました．これらを総動員して，いよいよ三角関数の微分計算を実行してみることにしましょう．微分したいのは

$$f(x) = \sin x$$

という関数でした．この関数を微分するには

$$\lim_{h \to 0} \frac{f(x+h) - f(x)}{h} = \lim_{h \to 0} \frac{\sin(x+h) - \sin x}{h} \quad \cdots\cdots(*)$$

という計算を実行すればよいのでしたね．

まず，(*)の式を前に進めるための**最初のカギになるのが和積公式**です．この式に現れる分数の分子 $\sin(x+h) - \sin x$ に，p119 の和積公式 ⑥′ を適用します．

$$\sin(x+h) - \sin x$$

$$= 2\cos\frac{(x+h)+x}{2}\sin\frac{(x+h)-x}{2}$$

$$= 2\cos\left(x+\frac{h}{2}\right)\sin\frac{h}{2}$$

$$\boxed{\begin{array}{l} \sin A - \sin B \\ = 2\cos\dfrac{A+B}{2}\sin\dfrac{A-B}{2} \end{array}}$$

これを(*)に戻すと，次のようになります．

$$(*) = \lim_{h \to 0} \frac{2\cos\left(x+\dfrac{h}{2}\right)\sin\dfrac{h}{2}}{h}$$

ここから先は，極限の問題です．式を見やすくするために，分子に現れる $\dfrac{h}{2}$ を1つのかたまりと見て，$t = \dfrac{h}{2}$ と変数変換してみましょう．これにより $h = 2t$ となり，さらに $h \to 0$ のとき $t \to 0$ となるので，上の式は次のように変形できます．

$$(*) = \lim_{t \to 0} \frac{2\cos(x+t)\sin t}{2t} = \lim_{t \to 0}\left\{\cos(x+t)\cdot\frac{\sin t}{t}\right\}$$

の部分に，$\dfrac{\sin t}{t}$ という形が出てきましたね．「三角関数の極限」で学んだことが，**ここで生きてくる**のです．$t \to 0$ のとき

$$\frac{\sin t}{t} \to 1$$

であり，さらに（$\cos x$ という関数が連続であることから）

$$\cos(x+t) \to \cos x$$

ですから，結果として

$$f'(x) = \cos x$$

すなわち，次の公式が得られます．

$$(\sin x)' = \cos x$$

この結果に注目してください．

サインを微分するとコサインになる

信じられないほどシンプルで，美しい関係です．

この事実をグラフで確認してみましょう．微分して得られる関数は，もとの関数のグラフの「接線の傾き」を表すものでした．$y = \sin x$ と $y = \cos x$ のグラフを並べてみると，$y = \sin x$ のグラフの傾きが確かに $y = \cos x$ の値と対応していることが納得できるはずです．一度いわれてしまえば，なぜ今までそれに気がつかなかったんだと思うくらい，自然な結果といえるでしょう．

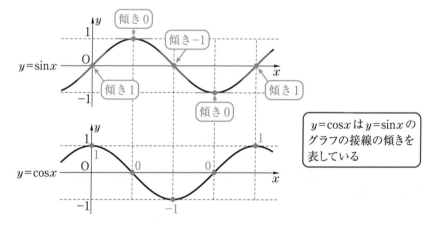

同じようにして，残り2つの三角関数 $y = \cos x$ と $y = \tan x$ の微分も導いてみましょう．練習問題にしたので，まずは自力で挑戦してみてください．

練習問題 3

(1) 微分の定義にしたがって，$y=\cos x$ を微分せよ．

(2) $\tan x=\dfrac{\sin x}{\cos x}$ であることを利用して，$y=\tan x$ を微分せよ．

精 講 $\sin x$ の微分にならって，$\cos x$ の微分も定義にしたがって計算してみましょう．$\tan x$ の微分は $\sin x$，$\cos x$ の微分の結果と，p95 で学んだ「商の微分の公式」を用いて計算できます．

解 答

第4章

(1)
$$\lim_{h\to 0}\frac{\cos(x+h)-\cos x}{h}=\lim_{h\to 0}\frac{-2\sin\dfrac{(x+h)+x}{2}\sin\dfrac{(x+h)-x}{2}}{h}$$

微分の定義

和積公式

$$=\lim_{h\to 0}\left\{-2\cdot\frac{\sin\left(x+\dfrac{h}{2}\right)\sin\dfrac{h}{2}}{h}\right\}$$

$$=\lim_{h\to 0}\left\{-\sin\left(x+\dfrac{h}{2}\right)\frac{\sin\dfrac{h}{2}}{\dfrac{h}{2}}\right\}$$

形をそろえる

$$=-\sin x$$

1

よって

$$(\cos x)'=-\sin x$$

コサインを微分するとサインになる！

(2) 商の微分公式を用いると

$$(\tan x)'=\left(\frac{\sin x}{\cos x}\right)'=\frac{(\sin x)'\cos x-\sin x(\cos x)'}{\cos^2 x}$$

$(\sin x)'=\cos x$
$(\cos x)'=-\sin x$

$$=\frac{\cos x\cdot\cos x-\sin x\cdot(-\sin x)}{\cos^2 x}$$

$$=\frac{\cos^2 x+\sin^2 x}{\cos^2 x}$$

$\cos^2 x+\sin^2 x=1$

$$=\frac{1}{\cos^2 x}$$

よって

$$(\tan x)'=\frac{1}{\cos^2 x}$$

コメント

$$1+\tan^2 x = \frac{1}{\cos^2 x} \quad \text{なので}$$

$$(\tan x)' = 1 + \tan^2 x$$

と書くこともできます.

　以上の結果をまとめてみましょう.

☑ 三角関数の微分

$$(\sin x)' = \cos x, \quad (\cos x)' = -\sin x, \quad (\tan x)' = \frac{1}{\cos^2 x}$$

　$\sin x$ と $\cos x$ は微分によって入れ替わる, という関係にあります(**ただし**, $\cos$ の微分のときはマイナスの符号がつきます). ですから, $\sin x$ の微分を繰り返すと, 関数が下のようにサイクリック(周期的)に変化していきます.

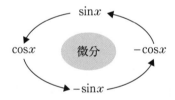

コラム　～弧度法の正当性～

　三角関数(三角比)の考え方は紀元前から存在しましたが，微積分の考え方が生まれたのはほんの 400 年前です．「微分することでサインとコサインが入れ替わる」という事実の発見は，古典的な考え方が近代的な考え方に照らされて新しい意味を見いだされた歴史的な瞬間であり，私たちはここでそれをあらためて目撃したことになります．

　ただ，このシンプルで美しい微分の関係式の裏には**1 つ大切なカラクリ**があります．これが成り立った理由は，少しさかのぼって考えれば

$$\lim_{t \to 0} \frac{\sin t}{t} = 1$$

という(これまたシンプルで美しい)極限の式が成り立ったからでした．これは

　　　　t が 0 に近づけば，$\sin t$ と t がほとんど同じ値になる

ということでしたよね．

　では，さらにさかのぼって，なぜそんなことがいえるのかと考えると……私たちはある事実にたどり着きます．こんなことがいえるのは，角 t を右図の「弧 AP の長さ」と対応させたから，つまりは

第4章

　　　角度の単位に弧度法を用いたから

に他なりません．そう，実はこのシンプルで美しい関係のそもそもの出発点は，「**弧度法**」という単位のとり方にあったのです．

　数学Ⅱの三角関数で弧度法を学んだとき，「なじみの深い度数法を捨てて，どうしてこのような一見不自然な単位を導入するのか」と疑問に思った人は多いはずです．その理由は，ここに来てようやくはっきりします．「弧度法」を使うことで，**三角関数の極限や微分がとてもすっきりしたものになる**からなのです．少し見方を変えれば，微分の体系をきれいに整えようとしたとき，私たちは自然に「弧度法」という単位にたどり着くことができる，ということになります．

　角の単位のとり方はいくらでも考えられます．1 周を「360 度」としようが，どこかの王様が「私の誕生日が 2 月 13 日であることから 1 周を 213 とする新しい単位『オーレ』を制定する」と決めようが，基本的には自由なのです．しかし，数多ある選択肢の中で，1 周を「2π」とする「弧度法」が**数学的には唯一，最も理にかなったものである**ということを，微分の式の美しさが保証しているのです．

練習問題4

次の関数を微分せよ.

(1) $y = x\sin x + \cos x$　　(2) $y = \dfrac{1}{\tan x}$　　(3) $y = \dfrac{\sin x}{x}$

精 講　三角関数を含む微分の練習をしてみましょう.
積の微分公式・商の微分公式を用います.

解 答

(1) $\begin{aligned} y' &= (x\sin x)' + (\cos x)' \\ &= x'\sin x + x(\sin x)' + (\cos x)' \\ &= \sin x + x\cos x - \sin x \\ &= \boldsymbol{x\cos x} \end{aligned}$

積の微分公式

$(\sin x)' = \cos x$
$(\cos x)' = -\sin x$

(2) $\begin{aligned} y' &= -\frac{(\tan x)'}{\tan^2 x} \\ &= -\frac{1}{\tan^2 x}\cdot\frac{1}{\cos^2 x} \\ &= -\frac{1}{\dfrac{\sin^2 x}{\cos^2 x}}\cdot\frac{1}{\cos^2 x} \\ &= -\frac{1}{\sin^2 x} \end{aligned}$

商の微分公式　$\left(\dfrac{1}{g}\right)' = -\dfrac{g'}{g^2}$

$(\tan x)' = \dfrac{1}{\cos^2 x}$

$\tan x = \dfrac{\sin x}{\cos x}$

別 解

$y = \dfrac{\cos x}{\sin x}$ より

商の微分公式　$\left(\dfrac{f}{g}\right)' = \dfrac{f'g - fg'}{g^2}$

$\begin{aligned} y' &= \frac{(\cos x)'\sin x - \cos x(\sin x)'}{\sin^2 x} \\ &= \frac{-\sin^2 x - \cos^2 x}{\sin^2 x} \\ &= -\frac{1}{\sin^2 x} \end{aligned}$

$\sin^2 x + \cos^2 x = 1$

(3) $\begin{aligned} y' &= \frac{(\sin x)'\cdot x - (\sin x)\cdot x'}{x^2} \\ &= \frac{\boldsymbol{x\cos x - \sin x}}{\boldsymbol{x^2}} \end{aligned}$

商の微分公式

練習問題 5

次の関数を微分せよ.

(1) $y=\cos 2x$　　(2) $y=\sin^3 x$　　(3) $y=\sqrt{\tan x}$　　(4) $y=\sin^2 3x$

精 講 三角関数を含む合成関数の微分を練習しましょう.

::::: 解 答 :::::

(1) $y=\cos t,\ t=2x$ とすれば

> 三角関数の中に
> 1 次関数が入っている

$$\frac{dy}{dx}=\frac{dy}{dt}\cdot\frac{dt}{dx}=-\sin t\cdot 2$$
$$=-2\sin t$$
$$=-2\sin 2x \qquad t=2x$$

> $\dfrac{d}{dt}(\cos t)=-\sin t$
> $\dfrac{d}{dx}(2x)=2$

一気にやるならば

$$y=\cos \underline{2x}$$

① $2x$ をかたまりとして微分

$$y'=-\sin \underline{2x}\times(2x)'=-2\sin 2x$$

② $2x$ の微分をかける

(2) $y=t^3,\ t=\sin x$ とすれば

> 3 次関数の中に
> 三角関数が入っている

$$\frac{dy}{dx}=\frac{dy}{dt}\cdot\frac{dt}{dx}=3t^2\cdot\cos x \qquad t=\sin x$$
$$=3\sin^2 x\cos x$$

一気にやるならば

$$y=(\underline{\sin x})^3$$

① $\sin x$ をかたまりとして微分

$$y'=3(\underline{\sin x})^2\times(\sin x)'=3\sin^2 x\cos x$$

② $\sin x$ の微分をかける

第4章

(3)　$y = \sqrt{\tan x} = (\tan x)^{\frac{1}{2}}$

$$y' = \frac{1}{2}(\tan x)^{-\frac{1}{2}} \times (\tan x)'$$

$$= \frac{1}{2\sqrt{\tan x}} \times \frac{1}{\cos^2 x} = \frac{1}{2\sqrt{\tan x}\cos^2 x}$$

(4)　$y = \sin^2 3x = (\sin 3x)^2$　　　　合成関数の微分

$$y' = 2(\sin 3x) \times (\sin 3x)'$$　　"再び"
合成関数の微分

$$= 2\sin 3x \times \cos 3x \times (3x)'$$

$$= 2\sin 3x \cos 3x \times 3$$

$$= \mathbf{6\sin 3x \cos 3x}$$　　2 倍角の公式
$\sin 2\theta = 2\sin\theta\cos\theta$

$$(= 3\sin 6x)$$

コメント

この合成関数は，次のように 3 重の入れ子構造になっています.

$$y = t^2,\ t = \sin s,\ s = 3x$$

このようなときも，チェインルール（p101）を用い
て

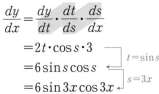

$$\frac{dy}{dx} = \frac{dy}{dt} \cdot \frac{dt}{ds} \cdot \frac{ds}{dx}$$

$$= 2t \cdot \cos s \cdot 3$$

$$= 6\sin s \cos s$$　　$t = \sin s$

$$= 6\sin 3x \cos 3x$$　　$s = 3x$

とすることができるのです.

曲線 $C : y = 1 - \cos x$ 上に，点 A$(t,\ 1 - \cos t)\ (-\pi < t < \pi,\ t \neq 0)$ をとる．2 点 O$(0,\ 0)$ と A を通って，y 軸の $y > 0$ の部分に中心をもつ円の半径を R とする．

(1) R を t の式で表せ．　　　(2) $\displaystyle \lim_{t \to 0} R$ を求めよ．

精 講　三角関数を含む極限の応用問題です．
$\displaystyle \lim_{t \to 0} \frac{\sin t}{t} = 1$ の公式が用いられます．

::::::::::::::::::::::::::::::::: 解　答 :::::::::::::::::::::::::::::::::

(1) 円は原点 O を通り，中心が y 軸の $y > 0$ の部分にあるので，その半径を R とすれば，中心の座標は $(0,\ R)$ である．よって，円の方程式は

$$x^2 + (y - R)^2 = R^2$$

これが，点 A$(t,\ 1 - \cos t)$ を通るので，

$$t^2 + (1 - \cos t - R)^2 = R^2$$
$$t^2 + (1 - \cos t)^2 - 2(1 - \cos t)R + R^2 = R^2$$
$$2(1 - \cos t)R = t^2 + (1 - \cos t)^2$$
$$R = \frac{t^2}{2(1 - \cos t)} + \frac{1 - \cos t}{2}$$

(2) $\displaystyle \frac{t^2}{2(1 - \cos t)} = \frac{t^2}{2(1 - \cos t)} \times \frac{1 + \cos t}{1 + \cos t} = \frac{t^2(1 + \cos t)}{2(1 - \cos^2 t)} = \frac{t^2(1 + \cos t)}{2\sin^2 t}$

$\boxed{\left[\dfrac{0}{0}\right]\ \text{の不定形}}$ $= \dfrac{1 + \cos t}{2} \cdot \left(\dfrac{t}{\sin t}\right)^2 \longrightarrow \dfrac{1 + 1}{2} \cdot 1^2 = 1 \quad (t \to 0)$

$\boxed{\text{これは不定形ではない}}$

$$\frac{1 - \cos t}{2} \longrightarrow \frac{1 - 1}{2} = 0 \quad (t \to 0)$$

なので，　$R = \dfrac{t^2}{2(1 - \cos t)} + \dfrac{1 - \cos t}{2} \longrightarrow 1 \quad (t \to 0)$

コメント　この結果は，$y = 1 - \cos x$ という曲線の原点における「曲がり具合」が半径 1 の円と同じであることを意味します．これを，「**曲率半径が 1 である**」といいます．

第4章

コラム　〜微分におけるミッシングリンク〜

3次式 x^3 を微分すると，2次式 $3x^2$ が得られます．また，-1次式 $\dfrac{1}{x}$ を微分すると，-2次式 $-\dfrac{1}{x^2}$ が得られます．一般に，**「微分をすると1つ次数が下がる」** ことがいえそうですね．試しに，各次数の式を並べて一斉に微分してみましょう．

3次	2次	1次	0次	−1次	−2次	−3次
x^3	x^2	x	1	$\dfrac{1}{x}$	$\dfrac{1}{x^2}$	$\dfrac{1}{x^3}$
$3x^2$	$2x$	1	0	$-\dfrac{1}{x^2}$	$-\dfrac{2}{x^3}$	$-\dfrac{3}{x^4}$
2次	1次	0次	−1次ではない!!	−2次	−3次	−4次

微分（

　この表を見て，**「あれ？」** って思いませんでしたか．そう，この一見規則的に見える式の並びに，1つだけ他と異なる部分があります．それが，**図の点線で囲んだ部分**です．定数（0次式）を微分すると0になるので，このときだけ，「次数が1つ下がる」という法則に例外が生じます．結果的に，**微分した式の並びの中に「−1次式」だけが忽然と抜け落ちてしまう**のです．

　何か，とてもゾワゾワとしますね．整然とした規則の中にぽっかりと現れる穴．いわば，微分におけるミッシングリンク．**「微分して −1次式になる式」** は，いったいどこにあるのでしょうか．小さな違和感からスタートした疑問は，私たちを実に驚くべき結論に導きます．

微分（　$\dfrac{?}{\dfrac{1}{x}}$　−1次

　結論をいいましょう．何と，この欠けたピースは**対数関数**の中に見つかるのです．しかも，$e = 2.71828\cdots$ という「謎の無理数」を底にもつ対数関数です．

$$(\log_e x)' = \frac{1}{x}$$

数学とは何と不思議な学問なのか．高校時代，僕はこのことを知って心底驚いたとともに，妙な心の高鳴りを感じました．x^n という関数の並びの中に，それとは全く別物として学習した対数関数が突然姿を現す．しかも謎に満ちた定数とともに．まるでミステリー小説のようなドラマチックな展開なのです．

　なぜこんな式が成り立つのか．そしてこの「謎の無理数」の正体は何なのか．以下のページでは，ていねいにこの謎解きをしていきたいと思います．少し難しいところもあるかもしれませんが，ここは微積分の理解に欠かせないところなので，どうかがんばってついてきてください．

指数関数・対数関数の微分

　ここから，指数関数・対数関数の微分について考えていきます．いつもと順番が逆ですが，ここでは先に対数関数

$$f(x)=\log_a x \quad (a>0,\ a\neq1)$$

の微分から考えてみたいと思います．対数
関数のグラフは，右図のように $(1,\ 0)$ を
通る曲線になります．また，対数には次の
対数法則が成り立つことを思い出しておき
ましょう．

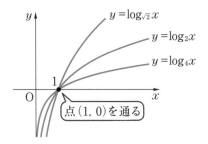

点 $(1,\ 0)$ を通る

✓ **対数法則** $(M,\ N>0)$

① $\log_a M+\log_a N=\log_a MN$

② $\log_a M-\log_a N=\log_a \dfrac{M}{N}$

③ $r\log_a M=\log_a M^r$

　例によって，「微分の定義」からスタートします．

$$\lim_{h\to 0}\frac{f(x+h)-f(x)}{h}=\lim_{h\to 0}\frac{\log_a(x+h)-\log_a x}{h}$$

$$=\lim_{h\to 0}\frac{1}{h}\{\log_a(x+h)-\log_a x\}$$

対数法則②

$$=\lim_{h\to 0}\frac{1}{h}\log_a\frac{x+h}{x}$$

$$=\lim_{h\to 0}\frac{1}{h}\log_a\left(1+\frac{h}{x}\right) \quad\cdots\cdots(*)$$

です．ここで，log の中にある $\dfrac{h}{x}$ というかたまりに注目し，これを $t=\dfrac{h}{x}$
と変数変換します．これにより $h=xt$ となり，さらに $h\to 0$ のとき $t\to 0$
となるので，上の式は次のように変形できます．

第4章

$$(\ast)=\lim_{t\to0}\frac{1}{xt}\log_a(1+t)\quad\text{対数法則③}$$

$$=\lim_{t\to0}\frac{\frac{1}{t}\log_a(1+t)}{x}=\lim_{t\to0}\frac{\log_a(1+t)^{\frac{1}{t}}}{x}\quad\cdots\cdots(\ast\ast)$$

　この極限の「**核心**」が浮かび上がってきました．この極限の運命を握るのは，log の中に現れた $(1+t)^{\frac{1}{t}}$ という式の $t\to0$ における極限

$$\lim_{t\to0}(1+t)^{\frac{1}{t}}$$

です．形式的には 1^∞ という形．でも，「1 は何回かけ算しても 1 なのだから $1^\infty=1$ である」などとしては**いけません**．$1+t$ は「1 より少し大きい数」であり，等比数列の極限でも見たように，「1 より少し大きい数」は繰り返しかければ値は大きく膨らんでいきます．$1+t$ は「1 に近づこう」とし，一方で $\frac{1}{t}$ はそれを繰り返しかけて「大きくしよう」とする，2 つの相反する働きが綱引きをしている「**不定形**」なのです．試しに，$t=0.1,\ 0.01,\ 0.001,\ \cdots$ を代入してみると，

$$1.1^{10},\ 1.01^{100},\ 1.001^{1000},\ 1.0001^{10000},\ \cdots$$

という数列が現れます．その値は 1 に近づいているようにも見え，限りなく大きくなるようにも見える．う〜ん，なかなか一筋縄ではいかない厄介な相手であることがわかりますね．では，この値を実際に数値計算した表をご覧いただきましょう．

　この結果はとても興味深いですね．$(1+t)^{\frac{1}{t}}$ の値は「1 に近づく」でも「限りなく大きくなる」わけでもなく，2 の後半あたりまで増え，その後は徐々に停滞しはじめるのです．

t	$(1+t)^{\frac{1}{t}}$
0.1	1.1^{10} $=2.593742\cdots$
0.01	1.01^{100} $=2.704813\cdots$
0.001	$1.001^{1000}=2.716923\cdots$
0.0001	$1.0001^{10000}=2.718145\cdots$
$\downarrow$	$\downarrow$
0	収束 $e=2.718281828\cdots$

　結論をいえば，$(1+t)^{\frac{1}{t}}$ は**ある定数に収束します**．その極限値は

$$2.718281828\cdots$$

という無理数(延々と続く循環しない小数)になります．(これが，p130 で予告

した「謎の無理数」の正体です！）

　この関数が収束することをきちんと証明するのは少し難しいのですが，ここではこれが収束するという事実だけを押さえておいてもらえれば十分です．その極限値は，今後微積分をする上でなくてはならない**超重要な定数**になります．数学では，大切な定数には特別な文字が割り当てられます．円周率に π，虚数単位に i を与えたように，この定数には e という文字が与えられます．

$$e = 2.7182818\cdots$$

　今後，e と書いた場合は，特に断りがなければこの定数のことを指します．

☑ e の定義

$$\lim_{t \to 0}(1+t)^{\frac{1}{t}} = e \quad (= 2.718281828\cdots)$$

 注意　上の式は，「関数 $(1+t)^{\frac{1}{t}}$ は $t \to 0$ で e に収束する」と読めますが，それは前後関係が逆で，「関数 $(1+t)^{\frac{1}{t}}$ は $t \to 0$ である値に収束」するので「そのある値のことを e と呼ぶことにしよう」というのが正しい流れです．つまり，これは「**e とは何か**」を定義している式と読まなければなりません．

自然対数

　お待たせしました．微分の式 (**＊＊**) に戻りましょう．(**＊＊**) に，先ほど定義したばかりの $\lim_{t \to 0}(1+t)^{\frac{1}{t}}$ の極限値 e を当てはめれば，

$$f'(x) = \frac{\log_a e}{x} \quad \text{すなわち} \quad (\log_a x)' = \frac{\log_a e}{x} \quad \cdots\cdots(\text{☆})$$

となります．例えば $y = \log_2 x$ の微分は

$$(\log_2 x)' = \frac{\log_2 e}{x} \quad \left(= \frac{1.4426\cdots}{x}\right)$$

となります．

　結果は出るには出たのですが，とても中途半端な数が分子に登場して，あまりスッキリしませんね．今後微分するたびにこのような面倒くさい値がくっついてくるとなると，ちょっとうんざりします．そこで考えるのが

(☆)の結果がシンプルになるように対数の底を選んであげよう

ということです. (☆)の結果が最もシンプルになるのは, 分子の $\log_a e$ が 1 となるときです. これが成り立つのは $a=e$ のとき, つまり**対数の底を e にしたとき**なのです. 実際, 対数の底を e とすると, (☆)の式は

$$(\log_e x)' = \frac{1}{x}$$

と, これ以上なくきれいに書けることになります. 今後, 微積分で対数を考えるときは, **底を e とする対数 $\log_e x$ を基本とします. この対数を自然対数**と呼びます.

自然対数は頻繁に登場するので, 底 e を毎回書くのが面倒です. そこで, **自然対数 $\log_e x$ は e を省略して, 単に $\log x$ と書く**と約束します.

以上より, 対数関数の微分について次のようなとても美しい公式が得られました.

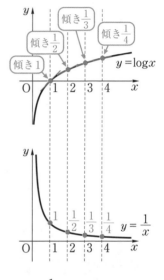

☑ 対数関数の微分公式

$$(\log x)' = \frac{1}{x}$$

この関係をグラフで確認してみましょう.

$y = \log x$ および $y = \dfrac{1}{x}$ のグラフは右図のよう

になります. $y = \log x$ のグラフの「接線の傾き」が $y = \dfrac{1}{x}$ の値と確かに対応していることが実感できるのではないかと思います.

コメント

$$e = 2.718281828\cdots$$

という, 一見不自然きわまりない定数を底にもつ対数のどこが「自然」対数なんだ, ってツッコミたくなるかもしれません. 確かに, 人間にとっては 2 や 10 の方がよっぽど自然に見えますよね. しかし, そんなのはあくまで人間側の都合. 数学にとっての何が合理的かを決めるのは, 「人がどう感じるか」ではなく**「物事がどれほど単純になるか」**です. 数学にとっては, **「シンプルこそ正義」**なのです.

これは，三角関数のときにも経験済みですよね．数多ある「角の単位」の選び方の中で，一周を $2\pi=6.28318\cdots$ とする「弧度法」が選ばれたのは，それが「三角関数の微分を最もシンプルにするもの」だからです．同じように，数多ある対数の「底」の中で「対数の微分を最もシンプルにするもの」を選ぼうとすれば，誰もが自ずと e という定数にたどりつくことになります．

もし，宇宙のどこかで別の知的生命体が全く独自に数学を作り出したとしても，彼らは必ず π や e という定数を発見しているでしょう．それは，これらの定数が人の主義とか趣向とかを超越した，数学的な普遍性をもった数だからです．

一般の対数関数の微分

場合によっては，e 以外の底をもつ対数関数を微分したいときもあるでしょう．そんなときも，あわてる必要はありません．私たちには，底を自由に変換することができる**底の変換公式**という強い味方がついています．

$$\log_a b=\frac{\log_c b}{\log_c a}$$

底 a を底 c に変換

例えば，$\log_{10}x$ という対数関数を微分したいときは，

$$(\log_{10}x)'=\left(\frac{\log x}{\log 10}\right)'=\frac{1}{\log 10}(\log x)'=\frac{1}{\log 10}\cdot\frac{1}{x}=\frac{1}{(\log 10)x}$$

底 10 を底 e に変換

となります．$\log 10$ はこれ以上計算することはできませんが，必要ならば自然対数表(巻末)などを用いれば，$\log 10=2.3025\cdots$ と(おおよその)値を調べることができます．一般には，次の式が成り立ちます．

(一般の)対数関数の微分公式

$$(\log_a x)'=\frac{1}{(\log a)x}$$

「底を変換する」というやり方さえ押さえておけば，この公式を暗記する必要は全くありません．

練習問題 6

次の関数を微分せよ.

(1) $y = x\log x$ (2) $y = \dfrac{\log x}{x}$ (3) $y = \log(1-x)$

(4) $y = \log_2(x^2+1)$ (5) $y = \log(\cos x)$ (6) $y = \log(x+\sqrt{x^2+1})$

精 講 対数を含む微分を練習しましょう. 対数関数の微分公式

$$(\log x)' = \frac{1}{x}, \quad (\log_a x)' = \frac{1}{(\log a)x}$$

に加えて, 積の微分公式・商の微分公式, 合成関数の微分など, いままで学習したことを総動員します.

解 答

(1) $y' = x'\log x + x(\log x)'$　⟨積の微分公式⟩

$\quad = \log x + x \cdot \dfrac{1}{x}$　⟨$(\log x)' = \dfrac{1}{x}$⟩

$\quad = \boldsymbol{\log x + 1}$

(2) $y' = \dfrac{(\log x)' \cdot x - \log x \cdot x'}{x^2}$　⟨商の微分公式⟩

$\quad = \dfrac{\dfrac{1}{x} \cdot x - \log x \cdot 1}{x^2} = \dfrac{\boldsymbol{1-\log x}}{\boldsymbol{x^2}}$

(3) $y = \log(1-x)$

$\quad y' = \dfrac{1}{1-x} \times (1-x)'$　合成関数の微分

$\quad = \dfrac{1}{1-x} \times (-1) = \boldsymbol{-\dfrac{1}{1-x}}$

(4) $y = \log_2(x^2+1) = \dfrac{\log(x^2+1)}{\log 2}$　⟨底を e に変換⟩

定数は前に出す

$\quad y' = \dfrac{1}{\log 2}\{\log(x^2+1)\}'$

合成関数の微分

$\quad = \dfrac{1}{\log 2} \cdot \dfrac{1}{x^2+1} \times (x^2+1)'$

$\quad = \dfrac{\boldsymbol{2x}}{\boldsymbol{(\log 2)(x^2+1)}}$

(5)　$y = \log(\cos x)$

$y' = \dfrac{1}{\cos x} \times (\cos x)' = \dfrac{-\sin x}{\cos x} = -\tan x \Longleftarrow \left(\tan x = \dfrac{\sin x}{\cos x} \right)$

(6)　$y = \log(x + \sqrt{x^2+1}\,)$

$y' = \dfrac{1}{x + \sqrt{x^2+1}} \times (x + \sqrt{x^2+1}\,)'$ ← 合成関数の微分

$= \dfrac{1}{x + \sqrt{x^2+1}} \{ 1 + (\sqrt{x^2+1}\,)' \}$

合成関数の微分

$= \dfrac{1}{x + \sqrt{x^2+1}} \left\{ 1 + \dfrac{1}{2}(x^2+1)^{-\frac{1}{2}} \times (x^2+1)' \right\}$

$= \dfrac{1}{x + \sqrt{x^2+1}} \left(1 + \dfrac{2x}{2\sqrt{x^2+1}} \right)$

$= \dfrac{1}{x + \sqrt{x^2+1}} \cdot \dfrac{\sqrt{x^2+1} + x}{\sqrt{x^2+1}} = \dfrac{1}{\sqrt{x^2+1}}$

指数関数の微分

対数関数の微分に $\dfrac{1}{x}$ が現れるというのは，微分を学ぶ人に贈られる極上のサプライズの1つなのですが，実はもう1つのサプライズが残っています．まだ手を付けていない最後の関数，そう，それは**指数関数**でしたね．それを微分したときどんな関数が現れるのか．それは**対数とは別の意味で衝撃的**です．

指数関数は，底を $a\,(a>0,\ a\neq1)$ として
$$y=a^x$$
と表される関数です．しかし，ここでもまずは e を底とする指数関数
$$y=e^x \quad \cdots\cdots①$$
の微分を考えてみましょう．これは，自然対数 $y=\log x\,(=\log_e x)$ の逆関数であり，グラフは右図のようになります．

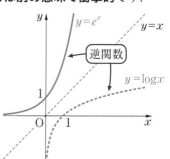

定義にしたがって微分していくこともできますが，p108 で解説した逆関数の微分を用いれば，対数関数の微分の結果を使うことができます．①を x について解き直すと，
$$x=\log y$$
となります．対数関数の微分の公式を用いて「x を y で微分」すると
$$\frac{dx}{dy}=\frac{1}{y}$$
となります．知りたいのは「y を x で微分」した結果ですから，この逆数をとって
$$\frac{dy}{dx}=y$$
すなわち
$$\frac{dy}{dx}=e^x$$
となります．まとめると，こうなります．

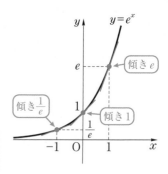

 指数関数の微分公式

$$(e^x)'=e^x$$

「鬼が出るか蛇が出るか」と身構えていたら，なんと出てきたのは自分自身．つまり，指数関数 $y=e^x$ というのは「**微分すると自分自身になる関数**」だったのです．

グラフ（前ページ下）で確認すると，$y=e^x$ のある点におけるグラフの接線の傾きは，その点の y 座標そのものになっていることがわかります．またしても驚くべき結果ですね．e を底にしておけば，指数関数の微分は正真正銘**世界で最も簡単な微分**になるわけです．

練習問題 7

次の関数を微分せよ．

(1) $y=x^2e^x$　　(2) $y=e^{3x-4}$　　(3) $y=\dfrac{2}{e^x+e^{-x}}$

(4) $y=\log(e^x+1)$　　(5) $y=e^{2x}\cos 3x$

精 講　指数関数の微分は，$(e^x)'=e^x$ とこれ以上ないほど簡単です．あとはこれまで同様，積や商，合成関数の微分公式をていねいに使っていくだけです．

解　答

(1) $y'=(x^2)'e^x+x^2(e^x)'$ ＜積の微分公式）
　　$=2xe^x+x^2e^x\ (=x(x+2)e^x)$

(2) $y=e^{3x-4}$
　　$y'=e^{3x-4}\times(3x-4)'$ ←合成関数の微分
　　$=3e^{3x-4}$

(3) $y'=-2\cdot\dfrac{(e^x+e^{-x})'}{(e^x+e^{-x})^2}$ ＜商の微分公式　$\left(\dfrac{1}{g}\right)'=-\dfrac{g'}{g^2}$）

　　$=-2\dfrac{(e^x)'+(e^{-x})'}{(e^x+e^{-x})^2}$ 　合成関数の微分
　　　　　　　　　　　　　$(e^{-x})'=e^{-x}\times(-x)'=-e^{-x}$

　　$=-2\dfrac{e^x-e^{-x}}{(e^x+e^{-x})^2}$

(4) $y=\log(e^x+1)$
　　$y'=\dfrac{1}{e^x+1}\times(e^x+1)'=\dfrac{e^x}{e^x+1}$

(5)　$y'=(e^{2x})'\cos 3x+e^{2x}(\cos 3x)'$

　　　$=2e^{2x}\cos 3x+e^{2x}(-3\sin 3x)$

$\boxed{\begin{aligned}(e^{2x})'&=e^{2x}\times(2x)'\\ &=2e^{2x}\end{aligned}}$　$\boxed{\begin{aligned}(\cos 3x)'&=-\sin 3x\times(3x)'\\ &=-3\sin 3x\end{aligned}}$

　　　$=2e^{2x}\cos 3x-3e^{2x}\sin 3x$

指数の底の変換公式

　指数関数の底が e ではない場合は，対数関数のときと同様，底の変換をすればよいのです．指数関数の場合は次の関係式が底の変換公式として使えます．

$$a=b^{\log_b a} \quad \text{底 } a \text{ を底 } b \text{ に変換}$$

　一見複雑ですが，対数の定義を考えれば「当たり前」の式です．$\log_b a$ というのは，「b を○乗したら a になる」の○に相当する数です．$b^{\log_b a}$ は，まさにその「b の○乗」なのですから，a になるのは自明の理．ただの循環論法です．

　これを用いれば，底 2 の指数関数は

$$2^x=(e^{\log 2})^x=e^{(\log 2)x}$$

と，底を e とする指数関数に変換できます．あとは合成関数の微分を用いれば

$$(2^x)'=(e^{(\log 2)x})'=e^{(\log 2)x}\cdot\{(\log 2)x\}'=(\log 2)e^{(\log 2)x}=(\log 2)2^x$$

となります．以上より，一般の指数関数の微分公式は，次のようになります．

 （一般の）指数関数の微分公式

$$(a^x)'=(\log a)a^x$$

　対数の場合と混同しやすいので，丸暗記しようとせずに，そのつど「底の変換」をして導き出せるようにしておくのがいいでしょう．

練習問題 8

次の関数を微分せよ.

(1) $y = 10^x$ (2) $y = 2^x \log_2 x$

精 講 一般の底の指数関数の微分を練習しましょう.

:::::::::::::::::::::::::::::::::: 解 答 ::::::::::::::::::::::::::::::

(1) $y = 10^x = (e^{\log 10})^x = e^{(\log 10)x}$ $\boxed{\begin{array}{c} 10 = e^{\log 10} \\ \longleftrightarrow \\ \text{底の変換} \end{array}}$

$\quad y' = e^{(\log 10)x} \times \{(\log 10)x\}'$

$\quad\quad = (\log 10) e^{(\log 10)x}$

$\quad\quad = \boldsymbol{(\log 10) 10^x}$

積の微分

(2) $y' = (2^x)' \log_2 x + 2^x (\log_2 x)'$

$\quad\quad = (\log 2) 2^x \log_2 x + 2^x \dfrac{1}{(\log 2)x}$

$\quad\quad = \left\{ (\log 2) \log_2 x + \dfrac{1}{(\log 2)x} \right\} 2^x$

公式

$(a^x)' = (\log a) a^x$

$(\log_a x)' = \dfrac{1}{(\log a)x}$

第4章

e と極限

自然対数の底 e は,以下の式で定義されました.

$$\lim_{t \to 0} (1 + t)^{\frac{1}{t}} = e \quad \cdots\cdots\text{①}$$

①を別の形で表してみましょう.両辺の自然対数をとると,①は

$$\lim_{t \to 0} \log(1 + t)^{\frac{1}{t}} = \log e$$

すなわち

対数法則③

$\log(1 + t)^{\frac{1}{t}}$

$= \dfrac{1}{t} \log(1 + t)$

$$\lim_{t \to 0} \frac{\log(1 + t)}{t} = 1 \quad \cdots\cdots\text{②}$$

と書き換えることができます.

この式の意味を,図形的に見てみましょう.

$\dfrac{\log(1 + t)}{t}$ は,図形的には $y = \log x$ のグラフの点 A$(1,\ 0)$ と点

P$(1 + t,\ \log(1 + t))$ を結ぶ直線 AP の傾きです. t が 0 に近づくと,直線

AP の傾きは点Aにおける接線の傾きに近づきます．つまり，②は「$y=\log x$ の点 A$(1,\ 0)$ における接線の傾きが 1 である」ことを意味しています．

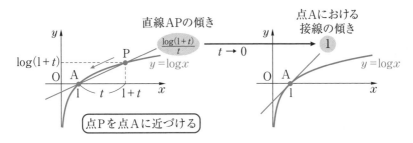

さて，②の分子 $\log(1+t)$ を s と変数変換してみましょう．

$$s=\log(1+t)\quad \text{より}\quad 1+t=e^s\qquad \text{すなわち}\quad t=e^s-1$$

$t\to 0$ のとき $s\to 0$ なので，②の式は

$$\lim_{s\to 0}\frac{s}{e^s-1}=1\quad \text{すなわち}\quad \lim_{s\to 0}\frac{e^s-1}{s}=1\quad \cdots\cdots③$$

と書き直せます．

　式だけを見ると，何をしているのかよくわからないかもしれませんが，図形的に見れば，対数関数で観察したことを「x 軸と y 軸を入れ替えて」**指数関数で観察しているにすぎません**．軸を入れ替えると，グラフは $y=e^x$ に，点Aは $(0,\ 1)$ になり，さらに $s=\log(1+t)$ とおくことで，点Pは $(s,\ e^s)$ と表されます．

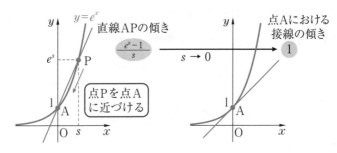

直線 AP の傾きは $\dfrac{e^s-1}{s}$ であり，これは s が 0 に近づくと点Aにおけるグラフの接線の傾きに近づきます．つまり，③は「$y=e^x$ の点 A$(0,\ 1)$ における接線の傾きが 1 である」ことを意味しています．体裁を統一するために，s を t に置き換えると，次のようになります．

$$\lim_{t\to 0}\frac{e^t-1}{t}=1 \quad \cdots\cdots ③$$

②，③は，指数，対数にまつわる極限の問題を解く上で基本になります．

👣 一歩踏みこんで　e の定義

　①，②，③は，すべて同値（同じ意味の式）です．つまり，1 つの式があれば残り 2 つの式はそこから導くことが可能です．このテキストでは，①によって e を定義したので，②，③はそこから導かれる**「定理」という扱いになります**が，逆に，②や③によって定数 e を定義し，残りをそこから導かれる「定理」とすることもできます．

　③によって，e を定義するときは「$\lim\limits_{t\to 0}\dfrac{a^t-1}{t}=1$，**すなわち** $(0,\ 1)$ において接線の傾きが 1 になるような指数関数 $y=a^x$ の底 a を e と定義する」となります．

　$y=a^x$ の点 $(0,\ 1)$ における接線の傾きは，a を変化させれば（連続的に）変化します．

　$y=2^x$ だと接線の傾きは 1 より少し小さく，$y=3^x$ だと接線の傾きは 1 より少し大きくなるので，それがちょうど 1 になるような a が 2 と 3 の間に必ずあるはずですね．その a を e と呼びましょう，というのが上の定義です．①による定義は，極限値 e の存在自体が明らかではないというモヤモヤが残るのですが，この定義だと e の存在は直感的に納得できます．

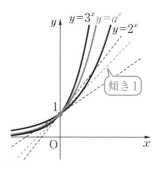

練習問題 9

(1) 次の極限値を求めよ.

(i) $\displaystyle\lim_{x\to 0}(1+2x)^{\frac{1}{x}}$　　(ii) $\displaystyle\lim_{x\to 0}\frac{e^{3x}-1}{x}$　　(iii) $\displaystyle\lim_{x\to 0}\frac{\log(1-2x)}{x}$

(iv) $\displaystyle\lim_{x\to\infty}\left(1-\frac{1}{x}\right)^{x}$　　(v) $\displaystyle\lim_{x\to\infty}x\{\log(2x+1)-\log(2x)\}$

(2) $y=e^x$ を, 定義にしたがって微分せよ.

精 講 前ページで学習した指数・対数関数の極限の公式

$$\begin{cases}\displaystyle\lim_{t\to 0}(1+t)^{\frac{1}{t}}=e\\[2mm]\displaystyle\lim_{t\to 0}\frac{e^t-1}{t}=1,\ \ \lim_{t\to 0}\frac{\log(1+t)}{t}=1\end{cases}$$

を使う練習をしてみましょう. どの公式の形でも使えるようにしておくことが大切です.

解 答

(1)(i) $\displaystyle\lim_{x\to 0}(1+2x)^{\frac{1}{x}}=\lim_{x\to 0}\{(1+\boxed{2x})^{\frac{1}{2x}}\}^2$ 　形をそろえる

$=e^2$ 　　$\displaystyle\lim_{x\to 0}(1+t)^{\frac{1}{t}}=e$

(ii) $\displaystyle\lim_{x\to 0}\frac{e^{3x}-1}{x}=\lim_{x\to 0}\frac{e^{\boxed{3x}}-1}{\boxed{3x}}\times 3$ 　形をそろえる

$=1\times 3=3$ 　　$\displaystyle\lim_{t\to 0}\frac{e^t-1}{t}=1$

(iii) $\displaystyle\lim_{x\to 0}\frac{\log(1-2x)}{x}=\lim_{x\to 0}\frac{\log\{1+(-2x)\}}{\boxed{-2x}}\times(-2)$ 　形をそろえる

$=1\times(-2)$ 　　$\displaystyle\lim_{t\to 0}\frac{\log(1+t)}{t}=1$

$=-2$

(iv) $t=-\dfrac{1}{x}$ とおくと, $x\to\infty$ のとき $t\to -0$ なので

$\displaystyle\lim_{x\to\infty}\left(1-\frac{1}{x}\right)^{x}=\lim_{t\to -0}(1+t)^{-\frac{1}{t}}=\lim_{t\to -0}\{(1+t)^{\frac{1}{t}}\}^{-1}$

$=e^{-1}=\dfrac{1}{e}$

━ コ メ ン ト ━

$$\lim_{n\to\infty}\left(1+\frac{1}{n}\right)^n=e, \quad \lim_{n\to-\infty}\left(1+\frac{1}{n}\right)^n=e$$

という形を公式として覚えておいてもよいでしょう（いずれも $t=\frac{1}{n}$ とすれば簡単に示せます）. これを使えば

$$与式=\lim_{x\to\infty}\left\{\left(1+\frac{1}{-x}\right)^{-x}\right\}^{-1}=e^{-1}=\frac{1}{e}$$

形をそろえる

(v) $\displaystyle\lim_{x\to\infty}x\{\log(2x+1)-\log(2x)\}$ ┐ 対数法則②

$\log M-\log N=\log\dfrac{M}{N}$

$$=\lim_{x\to\infty}x\log\frac{2x+1}{2x} \quad\cdots\cdots①$$

$$=\lim_{x\to\infty}\frac{1}{\frac{1}{x}}\log\left(1+\frac{1}{2x}\right)$$

形をそろえる
（ともに 0 に近づく）

$$=\lim_{x\to\infty}\frac{\log\left(1+\dfrac{1}{2x}\right)}{\dfrac{1}{2x}}\times\frac{1}{2}=1\times\frac{1}{2}=\frac{1}{2}$$

あるいは①より

$$\lim_{x\to\infty}\log\left(1+\frac{1}{2x}\right)^x=\lim_{x\to\infty}\log\left\{\left(1+\frac{1}{2x}\right)^{2x}\right\}^{\frac{1}{2}}$$

形をそろえる

$$=\log e^{\frac{1}{2}}=\frac{1}{2}$$

(2) 微分の定義より

$$y'=\lim_{h\to0}\frac{e^{x+h}-e^x}{h}=\lim_{h\to0}\frac{e^x\cdot e^h-e^x}{h}$$

$$=\lim_{h\to0}e^x\cdot\frac{e^h-1}{h}$$

$$=e^x$$

$\downarrow$
1

コメント 極限3兄弟

三角関数，指数・対数関数の極限についての3つの式を並べてみると，それらはとてもよく似ていますね．

$$\lim_{t\to 0}\frac{\sin t}{t}=1, \quad \lim_{t\to 0}\frac{e^t-1}{t}=1, \quad \lim_{t\to 0}\frac{\log(1+t)}{t}=1$$

これらの式はどれも，図形的には下図の3つのグラフにおいて，点Aにおける接線の傾きが1であることを表しています．

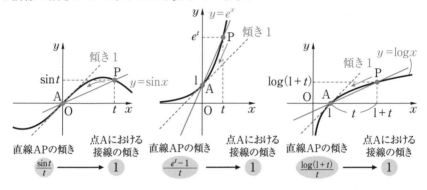

これらの極限の式は，この図形的なイメージと結びつけておくと，忘れても簡単に思い出すことができます．

なお，右2つのグラフについては，点Aが原点にくるようにグラフを平行移動すれば，$y=e^x-1$，$y=\log(x+1)$ となり，これらのグラフの原点における接線の方程式はともに $y=x$ になることがわかります．

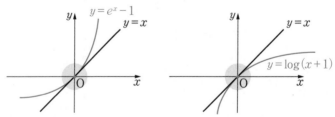

つまり，x が十分小さいときは

$$e^x-1\approx x, \quad \log(1+x)\approx x$$

という近似ができるわけで，これを用いると**練習問題9**(1)の(ii)，(iii)は

$$\frac{e^{3x}-1}{x}\approx\frac{3x}{x}=3, \quad \frac{\log(1-2x)}{x}\approx\frac{-2x}{x}=-2$$

と，目で見て極限を求めることができます(ただし，これはあくまで「感覚的な」式変形ですので，そのまま答案に書いてはいけません)．

対数微分法

　これまでの話の応用として，**対数微分法**を紹介します．これは，そのままでは微分が難しい関数を，「**両辺の対数をとって微分をする**」というテクニックです．説明のために，次の(ヘンテコな)関数を考えてみましょう．

$$y = x^x \quad (x > 0)$$

　多項式関数 $y = x^n$ や指数関数 $y = a^x$ であれば，それぞれ

$$(x^n)' = nx^{n-1}, \quad (a^x)' = (\log a)a^x$$

と微分できるのですが，この関数は「指数」と「底」の両方に x を含んでいるので，多項式関数でも指数関数でもありません．ですから，$(x^x)' = x \cdot x^{x-1}$ とするのも $(x^x)' = (\log x)x^x$ とするのも**間違い**です．

　こういうときは，両辺の自然対数をとります．

$$\log y = \log x^x$$
$$\log y = x \log x \quad \text{肩の上の } x \text{ を前に出す} \quad \cdots\cdots ①$$

　では，この両辺を x で微分しましょう．ここで大切なポイントがあります．①の左辺の微分は，うっかり

$$(\log y)' = \frac{1}{y}$$

としてしまいそうになりますが，これは「y での微分」ではなく「**x での微分**」です．つまり，これは「**合成関数の微分**」になるのです．

$$(\log y)' = \frac{1}{y} \times y'$$

> $\log y$ を y の関数と見て微分する

> y を x で微分したものをかける

　したがって，①の両辺を x で微分すると，

$$\frac{y'}{y} = x' \log x + x(\log x)'$$

$$\frac{y'}{y} = \log x + 1$$

となり，あとは両辺に $y(= x^x)$ をかけて

$$y' = y(\log x + 1) = x^x(\log x + 1)$$

と，求める微分の結果が得られます．

コメント

$(\log y)'$ と書いてしまうと，これが「x での微分」なのか「y での微分」なのかが判別できなくなるというのが，この記号の不便なところです．それを明確にするためには，p98 で解説した $\dfrac{d}{dx}$ という微分記号を使うほうがいいでしょう．その後の「合成関数の微分」も，次のようなとても直感的な式変形に置き換えることができ，二重の意味で便利なのです．

y をはさんであげる

$$\underset{\substack{y\text{の関数を}\\x\text{で微分する}}}{\frac{d}{dx}(\log y)} = \underset{\substack{y\text{の関数を}\\y\text{で微分する}}}{\frac{dy}{dx} \cdot \frac{d}{dy}(\log y)} = y' \cdot \frac{1}{y}$$

微分の公式の証明

対数微分法を用いると，ずっと証明せずに使ってきた微分の公式

$$(x^\alpha)' = \alpha x^{\alpha-1} \quad (\alpha \text{ は実数})$$

をようやく証明することができます．

$$y = x^\alpha$$

として両辺の自然対数をとると

$$\log y = \log x^\alpha \qquad \text{よって，} \log y = \alpha \log x$$

両辺を x で微分すると

$$\frac{y'}{y} = \alpha \frac{1}{x} \quad \text{すなわち} \quad y' = \alpha \cdot \frac{y}{x} = \alpha \cdot \frac{x^\alpha}{x} = \alpha x^{\alpha-1}$$

となります．

スタートの式にもゴールの式にも対数は一切含まれていないのが，面白いところです．対数は，途中の微分の手助けをするために現れて最後はいなくなる，いわば化学反応における「触媒」のような働きをしています．

第5章　微分法の応用

　ここまでの話で，みなさんはさまざまな関数の微分が自由自在にできるようになりました．ここから，いよいよこの微分を応用していろいろな問題を解いていきたいと思います．関数のグラフをかいたり，最大・最小を求めたり，方程式や不等式の解を考えたり，具体的に問題が解けるようになってくると微分の学習はがぜん面白くなっていきます．

　以下，特に断らない限りは，$f(x)$ は微分可能な関数であるとします．

接線と法線

　$f'(x)$ は「$y=f(x)$ のグラフの傾きを表す関数」だったわけですから，これを用いれば曲線の接線の方程式を簡単に求めることができます．

　一般に，(a, b) を通る傾き m の直線の方程式が

$$y-b=m(x-a)$$

と表せることを思い出してみましょう．

　$y=f(x)$ の $x=t$ における接線の傾きは $f'(t)$ であり，さらにこの直線は接点 $(t, f(t))$ を通るのですから，その方程式は次のようになります．

$$y-f(t)=f'(t)(x-t)$$

「接点を通り接線に垂直な直線」のことを**法線**といいます．接線の傾き $f'(t)$ に対して，$f'(t) \neq 0$ のとき，法線の傾きは $-\dfrac{1}{f'(t)}$ となるので（垂直な2直線の傾きは，かけて -1 になる），$y=f(x)$ の $(t, f(t))$ における法線の方程式は

$$y-f(t)=-\frac{1}{f'(t)}(x-t) \quad \cdots\cdots ①$$

となります．

　これは，公式として丸暗記するよりも，「通る点」と「傾き」から直線の公式を使ってそのつど立式する方が手っ取り早いです．

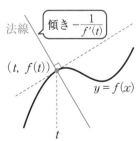

第5章

⚠️**注意** $f'(t)=0$ のときは，法線の傾きは存在しないので，①の式は使えません．ただ，この場合は法線は x 軸に垂直な直線なので，その方程式は $x=t$ とむしろ簡単になります．

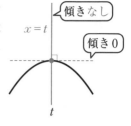

①の両辺に $f'(t)$ をかけ，整理して

$$x-t+f'(t)\{y-f(t)\}=0$$

とすれば，この式は $f'(t)=0$ のときも正しい結果になるので，法線の方程式としてはより汎用性が高いです．

練習問題 1

(1) $y=\sqrt{x}$ のグラフの点 $(1, 1)$ における接線，法線の方程式をそれぞれ求めよ．

(2) 原点から曲線 $y=\log x$ に引いた接線の方程式を求めよ．

精 講 接線であろうと法線であろうと，「通る点」と「傾き」がわかれば直線の方程式は作れるのですから，この2つを求めることを考えましょう．

(2)のように，曲線外の「ある点」から引いた接線を求めるときは，まず接点の x 座標を t とおいて接線の方程式を立て，それが「ある点」を通るという条件を考えます．

::::::::: **解 答** :::::::::

(1) $y=\sqrt{x}=x^{\frac{1}{2}}$, $y'=\dfrac{1}{2}x^{-\frac{1}{2}}=\dfrac{1}{2\sqrt{x}}$ ┐

　　　　　　　　　　　　　　　　　　　$x=1$ を代入

$x=1$ における接線の傾きは $\dfrac{1}{2}$ ◄┘

求める接線は，$(1, 1)$ を通る傾き $\dfrac{1}{2}$ の直線なので

$y-1=\dfrac{1}{2}(x-1)$ ◄── 直線の公式

$$y=\dfrac{1}{2}x+\dfrac{1}{2}$$

また，$x=1$ における法線の傾きは -2 ⎨ $\dfrac{1}{2}$ とかけて -1 になる数

求める法線は，$(1, 1)$ を通る傾き -2 の直線なので

$$y-1=-2(x-1)$$
$$y=-2x+3$$

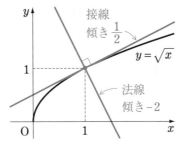

(2) $y=\log x,\ y'=\dfrac{1}{x}$ ── $x=t$ を代入

$y=\log x$ の $(t,\ \log t)$ における接線の傾きは $\dfrac{1}{t}$ なので，接線の方程式は

$$y-\log t=\dfrac{1}{t}(x-t)$$

$$y=\dfrac{1}{t}x-1+\log t \quad \cdots\cdots ①$$

これが $(0,\ 0)$ を通るので

$$0=-1+\log t$$
$$\log t=1$$
$$t=e$$

これを①に戻して

$$y=\dfrac{1}{e}x$$

（接点は $(e,\ 1)$）

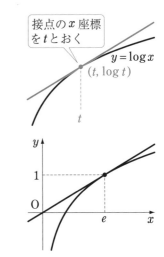

接点の x 座標を t とおく

コメント

「原点を通るいろいろな直線から曲線に接するものを見つけよう」と考えるのではなく，「曲線に接するいろいろな直線から原点を通るものを見つけよう」と考えるのがポイントです．いわば，接線から点を「**迎えにいく**」のです．

関数の増減・極値

数学Ⅱの微分でも学んだように，導関数 $f'(x)$ の符号を見ることで，もとの関数の増減を知ることができます．

 $f'(x)$ の符号と関数の増減

$f'(x)>0$ となる区間では，関数 $f(x)$ は増加している．
$f'(x)<0$ となる区間では，関数 $f(x)$ は減少している．

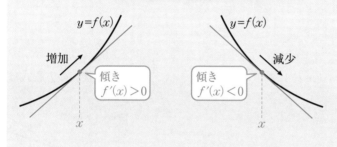

グラフの接線の傾きが正である区間では関数の値は増加し，接線の傾きが負である区間では関数の値が減少する，ということは直感的には明らかでしょう（ただ，この「明らか」に思えることすら，厳密にはきちんと精査されるべき問題なのです．それについては，p187 で詳しくお話しします）．

多項式関数のときと同じように，微分をすることで関数の増減を調べてみましょう．

例えば　$f(x)=\dfrac{1}{2}x+\cos x \quad (0\leqq x\leqq 2\pi)$　という関数を考えます．

微分をすると　$f'(x)=\dfrac{1}{2}-\sin x$　となります．

ここで，「**$f'(x)$ の符号**」を調べます．$f'(x)$ の正負は，単位円周上の点Pの Y 座標が $\dfrac{1}{2}$ より大きいか小さいかに注目するとわかりやすいです．

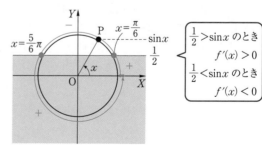

$f'(x)$ は $x=\dfrac{\pi}{6}$, $\dfrac{5\pi}{6}$ で 0 になり，そこを境に符号が「＋→−→＋」と変化していますね．したがって，$f(x)$ の増減は「増加（↗）→ 減少（↘）→ 増加（↗）」と変化します．これを**増減表**にまとめてみましょう．増減表の書き方は，数学Ⅱで学んだ通りです．

x	0	$\cdots$	$\dfrac{\pi}{6}$	$\cdots$	$\dfrac{5\pi}{6}$	$\cdots$	2π
$f'(x)$		$+$	0	$-$	0	$+$	
$f(x)$		↗	極大	↘	極小	↗	

$f'(x)$ の符号を ← ココに書く

$f(x)$ の増減を ← ココに書く

$f'(x)=0$ となる x に注目してみましょう．$x=\dfrac{\pi}{6}$ では，関数の増減が「増加から減少」に切り替わり，グラフは「山の頂上」のようになります．この部分を**極大**といいます．また $x=\dfrac{5\pi}{6}$ では「減少から増加」に切り替わり，グラフは「谷の底」のようになります．この部分を**極小**といいます．また，それぞれの $f(x)$ の値を**極大値**，**極小値**，2つをまとめて**極値**といいます．

$f(x)$ は $x=\dfrac{\pi}{6}$ で極大となり，

極大値 $f\left(\dfrac{\pi}{6}\right)=\dfrac{\pi}{12}+\dfrac{\sqrt{3}}{2}$

$x=\dfrac{5\pi}{6}$ で極小となり，

極小値 $f\left(\dfrac{5\pi}{6}\right)=\dfrac{5\pi}{12}-\dfrac{\sqrt{3}}{2}$

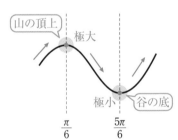

$f(x)$ が $x=a$ で極値をとるためには，$\boldsymbol{f'(a)=0}$ となるだけでなく，$\boldsymbol{x=a}$ **の前後で** $\boldsymbol{f'(x)}$ **の符号が変わる**ことが欠かせない条件となることに注意してください．

第5章

関数の最大・最小

p152 の関数

$$f(x)=\frac{1}{2}x+\cos x \quad (0\le x\le 2\pi)$$

の最大値・最小値を求めてみましょう.

極値はすでに計算しましたが,今回はそれに加えて**区間の端点の値**を求めます.

$$f(0)=1, \quad f(2\pi)=\pi+1$$

$\pi=3.14\cdots,\ \sqrt{3}=1.73\cdots$ であることに注意すると,$0\le x\le 2\pi$ における $f(x)$ のグラフは下図のようになります.

これより,$f(x)$ は

$x=2\pi$ で最大値

$$\pi+1$$

$x=\dfrac{5}{6}\pi$ で最小値

$$\frac{5}{12}\pi-\frac{\sqrt{3}}{2}$$

をとることがわかります.

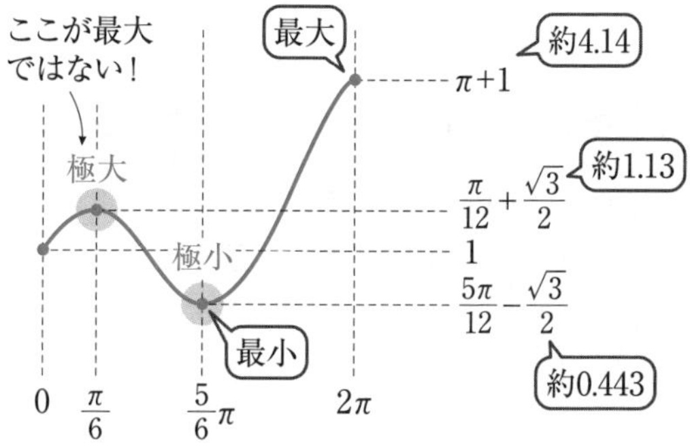

ここが最大ではない！

極大 最大 約4.14

$\pi+1$

$\dfrac{\pi}{12}+\dfrac{\sqrt{3}}{2}$ 約1.13

極小 1

$\dfrac{5\pi}{12}-\dfrac{\sqrt{3}}{2}$

最小 約0.443

$0 \quad \dfrac{\pi}{6} \quad \dfrac{5}{6}\pi \quad 2\pi$

注意してほしいのは,関数の極大値,極小値が必ずしも最大値,最小値になるわけではないということです.極大値や極小値というのは,「その近辺だけを見たときの最大値,最小値」という意味で,それは「区間全体を見たときの最大値,最小値」に一致するとは限りません.「地元で一番」の人が「全国で一番」とは限らないのと同じです.したがって,関数の最大値・最小値を考える場合は,**極値だけでなく,変域の端点での値も求めて,それらの大きさを比較する**ことが必要になります.

練習問題 2

(1) 関数 $f(x)=x^2e^{3-3x}$ について,

　(i) 極大値と極小値を求めよ.

　(ii) $-1\leqq x\leqq 1$ における最大値と最小値を求めよ.

(2) $f(x)=x(\log x)^2$ の $0<x<1$ における最大値を求めよ.

精 講 $f'(x)$ の符号の変化を調べて増減表をかきます.

　　　　符号の変化を調べるときは「すでに符号が確定している部分」をより分けることで,注目すべき部分がはっきりします.

最大・最小を求めるときは,端点の値も調べることを忘れてはいけません.

解 答

(1)(i) $f(x)=x^2e^{3-3x}$

$\qquad$ 積の微分公式

$f'(x)=(x^2)'e^{3-3x}+x^2(e^{3-3x})'$

$\qquad$ 合成関数の微分

$\qquad =2xe^{3-3x}+x^2\cdot e^{3-3x}\times(3-3x)'$

$\qquad =2xe^{3-3x}-3x^2e^{3-3x}$

$\qquad =-x(3x-2)e^{3-3x}$ ← ココは常に正

ココの符号の変化を考える

$y=-x(3x-2)$

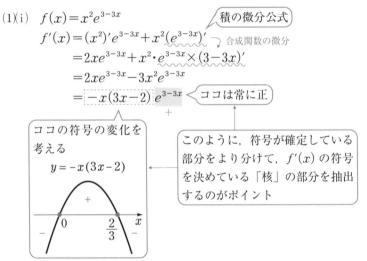

このように,符号が確定している部分をより分けて,$f'(x)$ の符号を決めている「核」の部分を抽出するのがポイント

$f(x)$ の増減は下表のようになる.

x	$\cdots$	0	$\cdots$	$\dfrac{2}{3}$	$\cdots$
$f'(x)$	$-$	0	$+$	0	$-$
$f(x)$	$\searrow$	極小	$\nearrow$	極大	$\searrow$

$f(x)$ は $x=0$ で極小となり,極小値 $f(0)=0$

$\qquad x=\dfrac{2}{3}$ で極大となり,極大値 $f\left(\dfrac{2}{3}\right)=\dfrac{4}{9}e$

(ii) 端点を調べると

$\qquad f(-1)=e^6,\ f(1)=e^0=1$

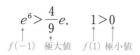

$$e^6 > \frac{4}{9}e, \qquad 1 > 0$$
$f(-1)$ 極大値　$f(1)$ 極小値

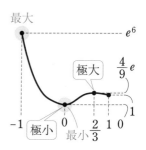

なので

$x = -1$ で最大値 e^6

$x = 0$ で最小値 0

(2)　$f(x) = x(\log x)^2$

$f'(x) = x'(\log x)^2 + x\{(\log x)^2\}'$ ← 積の微分

$= (\log x)^2 + x \cdot 2\log x(\log x)'$ ← 合成関数の微分

$= (\log x)^2 + 2x\log x \cdot \dfrac{1}{x}$

$= \log x(\log x + 2)$

> $0 < x < 1$ で常に負

$\log x + 2 = \log x - (-2)$ の符号は $y = \log x$ と $y = -2$ のグラフの上下関係からわかる

$0 < x < 1$ における $f(x)$ の増減は下表のようになる.

x	(0)	$\cdots$	$\dfrac{1}{e^2}$	$\cdots$	(1)
$f'(x)$		$+$	0	$-$	
$f(x)$		↗		↘	

よって，$f(x)$ は $x = \dfrac{1}{e^2}$ で最大となり

最大値 $f\left(\dfrac{1}{e^2}\right) = \dfrac{1}{e^2}\left(\log\dfrac{1}{e^2}\right)^2 = \dfrac{1}{e^2}(-2)^2 = \dfrac{4}{e^2}$

コメント

詳しく書けば，$f'(x)$ の符号は下表のように決まっています.

x	(0)	$\cdots$	$\dfrac{1}{e^2}$	$\cdots$	(1)
$\log x$		$-$	$-$	$-$	
$\log x + 2$		$-$	0	$+$	
$f'(x)$		$+$	0	$-$	

かけ算

練習問題 3

a, b は定数であるとする. 関数 $f(x) = \dfrac{ax+b}{x^2+1}$ は $x=2$ で極値 -2 をとる. a, b の値を求め, この関数の極大値を求めよ.

精講 一般に, $f(x)$ が微分可能である場合,

$$f(x)\text{ が }x=a\text{ で極値をとる}\implies f'(a)=0$$

が成り立ちます. つまり, 極大値や極小値を与える x において, グラフの接線の傾きは 0 になるということです. 注意してほしいのは, 一般に, **この逆は成り立たない**ということです. 右図からわかるように, 接線の傾きが 0 になったとしても, 「山の頂上」でも「谷の底」でもない例, いわば「階段の踊り場」になる例が存在します.

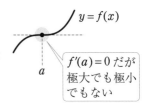

$f'(a)=0$ だが極大でも極小でもない

いいかえれば, $f'(a)=0$ であることは, 「$f(x)$ が $x=a$ で極値をとる」ための**必要条件である**(十分条件ではない), といえます.

━━━━━━━━━━━ 解 答 ━━━━━━━━━━━

$$f'(x) = \frac{a(x^2+1)-(ax+b)\cdot 2x}{(x^2+1)^2} \quad \leftarrow \boxed{\text{商の微分}}$$

$$= \frac{-ax^2-2bx+a}{(x^2+1)^2}$$

$f(x)$ は $x=2$ で極値をとるので, $f'(2)=0$ であることが必要.

$$f'(2) = \frac{-4a-4b+a}{25} = 0$$

$$3a+4b=0 \quad \cdots\cdots ①$$

また, 極値が -2 なので

$$f(2) = \frac{2a+b}{5} = -2$$

$$2a+b=-10 \quad \cdots\cdots ②$$

①, ②を解くと

$$a=-8,\ b=6 \longleftarrow \text{この段階では, あくまで解の}$$
$$\text{候補であり, 確定ではない}$$

このとき

$$f(x) = \frac{-8x+6}{x^2+1}$$

$$f'(x) = \frac{8x^2-12x-8}{(x^2+1)^2} = \frac{4(2x+1)(x-2)}{(x^2+1)^2}$$

$f(x)$ の増減は，下表のようになる．

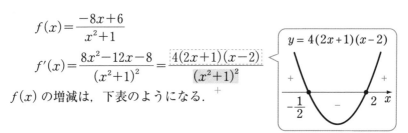

$y = 4(2x+1)(x-2)$

x	$\cdots$	$-\dfrac{1}{2}$	$\cdots$	2	$\cdots$
$f'(x)$	$+$	0	$-$	0	$+$
$f(x)$	$\nearrow$	極大	$\searrow$	極小	$\nearrow$

$f(x)$ は，$x=2$ で確かに極値（極小値）をとる． ここで条件の十分性が確かめられる

よって， $a=-8,\ b=6$

また，この関数の極大値は

$$f\left(-\frac{1}{2}\right) = \frac{4+6}{\dfrac{1}{4}+1} = 8$$

コメント

必要条件とは「満たすべき条件の一部」なので，それを用いて導かれたものは，まだ答えと確定できません．この段階では，まだ「答えの候補」を絞り出したにすぎないのです（これを「必要条件で絞る」といいます）．次の段階では，その「答えの候補」に対して，それが答えの条件をすべて満たすことを確かめていきます（これを「十分性の確認」といいます）．これをクリアすれば，「答えの候補」は晴れて正式に「答え」となるわけです．

練習問題 4

台形 ABCD が，AD∥BC，BA＝AD＝DC＝1，
∠B＝∠C＝θ $\left(0<\theta\leqq\dfrac{\pi}{2}\right)$ をみたしているとする．このとき，台形 ABCD の面積の最大値とそのときの θ の値を求めよ．

精講 三角関数の図形への応用問題です．関数の最大値を求めるには，微分が必要になります．

:::: 解 答 ::::

右図より，この台形は，上底 1，下底 $1+2\cos\theta$，高さ $\sin\theta$ であるから，その面積を S とすると，

$S=\dfrac{1}{2}\sin\theta\{1+(1+2\cos\theta)\}$ ←（上底＋下底）×高さ×$\dfrac{1}{2}$

$=\dfrac{1}{2}\sin\theta(2+2\cos\theta)$

$=\sin\theta+\sin\theta\cos\theta$

$S'=\cos\theta+\cos\theta\cdot\cos\theta+\sin\theta(-\sin\theta)$ ←積の微分

$=\cos\theta+\cos^2\theta-\sin^2\theta$ ← $\sin^2\theta=1-\cos^2\theta$

$=2\cos^2\theta+\cos\theta-1$

$=(2\cos\theta-1)(\cos\theta+1)$ ← $0<\theta\leqq\dfrac{\pi}{2}$ で常に正

$2\cos\theta-1=2\left(\cos\theta-\dfrac{1}{2}\right)$ の符号は下の単位円からわかる

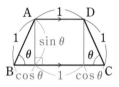

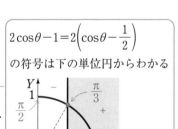

$0<\theta\leqq\dfrac{\pi}{2}$ における S の増減は下表のとおり．

θ	(0)	$\cdots$	$\dfrac{\pi}{3}$	$\cdots$	$\dfrac{\pi}{2}$
S'		$+$	0	$-$	
S	(0)	↗	極大	↘	1

よって，S は $\theta=\dfrac{\pi}{3}$ のとき最大となり

最大値 $\sin\dfrac{\pi}{3}+\sin\dfrac{\pi}{3}\cos\dfrac{\pi}{3}$

$=\dfrac{\sqrt{3}}{2}+\dfrac{\sqrt{3}}{2}\cdot\dfrac{1}{2}=\dfrac{3\sqrt{3}}{4}$

第5章

グラフをかく

　数学Ⅱの微分では，多項式関数のグラフを扱いましたが，ここでは一般の関数のグラフのかき方について学びます．例として

$$f(x) = \frac{x}{x^2+1}$$

のグラフをかいてみましょう．まず，微分をします．

$$f'(x) = \frac{x'(x^2+1) - x(x^2+1)'}{(x^2+1)^2} = \frac{x^2+1-x\cdot 2x}{(x^2+1)^2}$$

$$= \frac{1-x^2}{(x^2+1)^2} = \frac{\boxed{-(x+1)(x-1)}}{(x^2+1)^2}$$

ココの符号を調べる

ココは常に正

　$f'(x)$ の符号を調べましょう．この式の分母はつねに正なので，$f'(x)$ の符号は**分子 $-(x+1)(x-1)$ の符号によって決まります**．

　$y = -(x+1)(x-1)$ のグラフが右図のようになることに注意すると，増減表は下表のようになります．

$y = -(x+1)(x-1)$

x	$\cdots$	-1	$\cdots$	1	$\cdots$
$f'(x)$	$-$	0	$+$	0	$-$
$f(x)$	$\searrow$	$-\dfrac{1}{2}$	$\nearrow$	$\dfrac{1}{2}$	$\searrow$

　さて，多項式関数であれば，これだけの情報から右図のようなグラフがかけました．しかし，一般の関数のグラフの場合，話はもう少し複雑です．問題は，**グラフの両端のふるまい**にあります．多項式関数のグラフの両端は，「限りなく大きくなる」か

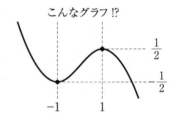

こんなグラフ!?

「限りなく小さくなる」のどちらかしかありませんでしたが，一般の関数では必ずしもそうではないのです．

　この関数の両端，つまり $x \to \infty$，$x \to -\infty$ の極限を調べてみましょう．

$$\lim_{x\to\infty}\frac{x}{x^2+1} = \lim_{x\to\infty}\frac{\dfrac{1}{x}}{1+\dfrac{1}{x^2}} = +0, \quad \lim_{x\to-\infty}\frac{x}{x^2+1} = \lim_{x\to-\infty}\frac{\dfrac{1}{x}}{1+\dfrac{1}{x^2}} = -0$$

$x→±∞$ において，関数の値はどちらも **0 に収束している**ことがわかりますね．この関数の正しいグラフは次の図のようになります．

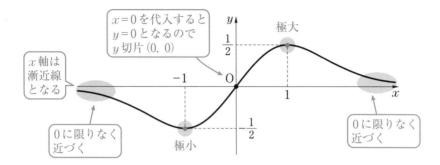

このように，一般の関数のグラフをかくときは，**両端の極限がどうなるかを調べる**ことが不可欠になります．この「両端の極限」は，下のように増減表の中に含めて書いてしまうとわかりやすいでしょう．

x	$(-\infty)$	$\cdots$	-1	$\cdots$	1	$\cdots$	(∞)
$f'(x)$		$-$	0	$+$	0	$-$	
$f(x)$	(-0)	$\searrow$	$-\dfrac{1}{2}$	$\nearrow$	$\dfrac{1}{2}$	$\searrow$	$(+0)$

なお，グラフの両端は x 軸に限りなく近づいていきますので，x 軸はこのグラフの**漸近線**となることがわかります．

もう1つ，別の関数のグラフをかいてみましょう．

$$g(x)=x+\frac{1}{x}$$

分数部分の分母が x なので，この関数は **$x=0$ では定義されません**．このように，関数の形から自然に「**定義域に制約がつく**」ことがあります．今回のように，定義域に「抜け」が生じる場合は，**その前後で関数がどのようにふるまうかも調べなければなりません**.

まず微分をします．

$$g'(x)=1-\frac{1}{x^2}=\frac{x^2-1}{x^2}=\frac{(x+1)(x-1)}{x^2}$$

$g'(x)$ の符号の変化から，$g(x)$ は $x=-1$ で極大，$x=1$ で極小となり，

$$g(-1)=-2,\ g(1)=2$$

両端の極限は

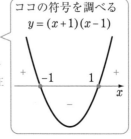

第5章

$$\lim_{x \to \infty}\left(x+\frac{1}{x}\right)=\infty, \quad \lim_{x \to -\infty}\left(x+\frac{1}{x}\right)=-\infty$$
$$\qquad\quad\underset{\infty}{\underset{\downarrow}{}}\ \underset{+0}{\underset{\downarrow}{}} \qquad\qquad\qquad \underset{-\infty}{\underset{\downarrow}{}}\ \underset{-0}{\underset{\downarrow}{}}$$

$x=0$ の前後のふるまいは

$$\lim_{x \to +0}\left(x+\frac{1}{x}\right)=\infty, \quad \lim_{x \to -0}\left(x+\frac{1}{x}\right)=-\infty$$
$$\qquad\quad\underset{+0}{\underset{\downarrow}{}}\ \underset{+\infty}{\underset{\downarrow}{}} \qquad\qquad\qquad \underset{-0}{\underset{\downarrow}{}}\ \underset{-\infty}{\underset{\downarrow}{}}$$

> 左極限と右極限が
> 異なるのに注意

これらの情報を1つにまとめると，下のような増減表ができます．

x	$(-\infty)$	$\cdots$	-1	$\cdots$	定義域の「抜け」 (0)		$\cdots$	1	$\cdots$	右端 (∞)
$g'(x)$		$+$	0	$-$			$-$	0	$+$	
$g(x)$	$(-\infty)$	$\nearrow$	-2	$\searrow$	$(-\infty)$	(∞)	$\searrow$	2	$\nearrow$	(∞)

左端 … 極大値 … 極小値

あと1つだけ，これはとても気がつきにくいのですが，$x \to \pm\infty$ において，$g(x)=x+\dfrac{1}{x}$ の $\dfrac{1}{x}$ の部分は0に近づいていくので，**$g(x)$ と x はとても近い値になります**．

xの絶対値が大きくなると

$$y=x+\frac{1}{x}\approx x$$

> ココが0に近づく

これは，$y=g(x)$ のグラフが **$x \to \pm\infty$ において $y=x$ という直線に限りなく近づいていく**ということを意味しています．つまり，$y=x$ はこのグラフの漸近線となるのです．以上を踏まえて，$y=g(x)$ のグラフをかくと，下図のようになります．

なお，$y=x$ だけではなく，
$$x=0 \quad (y\,\text{軸})$$
もこのグラフの漸近線となっています．

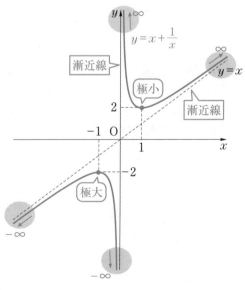

▶**コメント**

数学Ⅱで，**相加平均・相乗平均**の関係より，$x>0$ において
$$x+\frac{1}{x}\geqq 2\sqrt{x\cdot\frac{1}{x}}=2$$
であることを導いたりしましたが，この不等式が成り立つことは，右のグラフを見れば一目瞭然です．今までテクニックを駆

...

使して解かなければならなかった問題も，数学Ⅲでいろいろな関数のグラフを
かけるようになると，力技で寄り切ってしまうことが可能になります．

グラフの対称性

先ほどかいた $y=f(x)$ と $y=g(x)$ のグラフは，ともに**原点に関して対称
なグラフ**になったことに注目してみましょう．このように，グラフが「対称
性」をもつ関数の式には，ある特徴があります．

$f(x)$ と $g(x)$ の式の x に $-x$ を代入してみましょう．

$$f(-x)=\frac{-x}{(-x)^2+1}=-\frac{x}{x^2+1}=-f(x)$$

$$g(-x)=-x+\frac{1}{-x}=-\left(x+\frac{1}{x}\right)=-g(x)$$

結果は，どちらも「もとの式にマイナスをつけた式」になりました．

一般に，$y=f(x)$ のグラフが「**原点に関して点対称**」になるとき，

すべての実数 x に対して $f(-x)=-f(x)$

が成り立ちます．この性質をもつ関数を**奇関数**といいます．

また，$y=f(x)$ のグラフが「**y 軸に関して線対称**」になるとき

すべての実数 x に対して $f(-x)=f(x)$

が成り立ちます．この性質をもつ関数を**偶関数**といいます．

第5章

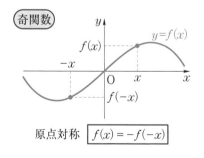

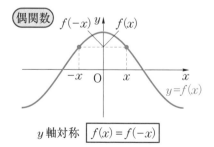

多項式関数の場合，$y=x^6+3x^4+2$ のように，肩の上の数が偶数のもの（定数も含む）だけからなる関数は偶関数で，そのグラフは y 軸対称となります．

$$(-x)^6+3(-x)^4+2=x^6+3x^4+2$$

また，$y=x^3-3x$ のように，肩の上の数が奇数のものだけからなる関数は奇関数で，そのグラフは原点対称となります．

$$(-x)^3-3(-x)=-(x^3-3x)$$

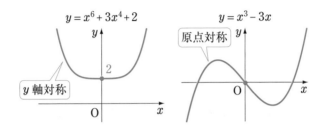

このように，「偶」関数，「奇」関数という名前の由来は多項式関数から来ているのですが，多項式関数ではない場合も，偶関数，奇関数ということばはそのまま使います．三角関数では

$$\sin(-x)=-\sin x,\ \tan(-x)=-\tan x$$

なので，$y=\sin x$，$y=\tan x$ は奇関数，

$$\cos(-x)=\cos x$$

なので，$y=\cos x$ は偶関数です．

関数が偶関数や奇関数である場合は，式の形から簡単に判断できるので，式を見たときはまず，上の性質をもっていないかを確認するクセをつけておくといいでしょう．関数が偶関数や奇関数であった場合は，片側半分だけのグラフをかいて，それを対称に移動すればいいので，グラフをかく手間が実質半分で済みます．

第5章

練習問題 5

次の関数の増減，極値を調べ，グラフの概形をかけ．

(1) $y=1+\dfrac{4}{x}+\dfrac{6}{x^2}$ (2) $y=\dfrac{x^3}{x^2-2}$

精講 一般の関数のグラフをかくときは ① 増減・極値 ② 両端でのふるまい ③ 定義域の「抜け」の前後でのふるまい ④ x切片，y切片，漸近線 といった情報を集めましょう．

解 答

(1) $f(x)=1+\dfrac{4}{x}+\dfrac{6}{x^2}=1+4x^{-1}+6x^{-2}$ とおく．

$f(x)$ の定義域は $x\neq0$ ←まず定義域を確認する

$$f'(x)=-4x^{-2}-12x^{-3}=-\dfrac{4}{x^2}-\dfrac{12}{x^3}=\boxed{\dfrac{-4(x+3)}{x^3}}$$

両端の極限は

$$\lim_{x\to\pm\infty}f(x)=\lim_{x\to\pm\infty}\left(1+\underset{\downarrow\atop\pm0}{\dfrac{4}{x}}+\underset{\downarrow\atop0}{\dfrac{6}{x^2}}\right)=1$$

$f'(x)$ の符号					
x	$\cdots$	-3	$\cdots$	(0)	$\cdots$
分子 $-4(x+3)$	$+$	0	$-$	$-$	$-$
分母 x^3	$-$	$-$	$-$	0	$+$
$f'(x)$	$-$	0	$+$	✕	$-$

$x=0$ の前後の極限は

$$\lim_{x\to+0}f(x)=\lim_{x\to+0}\left(1+\underset{\downarrow\atop+\infty}{\dfrac{4}{x}}+\underset{\downarrow\atop+\infty}{\dfrac{6}{x^2}}\right)=\infty$$

$$\lim_{x\to-0}f(x)=\lim_{x\to-0}\left(1+\underset{\downarrow\atop-\infty}{\dfrac{4}{x}}+\underset{\downarrow\atop+\infty}{\dfrac{6}{x^2}}\right) \quad \text{←不定形} \quad \dfrac{1}{x^2}\text{でくくる}$$

$$=\lim_{x\to-0}\underset{\downarrow\atop+\infty}{\dfrac{1}{x^2}}\underset{\downarrow\atop6}{(x^2+4x+6)}=\infty$$

以上より，$f(x)$ の増減は下表のようになる．

x	$(-\infty)$	$\cdots$	-3	$\cdots$	(0)	(0)	$\cdots$	(∞)
$f'(x)$		$-$	0	$+$			$-$	
$f(x)$	(1)	$\searrow$	$\dfrac{1}{3}$	$\nearrow$	$(+\infty)$	$(+\infty)$	$\searrow$	(1)

グラフは右図のようになる.
$x=-3$ のとき極小となり

極小値 $\dfrac{1}{3}$

$\left(\begin{array}{l} x\text{ 切片, }y\text{ 切片なし.} \\ \text{漸近線は }x=0,\ y=1 \end{array}\right)$

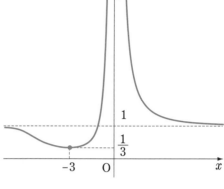

(2)　$f(x)=\dfrac{x^3}{x^2-2}$ とおく.

　$f(x)$ の定義域は $x^2-2\neq0$, す
なわち $x\neq\pm\sqrt{2}$

$$f(-x)=\frac{(-x)^3}{(-x)^2-2}=\frac{-x^3}{x^2-2}=-f(x)$$

より, $f(x)$ は奇関数であり, $y=f(x)$ のグラフは原点対称である. そこで,
まず $x\geqq0$ のときを考える.

$$f'(x)=\frac{3x^2(x^2-2)-x^3\cdot2x}{(x^2-2)^2}$$

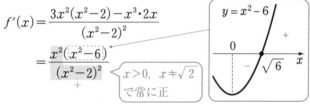

$$=\frac{x^2(x^2-6)}{(x^2-2)^2}\quad\underset{\text{で常に正}}{\overset{x>0,\ x\neq\sqrt{2}}{<}}$$

右端の極限は

$$\lim_{x\to\infty}f(x)=\lim_{x\to\infty}\frac{x^3}{x^2-2}=\lim_{x\to\infty}\frac{x}{1-\dfrac{2}{x^2}}=\infty$$

$x=\sqrt{2}$ の前後の極限は

$$\lim_{x\to\sqrt{2}-0}f(x)=\lim_{x\to\sqrt{2}-0}\frac{x^3}{x^2-2}=-\infty$$

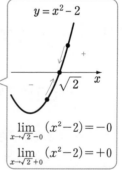

$$\lim_{x\to\sqrt{2}+0}f(x)=\lim_{x\to\sqrt{2}+0}\frac{x^3}{x^2-2}=\infty$$

$$\lim_{x\to\sqrt{2}-0}(x^2-2)=-0$$
$$\lim_{x\to\sqrt{2}+0}(x^2-2)=+0$$

以上より, $x\geqq0$ における
$f(x)$ の増減は右表のように
なる.

x	0	$\cdots$	$(\sqrt{2})$	$\cdots$	$\sqrt{6}$	$\cdots$	(∞)
$f'(x)$		$-$		$-$	0	$+$	
$f(x)$	0	$\searrow$	$(-\infty)\ (+\infty)$	$\searrow$	$\dfrac{3\sqrt{6}}{2}$	$\nearrow$	(∞)

また，

$$f(x)=\frac{x(x^2-2)+2x}{x^2-2}$$

$$x^2-2)\overline{\begin{array}{c}x\\x^3\end{array}}$$
$$\frac{x^3-2x}{2x}$$

$$=x+\frac{2x}{x^2-2}$$

$$=x+\frac{\dfrac{2}{x}}{1-\dfrac{2}{x^2}}$$

$x\to\infty$ で 0 に近づく

$x\to\infty$ で $\boxed{}$ は 0 に収束するので，$y=f(x)$ は $y=x$ に限りなく近づく．つまり，$y=x$ はこのグラフの漸近線である．

以上と，$y=f(x)$ のグラフが原点対称であることより，$y=f(x)$ のグラフは右図のようになる．

$x=-\sqrt{6}$ のとき極大となり，極大値 $-\dfrac{3\sqrt{6}}{2}$

$x=\sqrt{6}$ のとき極小となり，極小値 $\dfrac{3\sqrt{6}}{2}$

$\left(\begin{array}{l}x\text{ 切片，}y\text{ 切片は}\\(0,\ 0)\\\text{漸近線は}\\x=\pm\sqrt{2}\ ,\ y=x\end{array}\right)$

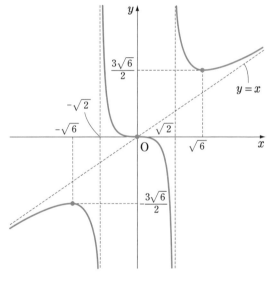

グラフの凹凸

関数 $f(x)$ の変化をさらに細かく知りたいときに,「$f(x)$ の微分」だけでなく,「**$f'(x)$ の微分**」つまりは「**$f(x)$ の微分の微分**」を調べることがあります. これを $f(x)$ の **2 階微分**といい,$f''(x)$ と表します.

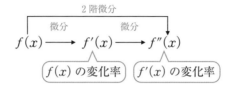

$f'(x)$ は「$f(x)$ の変化率」でしたが,$f''(x)$ は「$f'(x)$ の変化率」です.

$f''(x)>0$ であるということは,「$f'(x)$ が増加している」つまり「**接線の傾きが増加している**」ということを意味します. このとき,下図のようにグラフは下に膨らんだ曲線になります. この形状を**下に凸**といいます.

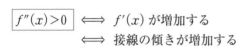 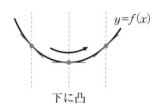

一方,$f''(x)<0$ であるということは,「$f'(x)$ が減少している」つまり「**接線の傾きが減少している**」ということなので,下図のようにグラフは上に膨らんだ曲線になります. この形状を**上に凸**といいます.

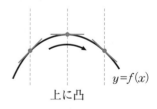

つまり,関数 $f(x)$ の 2 階微分 $f''(x)$ の符号を調べることで,$f(x)$ の**グラフの凹凸**を知ることができるわけです.「グラフの増減」と「グラフの凹凸」はお互いに独立した性質なので,$f'(x)$ と $f''(x)$ の符号の組み合わせにより,グラフの形状は次表のように **4 種類**に分類できます.

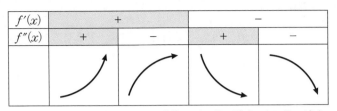

下に凸で増加　上に凸で増加　下に凸で減少　上に凸で減少

例えば

$$f(x)=x^3+1$$

のグラフを考えてみましょう．$f'(x)=3x^2 \geqq 0$ なので，これだけの情報だと，「$f(x)$ が単調に増加している」ということしかわかりません．そこで，2階微分を調べてみます．

$$f''(x)=6x$$

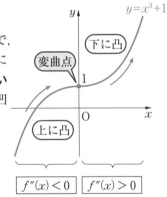

$f''(x)$ は $x>0$ で正に，$x<0$ で負になるので，「$f(x)$ のグラフは $x \geqq 0$ で下に凸，$x \leqq 0$ で上に凸である」という，グラフについての**より詳しい情報**が得られました．このグラフの増減表を，凹凸も含めて書くと次のようになります．

x	$\cdots$	0	$\cdots$
$f'(x)$	$+$	0	$+$
$f''(x)$	$-$	0	$+$
$f(x)$	⤴	1	⤴

　点 $(0,\ 1)$ では，**グラフの凹凸が入れ替わります**．このような点のことを，**変曲点**といいます．

コメント

　$y=x^3+1$ の形状の道路を，x が増加する方向に車で進んでいるとイメージしてみてください．「上に凸」な曲線を進むときは，車のハンドルを「右に傾ける」必要があり，「下に凸」な曲線を進むときは，ハンドルを「左に傾ける」必要があります．「変曲点」とは，この**ハンドルを傾ける向きが切り替わる地点**，まさに「**曲がり方が変わる点**」なのです．

練習問題 6

次の関数の増減,極値,凹凸,変曲点を調べ,グラフの概形をかけ,ただし,$\lim_{x \to \infty} \dfrac{x}{e^x} = 0$ であることは使ってもよい.

(1) $y = \dfrac{x}{e^x}$　　(2) $y = \dfrac{1}{x^2+1}$

精 講 練習問題 5 の精講で挙げた①〜④のチェックリストに,さらに「①′ 凹凸,変曲点」が加わります.

凹凸まで調べると,かけるグラフの精度がさらに高くなります.

解 答

(1) $f(x) = \dfrac{x}{e^x} = xe^{-x}$ とおく.

$f'(x) = x'e^{-x} + x(e^{-x})' = e^{-x} - xe^{-x} = \boxed{-(x-1)} \overset{+}{\boxed{e^{-x}}}$

$f''(x) = \{-(x-1)\}'e^{-x} - (x-1)(e^{-x})'$
$\quad = -e^{-x} + (x-1)e^{-x} = \boxed{(x-2)} \overset{+}{\boxed{e^{-x}}}$

$\lim_{x \to -\infty} f(x) = \lim_{x \to -\infty} \dfrac{x}{e^x} = -\infty \quad \left[\dfrac{-\infty}{+0}\right]$
　　　　　　　　　　　　　　　　　　不定形ではない

$\lim_{x \to \infty} f(x) = \lim_{x \to \infty} \dfrac{x}{e^x} = 0 \quad \left[\dfrac{\infty}{\infty}\right]$ 不定形
　　　　　　　　　　　　これは問題文に与えられている

$f(x)$ の増減,凹凸は下表のとおり.

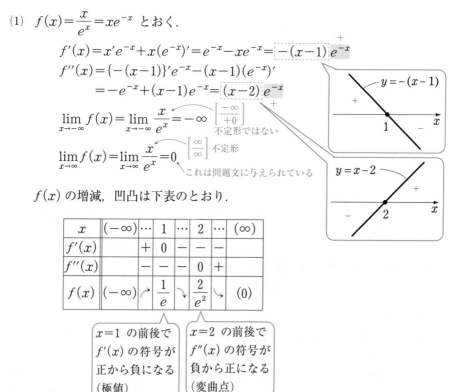

x	$(-\infty)$	$\cdots$	1	$\cdots$	2	$\cdots$	(∞)
$f'(x)$		$+$	0	$-$	$-$	$-$	
$f''(x)$		$-$	$-$	$-$	0	$+$	
$f(x)$	$(-\infty)$	↗	$\dfrac{1}{e}$	↘	$\dfrac{2}{e^2}$	↘	(0)

$x=1$ の前後で $f'(x)$ の符号が正から負になる（極値）

$x=2$ の前後で $f''(x)$ の符号が負から正になる（変曲点）

y 切片 $(0,\ 0)$ であることに注意すると，$y=f(x)$ のグラフは右図のようになる．

$x=1$ で極大となり，

極大値 $f(1)=\dfrac{1}{e}$

変曲点 $\left(2,\ \dfrac{2}{e^2}\right)$

（漸近線 $y=0$（x 軸））

(2)　$f(x)=\dfrac{1}{x^2+1}$ とおく．

$$f(-x)=\dfrac{1}{(-x)^2+1}=\dfrac{1}{x^2+1}=f(x)$$

より，$f(x)$ は偶関数であり，$y=f(x)$ のグラフは y 軸対称である．

そこで，まず $x\geqq0$ のときを考える．

$$f'(x)=-\dfrac{2x}{(x^2+1)^2}\quad\begin{cases}x=0\ \text{で}\ 0\\x>0\ \text{では負}\end{cases}$$

$$f''(x)=-\dfrac{2(x^2+1)^2-2x\cdot2(x^2+1)\cdot2x}{(x^2+1)^4}\quad\{(x^2+1)^2\}'$$

$$=-\dfrac{2(x^2+1)-8x^2}{(x^2+1)^3}$$

$$=\dfrac{2(3x^2-1)}{(x^2+1)^3}$$

$$\lim_{x\to\infty}f(x)=\lim_{x\to\infty}\dfrac{1}{x^2+1}=0$$

$x\geqq0$ における $f(x)$ の増減，凹凸は下表のとおり．

x	0	$\cdots$	$\dfrac{1}{\sqrt{3}}$	$\cdots$	(∞)
$f'(x)$	0	$-$	$-$	$-$	
$f''(x)$		$-$	0	$+$	
$f(x)$	1	$\searrow$	$\dfrac{3}{4}$	$\searrow$	(0)

第5章

以上と，$y=f(x)$ のグラフが y 軸対称であることより，$y=f(x)$ のグラフは右図のようになる．

$x=0$ で極大となり

極大値 $f(0)=1$

変曲点は

$$\left(\frac{1}{\sqrt{3}},\ \frac{3}{4}\right),\ \left(-\frac{1}{\sqrt{3}},\ \frac{3}{4}\right)$$

$\left(\begin{array}{l} y \text{切片は } (0,\ 1) \\ \text{漸近線は } y=0\ (x\text{軸}) \end{array}\right)$

極大

変曲点

変曲点

$-\dfrac{1}{\sqrt{3}}$　O　$\dfrac{1}{\sqrt{3}}$

コラム　日常における2階微分

　電車が一定の速度で走っている場合，目をつぶってしまえばその電車の位置が変化している（動いている）ということを感じることはできません．しかし，電車が駅に近づき減速しはじめれば，目をつぶったままでも「あ，もうすぐ駅に停車しそうだな」と感じることができます．このとき私たちが体で感じているのは，「変化」そのものではなく「**変化の変化**」です．

　また，動画サイトにアップロードした動画の人気を判断するときに私たちが注目するべきことは，総再生回数が「増えている」ということではなく，「**増え方が増えているか減っているか**」ということです．再生回数の増え方が昨日30人，今日100人だったならば動画の人気が上がっていると判断できますし，その逆であれば動画の人気は下がっていると判断できます．このとき見ているのも，「変化」そのものではなく「変化の変化」です．

　このように，私たちが日常の中で「2階微分」を意識しているケースは**意外と多い**のです．

一歩踏みこんで　$\dfrac{x}{e^x}$ の極限

　練習問題6で $\displaystyle\lim_{x\to\infty}\frac{x}{e^x}=0$ であることを用いましたが，これの意味をもう少し詳しく見てみましょう．この極限は $\dfrac{\infty}{\infty}$ の不定形で，分子の x（多項式）と分母の e^x（指数）が綱引きをしている形です．この綱引きは，結果的に**分母の指数が勝利**し，不定形は **0 に収束します**．グラフを見るとわかるのですが，序盤こそ分子の多項式ががんばって値を大きくしようとするのですが，後半は完全に指数に押され，値は0に引きずりこまれてしまっていますね．指数はスロースターターですが，後半に大きさが爆発す

るのです.

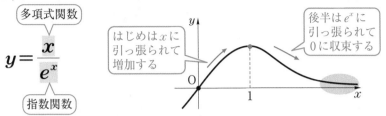

p44 で,無限の世界での「大きさの感覚」を説明しましたが,「多項式関数」と「指数関数」を比べた場合,x が限りなく大きくなれば

(多項式関数)≪(指数関数)

という力関係が成り立ちます.これは,どんなに強い(次数の高い)多項式をもってきても,どんなに弱い(底が1に近い)指数にも勝てないということです.例えば

$$\lim_{x\to\infty}\frac{x^{100}}{(1.01)^x}$$ ← 多項式 / 指数

という $\dfrac{\infty}{\infty}$ の不定形の極限を考えてみましょう.どう考えても分子の x^{100} が圧勝に思えるのですが,ある程度 x が大きくなれば,これまた力関係は逆転し,分母の $(1.01)^x$ が分子の x^{100} の大きさを凌駕しはじめます.直感的には少し受け入れがたいのですが

$$\lim_{x\to\infty}\frac{x^{100}}{(1.01)^x}=0$$

なのです.指数と多項式が喧嘩をすれば「必ず指数が勝つ」と覚えてください.

反対に,対数関数はどんなに弱い多項式関数にも負けてしまいます.つまり

(対数関数)≪(多項式関数)

が成り立ちます.以下の式も,問題の中でよく用いられる極限の式です.

$$\lim_{x\to\infty}\frac{\log x}{x}=0$$ ← 対数 / 多項式

後ほど,「はさみうちの原理」を用いて,これらのことをきちんと証明しようと思いますが,あくまで「直感レベル」としては,この極限の式が成り立つことがすぐに見抜けるようになっておきましょう.

第5章

練習問題 7

x についての方程式 $e^x = x + 3$ の解の個数を求めよ．ただし，

$\displaystyle\lim_{x \to \infty} \frac{x}{e^x} = 0$ であることは使ってもよい．

精 講　方程式を関数のグラフを用いて扱う方法は，すでに数学 I，II で学習済みです．数学 III では，扱われる関数のバリエーションが多くなりますが，基本的な考え方は何も変わりません．

解　答

$$e^x = x + 3 \iff e^x - x - 3 = 0$$

$f(x) = e^x - x - 3$ とおく．

方程式 $f(x) = 0$ の実数解の個数は，$y = f(x)$ のグラフと x 軸との共有点の個数である．そこで，$y = f(x)$ のグラフをかく．

$f'(x) = \boxed{e^x - 1}$

$\displaystyle\lim_{x \to -\infty} f(x) = \lim_{x \to -\infty} (e^x - x - 3) = \infty$

　　　　　　　↑
　　　　　$[0 + \infty]$
　　　　　不定形ではない

$\displaystyle\lim_{x \to \infty} f(x) = \lim_{x \to \infty}(e^x - x - 3) = \lim_{x \to \infty} e^x \left(1 - \frac{x}{e^x} - \frac{3}{e^x}\right) = \infty$

　　　　　↑　　　　　　　　　　　　↓　　　↓　　↓
　　　$[\infty - \infty]$　　　　　　　∞　　0　　0
　　　不定形

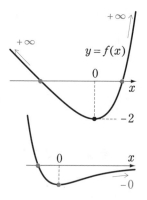

よって，$f(x)$ の増減は下表のとおり．

x	$(-\infty)$	$\cdots$	0	$\cdots$	(∞)
$f'(x)$		$-$	0	$+$	
$f(x)$	(∞)	$\searrow$	-2	$\nearrow$	(∞)

$y = f(x)$ のグラフは，右図のようになる．

このグラフは，x 軸と異なる 2 点で交わるので，方程式の解の個数は **2つ** である．

コメント

この問題の解答において，$f(x)$ の**両端の極限の情報**はとても重要です．仮に，右図のように $x \to \infty$ で $f(x) \to 0$ となっていれば，解の個数は変わってしまいます．

コラム　グラフの解像度

　増減や凹凸，両端のふるまい，漸近線など細かく調べてグラフをかこうとすると，ゆうに 20〜30 分かかるなんてこともザラですね．グラフをかくこと自体が問題になっているのであれば仕方ないのですが，あくまで「問題を解くため」にグラフをかくのであれば，何から何までていねいに調べる必要はありません．

　例えば，**練習問題 7** において，$y=f(x)$ のグラフをかくのは「$y=f(x)$ と x 軸との共有点の個数を知るため」です．そのために，「増減」「極値」「両端の極限」という情報は必要不可欠ですが，「凹凸」という情報は不要です．つまり，この問題では $f''(x)$ まで調べる必要はないのです．

　大ざっぱに概形を知りたいだけであれば，微分すらしなくてもいいこともあります．

　例えば

$$f(x)=x+\sin x$$

という関数のグラフであれば，$y=\sin x$ のグラフを $y=x$ のグラフ分「持ち上げた」ものだと思えば，大ざっぱに右下図のようなグラフがかけます．問題によっては，これくらいの情報があれば十分，というケースも意外と多いです．

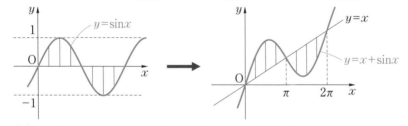

　$f'(x)$，$f''(x)$ と調べていくほど，グラフの「解像度」は上がりますが，その分手間がかかります．例えば，「領収書の写真を残しておきたい」なんて用途にフルスペックの一眼レフカメラを持ってくる必要はなく，安い携帯電話のカメラでも十分に事足ります．それと同じで，**いま知りたい情報が何かに合わせて**，グラフの解像度を適切に設定することが大切なのです．

練習問題 8

a は実数の定数とする．x についての方程式
$$\log x = ax^2$$
の解の個数を a の値によって場合分けして答えよ．ただし，
$\lim_{x \to \infty} \dfrac{\log x}{x} = 0$ であることは使ってもよい．

精 講　**練習問題7** と同じように，$f(x) = \log x - ax^2$ として $y = f(x)$ のグラフと x 軸の共有点の個数を考えてもいいですが，ここではもっといい方法があります．おなじみの，「定数と変数を分離させる」というテクニックです．

解　答

対数の真数条件より，$x > 0$ である．

$$\log x = ax^2 \iff \frac{\log x}{x^2} = a \quad \boxed{両辺を \ x^2(>0) \ で割る}$$

$f(x) = \dfrac{\log x}{x^2}$ とおく．　x と a を分離した

$$f'(x) = \frac{\frac{1}{x} \cdot x^2 - \log x \cdot 2x}{x^4} = \frac{1 - 2\log x}{x^3} = \frac{2\left(\frac{1}{2} - \log x\right)}{x^3}_+$$

$$\lim_{x \to +0} f(x) = \lim_{x \to +0} \frac{\log x}{x^2} = -\infty$$

$\left[\dfrac{-\infty}{+0}\right]$ 不定形ではない

$\boxed{\lim_{x \to \infty} \dfrac{\log x}{x} = 0 \ を用いる}$

$$\lim_{x \to \infty} f(x) = \lim_{x \to \infty} \frac{\log x}{x^2} = \lim_{x \to \infty} \frac{1}{x} \cdot \frac{\log x}{x} = 0$$

$\left[\dfrac{\infty}{\infty}\right]$ 不定形

$x > 0$ における $f(x)$ の増減は，下表のようになる．

x	(0)	$\cdots$	$\sqrt{e}$	$\cdots$	(∞)
$f'(x)$		$+$	0	$-$	
$f(x)$	$(-\infty)$	$\nearrow$	$\dfrac{1}{2e}$	$\searrow$	(0)

$y = \log x$
$y = \dfrac{1}{2}$
$e^{\frac{1}{2}} (= \sqrt{e})$

方程式 $f(x) = a$ の解の個数は，$y = f(x)$ と $y = a$ のグラフの共有点の個数であるから，図より

$$\begin{cases} a \leqq 0 \text{ のとき } 1 \text{ 個} \\ 0 < a < \dfrac{1}{2e} \text{ のとき } 2 \text{ 個} \\ a = \dfrac{1}{2e} \text{ のとき } 1 \text{ 個} \\ a > \dfrac{1}{2e} \text{ のとき } 0 \text{ 個} \end{cases}$$

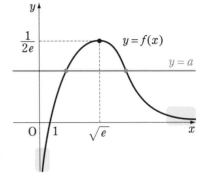

コメント

$y = a$ は x 軸に平行な直線で，a を動かすとこの直線が上下に平行移動します．$y = f(x)$ のグラフは固定されているため，共有点の把握がとても簡単にできます．

応用問題 1

曲線 $y = e^{-x}$ に点 $(0,\ a)$ から引ける接線の本数が 2 本となるような a の値の範囲を求めよ．ただし $\displaystyle\lim_{x \to \infty} \dfrac{x}{e^x} = 0$ であることは使ってもよい．

精 講 練習問題 $1(2)$ でやったように，接点の x 座標を t として接線の方程式を作り，それが点 $(0,\ a)$ を通る条件を立てましょう．
その条件を満たす t の個数が，条件を満たす接線の本数となります．

::: 解 答 :::

$$y = e^{-x},\ y' = -e^{-x}$$
より，$x = t$ における $y = e^{-x}$ の接線の方程式は
$$y - e^{-t} = -e^{-t}(x - t) \quad \langle (t,\ e^{-t}) \text{ を通り，傾き } -e^{-t} \text{ の直線} \rangle$$
$$y = -e^{-t}x + (t+1)e^{-t} \quad \cdots\cdots ①$$

これが $(0,\ a)$ を通るので
$$a = (t+1)e^{-t} \quad \cdots\cdots ②$$

②を満たす t が 1 つあれば，（それを①に代入することで）条件を満たす接線が 1 つ決まる．よって
$$\begin{pmatrix} \text{条件を満たす} \\ \text{接線の本数} \end{pmatrix} = \begin{pmatrix} t \text{ の方程式②の} \\ \text{実数解の個数} \end{pmatrix}$$

である．したがって，t の方程式②が異なる 2 つの実数解をもつような a の値の範囲を求める．

$f(t) = (t+1)e^{-t}$ とおくと

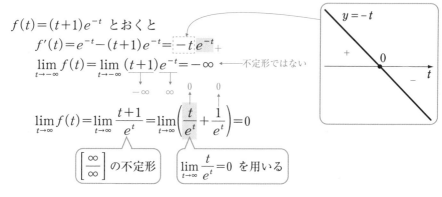

$$f'(t) = e^{-t} - (t+1)e^{-t} = -t\,e^{-t}$$

$$\lim_{t \to -\infty} f(t) = \lim_{t \to -\infty} (t+1)e^{-t} = -\infty \quad \longleftarrow \text{不定形ではない}$$

$$\lim_{t \to \infty} f(t) = \lim_{t \to \infty} \frac{t+1}{e^t} = \lim_{t \to \infty}\left(\frac{t}{e^t} + \frac{1}{e^t}\right) = 0$$

$\left[\dfrac{\infty}{\infty}\right]$ の不定形　　$\displaystyle\lim_{t \to \infty}\frac{t}{e^t} = 0$ を用いる

よって，$f(t)$ の増減は下表のようになる．

t	$(-\infty)$	$\cdots$	0	$\cdots$	(∞)
$f'(t)$			$+$	0	$-$
$f(t)$	$(-\infty)$	$\nearrow$	1	$\searrow$	(0)

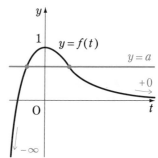

$y = f(t)$ と $y = a$ が異なる2つの共有点をも
つような a の値の範囲は，右図より

　　$0 < a < 1$

練習問題8と
同じ考え方

練習問題9

(1)　$0 \leqq x \leqq \pi$ において，　$\sin x - x\cos x \geqq 0$　が成り立つことを示せ．

(2)　$x > 0$ のとき，　$\log x < \sqrt{x}$　であることを示せ．

精　講　関数のグラフを用いて，不等式を証明してみましょう．
　　$f(x) > 0$ は，「$y = f(x)$ のグラフが x 軸より上にある」という図
形的条件に読み替えてしまうことができます．また，$f(x) > g(x)$ を示すこと
は，$F(x) = f(x) - g(x)$ とおいてしまえば，$F(x) > 0$ を示すことと同じです．

解　答

(1)　$f(x) = \sin x - x\cos x$ とおく．

$f'(x) = \cos x - \cos x + x\sin x$

$\quad\quad = x\sin x \geqq 0$　　$0 \leqq x \leqq \pi$ において，$x \geqq 0$, $\sin x \geqq 0$

$f(x)$ の $0 \leqq x \leqq \pi$ における増減は下表のように
なる.

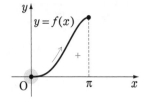

x	0	$\cdots$	π
$f'(x)$		$+$	
$f(x)$		$\nearrow$	

ココが 0 以上に
なるかが大切

$f(0)=0$ より，$0 \leqq x \leqq \pi$ において $y=f(x)$ のグラフは x 軸より上（もし
くは x 軸上）にあるので

$$f(x) \geqq 0 \quad \text{すなわち} \quad \sin x - x\cos x \geqq 0$$

大きい式　　小さい式

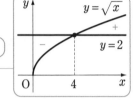

(2)　$F(x)=\sqrt{x}-\log x$ とおく. $\langle$ $F(x)>0$ を示せばよい $\rangle$

$$F'(x)=\frac{1}{2\sqrt{x}}-\frac{1}{x}=\frac{\sqrt{x}-2}{2x_+}$$

$x>0$ における $F(x)$ の増減は，下表のようになる.

x	(0)	$\cdots$	4	$\cdots$
$F'(x)$		$-$	0	$+$
$F(x)$		$\searrow$		$\nearrow$

ココが 0 より大き
くなるかが大切

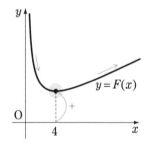

$$F(4)=\sqrt{4}-\log 4 = 2-\log 4$$
$$=\log e^2 - \log 4 > 0$$

$(e>2$ より，$e^2>4$，$\log e^2 > \log 4)$

$x>0$ において，$y=F(x)$ のグラフは x 軸
より上にあるので

$$F(x)>0 \quad \text{すなわち} \quad \log x < \sqrt{x}$$

注意　$F(x)>0$ を示すという目的においては，$\displaystyle\lim_{x \to +0} F(x)$ や $\displaystyle\lim_{x \to \infty} F(x)$ を
求める必要はありません.

コメント

ある範囲で $f(x) \geqq 0$ を示すには

（その範囲における $f(x)$ の最小値）$\geqq 0$

を示せばよいのです. (1)では $f(0) \geqq 0$ を，(2)では $F(4)>0$ を示すことが最
大のポイントです.

関数のはさみうちの原理

数列のときに説明した「はさみうちの原理」は, 関数においても成り立ちます.

☑ はさみうちの原理

すべての実数 x で定義された関数 $f(x)$, $m(x)$, $M(x)$ に対して

$$m(x) \le f(x) \le M(x) \quad \cdots\cdots(*)$$

が成り立っているとする.

$$\lim_{x \to \infty} m(x) = \lim_{x \to \infty} M(x) = \alpha$$

が成り立つならば,

$$\lim_{x \to \infty} f(x) = \alpha$$

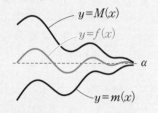

注意 関数の場合は, $x \to \infty$ だけでなく, $x \to -\infty$, $x \to a$ のときの極限も考えることができるので, 上の ∞ を $-\infty$ や a に置き換えても同様のことが成り立ちます. $(*)$ の不等式は, すべての実数 x で成り立つ必要はなく, 例えば $x \to \infty$ であれば「十分大きな x で」, $x \to a$ であれば「a の近くで」成り立っていれば, それで構いません. ちなみに, 条件 $(*)$ から等号を外して $m(x) < f(x) < M(x)$ としても, 同様のことが成り立ちます.

これを用いて, $\displaystyle\lim_{x \to \infty} \frac{\log x}{x} = 0$ を示してみましょう. **練習問題 9** (2) で

$$x > 0 \text{ において} \quad \log x < \sqrt{x}$$

であることを証明しました. さらに $x > 1$ において $\log x > 0$ ですので,

$$x > 1 \text{ において,} \quad 0 < \log x < \sqrt{x}$$

が成り立ちます. このすべての辺を $x(>0)$ で割り算すると

$$x > 1 \text{ において,} \quad 0 < \frac{\log x}{x} < \frac{1}{\sqrt{x}} \quad \boxed{< \frac{\sqrt{x}}{x} = \frac{1}{\sqrt{x}}}$$

です. $\dfrac{\log x}{x}$ **という複雑な関数を** 0 **と** $\dfrac{1}{\sqrt{x}}$ **という単純な関数ではさんであげ**

た, というのが大切なところです. ここで, $\displaystyle\lim_{x \to \infty} 0 = 0$, $\displaystyle\lim_{x \to \infty} \frac{1}{\sqrt{x}} = 0$ なので,

はさみうちの原理より,

$$\lim_{x \to \infty} \frac{\log x}{x} = 0$$

が証明できたことになります.

練習問題 10

(1) $x>0$ のとき,$e^x>1+x$ が成り立つことを示せ.

(2) $x>0$ のとき,$e^x>1+x+\dfrac{1}{2}x^2$ が成り立つことを示せ.

(3) $\displaystyle\lim_{x\to\infty}\dfrac{x}{e^x}=0$ であることを示せ.

精 講 $\displaystyle\lim_{x\to\infty}\dfrac{x}{e^x}=0$ であることは,これまで解答の中で何度も利用してきましたが,これを証明してみましょう.この極限のやっかいな点は,分母と分子で関数のタイプが違うため,不定形を解消することができないことです.そこで,(2)の不等式を利用して e^x を「x の 2 次式」に置き換え,**不定形を解消できる形を作る**のです.ここで,「はさみうちの原理」が活躍します.

░░░ 解 答 ░░░

(1) $f(x)=e^x-(1+x)$ とおく.

$\qquad f'(x)=e^x-1$

$x>0$ において $f'(x)>0$ なので,$f(x)$ の増減は右表のようになり

$\qquad f(0)=e^0-(1+0)=0$

なので,$x>0$ において

$\qquad f(x)>0$ $\quad$ すなわち $\quad e^x>1+x$

x	(0)	$\cdots$
$f'(x)$		$+$
$f(x)$	(0)	$\nearrow$

(2) $g(x)=e^x-\left(1+x+\dfrac{1}{2}x^2\right)$ とおく.

$\qquad g'(x)=e^x-(1+x)=f(x)$ ◁ ココに $f(x)$ が現れる

(1)より,$x>0$ において $f(x)>0$ であるから

$\qquad x>0$ において $g'(x)>0$

$g(x)$ の増減は右表のようになり

$\qquad g(0)=e^0-(1+0+0)=0$

なので,$x>0$ において

$\qquad g(x)>0$ $\quad$ すなわち $\quad e^x>1+x+\dfrac{1}{2}x^2$

x	(0)	$\cdots$
$g'(x)$		$+$
$g(x)$	(0)	$\nearrow$

第5章

(3) $x>0$ において, $\dfrac{x}{e^x}>0$

また，(2)より，$x>0$ において $\underset{\text{大}}{\dfrac{x}{e^x}}<\dfrac{x}{\underset{\text{小}}{1+x+\dfrac{x^2}{2}}}$ ┤分母が小さくなれば
全体は大きくなる

よって，$x>0$ において

$0<\dfrac{x}{e^x}<\dfrac{x}{1+x+\dfrac{x^2}{2}}$ ┤この形なら極限
が計算できる

$\displaystyle\lim_{x\to\infty}0=0,\ \lim_{x\to\infty}\dfrac{x}{1+x+\dfrac{x^2}{2}}=\lim_{x\to\infty}\dfrac{\dfrac{1}{x}}{\dfrac{1}{x^2}+\dfrac{1}{x}+\dfrac{1}{2}}=0$

はさみうちの原理より　分母・分子を x^2 で割る

$\displaystyle\lim_{x\to\infty}\dfrac{x}{e^x}=0$

▶**コメント**　～多項式で近似する～

　いろいろな関数の中で最も扱いやすいのは，「多項式」で表された関数です．ですから，何か「複雑な関数」があったときに，**その関数とよく似たふるまいをする多項式関数を見つけることはできないか**というのは，とても重要なテーマなのです．具体的には

（多項式関数）＜（複雑な関数）＜（多項式関数）

のように，複雑な関数を多項式関数で挟んであげるケースは，問題を解く中で頻繁に登場します．この不等式と「はさみうちの原理」をあわせれば，複雑な関数の極限を求めることが可能です．

中間値の定理と平均値の定理

p91で「連続」と「微分可能」という性質を取り上げましたが，その2つの性質についてのとても大切な2つの定理を取り上げます．

まずは，「連続」についての定理です．

☑ 中間値の定理

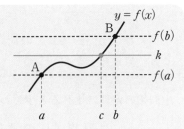

$f(x)$ が $a \leq x \leq b$ において**連続である**とする．

$f(a)$ と $f(b)$ の「間」の値kに対して，

$$f(c) = k$$

を満たすcが $a < x < b$ の範囲に少なくとも1つ存在する．

「定理」といわれると身構えてしまいますが，いっていることは「当たり前」のことです．$A(a, f(a))$，$B(b, f(b))$ とし，A，B の「間」に一本の線を引きます．このAとBを「連続」な曲線でつなごうと思えば，**必ずどこかで線を横切らなければならない**，というのが中間値の定理です．

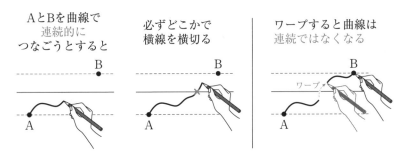

| AとBを曲線で連続的につなごうとすると | 必ずどこかで横線を横切る | ワープすると曲線は連続ではなくなる |

これが成り立つ上で，「関数が連続であること」が本質的に重要です．それは逆に，「結論が成り立たないようにしよう」と考えてみればわかります．線を横切らないようにするには，どこかでペン先を紙から離してピョンとワープするしかありませんが，それはまさに「連続」という前提を崩す行為です．

この定理の面白いところは，条件を満たすcが「存在する」ということはわかるものの，「どこに」存在するのか，「何個」存在するのかは**一切わからない**ということです．このような何かの「存在」を保証する定理を，**存在定理**といいます．

次に,「微分可能」についての定理を見てみましょう.

✅ 平均値の定理

$f(x)$ が $a \leqq x \leqq b$ において**微分可能で**あるとする.

$$\frac{f(b)-f(a)}{b-a}=f'(c)$$

を満たす c が $a<x<b$ の範囲に少なくとも1つ存在する.

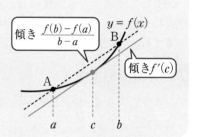

中間値の定理に比べると少しわかりにくいですね.図形的に見れば,$\dfrac{f(b)-f(a)}{b-a}$ は**直線 AB の傾き**であり,$f'(c)$ というのは,$y=f(x)$ の **$x=c$ における接線の傾き**です.曲線のAとBの間のどこかに,その点におけるグラフの接線が直線 AB と平行になるような場所がある,というのが定理の主張です.これも典型的な「存在定理」で,そのような点がどこにあるか,何個あるかは全くわかりません.ただ,確実に「**(少なくとも1つは)ある**」ということがいえるのです.

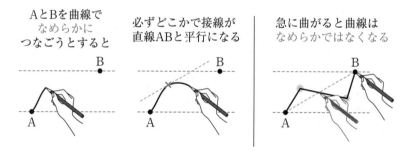

この定理が成り立つ上では,「$f(x)$ が微分可能」つまり「曲線がなめらかである」という性質が本質的に重要になります.さきほどと同じように,「結論が成り立たないようにしよう」と曲線をかいてみると,どうしてもどこかで曲線の進む向きを「急に」変えるしかないことに気がつきます.その時点で,「なめらか」という前提が崩れることになります.

注意 厳密には,平均値の定理は「$f(x)$ が $a \leqq x \leqq b$ で連続,$a<x<b$ で微分可能」であれば成立します.ただ,高校数学において扱うほとんどの関数は,定義域全体で連続かつ微分可能なので,初めはあまり神経質になる必要はありません.

(1)　方程式 $\dfrac{1}{2}\cos x = x$ は $0 < x < \dfrac{\pi}{2}$ の範囲で少なくとも 1 つの解をも

　　つことを示せ.

(2)　$x > 0$ において，次の不等式が成り立つことを示せ.

$$\frac{1}{x+1} < \log(x+1) - \log x < \frac{1}{x}$$

精 講　中間値の定理，平均値の定理を用いて解く問題です. 平均値の定理
は，使いどころがなかなかわかりにくいので，使いこなすには経験
が必要になります.

解 答

(1)　$F(x) = \dfrac{1}{2}\cos x - x$ とおく.

$$F(0) = \frac{1}{2} > 0, \quad F\left(\frac{\pi}{2}\right) = -\frac{\pi}{2} < 0$$

　　$F(x)$ は連続関数なので，中間値の定理より，

$F(x) = 0$ すなわち $\dfrac{1}{2}\cos x = x$ は，

$0 < x < \dfrac{\pi}{2}$ で少なくとも 1 つの解をもつ.

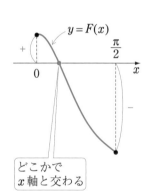

どこかで x 軸と交わる

(2)　$f(x) = \log x$ とおく.

　　$f(x)$ は $x > 0$ において微分可能なので，平均値の定理より

$$\frac{f(x+1) - f(x)}{(x+1) - x} = f'(c) \quad \cdots\cdots ①$$

となる c が，$x < c < x+1$ （$\cdots\cdots ②$）の範囲に少なくとも 1 つ存在する.

　　①より

$$\log(x+1) - \log x = \frac{1}{c} \quad \boxed{f'(x) = \frac{1}{x} \text{ より}}$$

また，②より

$$\frac{1}{x+1} < \frac{1}{c} < \frac{1}{x}$$

よって，

$$\frac{1}{x+1} < \log(x+1) - \log x < \frac{1}{x}$$

コメント

図形的に見ると，右のようになります．傾きの大小より

$$\frac{1}{x+1} < f'(c) < \frac{1}{x}$$
$$\parallel$$
$$\log(x+1) - \log x$$

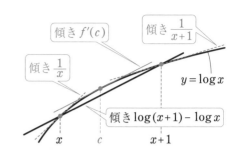

傾き $f'(c)$

傾き $\frac{1}{x+1}$

傾き $\frac{1}{x}$

$y = \log x$

傾き $\log(x+1) - \log x$

$x \quad c \quad x+1$

一歩踏みこんで　ミクロな性質とマクロな性質

平均値の定理は，ともすると何か特別な形の不等式を証明するためだけに使える「テクニック的な定理」ととらえられがちですが，実は**微積分の根幹を支えている重要な定理**です．例えば，当たり前に使っている性質として

すべての x で $f'(x) > 0$ が成り立てば，$f(x)$ は増加する

があります．証明する余地もないほどに「明らか」に思えますが，厳密には，いたるところで「接線の傾きが正」であることと「関数が増加している」ということの間に微妙な（しかし決定的な）違いがあるのです．

$f'(x) > 0$，つまり「接線の傾きが正」かどうかは，「ある点とその近く」の様子だけから決まります．このような性質を，**局所的（ミクロ）な性質**といいます．一方，$f(x)$ が「増加している」かどうかを知るには，「ある離れた2つの点」における $f(x)$ の値を比べる必要があります．このように，全体を俯瞰しないとわからない性質を**大域的（マクロ）な性質**といいます．

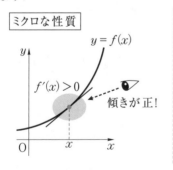

ミクロな性質

$y = f(x)$

$f'(x) > 0$

傾きが正!

$O \quad x \quad x$

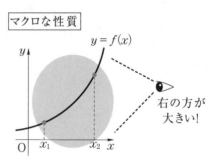

マクロな性質

$y = f(x)$

右の方が大きい!

$O \quad x_1 \quad x_2 \quad x$

「ミクロな性質がいたるところで成り立つ」とき，それは「マクロな性質」となりうるのでしょうか．突き詰めて考えていくと，それは決して当たり前のことではないのです．この**ミクロとマクロをつなぐ架け橋**になるのが，「平均値の定理」です．上のことを，平均値の定理を使って証明し

てみましょう．この性質をより厳密な形で表現すると，次のようになります．

関数の微分と増減

すべての実数 x に対して $f'(x)>0$ が成り立つとき，
$x_1<x_2$ を満たすすべての実数 x_1, x_2 において
$$f(x_2)>f(x_1)$$
が成り立つ．

関数が「増加する」
ことの数学的表現

これを示します．$f(x)$ は微分可能なので，平均値の定理より
$$\frac{f(x_2)-f(x_1)}{x_2-x_1}=f'(c)$$
となる c が x_1 と x_2 の間に存在します．ここで，
すべての実数 x で $f'(x)>0$ が成り立つので，
当然 $f'(c)>0$ も成り立ちます．したがって
$$\frac{f(x_2)-f(x_1)}{x_2-x_1}>0$$
です．ここで，$x_1<x_2$ より $x_2-x_1>0$ ですので，
両辺にこれをかければ

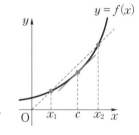

$$f(x_2)-f(x_1)>0 \quad \text{すなわち} \quad f(x_2)>f(x_1)$$
が成り立ち，証明が終わります．

同様にして

すべての x で $f'(x)<0$ が成り立てば $f(x)$ は減少する

すべての x で $f'(x)=0$ が成り立てば $f(x)$ は常に定数である

も証明することができます．

ところで，次なる当然の疑問として，「そもそも平均値の定理はなぜ成り立つのか」が頭に浮かぶでしょう．その証明をするには，そもそも「極限とは何か」というところから定義を整備する必要があります．残念ながら，その議論は高校数学の範囲を超えてしまいます．

ちなみに，数学が高等になればなるほど，このような**「当たり前すぎて何を証明していいのかわからない」**という事例に出くわすことがあります．それは，上で見たような「ミクロからマクロへの跳躍」を，私たちの脳が無意識のうちに実行してしまっているからです．このような問題を考えるときは，脳の実行速度を**意図的に落とし**，無意識に行っている思考をあぶり出し，それらを 1 つ 1 つ精査していくような作業が必要になります．

曲線のパラメータ表示

次のような式を考えてみましょう.

$$\begin{cases} x=t+1 \\ y=t^2+1 \end{cases} \quad \cdots\cdots ①$$

t の値が決まると，x と y の値がそれぞれ決まります. 例えば

$t=-1$ のとき $(x,\ y)=(0,\ 2)$, $t=0$ のとき $(x,\ y)=(1,\ 1)$

$t=1$　のとき $(x,\ y)=(2,\ 2)$, $t=2$ のとき $(x,\ y)=(3,\ 5)$

という具合です. つまり，この式は「**t に対して点 $(x,\ y)$ を対応させる**」ものと見ることができます. t の値をいろいろと変えながら，対応する点 $(x,\ y)$ を平面上にとっていくと，下図のような曲線が浮かび上がります.

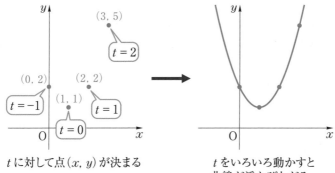

t に対して点 (x, y) が決まる　　　　t をいろいろ動かすと
　　　　　　　　　　　　　　　　　　　曲線が浮かび上がる

実は，①の第 1 式を $t=x-1$ と変形して第 2 式に代入すると

$$y=(x-1)^2+1 \quad \cdots\cdots ②$$

となります. この曲線は，おなじみの「放物線」です.

①，②はともに平面上の「曲線を表す式」ですが，②の式では x と y が直接結びついているのに対して，①の式では x と y は t という変数を「仲立ち」として間接的に結びつきます. この仲立ちとなる変数 t を**パラメータ（媒介変数）**といい，①のような式を曲線の**パラメータ表示（媒介変数表示）**と呼びます.

コメント

パラメータ表示は，t を時刻を表す変数だと考えると，「**時間とともに点 $(x,\ y)$ が動いている**」というイメージでとらえることが可能です. ②の式の形が，曲線の「静的な表現」であるとすれば，①のパラメータ表示は，曲線の「動的な表現」ということができるでしょう.

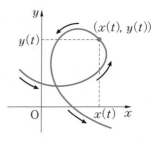

パラメータ曲線のかき方

①では，「t を消去する」ことで x と y の関係式を作ることができましたが，このようなことは**常にできるわけではありません**．例えば

$$\begin{cases} x = t^2 - 1 \\ y = t^3 - 3t \end{cases} \quad \cdots\cdots③$$

というパラメータ表示で表される曲線を考えてみましょう．この場合，t を消去することは簡単ではなさそうですね．そこで，**パラメータ表示のままで曲線の形状を調べる**ことを考えます．まず，x，y のそれぞれを t で微分します．

$$\begin{cases} \dfrac{dx}{dt} = 2t \\ \dfrac{dy}{dt} = 3t^2 - 3 = 3(t+1)(t-1) \end{cases} \quad \cdots\cdots④$$

$\dfrac{dx}{dt}$ は点の「x 軸方向の変化率」であり，$\dfrac{dy}{dt}$ は「y 軸

方向の変化率」です．ですから，$\dfrac{dx}{dt}$ の符号が正か負かに

よって，点が「右」に進んでいるか「左」に進んでいるか

がわかり，$\dfrac{dy}{dt}$ の符号が正か負によって，点が「上」に

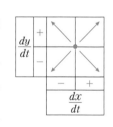

進んでいるか「下」に進んでいるかがわかります．その組み合わせによって，点の進む方向は「右上（↗）」「右下（↘）」「左上（↖）」「左下（↙）」の 4 つに分類できます．

$\dfrac{dx}{dt}$，$\dfrac{dy}{dt}$ の符号の変化をグラフから観察してみましょう．

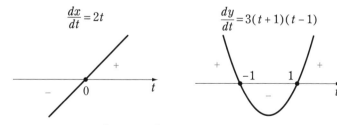

例えば，$t < -1$ では $\dfrac{dx}{dt} < 0$，$\dfrac{dy}{dt} > 0$ なので，点は「↖」の方向に，

$-1 < t < 0$ では $\dfrac{dx}{dt} < 0$，$\dfrac{dy}{dt} < 0$ なので，点は「↙」の方向に進みます．

これをもとに，関数の増減表に相当するものを作ります.

t	$\cdots$	-1	$\cdots$	0	$\cdots$	1	$\cdots$
$\dfrac{dx}{dt}$	$-$	$-$	$-$	0	$+$	$+$	$+$
$\dfrac{dy}{dt}$	$+$	0	$-$	$-$	$-$	0	$+$
$(x,\ y)$	$\nwarrow$	$(0,\ 2)$	$\swarrow$	$(-1,\ 0)$	$\searrow$	$(0,\ -2)$	$\nearrow$

　次に，x 切片や y 切片の座標を求めておきましょう. これは，それぞれ $y=0$，$x=0$ となる t の値を求めることでわかります.

$$y=0 \text{ より, } t(t^2-3)=0 \text{ すなわち } t=0,\ \pm\sqrt{3}$$

なので，これらの t を③に代入すれば，x 切片は

$$(-1,\ 0),\ (2,\ 0)$$

とわかります. また，

$$x=0 \text{ より, } (t+1)(t-1)=0 \text{ すなわち } t=\pm 1$$

なので，これらの t を③に代入すれば，y 切片は

$$(0,\ -2),\ (0,\ 2)$$

とわかります. 最後に，$t\to\pm\infty$ における x，y のふるまいを調べておきましょう.

$$\lim_{t\to\infty}x=\infty,\ \lim_{t\to-\infty}x=\infty,\ \lim_{t\to\infty}y=\infty,\ \lim_{t\to-\infty}y=-\infty$$

以上より，この曲線の概形は下図のようになります.

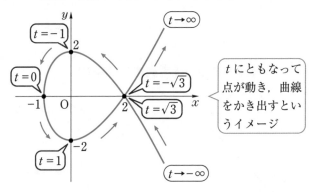

　「関数のグラフ」では，1つの x に対して1つの y を対応させることしかできないので，上のような平面を左右に行き来したり，自分自身と交わったりする曲線を表すことはできません. しかし，パラメータ表示ならそのような曲線も表すことができます. **パラメータ表示は，曲線の「より自由度の高い」表現方法**なのです.

コメント

x, y を t の関数と見て $x(t)$, $y(t)$ と書くと，③において，$x(t)$ は偶関数，$y(t)$ は奇関数です．つまり

$$x(-t)=x(t), \quad y(-t)=-y(t)$$

が成り立っています．これは，t と $-t$ に対応する点が「x 座標は同じで y 座標は符号が逆」，つまり「**x 軸に関して対称**」であることを意味しています．したがって，この曲線全体も「x 軸に関して対称」であることがわかります．

練習問題 12

次のパラメータ表示で表される曲線の概形をかけ．
$$\begin{cases} x=-t^2+4t \\ y=-t^2+t+2 \end{cases}$$

精 講 $\dfrac{dx}{dt}$, $\dfrac{dy}{dt}$ の符号の変化を調べて，増減表にまとめてみましょう．

グラフをかく上では，x 切片や y 切片，$t\to\pm\infty$ におけるふるまいも調べてください．

■ 解 答 ■

$$\dfrac{dx}{dt}=-2t+4=2(2-t), \quad \dfrac{dy}{dt}=-2t+1=2\left(\dfrac{1}{2}-t\right)$$

増減表は以下のようになる．

t	$\cdots$	$\dfrac{1}{2}$	$\cdots$	2	$\cdots$
$\dfrac{dx}{dt}$	$+$	$+$	$+$	0	$-$
$\dfrac{dy}{dt}$	$+$	0	$-$	$-$	$-$
$(x, \ y)$	$\nearrow$	$\left(\dfrac{7}{4}, \ \dfrac{9}{4}\right)$	$\searrow$	$(4, 0)$	$\swarrow$

$$\lim_{t\to\infty} x = -\infty, \quad \lim_{t\to-\infty} x = -\infty, \quad \lim_{t\to\infty} y = -\infty, \quad \lim_{t\to-\infty} y = -\infty$$

$x=0$ となるとき，$-t(t-4)=0$，$t=0$，4
このとき，$(x, y)=(0, 2)$，$(0, -10)$ < y 切片

$y=0$ となるとき，$-(t+1)(t-2)=0$，$t=-1$，2
このとき，$(x, y)=(-5, 0)$，$(4, 0)$ < x 切片

以上より，曲線の概形は以下のようになる．

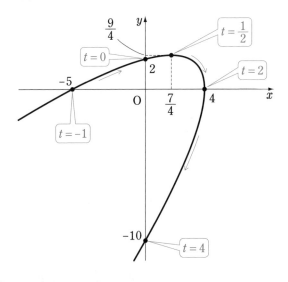

速度ベクトルと加速度ベクトル

注意　p193〜p198 では，**第9章**で学ぶ「ベクトル」の知識を用います．「ベクトル」をまだ学習していない人は，一旦この箇所を飛ばして，p199 から読み進めてもらっても問題ありません．

　パラメータ表示は，t を時刻を表す変数とみなせば，「**点 P(x, y) が時間とともに動いている**」と考えることができるといいました．このとき

$$\vec{v} = \left(\frac{dx}{dt}, \frac{dy}{dt} \right)$$

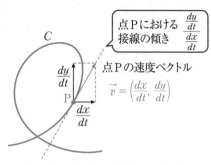

点Pにおける接線の傾き $\dfrac{\frac{dy}{dt}}{\frac{dx}{dt}}$

点Pの速度ベクトル $\vec{v} = \left(\frac{dx}{dt}, \frac{dy}{dt} \right)$

というベクトルを考えると，$\vec{v}$ の向きは「点Pの進行方向」を表し，その大きさは「点Pの速さ」を表します．このベクトルを，点Pの**速度ベクトル**といいます．

　パラメータ表示で表される曲線を C とすると，速度ベクトルの向きは曲線 C の点Pにおける接線の向きになります．したがって，$\dfrac{dx}{dt} \neq 0$ の場合，

$$\textbf{(点 P における接線の傾き)} = \frac{\textbf{(}y\textbf{の変化率)}}{\textbf{(}x\textbf{の変化率)}} = \frac{\dfrac{dy}{dt}}{\dfrac{dx}{dt}} \quad \cdots\cdots (*)$$

です．具体的な例を考えましょう．

$$x = \cos t, \quad y = \sin t \quad \cdots\cdots ①$$

というパラメータ表示で表される曲線は，原点を中心とする半径 1 の円となります．t が変化すると，点 P(x, y) は単位円周上を反時計回りに一定の速さで回りますね．

　ここで，点Pの速度ベクトルを求めると

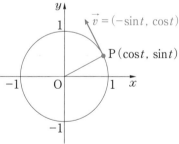

$$\vec{v} = \left(\frac{dx}{dt}, \frac{dy}{dt} \right) = (-\sin t, \cos t)$$

となり，これは円の点Pにおける接線方向を向いています．$\sin t \neq 0$ のとき，接線の傾きは

$$\frac{\dfrac{dy}{dt}}{\dfrac{dx}{dt}} = -\frac{\cos t}{\sin t}$$

となります．

コメント　y が x の式で表されているとすれば，接線の傾きは $\dfrac{dy}{dx}$ なのですから，（＊）の式は次のように書くことができます．

$$\frac{dy}{dx} = \frac{\dfrac{dy}{dt}}{\dfrac{dx}{dt}}$$

右辺はあたかも，左辺の分母・分子を dt で割り算したような式となっているので，覚えやすいです．

さて，次にベクトル $\vec{v} = \left(\dfrac{dx}{dt},\ \dfrac{dy}{dt} \right)$ の各成分をさらに t で微分した新しいベクトル $\vec{a}$ を考えてみましょう（つまり，$x,\ y$ を t で「2階微分」するということです）．

式で書くと

$$\vec{a} = \left(\frac{d}{dt}\left(\frac{dx}{dt}\right),\ \ \frac{d}{dt}\left(\frac{dy}{dt}\right) \right)$$

となりますが，ごちゃごちゃとして見づらいので，

$$\frac{d}{dt}\left(\frac{dx}{dt}\right) \textbf{ のことを } \frac{d^2x}{dt^2} \textbf{ と書く}$$

と約束します．あくまで記法の約束事ですので，深く考えずに受け入れておきましょう．あらためてこれを用いると，上のベクトルは

$$\vec{a} = \left(\frac{d^2x}{dt^2},\ \frac{d^2y}{dt^2} \right)$$

と書けます．これを，点Pの**加速度ベクトル**といいます．

再度，円のパラメータ表示①を考えましょう．$\vec{v} = (-\sin t,\ \cos t)$ の各成分をさらに t で微分すると

$$\vec{a} = \left(\frac{d}{dt}(-\sin t),\ \ \frac{d}{dt}(\cos t) \right) = (-\cos t,\ -\sin t)$$

となり，加速度ベクトル $\vec{a}$ は点Pから円の中心Oに向かうベクトルになります．

コメント

物理を学んだ人は，「等速円運動をする物体には円の中心に向かう加速度が発生している」ことをよく知っているでしょう．微分を使えば，それがいとも簡単に説明できてしまいます．

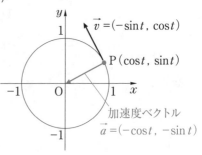

加速度ベクトル
$\vec{a} = (-\cos t,\ -\sin t)$

練習問題 13

次のパラメータ表示で表される曲線を C とする.

$$x=\sin 2\theta, \quad y=\sin 3\theta \quad \left(0\le \theta \le \frac{\pi}{2}\right)$$

(1) C の概形をかけ.

(2) C と x 軸との交点のうち原点ではないものを A とする. A における C の接線の方程式を求めよ.

精 講 パラメータで表された曲線の接線を求めてみましょう. この問題において, θ は時刻を表す変数ではありませんが, 便宜的にそうみなしてしまえば, 前のページで説明したことはそのまま使えます.

解 答

(1) $\dfrac{dx}{d\theta}=2\boxed{\cos 2\theta}, \quad \dfrac{dy}{d\theta}=3\boxed{\cos 3\theta}$

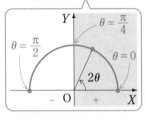 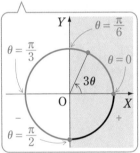

$0\le \theta \le \dfrac{\pi}{2}$ における増減は, 下表のようになる.

θ	0	$\cdots$	$\dfrac{\pi}{6}$	$\cdots$	$\dfrac{\pi}{4}$	$\cdots$	$\dfrac{\pi}{2}$
$\dfrac{dx}{d\theta}$		$+$	$+$	$+$	0	$-$	
$\dfrac{dy}{d\theta}$		$+$	0	$-$	$-$	$-$	
$(x,\ y)$	$(0,\ 0)$	$\nearrow$	$\left(\dfrac{\sqrt{3}}{2},\ 1\right)$	$\searrow$	$\left(1,\ \dfrac{1}{\sqrt{2}}\right)$	$\swarrow$	$(0,\ -1)$

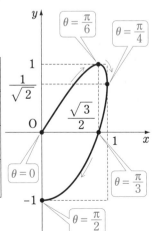

C の概形は, 右図のようになる.

(2) $y=0$ より，$\sin 3\theta=0$

$0\leqq 3\theta\leqq\dfrac{3}{2}\pi$ より，$3\theta=0,\ \pi,\qquad \theta=0,\ \dfrac{\pi}{3}$

点 A に対応するのは $\theta=\dfrac{\pi}{3}$ のときで，点 A

の座標は $\left(\dfrac{\sqrt{3}}{2},\ 0\right)$ である．

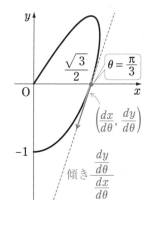

$$\dfrac{dy}{dx}=\dfrac{\dfrac{dy}{d\theta}}{\dfrac{dx}{d\theta}}=\dfrac{3\cos 3\theta}{2\cos 2\theta}$$

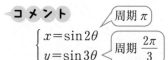

「分母・分子を $d\theta$ で割る」という感覚

なので，$\theta=\dfrac{\pi}{3}$ における接線の傾きは

$$\dfrac{3\cos\pi}{2\cos\dfrac{2}{3}\pi}=\dfrac{3\cdot(-1)}{2\cdot\left(-\dfrac{1}{2}\right)}=3$$

よって，接線の方程式は

$\left(\dfrac{\sqrt{3}}{2},\ 0\right)$ を通る傾き 3 の直線

$$y-0=3\left(x-\dfrac{\sqrt{3}}{2}\right)\quad\text{すなわち}\quad \boldsymbol{y=3x-\dfrac{3\sqrt{3}}{2}}$$

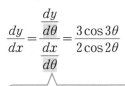 **コメント**

$\begin{cases} x=\sin 2\theta \\ y=\sin 3\theta \end{cases}$

周期 π

周期 $\dfrac{2\pi}{3}$

で表される曲線の全体は，右図のような図形になり

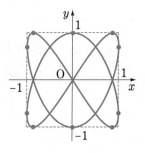

ます．これは，x 軸方向と y 軸方向で独立した周期
で振動する振り子が描く曲線で，**リサジュー図形**と
呼ばれます．

応用問題 2

　半径 1 の円が x 軸上を正の方向にすべらないように転がるとき，円周上の点 P が描く曲線を考える．ただし，時刻 0 において円の中心は $(0,\ 1)$ にあり，点 P は原点にあるものとする．

(1) 時刻 t で円の中心は $(t,\ 1)$ にあるとする．このとき，点 P の座標 $(x,\ y)$ は

$$x = t - \sin t,\quad y = 1 - \cos t$$

と表されることを示せ．

(2) 時刻 $\dfrac{\pi}{3}$ における点 P の速度ベクトル $\vec{v}$ と加速度ベクトル $\vec{a}$ を求めよ．

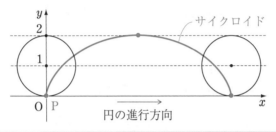

サイクロイド

円の進行方向

精講 サイクロイドと呼ばれる有名曲線です．日常の中では，自転車が動くとき，スポークにつけた反射板がこの動きをします．

　サイクロイドをパラメータ表示で表してみましょう．

:: 解　答 ::

(1) 円の中心を C，C から x 軸に下ろした垂線の足を A とする．時刻 t において，$\mathrm{C}(t,\ 1)$，$\mathrm{A}(t,\ 0)$ である（下図）．

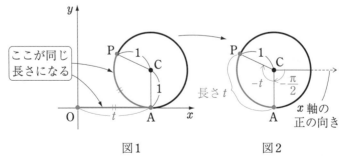

ここが同じ長さになる

長さ t

x 軸の正の向き

図1　　　　　　　　図2

　円が x 軸上をすべらないように転がるので，OA の長さと弧 AP の長さは等しい（図1）．半径 1 の円において，長さ t の弧に対応する角の大きさは t であるから（弧度法の定義），$\overrightarrow{\mathrm{CA}}$ から $\overrightarrow{\mathrm{CP}}$ にまわる一般角は $-t$ であり x 軸

の正の向きから $\overrightarrow{\mathrm{CP}}$ にまわる一般角は $-t-\dfrac{\pi}{2}$ である（図 2）. したがって

$$\overrightarrow{\mathrm{CP}}=\left(\cos\left(-t-\frac{\pi}{2}\right),\ \sin\left(-t-\frac{\pi}{2}\right)\right)$$

$$=\left(\cos\left(t+\frac{\pi}{2}\right),\ -\sin\left(t+\frac{\pi}{2}\right)\right)$$

$$=(-\sin t,\ -\cos t)$$

$$\overrightarrow{\mathrm{OP}}=\overrightarrow{\mathrm{OC}}+\overrightarrow{\mathrm{CP}}$$

$$=(t,\ 1)+(-\sin t,\ -\cos t)$$

$$=(t-\sin t,\ 1-\cos t)$$

$\cos(-\theta)=\cos\theta$

$\sin(-\theta)=-\sin\theta$

$\cos\left(\theta+\dfrac{\pi}{2}\right)=-\sin\theta$

$\sin\left(\theta+\dfrac{\pi}{2}\right)=\cos\theta$

よって，P の座標 $(x,\ y)$ は　$x=t-\sin t,\ y=1-\cos t$

コメント

　P がどこにあるのかを，いきなり原点 O から把握しようとしてもうまくいかないので，まずは**円の中心 C から見て点 P がどこにあるのかを**考えます．点 C から見たとき，点 P が x 軸の正の向きから一般角 θ まわった位置にあれば

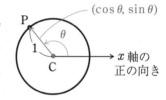

$$\overrightarrow{\mathrm{CP}}=(\cos\theta,\ \sin\theta)$$

と表すことができます．

　それがわかれば，C の位置はわかっているのですから

$$\overrightarrow{\mathrm{OP}}=\overrightarrow{\mathrm{OC}}+\overrightarrow{\mathrm{CP}} \quad \boxed{\text{C を中継する}}$$

で P の場所を特定できます．いわば，C は P にたどりつくための中継地点として機能しているのです．

(2)　速度ベクトル $\vec{v}$ は

$$\vec{v}=\left(\frac{dx}{dt},\ \frac{dy}{dt}\right)=(1-\cos t,\ \sin t)$$

$t-\sin t$ 微分↓　$1-\cos t$ 微分↓

加速度ベクトル $\vec{a}$ は　　微分↓　　微分↓

$$\vec{a}=\left(\frac{d^2x}{dt^2},\ \frac{d^2y}{dt^2}\right)=(\sin t,\ \cos t)$$

$t=\dfrac{\pi}{3}$ のとき　$\vec{v}=\left(\dfrac{1}{2},\ \dfrac{\sqrt{3}}{2}\right),\ \vec{a}=\left(\dfrac{\sqrt{3}}{2},\ \dfrac{1}{2}\right)$

コメント

$\vec{a}=-\overrightarrow{\mathrm{CP}}$ となるので，サイクロイドにおいて，加速度ベクトルは円の中心に向かうことがわかります．

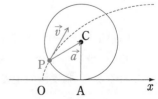

陰関数の微分

次の円上の点における接線の傾きを求めたいとします.

$$円：x^2+y^2=5 \quad ……①$$

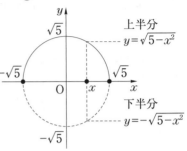

　微分するためには，y を x の式で表さなければなりませんが，円の場合，図のように1つの x に対して2つの y が対応することになるので，円を上半分と下半分に分けて，

$$\begin{cases} 上半分 \quad y=\sqrt{5-x^2} \\ 下半分 \quad y=-\sqrt{5-x^2} \end{cases} ……②$$

のように，それぞれを別々の関数として表す必要があります.

　例えば，この円の $(1,\ 2)$ における接線の傾きを求めたければ，この点は上半分 $y=\sqrt{5-x^2}$ 上の点なので，これを x で微分します.

$$y'=\frac{1}{2\sqrt{5-x^2}}\cdot(-2x)=-\frac{x}{\sqrt{5-x^2}}$$

これに $x=1$ を代入して，傾きが $-\dfrac{1}{2}$ と求められます.

　また，同じ円の $(2,\ -1)$ における接線の傾きを求めたければ，この点は下半分 $y=-\sqrt{5-x^2}$ 上の点なので，これを x で微分します.

$$y'=-\frac{1}{2\sqrt{5-x^2}}\cdot(-2x)=\frac{x}{\sqrt{5-x^2}}$$

これに $x=2$ を代入して，傾きが2と求められます.

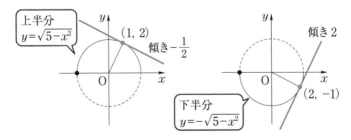

　ただ，このように点の位置によって関数を使い分けなければならないのは，面倒くさいですね. 実は，このような面倒を避ける，とてもいい方法があります. y を x の式で表すのではなく，**①の両辺をこの形のままで x で微分する**のです.

$$x^2+y^2=5$$
$$2x+2y \cdot y'=0 \quad \left(\frac{d}{dx}y^2 = \frac{dy}{dx} \cdot \frac{d}{dy}y^2 = y' \cdot 2y \right)$$

　対数微分法(p147)のときに解説したように，y^2 を x で微分するのは，「**合成関数の微分**」となることに注意が必要です．この式を変形すると

$$y' = -\frac{x}{y} \quad \cdots\cdots ③$$

が導かれます．先ほどと違って，微分した結果が「x と y の式」で表されていることに注目してください．この式は，点 (x, y) が円の上側にあるか下側にあるかに関係なく使えます．例えば，この円の $(1, 2)$ における接線の傾きは，$x=1$，$y=2$ を③の右辺に代入して $-\frac{1}{2}$ であり，$(2, -1)$ における接線の傾きは，$x=2$，$y=-1$ を③の右辺に代入して 2 となります．

　さて，①は $x^2+y^2-5=0$ とも書けますが，このように

$(x, y$ の関係式$)=0$　$\cdots\cdots(*)$

の形で表されている式があるとします．この条件を満たしながら x，y が動くとき，x に対して y はただ1つに決まるとは限りませんが，先ほど円を「上半分」と「下半分」に分けたように**範囲を限定してあげれば**，その範囲において**y は x の関数と見なせます**．$(*)$ の式は，関数関係を「隠しもっている」という意味で**陰関数**と呼ばれます．

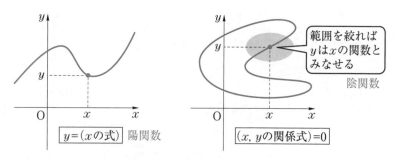

一方で，②のような通常の関数の形，つまり

$y=(x$ の式$)$

で表されている関数を**陽関数**といいます．陰関数を陽関数の形に書き表すと，煩雑な式になることが多いのですが，先ほどのやり方を使えば，わざわざ陽関数の形に直さなくても，陰関数の形のままで微分を実行することができます．

$x^2+xy+y^2=3$ は，右図のような曲線（だ円）
である．この曲線の，点 $(0, \sqrt{3})$ における接線
の方程式，$(\sqrt{3}, -\sqrt{3})$ における接線の方程式
をそれぞれ求めよ．

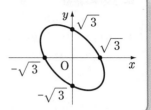

精講 y を x の式で表そうとすると大変ですが，陰関数の微分を使えば簡
単です．

解 答

$$x^2+xy+y^2=3$$
の両辺を x で微分すると
$$2x+y+xy'+2yy'=0$$

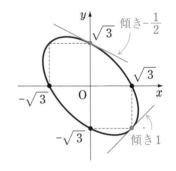

積の微分
$(xy)'=x'y+xy'$

合成関数の微分
$$\frac{d}{dx}y^2=\frac{dy}{dx}\cdot\frac{d}{dy}y^2$$
$$=y'\cdot2y$$

$$(x+2y)y'=-2x-y$$
$$y'=-\frac{2x+y}{x+2y} \quad\cdots\cdots①$$

$(0, \sqrt{3})$ における接線の傾きは，①に $x=0$, $y=\sqrt{3}$ を代入して
$$y'=-\frac{\sqrt{3}}{2\sqrt{3}}=-\frac{1}{2}$$
接線の方程式は
$$y-\sqrt{3}=-\frac{1}{2}(x-0) \qquad y=-\frac{1}{2}x+\sqrt{3}$$

$(\sqrt{3}, -\sqrt{3})$ における接線の傾きは，①に $x=\sqrt{3}$, $y=-\sqrt{3}$ を代入し
て $\quad y'=-\frac{\sqrt{3}}{-\sqrt{3}}=1$
接線の方程式は
$$y+\sqrt{3}=1\cdot(x-\sqrt{3}) \qquad y=x-2\sqrt{3}$$

第5章

応用問題 3

$f(x)=e^{-x}\sin x$ とおく.

(1) $0\leqq x\leqq 2\pi$ において，$f(x)$ の増減を調べ，グラフの概形をかけ.

(2) $x\geqq 0$ において，$f(x)$ の極大値を与える x を，小さい順に $x_1,\ x_2,$ $x_3,\ \cdots$ とするとき，x_n を n の式で表せ.

(3) 無限級数 $\displaystyle\sum_{n=1}^{\infty}f(x_n)$ の和を求めよ.

精 講 これまで学習した，いろいろなことが登場する総合的な問題です. 難しいですが，挑戦してみましょう.

解 答

(1) $f(x)=e^{-x}\sin x$

$f'(x)=-e^{-x}\sin x+e^{-x}\cos x$

$\quad=(-\sin x+\cos x)e^{-x}$

$\quad=\sqrt{2}\ \sin\!\left(x+\dfrac{3}{4}\pi\right)e^{-x}$

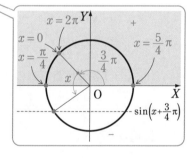

三角関数の合成

$0\leqq x\leqq 2\pi$ において，

$f(x)$ の増減は下表のようになる.

x	0	$\cdots$	$\dfrac{\pi}{4}$	$\cdots$	$\dfrac{5}{4}\pi$	$\cdots$	2π
$f'(x)$		$+$	0	$-$	0	$+$	
$f(x)$	0	↗	$\dfrac{1}{\sqrt{2}}e^{-\frac{\pi}{4}}$	↘	$-\dfrac{1}{\sqrt{2}}e^{-\frac{5}{4}\pi}$	↗	0

$f(x)=0$ より，$\sin x=0$，$x=0$，π，2π

よって，$y=f(x)$ のグラフは次のようになる.

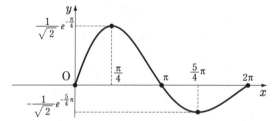

(2)　x が極大値を与えるのは，$f'(x)$ の符号が正から負に変わるときである．$x \geqq 0$ において，そのような x は小さい順に

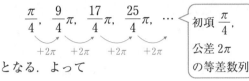

$$\frac{\pi}{4},\ \frac{9}{4}\pi,\ \frac{17}{4}\pi,\ \frac{25}{4}\pi,\ \cdots$$

初項 $\dfrac{\pi}{4}$，公差 2π の等差数列

となる．よって

$$x_n = \frac{\pi}{4} + (n-1)2\pi$$

(3)　$f(x_n) = e^{-\frac{\pi}{4} - (n-1)\cdot 2\pi} \cdot \sin\left\{ \frac{\pi}{4} + (n-1)\cdot 2\pi \right\}$

2π の整数倍を足しても $\sin$ の値は変化なし

$= e^{-\frac{\pi}{4}} \cdot (e^{-2\pi})^{n-1} \cdot \sin\frac{\pi}{4}$

$= \dfrac{1}{\sqrt{2}} e^{-\frac{\pi}{4}} (e^{-2\pi})^{n-1}$　　←初項 $\dfrac{1}{\sqrt{2}} e^{-\frac{\pi}{4}}$，公比 $e^{-2\pi}$ の等比数列

よって，$\displaystyle\sum_{n=1}^{\infty} f(x_n)$ は初項 $\dfrac{1}{\sqrt{2}} e^{-\frac{\pi}{4}}$，公比 $e^{-2\pi}$ の無限等比級数である．

$-1 < e^{-2\pi} < 1$ より，無限等比級数は収束し，その和は

$$\frac{\dfrac{1}{\sqrt{2}} e^{-\frac{\pi}{4}}}{1 - e^{-2\pi}} = \frac{\dfrac{1}{\sqrt{2}} e^{-\frac{\pi}{4}} \cdot e^{2\pi}}{e^{2\pi} - 1} = \frac{e^{\frac{7}{4}\pi}}{\sqrt{2}\,(e^{2\pi} - 1)}$$

コメント

　$y = \sin x$ のグラフが $y = 1$ と $y = -1$ の間を往復するのに対して，$y = e^{-x}\sin x$ のグラフは $y = e^{-x}$ と $y = -e^{-x}$ の間を往復します．

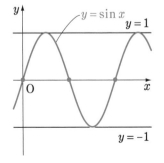

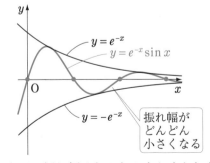

　$\displaystyle\lim_{x \to \infty} e^{-x} = 0$ なので，このグラフの上下の振れ幅はどんどん小さくなります．

これを**減衰振動**といい，水中のような抵抗のある場所で振り子を揺らしたときの振幅は，このグラフのようになることが知られています．

第6章 積分法

　ここからは，「微分」と対をなす「積分」について学んでいきます．積分の定義は，すでに数学Ⅱで学んでいますが，あらためて確認しておきましょう．

　「積分」は「**微分の逆演算**」として定義されます．例えば，$\sin x$ を微分すると $\cos x$ になりますが，逆に「**微分したときに $\sin x$ となる関数**」は何でしょうか．

$$? \xrightarrow{\text{微分}} \sin x$$

　「微分すると $\sin$ と $\cos$ が入れ替わる」ことを考えれば，微分したときに $\sin x$ が現れる関数は $\cos x$ です．ただし，$\cos x$ は微分すると

$$(\cos x)' = -\sin x$$

とマイナスの符号が現れるので，**これを打ち消さなければなりません**．そのためには，もとの式をあらかじめ -1 倍しておくといいでしょう．

$$(-\cos x)' = -(\cos x)' = -(-\sin x) = \sin x$$

　これで，「微分したときに $\sin x$ となる関数」として「$-\cos x$」が見つかりました．しかし，**まだ安心してはいけません**．「定数を微分すると 0 になる」ことを考えると，この関数に定数を加えたものも，やはり条件を満たすはずです．つまり，求める関数は

$$-\cos x + C \quad (\text{C は定数})$$

と表される関数すべて，となります．

　このように，「**微分したときに $f(x)$ となる関数**」のことを $f(x)$ の**不定積分**といい，これを

$$\int f(x)\,dx$$

と書きます．上の結果を式で表せば

$$\int \sin x\,dx = -\cos x + C$$

となります．このように，不定積分は1つには定まらず，未知の定数 C を含みます．この定数 C のことを，**積分定数**といいます（以下，C は特にことわりなく積分定数として使います）．

積分の基本的な考え方

一般に，不定積分を見つけることは，微分よりはるかに難しいです．例えば，$x\sin x$ の微分が $\sin x + x\cos x$ であることはすぐに計算できたとしても，$\sin x + x\cos x$ の形を見てこれが $x\sin x$ の微分であることを見抜くことは簡単ではありません．何ごとも，「もとに戻す」というのは難しいのです．

$$x\sin x \xrightleftharpoons[\text{不定積分}]{\text{微分 \ 簡単}} \sin x + x\cos x$$

難しい

さらにいえば，どんなに頑張ってもその不定積分を見つけることができないケースもあります．例えば，e^{x^2} は単純な関数の組み合わせであるにも関わらず，その不定積分を単純な関数の組み合わせで書き表すことはできません．

$$\boxed{?} \xrightarrow{\text{微分}} e^{x^2}$$

単純な形で書き表せない

微分は手順さえ覚えれば確実に実行できましたが，不定積分は「見つかることもあれば，どうやっても見つけられないこともある」という，なかなかやっかいな代物です．ですから，これからやることは，**積分することができる「幸運な」関数について，できるだけ体系づけてそのやり方を覚えていきましょう**，ということです．万能の手順があるわけではありませんので，積分は微分に比べてはるかに「**練習**」と「**経験**」がものをいうことになります．

何はともあれ，やってみましょう．はじめからスマートにやろうとは思わないでください．積分の基本は試行錯誤．「① **やってみる**」「② **うまくいかなければ微調整する**」です．手始めに，次の不定積分が何かを考えてみましょう．

$$\int \sqrt{x}\,dx$$

この積分のカギとなるのは，次の**微分の公式**です．
$$(x^\alpha)' = \alpha x^{\alpha-1} \quad (\alpha \text{ は実数})$$

微分をすると「次数が 1 下がる」わけですから，$\sqrt{x} = x^{\frac{1}{2}}$ の不定積分には $x^{\frac{1}{2}+1} = x^{\frac{3}{2}}$ が**現れる**はずです．試しに，この $x^{\frac{3}{2}}$ を微分してみます．

$$(x^{\frac{3}{2}})' = \frac{3}{2}x^{\frac{1}{2}} = \frac{3}{2}\sqrt{x}$$

たしかに $\sqrt{x}$ が得られましたが，$\dfrac{3}{2}$ **という余分な定数**がついてきましたね．そこで，この定数を**打ち消す**ことを考えましょう．それには，もとの関数にこ

の定数の逆数, つまり $\dfrac{2}{3}$ をかけておけばよいのです.

$$\left(\frac{2}{3}x^{\frac{3}{2}}\right)' = \frac{2}{3}(x^{\frac{3}{2}})' = \frac{2}{3}\cdot\frac{3}{2}\sqrt{x} = \sqrt{x}$$

うまくいきましたね. これで, 求める不定積分(の1つ)が $\dfrac{2}{3}x^{\frac{3}{2}}$ であること

がわかりました. あとは, 積分定数 C をつけて

$$\int \sqrt{x}\,dx = \frac{2}{3}x^{\frac{3}{2}} + C \left(=\frac{2}{3}x\sqrt{x}+C\right)$$

となります. 大切なのは,「**定数倍のズレは補正できる**」ということです. 大ざっぱに関数の形にあたりをつけて微分してみて, それが目標の関数の「定数倍」になったならば**しめたもの**. もとの関数にその定数の逆数をかけたものが, 求める不定積分となります. もう1つの例として, 不定積分

$$\int \cos 3x\,dx$$

を求めてみましょう. ここでのカギは, 三角関数の微分公式

$$(\sin x)' = \cos x$$

です. この式から考えれば, $\cos 3x$ の不定積分には $\sin 3x$ が現れるはずです. そこで, $\sin 3x$ を微分してみます. 注意してほしいのは, この関数の微分は「合成関数の微分」であることです.

$$(\sin 3x)' = \cos 3x \cdot (3x)' = 3\cos 3x$$

$\sin$ の内側にある $3x$ が微分されることで, 余分な定数 3 が現れます. これを打ち消すには, もとの関数を $\dfrac{1}{3}$ 倍しておけばいいのです.

$$\left(\frac{1}{3}\sin 3x\right)' = \frac{1}{3}(\sin 3x)' = \frac{1}{3}\cdot 3\cos 3x = \cos 3x$$

うまくいきましたね. したがって, 求める不定積分は

$$\int \cos 3x\,dx = \frac{1}{3}\sin 3x + C$$

となります. このくらいの簡単な積分であれば, 少し練習すればすべての作業を頭の中ですることができるようになります. ささいなことですが, 結果を出したときは**微分してもとの式に戻るかを確かめる**ということを習慣にしておきましょう. 積分における多くの計算ミスや勘違いは, そのほんのひと手間で簡単に検出することができます.

練習問題 1

次の不定積分を求めよ.

(1) $\displaystyle\int \frac{1}{x^3}dx$ (2) $\displaystyle\int \frac{1}{\sqrt{x}}dx$ (3) $\displaystyle\int (2x+1)^3dx$ (4) $\displaystyle\int \sqrt[3]{1-3x}dx$

(5) $\displaystyle\int \cos 2x dx$ (6) $\displaystyle\int \sin \frac{x}{2}dx$ (7) $\displaystyle\int \frac{1}{\cos^2 5x}dx$

精 講 不定積分は「微分の逆演算」なので，微分の公式をひっくり返せば，それがそのまま積分の公式になります．ここで用いるのは，以下の微分の公式の「巻き戻し」です．

$$(x^\alpha)'=\alpha x^{\alpha-1} \quad (\alpha \text{ は実数})$$

$$(\sin x)'=\cos x, \quad (\cos x)'=-\sin x, \quad (\tan x)'=\frac{1}{\cos^2 x}$$

まず大ざっぱに関数の形を見積もり，それを実際に微分してみたときに「定数倍のズレ」があった場合は，その定数の逆数をもとの関数にかけることでそのズレを補正する，という考え方をします．最後に，積分定数Cをつけることを忘れないようにしましょう．

解 答

(1) $\dfrac{1}{x^3}=x^{-3}$ は，x^{-2} を微分したときに出てくる．実際微分すると

$$(x^{-2})'=-2x^{-3} \quad \lhd -2 \text{ が余分}$$

と，余分な -2 が出てくるので，もとの関数を $-\dfrac{1}{2}$ 倍しておく．

$$\left(-\frac{1}{2}x^{-2}\right)'=-\frac{1}{2}(-2x^{-3})=x^{-3}=\frac{1}{x^3} \quad \lhd \text{うまくいった！}$$

よって

$$\int \frac{1}{x^3}dx=-\frac{1}{2}x^{-2}+C \quad \lhd \text{これを忘れない！}$$

$$=-\frac{1}{2x^2}+C$$

(2) 上と同様に考えれば，

$$\int \frac{1}{\sqrt{x}}dx=\int x^{-\frac{1}{2}}dx=2x^{\frac{1}{2}}+C$$

$$=2\sqrt{x}+C \quad \lhd \frac{1}{2} \text{ を打ち消すために2倍}$$

コメント

一般に

$$\int x^\alpha dx = \frac{1}{\alpha+1}x^{\alpha+1}+C \qquad \boxed{\alpha+1 \text{ を打ち消すために } \frac{1}{\alpha+1} \text{ 倍}}$$

であることはすぐに見えてくるでしょう.

(3) $(2x+1)^3$ は, $(2x+1)^4$ を微分すると出てくる.

$$\{(2x+1)^4\}'=4(2x+1)^3\cdot(2x+1)' \qquad \boxed{\text{合成関数の微分}}$$
$$=8(2x+1)^3$$

$\boxed{\text{8 が余分}}$

よって, $\displaystyle\int (2x+1)^3 dx = \frac{1}{8}(2x+1)^4+C$

コメント

$(2x+1)^3$ は, $2x+1$ を1つのかたまりと見て, $\dfrac{1}{4}(2x+1)^4$ と積分したく

なりますが, これを逆に微分してみると, 合成関数の微分から

$$\left\{\frac{1}{4}(2x+1)^4\right\}'=(2x+1)^3(2x+1)'$$
$$=2(2x+1)^3$$

と余分な2が出てきてしまいます. これも打ち消さないといけないことに注意しましょう. 作業としては

$$\int (2x+1)^3 dx = \frac{1}{4}(2x+1)^4 \cdot \frac{1}{2}+C$$

$2x+1$ をかたまりと見て
積分

$\boxed{(2x+1)' \text{ で出てくる}\\ \text{定数を打ち消す}}$

と考えるといいでしょう.

(4) $\displaystyle\int \sqrt[3]{1-3x}\,dx$

$$=\int (1-3x)^{\frac{1}{3}}dx = \frac{3}{4}(1-3x)^{\frac{4}{3}}\cdot\frac{1}{-3}+C$$

$1-3x$ をかたまりと見て
積分

$\boxed{(1-3x)' \text{ で出てくる}\\ \text{定数を打ち消す}}$

$$=-\frac{1}{4}(1-3x)^{\frac{4}{3}}+C$$

$$\left(=-\frac{1}{4}(1-3x)\sqrt[3]{1-3x}+C\right)$$

(5) $\cos 2x$ は，$\sin 2x$ を微分すると出てくるが

$$(\sin 2x)' = \cos 2x \times (2x)' = 2\cos 2x \quad \boxed{\text{2 が余分}}$$

なので

$$\int \cos 2x\, dx = \frac{1}{2}\sin 2x + C$$

(6) $\sin\dfrac{x}{2}$ は，$\cos\dfrac{x}{2}$ を微分すると出てくるが

$$\left(\cos\frac{x}{2}\right)' = -\sin\frac{x}{2} \times \left(\frac{x}{2}\right)' = -\frac{1}{2}\sin\frac{x}{2} \quad \boxed{-\frac{1}{2}\ \text{が余分}}$$

なので

$$\int \sin\frac{x}{2}\, dx = -2\cos\frac{x}{2} + C$$

(7) $\dfrac{1}{\cos^2 5x}$ は，$\tan 5x$ を微分すると出てくるが

$$(\tan 5x)' = \frac{1}{\cos^2 5x} \times (5x)' = 5\cdot\frac{1}{\cos^2 5x} \quad \boxed{\text{5 が余分}}$$

なので

$$\int \frac{1}{\cos^2 5x}\, dx = \frac{1}{5}\tan 5x + C$$

コメント

問題を解く中でわかったことを，公式の形でまとめておきます．

$$\int x^\alpha dx = \frac{1}{\alpha+1}x^{\alpha+1} + C$$

$$\int \sin x\, dx = -\cos x + C, \quad \int \cos x\, dx = \sin x + C,$$

$$\int \frac{1}{\cos^2 x}\, dx = \tan x + C$$

また，$F'(x) = f(x)$ であるとき，$F(ax+b)$ を微分すると

$$\{F(ax+b)\}' = F'(ax+b) \times (ax+b)' = af(ax+b)$$

と定数 a が出てきます．これに注意すると $\boxed{a \text{ を打ち消す}}$

$$\int f(ax+b)\, dx = \frac{1}{a}F(ax+b) + C$$

となります．要するに，$f(ax+b)$ の不定積分とは，「$ax+b$ を 1 つのかたまりのように見て積分したものに $\dfrac{1}{a}$ をかける」という操作です．

これらをはじめから「積分の公式」として丸暗記することはおすすめしませ

第6章

ん．積分はあくまで「微分の巻き戻し」ですから，微分の公式と規則をしっかり覚えておき，「**微分してもとに戻ることを確認する**」すり合わせを繰り返せば，自然と公式が頭に形作られていくはずです．

$\dfrac{1}{x}$ の不定積分

　これから指数・対数の積分を考えていきたいのですが，対数関数の積分について1つ注意するべきことがあります．$(\log x)' = \dfrac{1}{x}$ なので，

$$\int \frac{1}{x}dx = \log x + C \quad \cdots\cdots①$$

としてしまいたくなりますが，実は**これは正しくありません**．問題点は，左辺の $\dfrac{1}{x}$ の定義域が「$x=0$ 以外のすべての実数」であるのに対して，右辺の $\log x$ の定義域は「$x>0$」だということです．つまり，①の式は「$x<0$」の範囲を**カバーできていません**．

　この問題を解決するために，**対数の微分の公式を拡張します**．$x<0$ のとき，$\log(-x)$ が定義できますが，この式を微分すると

$$\{\log(-x)\}' = \frac{1}{-x}\cdot(-x)' = \frac{1}{x}$$

と，**何と $\dfrac{1}{x}$ が現れます**．つまり

$$\begin{cases} x>0 \text{ のとき} \quad (\log x)' = \dfrac{1}{x} \\[2mm] x<0 \text{ のとき} \quad \{\log(-x)\}' = \dfrac{1}{x} \end{cases}$$

なのです．これは，絶対値記号を使えば，

$$(\log|x|)' = \frac{1}{x}$$

と一つの式にまとめてしまうことができます（$|x|$ は，$x>0$ のときは x に，$x<0$ のときは $-x$ になることを思い出してくだ

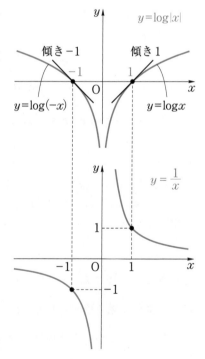

さい).

$y=\log|x|$ のグラフは，前ページ上図のような y 軸対称なグラフになります．この関数の定義域は「$x=0$ 以外のすべての実数」となるので，接線の傾きを表す $y=\dfrac{1}{x}$ と1対1に対応していますね．

以上より，$\dfrac{1}{x}$ の不定積分は

絶対値記号

$$\int \frac{1}{x}dx = \log|x| + C$$

とするのが正しいことがわかります．慣れないうちは，この絶対値記号は忘れやすいので注意してください．

練習問題 2

次の不定積分を求めよ．

(1) $\displaystyle\int e^{3x+2}dx$　　(2) $\displaystyle\int \frac{1}{4x-1}dx$　　(3) $\displaystyle\int \frac{1}{1-x}dx$　　(4) $\displaystyle\int 2^x dx$

精講 指数・対数関数の不定積分は微分公式

$$(e^x)' = e^x, \quad (\log|x|)' = \frac{1}{x}$$

の「巻き戻し」なので

$$\int e^x dx = e^x + C, \quad \int \frac{1}{x}dx = \log|x| + C$$

となります．先ほどと同様「微分してその関数が出てくる関数」を見つけ，実際にそれを微分した結果，「定数倍のズレがあればそれを補正する」という方針でやってみるといいでしょう．

解答

(1) $\displaystyle\int e^x dx = e^x + C$ なので

$$\int e^{3x+2}dx = e^{3x+2} \times \frac{1}{3} + C = \frac{1}{3}e^{3x+2} + C$$

$3x+2$ をかたまりと見て積分

$(3x+2)'$ で出てくる定数を打ち消す

(2) $\displaystyle\int \frac{1}{x}dx = \log|x| + C$ なので

$$\int \frac{1}{4x-1}dx = \log|4x-1| \times \frac{1}{4} + C = \frac{1}{4}\log|4x-1| + C$$

$4x-1$ をかたまりと
見て積分

$(4x-1)'$ で出てくる
定数を打ち消す

(3) $\displaystyle\int \frac{1}{1-x}dx = \log|1-x| \times \frac{1}{-1} + C$

$$= -\log|1-x| + C$$

(4) $(2^x)' = (\log 2)\cdot 2^x$ より

p140 の公式より
$(a^x)' = (\log a)a^x$

$$\int 2^x dx = \frac{1}{\log 2}2^x + C$$

余分な $\log 2$ で割っておく

コメント

　ここまでで基本関数の不定積分はすべてそろったように思うのですが，実は

$$\int \tan x\, dx, \quad \int \log x\, dx$$

についてはまだ求められていません．これらの不定積分もちゃんと計算できるのですが，それはそれぞれ「**置換積分**」「**部分積分**」というテクニックを学んだあとのお楽しみということになります．$\tan x$ の不定積分は**練習問題 11**（p229），$\log x$ の不定積分は**練習問題 14**（p239）で扱います．

練習問題 3

次の不定積分を求めよ.

(1) $\displaystyle\int (2\sin x + 3\cos x)\,dx$ (2) $\displaystyle\int \left(x + \dfrac{1}{\sqrt{x}}\right)^2 dx$ (3) $\displaystyle\int (e^x + 1)^3\,dx$

精　講　不定積分が微分の逆演算であることを考えれば, 微分と同様に「和は分割できる」「定数があれば前に出せる」という性質が成り立つことはすぐにわかります.

$$\int \{f(x) + g(x)\}\,dx = \int f(x)\,dx + \int g(x)\,dx$$

$$\int kf(x)\,dx = k\int f(x)\,dx \quad (k\ は定数)$$

これを用いれば, 「不定積分を求められる関数」を足したり, 定数倍したりした関数もやはり「不定積分を求められる関数」となります.

解　答

(1) $\displaystyle\int (2\sin x + 3\cos x)\,dx$　　和は分割できる
　　　定数は前に出せる

$\displaystyle= 2\int \sin x\,dx + 3\int \cos x\,dx$　　積分定数は最後に 1 つまとめてつける

$= 2(-\cos x) + 3\sin x + C$

$= -2\cos x + 3\sin x + C$

(2) $\displaystyle\int \left(x + \dfrac{1}{\sqrt{x}}\right)^2 dx = \int \left(x^2 + 2x\cdot\dfrac{1}{\sqrt{x}} + \dfrac{1}{x}\right)dx$　←まず展開

$\displaystyle\left(= \int x^2\,dx + 2\int x^{\frac{1}{2}}\,dx + \int \dfrac{1}{x}\,dx\right)$　慣れればこの式は省略してもよい

$\displaystyle= \dfrac{1}{3}x^3 + 2\cdot\dfrac{2}{3}x^{\frac{3}{2}} + \log|x| + C$

$\displaystyle= \dfrac{1}{3}x^3 + \dfrac{4}{3}x\sqrt{x} + \log|x| + C$

(3) $\displaystyle\int (e^x + 1)^3\,dx$　　$(a+b)^3 = a^3 + 3a^2b + 3ab^2 + b^3$

$\displaystyle= \int (e^{3x} + 3e^{2x} + 3e^x + 1)\,dx$　←まず展開

$\displaystyle= \dfrac{1}{3}e^{3x} + 3\cdot\dfrac{1}{2}e^{2x} + 3e^x + x + C$　$\begin{cases}(e^{3x})' = 3e^{3x}\\(e^{2x})' = 2e^{2x}\end{cases}$ に注意

$\displaystyle= \dfrac{1}{3}e^{3x} + \dfrac{3}{2}e^{2x} + 3e^x + x + C$

第6章

注意 (3)の

$$\int (e^x+1)^3 dx$$

を e^x+1 を1つのかたまりと見て，$\frac{1}{4}(e^x+1)^4$ と考えた人は少なくないのではないでしょうか．これがうまくいくのかどうか，微分して確かめてみます．

$$\left\{\frac{1}{4}(e^x+1)^4\right\}' = \frac{1}{4}\cdot 4(e^x+1)^3 \times (e^x+1)' = e^x(e^x+1)^3$$

合成関数の微分が行われた結果，「e^x 倍」のズレがでてきてしまいました．なるほど，これを補正するためにもとの関数を e^x で割っておけばいいのか…と考えてしまいそうになりますが，話はそんなに単純ではありません．実際に，$\frac{1}{4}(e^x+1)^4$ を e^x で割ったものを微分してみましょう．

$$\left\{\frac{(e^x+1)^4}{4e^x}\right\}' = \frac{1}{4}\left\{\frac{(e^x+1)^4}{e^x}\right\}'$$

$$= \frac{1}{4}\cdot\frac{\{(e^x+1)^4\}'e^x-(e^x+1)^4(e^x)'}{(e^x)^2} = \cdots$$

わかりますね．分母に e^x が現れたことにより「商の微分の公式」が適用され，計算は予期した方向とは違う方向に転がってしまうのです．**解こうとした糸が余計こんがらがってしまった**感じですね．ここは，積分を学習する人が一度は通る道だと思います．こういう苦々しい目にあいながら，積分がいかに厄介なものかを身にしみてわかっていくのです．

ここから得られる教訓は

簡単に補正ができるのは「定数倍のズレ」であるときに限る

ということです．「関数」をかけたり割ったりすることは微分自体に影響を与えてしまうので，**「関数倍のズレ」**が生じたときは補正しようとしてもうまくいかないのです．このときは，小手先の修正はあきらめ，全く別のやり方を探していく必要があります．

そのための**さまざまな工夫**を，この後に見ていくことになります．

練習問題 4

次の不定積分を求めよ.

(1) $\displaystyle\int \sin^2 x\,dx$ (2) $\displaystyle\int \sin x \cos x\,dx$ (3) $\displaystyle\int (2\sin x + 3\cos x)^2\,dx$

精 講 $\sin^2 x$ の不定積分を $\dfrac{1}{3}\sin^3 x + C$ と考えてしまうのは,よくある間違いです.実際,この関数を微分すると

$$\left(\frac{1}{3}\sin^3 x + C\right)' = \frac{1}{3}\cdot 3\sin^2 x (\sin x)' = \sin^2 x \cos x$$

と,余分な $\cos x$ がついてきます(これを打ち消そうと,もとの関数を $\cos x$ で割ったりしてもうまくいかないことは,すでに説明した通りです).

このようなときは,三角関数の「半角公式」を使って**次数を下げる**というテクニックを使います.「半角公式」は,「2 倍角の公式」を $\sin x \cos x$, $\cos^2 x$, $\sin^2 x$ について解いてあげることで導くことができます.

2倍角の公式 $\left\{\begin{array}{l} \sin 2x = 2\sin x \cos x \qquad \Longleftrightarrow \qquad \sin x \cos x = \dfrac{\sin 2x}{2} \\[2mm] \cos 2x = 2\cos^2 x - 1 \qquad \Longleftrightarrow \qquad \cos^2 x = \dfrac{1+\cos 2x}{2} \\[2mm] \cos 2x = 1 - 2\sin^2 x \qquad \Longleftrightarrow \qquad \sin^2 x = \dfrac{1-\cos 2x}{2} \end{array}\right\}$ 半角公式

この公式により,$\sin x \cos x$, $\cos^2 x$, $\sin^2 x$ といった 2 次式が,$\mathbf{sin\,2x}$, $\mathbf{cos\,2x}$ **という 1 次式**によって表されます.この形であれば,不定積分を求めることができるわけです.

第6章

:: 解 答 ::

(1) $\displaystyle\int \sin^2 x\,dx = \int \frac{1-\cos 2x}{2}\,dx$ ◁ 半角公式

$$= \int \left(\frac{1}{2} - \frac{1}{2}\cos 2x\right)dx$$

$$= \frac{1}{2}x - \frac{1}{2}\cdot\frac{1}{2}\sin 2x + C \quad ◁ \begin{array}{l}(\sin 2x)' = 2\cos 2x \\ \text{に注意}\end{array}$$

$$= \frac{1}{2}x - \frac{1}{4}\sin 2x + C$$

(2) $\displaystyle\int \sin x \cos x\,dx = \int \frac{1}{2}\sin 2x\,dx$ ◁ 半角公式

$$= \frac{1}{2} \cdot \frac{1}{2} (-\cos 2x) + C$$

$$= -\frac{1}{4} \cos 2x + C$$

(3) $\displaystyle\int (2\sin x + 3\cos x)^2 dx$

     展開

$$= \int (4\sin^2 x + 12\sin x \cos x + 9\cos^2 x)\, dx$$

     半角公式

$$= \int \left(4 \cdot \frac{1-\cos 2x}{2} + 12 \cdot \frac{\sin 2x}{2} + 9 \cdot \frac{1+\cos 2x}{2} \right) dx$$

$$= \int \left(\frac{13}{2} + \frac{5}{2}\cos 2x + 6\sin 2x \right) dx$$

$$= \frac{13}{2} x + \frac{5}{2} \cdot \frac{1}{2} \sin 2x + 6 \cdot \frac{1}{2} (-\cos 2x) + C$$

$$= \frac{13}{2} x + \frac{5}{4} \sin 2x - 3\cos 2x + C$$

練習問題 5

次の不定積分を求めよ.

(1) $\displaystyle\int \sin 2x \cos 3x\, dx$ (2) $\displaystyle\int \cos 3x \cos 5x\, dx$

精 講 p119 で解説した「積和の公式」を用いても次数下げをすることが
できます. この問題では

$$\sin \alpha \cos \beta = \frac{1}{2} \{ \sin(\alpha+\beta) + \sin(\alpha-\beta) \}$$

$$\cos \alpha \cos \beta = \frac{1}{2} \{ \cos(\alpha+\beta) + \cos(\alpha-\beta) \}$$

を使ってみましょう.

::: 解 答 :::

(1) $\displaystyle\int \sin 2x \cos 3x\, dx$

     積和公式
     $\sin \alpha \cos \beta = \frac{1}{2} \{ \sin(\alpha+\beta) + \sin(\alpha-\beta) \}$

$$= \int \frac{1}{2} \{ \sin 5x + \sin(-x) \}\, dx$$

     $\sin(-x) = -\sin x$

$$= \frac{1}{2} \int (\sin 5x - \sin x)\, dx$$

$$= \frac{1}{2}\left(-\frac{1}{5}\cos 5x + \cos x\right) + C$$

$$= -\frac{1}{10}\cos 5x + \frac{1}{2}\cos x + C$$

(2) $\displaystyle\int \cos 3x \cos 5x \, dx$

積和公式
$$\cos\alpha\cos\beta = \frac{1}{2}\{\cos(\alpha+\beta) + \cos(\alpha-\beta)\}$$

$$= \int \frac{1}{2}\{\cos 8x + \cos(-2x)\}\, dx \longleftarrow$$

$$= \frac{1}{2}\int (\cos 8x + \cos 2x)\, dx$$

$$= \frac{1}{2}\left(\frac{1}{8}\sin 8x + \frac{1}{2}\sin 2x\right) + C$$

$$= \frac{1}{16}\sin 8x + \frac{1}{4}\sin 2x + C$$

練習問題 6

次の不定積分を求めよ.

(1) $\displaystyle\int \frac{x+1}{x}dx$ (2) $\displaystyle\int \frac{x^2+1}{x-1}dx$ (3) $\displaystyle\int \frac{1}{(x+1)(x+2)}dx$

精 講 分数関数の積分にはいろいろなパターンがありますが,ここではう

まく変形すれば $\dfrac{1}{(1 次式)}$ の形を作り出すことができるようなもの

を練習します.

(1)では

$$\frac{x+1}{x} = \frac{x}{x} + \frac{1}{x} = 1 + \frac{1}{x}$$

とすると,不定積分が求められる形ができます.

また,(2)では分子の x^2+1 を分母の $x-1$ で割り算しま
す.すると,商が $x+1$,余りが 2 となるので

$$\frac{x^2+1}{x-1} = \frac{(x+1)(x-1)+2}{x-1} = x+1+\frac{2}{x-1}$$

$$\begin{array}{r}
x+1 \\
x-1 \overline{\smash{)}\,x^2+1} \\
\underline{x^2-x} \\
x+1 \\
\underline{x-1} \\
2
\end{array}$$

とすると,こちらも不定積分が求められる形となります.

(3)は,数列の和を求めるときにも登場した**部分分数分解**という操作が有効で
す.

::::::::: 解 答 :::::::::

(1) $\displaystyle\int \frac{x+1}{x}dx=\int\left(1+\frac{1}{x}\right)dx$

$\displaystyle\qquad\qquad =x+\log|x|+C$

(2) $\displaystyle\int \frac{x^2+1}{x-1}dx=\int\left(x+1+\frac{2}{x-1}\right)dx$

$\displaystyle\qquad\qquad =\frac{1}{2}x^2+x+2\log|x-1|+C$

(3) $\displaystyle\int \frac{1}{(x+1)(x+2)}dx=\int\left(\frac{1}{x+1}-\frac{1}{x+2}\right)dx$ ⊂部分分数分解

$\displaystyle\qquad\qquad =\log|x+1|-\log|x+2|+C$

$\displaystyle\left(=\log\left|\frac{x+1}{x+2}\right|+C\right)$ 〈 $\log M-\log N=\log\dfrac{M}{N}$

$\dfrac{|\beta|}{|\alpha|}=\left|\dfrac{\beta}{\alpha}\right|$ より

◆コメント

　部分分数分解のやり方を一般的に説明することはなかなか面倒なのですが，単純なものであれば，とりあえず「$\dfrac{1}{1次式}-\dfrac{1}{1次式}$」や「$\dfrac{1}{1次式}+\dfrac{1}{1次式}$」の形を作って計算してみて，定数倍のズレがあれば調整するという**アバウトなやり方でも**案外うまくいきます．例えば

$$\frac{1}{(2x-1)(2x+1)}$$

を部分分数分解したければ，とりあえず $\dfrac{1}{2x-1}-\dfrac{1}{2x+1}$ を計算してみます．

$$\frac{1}{2x-1}-\frac{1}{2x+1}=\frac{(2x+1)-(2x-1)}{(2x-1)(2x+1)}=\frac{2}{(2x-1)(2x+1)}$$

　結果は目的の関数の「2倍」となったので，両辺を $\dfrac{1}{2}$ 倍しておけば

$$\frac{1}{(2x-1)(2x+1)}=\frac{1}{2}\left(\frac{1}{2x-1}-\frac{1}{2x+1}\right)$$

が得られます．

　ただ，式がもう少し複雑になるとこの方法ではうまくいきません．そういうときは，**文字を使って恒等式を作ります**．例えば

$$\frac{1}{(2x-1)(x+3)}$$

を部分分数分解したいとします．この結果を，$\dfrac{a}{2x-1}+\dfrac{b}{x+3}$ と未知数 a, b を用いて表してみます．これを計算してみると

$$\frac{a}{2x-1}+\frac{b}{x+3}=\frac{a(x+3)+b(2x-1)}{(2x-1)(x+3)}=\frac{(a+2b)x+(3a-b)}{(2x-1)(x+3)}$$

となります．この分数の分子が 1 になればいいわけですから

$$a+2b=0,\ 3a-b=1$$

となる a, b が求められればいいのです．この方程式を解くと

$$a=\frac{2}{7},\ b=-\frac{1}{7}$$

ですから，

$$\frac{1}{(2x-1)(x+3)}=\frac{\frac{2}{7}}{2x-1}+\frac{-\frac{1}{7}}{x+3}=\frac{1}{7}\left(\frac{2}{2x-1}-\frac{1}{x+3}\right)$$

と部分分数分解ができることがわかります．

練習問題 7

次の不定積分を求めよ．

(1) $\displaystyle\int\frac{2x+1}{\sqrt{x}}dx$ (2) $\displaystyle\int\frac{x}{(x+1)(2x+1)}dx$ (3) $\displaystyle\int\frac{x^3-x+1}{1-x^2}dx$

精講 分子の次数を下げる，部分分数分解をする，など，ここまで練習したことをうまく応用して不定積分が求められる形を作り出しましょう．

解答

(1) $\dfrac{2x+1}{\sqrt{x}}=\dfrac{2x}{\sqrt{x}}+\dfrac{1}{\sqrt{x}}=2\sqrt{x}+\dfrac{1}{\sqrt{x}}$ より

与式 $=\displaystyle\int(2x^{\frac{1}{2}}+x^{-\frac{1}{2}})dx$

$=\dfrac{4}{3}x^{\frac{3}{2}}+2x^{\frac{1}{2}}+C=\dfrac{4}{3}x\sqrt{x}+2\sqrt{x}+C$

(2) $\dfrac{x}{(x+1)(2x+1)}=\dfrac{a}{x+1}+\dfrac{b}{2x+1}$ とおく.

$$右辺=\dfrac{a(2x+1)+b(x+1)}{(x+1)(2x+1)}=\dfrac{(2a+b)x+a+b}{(x+1)(2x+1)}$$

この分子が x となるので,

$2a+b=1,\ a+b=0$

これを解いて,$a=1,\ b=-1$

$$与式=\int\left(\dfrac{1}{x+1}+\dfrac{-1}{2x+1}\right)dx \overset{\text{部分分数分解}}{\lhd}$$

$$=\log|x+1|-\dfrac{1}{2}\log|2x+1|+C$$

(3) $\dfrac{x^3-x+1}{1-x^2}=\dfrac{-x(1-x^2)+1}{1-x^2}$

$$\begin{array}{r}-x\\ -x^2+1\overline{\smash{)}\ x^3-x+1}\\ \underline{x^3-x}\\ 1\end{array}$$

$$=-x+\dfrac{1}{1-x^2}$$

$x^2-1=(x-1)(x+1)$

$$=-x-\dfrac{1}{(x-1)(x+1)}$$

部分分数分解

$$=-x-\dfrac{1}{2}\left(\dfrac{1}{x-1}-\dfrac{1}{x+1}\right)$$

よって

$$与式=\int\left\{-x-\dfrac{1}{2(x-1)}+\dfrac{1}{2(x+1)}\right\}dx$$

$$=-\dfrac{1}{2}x^2-\dfrac{1}{2}\log|x-1|+\dfrac{1}{2}\log|x+1|+C$$

$$\left(=-\dfrac{1}{2}x^2+\dfrac{1}{2}\log\left|\dfrac{x+1}{x-1}\right|+C\right)$$

合成関数の微分を巻き戻す

合成関数の微分のプロセスをもう一度見直してみましょう．例えば，$\sin^3 x$（すなわち $(\sin x)^3$）の微分をするときは，まず $\sin x$ を 1 つのかたまり□と見なして微分し，そこに「□(かたまりと見た部分)の微分」をかけます．

$$t^3 \xrightarrow{\quad t\text{ で微分}\quad} 3t^2$$

$$(\boxed{\sin x})^3 \xrightarrow{\quad x\text{ で微分}\quad} 3(\boxed{\sin x})^2 \times (\sin x)' = 3\sin^2 x \cos x$$

$$\underbrace{\qquad}_{\boxed{}\text{の式}} \quad \underbrace{\qquad}_{\boxed{}\text{の微分}}$$

微分した後の式は

$$(\boxed{}\text{の式}) \times (\boxed{}\text{の微分})$$

という形をしています．この形が，いわば**合成関数の微分が行われた痕跡**なのです．少し難しいのですが，もし積分しようとしている関数にこの痕跡があることを見抜くことができれば，**合成関数の微分を巻き戻す形で不定積分を見つける**ことができます．例えば

$$\int \frac{2x}{x^2+1}\, dx$$

という不定積分を見つけてみましょう．気がつきにくいですが，$2x = (x^2+1)'$ ですから，**x^2+1 を 1 つのかたまり□と見る**と，積分する関数は

$$\frac{1}{\boxed{x^2+1}} \times (x^2+1)'$$

$$\underbrace{\qquad}_{\boxed{}\text{の式}} \quad \underbrace{\qquad}_{\boxed{}\text{の微分}}$$

という形をしています．合成関数の微分の痕跡が見つかりましたね．かたまりと見た□の部分を t とおけば，$\dfrac{1}{t}$ の不定積分は $\log|t|+C$ ですから，もとの関数の不定積分は $\log\left|x^2+1\right|+C$ であることがわかります．

$$\log|t|+C \xleftarrow{\quad t\text{ で積分}\quad} \frac{1}{t}$$

$$\log\left|x^2+1\right|+C \xleftarrow{\quad x\text{ で積分}\quad} \frac{1}{\boxed{x^2+1}} \times (x^2+1)'$$

　ちなみに，$x^2+1>0$ ですから，絶対値記号はなくしても構いません．まとめると，

$$\int \frac{2x}{x^2+1}dx = \log(x^2+1)+C$$

となります．

　この話の難しいところは，何といっても合成関数の微分の**「痕跡」を見抜く**ところで，逆にそれが見抜けてしまえば，その後の作業は一瞬です．ここでも，とりあえずやってみて，**「定数倍のズレを調整する」**という感覚をもっておくことは大切です．もう一つの例を見てみましょう．

$$\int x^2\sqrt{x^3+1}\,dx$$

　ルートの内側の x^3+1 をかたまりと見て，ルートの外側にある x^2 は「x^3+1 の微分」で作れそうだな，ということを見抜きます．ただ，実際に微分してみると $(x^3+1)'=3x^2$ と余分な3が出てきますので，それは割り算で調整しましょう．

$$\begin{aligned}
x^2\sqrt{x^3+1} &= \sqrt{x^3+1} \times \underset{\sim}{x^2} \\
&= \sqrt{x^3+1} \times (x^3+1)' \cdot \frac{1}{3} \\
&= \frac{1}{3}\sqrt{x^3+1} \times (x^3+1)'
\end{aligned}$$

　これで必要な形が作れましたね．x^3+1 というかたまりを t とおけば，$\frac{1}{3}\sqrt{t} = \frac{1}{3}t^{\frac{1}{2}}$ の不定積分は $\frac{2}{9}t^{\frac{3}{2}}+C = \frac{2}{9}t\sqrt{t}+C$ ですから，求める不定積分は

$$\int x^2\sqrt{x^3+1}\,dx = \frac{2}{9}(x^3+1)\sqrt{x^3+1}+C$$

となります．

　「どうやったら気がつけるのですか」という質問に対しては，「とにかく経験」と答えるしかありません．猟師が何度も森に入るうちにシカの通った跡を見抜けるようになるように，**経験を積んで合成関数の微分の跡を見逃さない注意力**を養っていきましょう．

練習問題 8

次の不定積分を求めよ.

(1) $\displaystyle\int 2x(x^2+1)^5dx$ (2) $\displaystyle\int \sin^3 x\cos xdx$

(3) $\displaystyle\int \frac{e^{2x}}{e^{2x}+1}dx$ (4) $\displaystyle\int xe^{x^2}dx$

精 講 上に並んでいる関数はどれも，ある部分をかたまり□と見なすと，
$$「(□の式)×(□の微分)」$$
という形になります．これが合成関数微分の痕跡です．これを見抜ければ，あとは「□の式」の部分を，**□を変数と見て積分してあげればうまくいきます**.

解 答

合成関数微分の痕跡

(1) $2x(x^2+1)^5=(x^2+1)^5\times(x^2+1)'$ なので

$与式=\displaystyle\int \underline{(x^2+1)^5}(x^2+1)'dx=\frac{1}{6}(x^2+1)^6+C$

x^2+1 をかたまりと見て積分

念のために右辺を微分してみると
$$\left\{\frac{1}{6}(x^2+1)^6+C\right\}'=(x^2+1)^5\times(x^2+1)'$$
$$=2x(x^2+1)^5$$
となる.

(2) $\displaystyle\int \sin^3 x\cos xdx$ 　合成関数微分の痕跡

$=\displaystyle\int (\sin x)^3\times(\sin x)'dx=\frac{1}{4}(\sin x)^4+C=\frac{1}{4}\sin^4 x+C$

$\sin x$ をかたまりと見て積分

(3) $e^{2x}=(e^{2x}+1)'\times\frac{1}{2}$ なので

$$\int \frac{e^{2x}}{e^{2x}+1}dx=\frac{1}{2}\int \frac{1}{e^{2x}+1}(e^{2x}+1)'dx=\frac{1}{2}\log\left|e^{2x}+1\right|+C$$

$e^{2x}+1$ をかたまりと見て積分

$$=\frac{1}{2}\log(e^{2x}+1)+C \quad \begin{array}{l}e^{2x}+1>0 \text{ より}\\ \left|e^{2x}+1\right|=e^{2x}+1\end{array}$$

(4) $x=(x^2)'\times\frac{1}{2}$ なので $\displaystyle\int xe^{x^2}dx=\frac{1}{2}\int e^{x^2}\cdot(x^2)'dx=\frac{1}{2}e^{x^2}+C$

x^2 を1つのかたまりと見て積分

置換積分

ここまでにやってきたことを，きちんと**定式化**してみましょう．

（□の式）×（□の微分）

という形は，

$$\underbrace{f(g(x))}_{g(x)\,の式}\times\underbrace{g'(x)}_{g(x)\,の微分}$$

と書くことができます．ここで，$f(x)$ の不定積分の 1 つを $F(x)$ とおくと

$$\int f(g(x))g'(x)dx=F(g(x))+C \quad\cdots\cdots①$$

という式が成り立ちます．念のために右辺を微分してみると

$$\{F(g(x))+C\}'=F'(g(x))g'(x)$$
$$=f(g(x))g'(x) \quad\leftharpoondown\; F'(x)=f(x)$$

とちゃんと元に戻りますね．

さて，①の式において，$g(x)=t$ と置き換えると

$$g'(x)=\frac{dt}{dx},\; F(g(x))+C=F(t)+C=\int f(t)dt$$

なのですから，次の式が得られます．

$$\int f(t)\frac{dt}{dx}dx=\int f(t)dt \quad\cdots\cdots(*)$$

この関係式が面白いのは，あたかも左辺の dx が「約分」されることによって右辺の式が得られたように**見えるところ**です．

イメージ

$$\int f(t)\frac{dt}{dx}dx=\int f(t)dt$$
約分!?

もちろん，dx や dt というのは微分や積分を表すための記号であり，文字変数ではないのですから，かけ算や割り算をすることはできません．ですから，約分というのはあくまで「方便」にすぎませんが，この方便は計算をすすめる上では**とても都合がいい**のです．

（＊）の関係を用いて，**練習問題 8**⑷の不定積分

$$\int xe^{x^2}dx$$

をもう一度求めてみましょう．x^2 をかたまりと見て，

$$t=x^2$$

と変数変換します．t を x で微分すると，

$$\frac{dt}{dx}=2x \quad \text{すなわち} \quad \frac{1}{2}\frac{dt}{dx}=x \quad \cdots\cdots ②$$

ですので，

$$\int xe^{x^2}dx=\int e^{x^2}\cdot xdx \qquad\qquad ②より \qquad\qquad \cdots\cdots Ⓐ$$

$$=\int e^t\cdot\frac{1}{2}\frac{dt}{dx}dx \qquad （＊）より（dx を「約分」する）$$

$$=\frac{1}{2}\int e^t dt \qquad\qquad\qquad\qquad\qquad \cdots\cdots Ⓑ$$

$$=\frac{1}{2}e^t+C$$

$$=\frac{1}{2}e^{x^2}+C$$

となります．細かいことを考えなくても，式を用いてシステマティックに積分が処理できるのがこの方法のいいところです．（＊）の関係より，「x での積分Ⓐ」が「t での積分Ⓑ」に**すり替えられている**ことに注目してください．このように，積分変数をすり替えてしまうやり方を**置換積分**といいます．

▲**注意** ②の式に対して，dx や dt を「文字変数」のように見て両辺に dx をかけると

$$\frac{1}{2}dt = xdx$$

という式が得られます．この式を用いると，Ⓐから Ⓑの変換は

$$\int e^{x^2}\cdot xdx=\int e^t\cdot\frac{1}{2}dt$$

と一足飛びに処理できます．このような式変形を許すと，いよいよ「記号」と「文字変数」の境界があいまいになって，厳密にはよろしくないのですが，「何にせよ，うまくいくならアリ」という**おおらかさ**で，今後はこのような書き方も許容していくことにします．

第6章

練習問題 9

　次の不定積分を，置換積分によって計算せよ．

(1) $\displaystyle\int 2x(x^2+1)^5dx$　　(2) $\displaystyle\int \sin^3 x\cos x\,dx$　　(3) $\displaystyle\int \frac{e^{2x}}{e^{2x}+1}dx$

(4) $\displaystyle\int \frac{x}{\sqrt{1-x^2}}dx$

精　講　(1)～(3)は，すでに**練習問題8**で行ったものですが，あらためて「置換積分」という手法に則って行ってみましょう．**「かたまり」と見た部分を t と置換する**ことでうまくいきます．

解　答

(1)　$t=x^2+1$ とおくと，

$$\frac{dt}{dx}=2x \quad \text{すなわち} \quad xdx=\frac{1}{2}dt$$

$$与式=\int 2(x^2+1)^5\,xdx=\int 2t^5\cdot\frac{1}{2}dt=\int t^5 dt$$

置換！

$$=\frac{1}{6}t^6+C=\frac{1}{6}(x^2+1)^6+C$$

(2)　$t=\sin x$ とおくと，

$$\frac{dt}{dx}=\cos x \quad \text{すなわち} \quad \cos xdx=dt$$

$$与式=\int \sin^3 x\cos x\,dx=\int t^3 dt=\frac{1}{4}t^4+C$$

置換！ $$=\frac{1}{4}\sin^4 x+C$$

(3)　$t=e^{2x}+1$ とおくと，

$$\frac{dt}{dx}=2e^{2x} \quad \text{すなわち} \quad e^{2x}dx=\frac{1}{2}dt$$

$$与式=\int \frac{1}{e^{2x}+1}\cdot e^{2x}dx=\int \frac{1}{t}\cdot\frac{1}{2}dt=\frac{1}{2}\log|t|+C$$

置換！ $$=\frac{1}{2}\log(e^{2x}+1)+C$$

(4) $t=1-x^2$ とおくと,

$$\frac{dt}{dx}=-2x \quad \text{すなわち} \quad xdx=-\frac{1}{2}dt$$

$$与式=\int \frac{1}{\sqrt{1-x^2}}xdx=\int \frac{1}{\sqrt{t}}\cdot\left(-\frac{1}{2}\right)dt=-\frac{1}{2}\cdot 2t^{\frac{1}{2}}+C$$

$$=-\sqrt{1-x^2}+C$$

置換！

練習問題 10

次の不定積分を，置換積分によって計算せよ.

(1) $\displaystyle\int x\sqrt{x+1}\,dx$　(2) $\displaystyle\int \frac{x}{\sqrt{1-x}}dx$

精 講　p224(∗)の x と t を入れ替え，左辺と右辺を逆にすると

$$\int f(x)\,dx=\int f(x)\frac{dx}{dt}dt \quad \cdots\cdots(\ast\ast)$$

という式が得られます．このパターンの置換積分もよく登場するので，練習しておきましょう．

:::::::::::::::::::::::::::::::::: 解 答 ::::::::::::::::::::::::::::::::::

(1) $t=x+1$ とおく.

　$x=t-1$ より

逆に解く　$\dfrac{dx}{dt}=1$ すなわち $dx=dt$

$$与式=\int x\sqrt{x+1}\,dx=\int (t-1)\sqrt{t}\,dt$$

$$=\int (t^{\frac{3}{2}}-t^{\frac{1}{2}})dt=\frac{2}{5}t^{\frac{5}{2}}-\frac{2}{3}t^{\frac{3}{2}}+C$$

$$=\frac{2}{5}t^2\sqrt{t}-\frac{2}{3}t\sqrt{t}+C$$

$$\boxed{\begin{array}{l}t^{\frac{5}{2}}=t^2\cdot t^{\frac{1}{2}}\\ t^{\frac{3}{2}}=t\cdot t^{\frac{1}{2}}\end{array}}$$

$$=\frac{2}{5}(x+1)^2\sqrt{x+1}-\frac{2}{3}(x+1)\sqrt{x+1}+C$$

別　解

$t=\sqrt{x+1}$　と置換してもよい.

逆に
解く
$x+1=t^2,\ x=t^2-1$　より

$$\frac{dx}{dt}=2t\quad \text{すなわち}\quad dx=2tdt$$

与式$=\displaystyle\int x\sqrt{x+1}\,dx=\int (t^2-1)\cdot t\cdot 2tdt$

$$=\int (2t^4-2t^2)\,dt$$

$$=\frac{2}{5}t^5-\frac{2}{3}t^3+C$$

$$=\frac{2}{5}(x+1)^2\sqrt{x+1}-\frac{2}{3}(x+1)\sqrt{x+1}+C$$

(2)　$t=\sqrt{1-x}$　とおく.

逆に
解く
$t^2=1-x,\ x=1-t^2$　より

$$\frac{dx}{dt}=-2t\quad \text{すなわち}\quad dx=-2tdt$$

与式$=\displaystyle\int \frac{x}{\sqrt{1-x}}\,dx=\int \frac{1-t^2}{t}(-2t)\,dt=2\int (t^2-1)\,dt$

$$=2\left(\frac{1}{3}t^3-t\right)+C=\frac{2}{3}(1-x)\sqrt{1-x}-2\sqrt{1-x}+C$$

コメント

　練習問題9と練習問題10で行った置換積分は, 少し「使用感」が異なることに気づくでしょうか. 練習問題9では, 置換するときxの式の一部がdxとくっついてdtに変わりますが, 練習問題10のパターンは, dxが単独で消え, dtがtの式をともなって現れます.

練習問題 9 (1)

$$t = x^2 + 1$$

$$\left[\frac{dt}{dx} = 2x \ \text{すなわち} \ x = \frac{1}{2} \cdot \frac{dt}{dx}\right]$$

$$\int 2x(x^2+1)^5 dx$$

$$= \int 2(x^2+1)^5 \cdot \boxed{x} dx$$

$$= \int 2t^5 \cdot \boxed{\frac{1}{2} \cdot \frac{dt}{dx}} dx$$

$$= \int 2t^5 \cdot \boxed{\frac{1}{2}} dt$$

練習問題 10 (1) 別解

$$t = \sqrt{x+1} \ \text{とすると} \ x = t^2 - 1$$

$$\left[\frac{dx}{dt} = 2t\right]$$

$$\int x\sqrt{x+1}\,dx$$

$$= \int (t^2-1)t \boxed{\frac{dx}{dt}} dt$$

$$= \int (t^2-1)t \cdot \boxed{2t} dt$$

　上の2つの計算を見比べるとわかりますが，この2つの置換積分は，公式の使い方がまるっきり逆です．

　ざっくりいえば，式の形に「合成関数微分の痕跡」があるものは左のタイプの置換，それ以外は右のタイプの置換になります．

練習問題 11

　次の不定積分を計算せよ．

(1) $\int \tan x\,dx$　　(2) $\int \tan^2 x\,dx$　　(3) $\int \cos^3 x\,dx$

精 講　ここでようやく **tan x の不定積分**が登場します．これらの問題を解くためには，三角関数の相互関係の式

$$\sin^2 x + \cos^2 x = 1, \ \tan x = \frac{\sin x}{\cos x}, \ 1 + \tan^2 x = \frac{1}{\cos^2 x}$$

を利用しなければいけません．

解　答

(1) $\displaystyle\int \tan x\,dx = \int \frac{\sin x}{\cos x}\,dx$

　　$t = \cos x$ と置換する．$\dfrac{dt}{dx} = -\sin x$ すなわち $\sin x\,dx = -dt$

　　$\text{与式} = \displaystyle\int \frac{\sin x}{\cos x}\,dx = \int \frac{1}{t}(-1)\,dt = -\log|t| + C$

　　　　　　$= -\log|\cos x| + C$

$$\left(\begin{array}{l}\text{置換せずに直接行えば，次のようになる.}\\[2mm]\displaystyle\int\tan x\,dx=\int\frac{\sin x}{\cos x}\,dx \quad\text{合成関数微分の痕跡}\\[4mm]\displaystyle\qquad=-\int\frac{1}{\cos x}\cdot(\cos x)'\,dx=-\log\left|\cos x\right|+C\end{array}\right)$$

(2) $1+\tan^2 x=\dfrac{1}{\cos^2 x}$ より $\tan^2 x=\dfrac{1}{\cos^2 x}-1$

$$与式=\int\left(\frac{1}{\cos^2 x}-1\right)dx=\boldsymbol{\tan x-x+C}$$

$\displaystyle\int\frac{1}{\cos^2 x}\,dx=\tan x+C$ は意外と忘れがち

(3) $\cos^3 x=\cos^2 x\cdot\cos x$

$\qquad\quad =(1-\sin^2 x)\cos x$

より，$t=\sin x$ と置換する.

$$\frac{dt}{dx}=\cos x \text{ すなわち } \cos x\,dx=dt$$

$$与式=\int(1-\sin^2 x)\cos x\,dx$$

$$=\int(1-t^2)\,dt=t-\frac{1}{3}t^3+C$$

$$=\boldsymbol{\sin x-\frac{1}{3}\sin^3 x+C}$$

コメント

　(1), (3)のように，$(\sin x \text{ の式})\times\cos x$ または $(\cos x \text{ の式})\times\sin x$ の形があれば，それぞれ $t=\sin x$，$t=\cos x$ という置換がうまくいきます. 三角関数の式を見たときは，この形が作れないかを考えてみましょう.

応用問題 1

次の不定積分を求めよ.

$$\int \frac{1}{\cos x} dx$$

精 講 ひとつの問題の中に, これまで登場したいろいろなテクニックが凝縮されていますので, じっくり解答を鑑賞してみましょう. まずは, うまく **(sin$x$ の式)×cos$x$** の形を作ります.

解 答

$$\frac{1}{\cos x} = \frac{\cos x}{\cos^2 x} = \frac{1}{1-\sin^2 x} \cos x$$

(sin$x$ の式)×cos$x$ の形ができた

分母・分子に cos$x$ をかける

$t = \sin x$ とおくと, $\dfrac{dt}{dx} = \cos x$ すなわち $\cos x\, dx = dt$

$$与式 = \int \frac{1}{1-\sin^2 x} \cos x\, dx$$

$$= \int \frac{1}{1-t^2} dt$$

部分分数分解

$$\frac{1}{1-t^2} = \frac{1}{(1-t)(1+t)}$$
$$= \frac{1}{2}\left(\frac{1}{1-t} + \frac{1}{1+t}\right)$$

$$= \frac{1}{2} \int \left(\frac{1}{1-t} + \frac{1}{1+t}\right) dt$$

$$= \frac{1}{2}(-\log|1-t| + \log|1+t|) + C$$

忘れないように

$$= \frac{1}{2} \log\left|\frac{1+t}{1-t}\right| + C$$

$$= \frac{1}{2} \log\left|\frac{1+\sin x}{1-\sin x}\right| + C$$

$$= \frac{1}{2} \log \frac{1+\sin x}{1-\sin x} + C$$

$\cos x \neq 0$ のとき
$-1 < \sin x < 1$ なので
$1 + \sin x > 0$
$1 - \sin x > 0$

第6章

積の微分を巻き戻す

2つの関数がかけ算されている

$$x\cos x$$

のような関数の不定積分を考えてみましょう．これは「**微分して $x\cos x$ となる関数**」**を見つける**ということです．

$$\boxed{} \xrightarrow{\text{微分}} x\cos x$$

反射的に思いつくやり方は，x と $\cos x$ をそれぞれ積分して積をとった $\dfrac{1}{2}x^2\sin x$ という関数を作ることです．

$$\boxed{\dfrac{1}{2}x^2}\ \sin x \ \overset{\text{微分？}}{\dashrightarrow}\ \boxed{x}\,\boxed{\cos x}$$

しかし，これではうまくいきませんよね．「積の微分」の規則は，「**半分ずつ微分して足す**」というものでしたから，この関数の微分は

$$\left(\dfrac{1}{2}x^2\sin x\right)' = \left(\dfrac{1}{2}x^2\right)'\sin x + \dfrac{1}{2}x^2(\sin x)' = x\sin x + \dfrac{1}{2}x^2\cos x$$

と，目的とはかけ離れたものになってしまいます．

ただ，この間違いは全くの無駄骨ともいえません．少なくとも，ここから1つ**ヒントがつかめましたね**．「半分ずつ微分」したときに目的の関数が出てくればいいのですから，積になっている2つの関数のうち，「**半分だけ積分**」した関数を用意すればいいのではないでしょうか．そこで，「x はそのまま，$\cos x$ だけ積分」した $x\sin x$ という関数を作ってみましょう．

これを微分すると，こうなります．

$$(x\sin x)' = x(\sin x)' + x'\sin x$$

$$= \boxed{x\cos x} + \underwave{\sin x}\ \text{◁}\ \overparen{\text{ヨブンな関数}}$$

とりあえずは，目的の $x\cos x$ という関数が得られましたね．ただし，$\sin x$ という「**ヨブンな関数**」もくっついてきてしまいました．

そこで，次にこのヨブンな $\sin x$ を**打ち消す**ことを考えましょう．「微分したときに $\sin x$ が出てくるような関数」，つまり $\sin x$ の不定積分を見つけます．それは，$-\cos x$ ですよね．

$$(-\cos x)' = \sin x$$

したがって，先ほどの $x\sin x$ から $-\cos x$ を引いた関数を微分すれば，**ヨブンが消えて，求める関数だけが残ります**．

$$\{x\sin x - (-\cos x)\}' = (x\sin x)' - (-\cos x)'$$
$$= x\cos x + \sin x - \sin x \quad \text{(ヨブンが打ち消される)}$$
$$= x\cos x$$

これは，以下のように段組みして書くと，よりわかりやすくなるでしょう．

$$
\begin{array}{rcl}
(x\sin x)' & = & \boxed{x\cos x} \;+\; \overset{\text{ヨブン}}{\sin x} \\
-\,)\quad (-\cos x)' & = & \qquad\qquad \sin x \\
\hline
(x\sin x + \cos x)' & = & x\cos x
\end{array}
$$

目的の関数

以上より，求める不定積分（の 1 つ）は $x\sin x - (-\cos x) = x\sin x + \cos x$ であることがわかったので，あとは積分定数をつけて

$$\int x\cos x\,dx = x\sin x + \cos x + C$$

となります．

最初に，「半分だけ積分」するとき，上の例では「$\cos x$ の方だけを積分する」としましたが，もしこれが「x の方だけを積分する」とした場合は**どうなるのでしょうか**．

$$\frac{1}{2}x^2 \boxed{\cos x} \qquad\qquad \boxed{x}\,\boxed{\cos x}$$

積分

そのまま

$\frac{1}{2}x^2\cos x$ は，微分すると次のようになります．

$$\left(\frac{1}{2}x^2\cos x\right)' = \boxed{x\cos x} - \frac{1}{2}x^2\sin x \quad \text{(ヨブンな関数)}$$

この場合も，目的とする関数が得られますが，「ヨブンな関数」として $-\frac{1}{2}x^2\sin x$ という**複雑な関数**がついてきてしまいました．これを打ち消すためには，この関数の不定積分を探す必要がありますが，それはもとの関数の不

定積分を探すより**はるかに難しい話**になってしまい，うまくいきません.

　ここからわかるように，このやり方が成功するためには，微分したときに目的の関数にくっついて出てくる「ヨブンな関数」が，**もとの関数よりも不定積分を簡単に求められる**ことが重要なのです．そのためには，**最初にどちらの関数を積分するか**をうまく選ぶことがとても大切になります.

　もう一つ，次の例を見てみましょう.

$$\int x \log x \, dx$$

この場合は，$\log x$ をそのまま残し，x だけを積分した $\frac{1}{2} x^2 \log x$ という関数を作るとうまくいきます．実際に微分してみましょう.

$$\left(\frac{1}{2} x^2 \log x \right)' = \left(\frac{1}{2} x^2 \right)' \log x + \frac{1}{2} x^2 (\log x)' = x \log x + \frac{1}{2} x^2 \cdot \frac{1}{x}$$

$$= \boxed{x \log x} + \underbrace{\frac{1}{2} x} \quad \text{←ヨブンな関数}$$

ヨブンな関数は，「$\frac{1}{2} x$」という，とても簡単な関数になりました．あとは，これを打ち消すだけですね．この関数の不定積分の1つは $\frac{1}{4} x^2$ ですから，これを先ほどの関数から引き算すればよいのです.

$$
\begin{array}{rcl}
\left(\frac{1}{2} x^2 \log x \right)' & = & \boxed{x \log x} \;+\; \dfrac{1}{2} x \quad \text{(ヨブン)} \\[2mm]
-\;\Big)\quad \left(\frac{1}{4} x^2 \right)' & = & \phantom{\boxed{x \log x} \;+\;} \dfrac{1}{2} x \\[1mm]
\hline
\left(\frac{1}{2} x^2 \log x - \frac{1}{4} x^2 \right)' & = & \boxed{x \log x}
\end{array}
$$

（目的の関数）

　したがって，求める不定積分は

$$\int x \log x \, dx = \frac{1}{2} x^2 \log x - \frac{1}{4} x^2 + C$$

となります.

　どちらを残し，どちらを積分するか．その判断は，いろいろと試行錯誤しながら少しずつ体得していくしかありません.

　なお，この手法は「**関数を部分的に積分する**」ことから**部分積分**と呼ばれています．また後ほどきちんと定式化しますが，その前段階として上のような**素朴な求め方**を練習しておきましょう.

次の不定積分を求めよ.

(1) $\displaystyle\int x\sin x\,dx$　　(2) $\displaystyle\int xe^x\,dx$　　(3) $\displaystyle\int x^2 e^x\,dx$

精 講　「$\sin x$ と $\cos x$」や「e^x」は，微分しても同じ関数を循環していくだけで簡単になることはありません．一方，x や x^2 などの多項式関数は，微分するたびに次数が下がり，より簡単な関数になります．部分積分では，「**微分したときに，より簡単になる関数を残して，もう一方の関数を積分する**」というのが 1 つのセオリーです．

::::: 解 答 :::::

(1)　$(-\cos x)'=\sin x$ なので，$x\sin x$ の $\sin x$ だけを積分した $-x\cos x$ を作り，これを微分してみる．

$$(-x\cos x)'=\boxed{x\sin x}-\underset{\text{ヨブンな関数}}{\underline{\cos x}} \quad\cdots\cdots①$$
$$\underset{\text{目的の関数}}{}$$

$\underline{-\cos x}$ を打ち消せばよい．

$$(\sin x)'=\cos x \quad\cdots\cdots②$$

なので　①＋② より

$$(-x\cos x+\sin x)'=\boxed{x\sin x}$$

$$\begin{array}{rl} (-x\cos x)' & =x\sin x-\cos x\\ +)\quad (\sin x)' & =\qquad\quad\cos x\\ \hline (-x\cos x+\sin x)' & =x\sin x \end{array}$$

よって

$$\int x\sin x\,dx=-x\cos x+\sin x+C$$

(2)　xe^x の e^x だけを積分した関数 xe^x を作り，上と同様の作業をする．

$$(*)\left\{\begin{array}{rl} (xe^x)' & =\boxed{xe^x}+e^x \quad\text{←ヨブンな関数}\\ -)\quad (e^x)' & =\qquad\ e^x\\ \hline (xe^x-e^x)' & =\boxed{xe^x} \end{array}\right.$$

（見た目は同じ）

よって，$\displaystyle\int xe^x\,dx=xe^x-e^x+C=(x-1)e^x+C$

注意

（＊）の計算は，足し算に統一した方が何かと使い勝手がよいので，以後次のように書くことにします．

$$\begin{array}{rl} (xe^x)' & =xe^x+e^x \quad\text{←足して打ち消す}\\ +)\quad (-e^x)' & =\qquad\ -e^x \quad\text{ようにする}\\ \hline (xe^x-e^x)' & =xe^x \end{array}$$

(3) x^2e^x の e^x だけを積分した関数 x^2e^x を作り，微分してみる．
$$(x^2e^x)' = \boxed{x^2e^x} + \underset{\text{ヨブン}}{\underline{2xe^x}}$$

$2xe^x$ を打ち消すために，$-2xe^x$ を作りたい．ここでも，e^x だけを積分した関数 $-2xe^x$ を作り，微分してみる．
$$(-2xe^x)' = \underset{\text{ヨブン}}{\underline{-2xe^x}} \underline{-2e^x}$$

さらに，$-2e^x$ を打ち消すために，$2e^x$ を作りたい．それは
$$(2e^x)' = \underline{2e^x}$$
である．以上をすべて足し算すると

$$
\begin{array}{rll}
(x^2e^x)' & = & \boxed{x^2e^x} + 2xe^x \\
(-2xe^x)' & = & -2xe^x - 2e^x \\
+)\qquad (2e^x)' & = & 2e^x \\
\hline
(x^2e^x - 2xe^x + 2e^x) & = & \boxed{x^2e^x}
\end{array}
$$

よって，$\displaystyle\int x^2e^x dx = (x^2 - 2x + 2)e^x + C$

コメント

このように，何段階かで部分積分を実行することもあります．段階を経て

$$\boxed{x^2e^x} \dashrightarrow \underline{-2xe^x} \dashrightarrow \underline{2e^x}$$

と，積分するべき関数が**どんどんやさしくなっている**ことに注目してください．

$$\boxed{\text{部分積分}}$$

部分積分を**定式化**しておきましょう．いま，**2つの関数の積 $f(x)g(x)$** を積分したいとします．このとき，$f(x)$ の不定積分の1つを $F(x)$ として，$F(x)g(x)$ という関数を作ります．まさに，「部分的」に積分するわけですね．$F'(x)=f(x)$ ですから，この関数の微分は

$$\{F(x)g(x)\}'=F'(x)g(x)+F(x)g'(x)$$
$$=\boxed{f(x)g(x)}+\underline{F(x)g'(x)} \quad \lhd\boxed{\text{ヨブンな関数}}$$

となります．この「ヨブンな関数」を打ち消すために，この関数の不定積分 $\int F(x)g'(x)dx$ を $F(x)g(x)$ から引き算してあげます．

$$F(x)g(x)-\int F(x)g'(x)dx$$

これが，求める不定積分となります(積分定数 C は右側の不定積分の中に含まれていると見てください)．例によって段組で書くと，こうなります．

$$
\begin{array}{rcl}
(F(x)g(x))' & = & \boxed{f(x)g(x)} + \overset{\text{ヨブン}}{F(x)g'(x)}\\
-\ )\quad \left(\int F(x)g'(x)dx\right)' & = & F(x)g'(x)\\
\hline
\left(F(x)g(x)-\int F(x)g'(x)dx\right)' & = & \boxed{f(x)g(x)}
\end{array}
$$

したがって，次の公式が得られます．

☑ **部分積分の公式**

$f(x)$ の不定積分の1つを $F(x)$ とすると，以下の式が成り立つ．

$$\int f(x)g(x)dx=F(x)g(x)-\int F(x)g'(x)dx$$

このやり方がうまくいくためには，右辺に出てくる不定積分 $\int F(x)g'(x)dx$ が左辺の積分よりも**簡単である必要があります**．そのためにどちらの関数を積分するのかをうまく選ぶ必要があるのは，すでに説明した通りです．

第6章

練習問題 13

部分積分の公式を用いて，次の不定積分を求めよ．

(1) $\displaystyle\int x\sin x\,dx$　　　(2) $\displaystyle\int x^2 e^x\,dx$

精 講　**練習問題 12** (1)(3)と同じ問題ですが，今回は「部分積分」の型に則って計算してみましょう．実用上は

$$\int f(x)g(x)\,dx = \int \{F(x)\}'g(x)\,dx \quad \text{◁この式をはさむ}$$

$$= F(x)g(x) - \int F(x)g'(x)\,dx$$

のように書くとわかりやすいです．

::::: 解 答 :::::

(1) $\displaystyle\int x\sin x\,dx = \int x(-\cos x)'\,dx$　　微分したときに簡単になる方を残す

$$= x(-\cos x) - \int 1\cdot(-\cos x)\,dx$$

$$= -x\cos x + \int \cos x\,dx \quad\Big)\ \textstyle\int\cos x\,dx = \sin x + C$$

$$= -x\cos x + \sin x + C$$

(2) $\displaystyle\int x^2 e^x\,dx = \int x^2(e^x)'\,dx$

$$= x^2 e^x - \int 2x e^x\,dx \qquad \text{1段階目}$$

$$= x^2 e^x - 2\int x e^x\,dx$$

$$= x^2 e^x - 2\int x(e^x)'\,dx$$

$$= x^2 e^x - 2\Big(x e^x - \int 1\cdot e^x\,dx\Big) \qquad \text{2段階目}$$

$$= x^2 e^x - 2(x e^x - e^x) + C$$

積分定数は，式の一番後ろにつけておく

$$= x^2 e^x - 2x e^x + 2e^x + C$$

$$= (x^2 - 2x + 2)e^x + C$$

コメント　「定式化」というのは，考えるべきことを減らす，いわば「思考の節約」の機能をもちます．ただその分，その式変形のもっていた本来の意味は隠されてしまいます．もちろん，システマティックな変形もいいのですが，個人的には**練習問題 12** のような素朴なやり方のほうが，積分の「**手触り**」が感じられて好きです．

練習問題 14

不定積分 $\displaystyle\int \log x\,dx$ を求めよ.

精講 ここまでの準備を経て，ようやく **$\log x$ の不定積分**を求めることができます．やり方は2つあります.

① $t=\log x$（すなわち $x=e^t$）と置換積分をする

② $\displaystyle\int x'\log x\,dx$ と見て部分積分をする

わかってしまえば②が早いですが，とても気がつきにくい発想です．ここでは，どちらのやり方もやってみましょう.

━━━━ 解 答 ━━━━

① $t=\log x$ と置換すると，$x=e^t$ より

$$\frac{dx}{dt}=e^t \quad \text{すなわち} \quad dx=e^t dt$$

$$\int \log x\,dx=\int t e^t dt$$

$$=\int t(e^t)'\,dt$$

部分積分

$$=te^t-\int 1\cdot e^t dt$$

$$=te^t-e^t+C$$

$$=x\log x-x+C \quad \boxed{\begin{array}{l}e^t=x\\ t=\log x\end{array}}$$

② $\displaystyle\int \log x\,dx=\int x'\log x\,dx$ 　$\log x=1\times\log x$
　　　　　　　　　　　　　　　　　$=x'\times\log x$

部分積分

$$=x\log x-\int x\cdot\frac{1}{x}dx$$

$$=x\log x-\int dx$$

$$=x\log x-x+C$$

$\boxed{\begin{array}{l}\displaystyle\int 1dx \text{ は } 1 \text{ を省略}\\ \displaystyle\text{して} \int dx \text{と書く}\end{array}}$

コメント

$\log x$ の積分はよく出てくるので

$$\boxed{\int \log x\,dx=x\log x-x+C}$$

は公式として覚えてしまってもいいでしょう．ただし，どうやって導くのかは必ずおさえておいてください.

応用問題 2

次の不定積分を求めよ.

(1) $\displaystyle\int(\log x)^2dx$　　(2) $\displaystyle\int\frac{\log x}{x}dx$　　(3) $\displaystyle\int e^{\sqrt{x}}dx$

(4) $\displaystyle\int\frac{x}{\cos^2 x}dx$　　(5) $\displaystyle\int\frac{1}{e^x+1}dx$

精 講 やり方に気がつきにくいような積分を集めてあります.「置換積分」「部分積分」を含め,今まで学んだいろいろなテクニックを駆使して解いてみましょう.

:::::::::::::::::::::::::::::::::::: 解　答 ::::::::::::::::::::::::::::::::::::

(1) $t=\log x$ と置換すると

$$x=e^t \text{ より } \frac{dx}{dt}=e^t \text{ すなわち } dx=e^tdt$$

$$\begin{aligned}
\int(\log x)^2dx&=\int t^2e^tdt\\
&=t^2e^t-2te^t+2e^t+C\\
&=x(\log x)^2-2x\log x+2x+C
\end{aligned}$$

練習問題 13 (2)

コメント

$\displaystyle\int(\log x)^2dx=\int x'(\log x)^2dx$ と見て直接部分積分することもできます.

$$\begin{aligned}
\text{与式}&=\int x'\underline{(\log x)^2}dx\\
&=x(\log x)^2-\int x\cdot 2\log x\cdot\frac{1}{x}dx\\
&=x(\log x)^2-2\int\log xdx\\
&=x(\log x)^2-2(x\log x-x)+C\\
&=x(\log x)^2-2x\log x+2x+C
\end{aligned}$$

練習問題 14 より

$\int\log xdx=x\log x-x+C$

(2) $t=\log x$ とおくと

$$\frac{dt}{dx}=\frac{1}{x} \text{ すなわち } dt=\boxed{\frac{1}{x}dx}$$

$$\begin{aligned}
\int\frac{\log x}{x}dx&=\int\log x\cdot\boxed{\frac{1}{x}dx}\\
&=\int tdt
\end{aligned}$$

$$=\frac{1}{2}t^2+C=\frac{1}{2}(\log x)^2+C$$

🗨 **コメント**

気づきにくいですが　合成関数微分の痕跡

$$\int\frac{\log x}{x}dx=\int\log x\cdot(\log x)'\,dx$$

となっています．これがわかれば

$$\int\log x\cdot(\log x)'\,dx=\frac{1}{2}(\log x)^2+C$$

$\log x$ をかたまりと見て積分

と，たちまち答えが出せます．

(3)　$t=\sqrt{x}$ とおく．$x=t^2$ より

$$\frac{dx}{dt}=2t\quad\text{すなわち}\quad dx=2t\,dt$$

$$与式=\int e^t\cdot2t\,dt=2\int te^t\,dt$$

$$=2\int t(e^t)'\,dt$$

部分積分

$$=2\Big(te^t-\int1\cdot e^t\,dt\Big)$$

$$=2(te^t-e^t)+C$$

$$=2te^t-2e^t+C$$

$$=2\sqrt{x}\,e^{\sqrt{x}}-2e^{\sqrt{x}}+C$$

$\dfrac{1}{\cos^2 x}=(\tan x)'$

(4)　$\displaystyle\int\frac{x}{\cos^2 x}dx=\int x(\tan x)'\,dx$

部分積分

$$=x\tan x-\int1\cdot\tan x\,dx$$

練習問題 11 (1) より

$$=x\tan x+\log|\cos x|+C$$

$\int\tan x\,dx=-\log|\cos x|+C$

(5)　$t=e^x+1$ とおくと

$$\frac{dt}{dx}=e^x\quad\text{すなわち}\quad dx=\frac{1}{e^x}dt$$

第6章

$$\int \frac{1}{e^x+1}dx = \int \frac{1}{t} \cdot \frac{1}{e^x}dt \qquad {\scriptstyle e^x=t-1}$$

$$= \int \frac{1}{t} \cdot \frac{1}{t-1}dt \qquad {\scriptstyle 部分分数分解}$$

$$= \int \left(\frac{1}{t-1} - \frac{1}{t} \right) dt$$

$$= \log|t-1| - \log|t| + C$$

$$= \log\left| \frac{t-1}{t} \right| + C$$

$$= \log\left| \frac{e^x}{e^x+1} \right| + C = \log \frac{e^x}{e^x+1} + C$$

コメント

これも非常に気づきにくいですが

$$\frac{1}{e^x+1} = \frac{e^{-x}}{(e^x+1)e^{-x}} = \frac{e^{-x}}{e^{-x}+1} = -\frac{(e^{-x}+1)'}{(e^{-x}+1)}$$

分母・分子に e^{-x} をかける

なので,

$$与式 = -\int \frac{1}{e^{-x}+1}(e^{-x}+1)'dx = -\log|e^{-x}+1| + C$$

$e^{-x}+1$ をかたまりと見て積分

分母・分子に e^x をかける

$$= \log \frac{1}{e^{-x}+1} + C = \log \frac{e^x}{e^x+1} + C$$

とすることもできます.

練習問題 15

次の不定積分を求めよ.

$$\int e^x \sin x \, dx$$

精講 不定積分の最後にこの形を学びましょう.（指数関数）×（三角関数）という形ですが，このどちらの関数も微分したときに「循環」してしまうので，部分積分をしても簡単な関数には帰着できません. しかし，まさにその「**循環**」を**逆手にとる**うまいやり方があるのです.

::::::::: 解 答 :::::::::

$I = \int e^x \sin x \, dx$ とおく.

$$I = \int (e^x)' \sin x \, dx$$

（部分積分）

$$= e^x \sin x - \int e^x \cos x \, dx$$

$$= e^x \sin x - \int (e^x)' \cos x \, dx$$

（部分積分）

$$= e^x \sin x - \left\{ e^x \cos x - \int e^x (-\sin x) \, dx \right\}$$

$$= e^x \sin x - e^x \cos x - \int e^x \sin x \, dx \quad \leftarrow \text{また同じ式が現れる}$$

$$= e^x \sin x - e^x \cos x \qquad - I \quad \cdots\cdots ①$$

これより

$$2I = e^x \sin x - e^x \cos x$$

$$I = \frac{1}{2}(\sin x - \cos x)e^x$$

よって

$$\int e^x \sin x \, dx = \frac{1}{2}e^x(\sin x - \cos x) + C$$

コメント 1

このように，$\int e^x \sin x \, dx$ からスタートして 2 回部分積分を行うと，式が循環して再び $\int e^x \sin x \, dx$ が現れます.

しかし，それは無意味な堂々巡りではなく，それを方程式のように解けば，ちゃんと $\int e^x \sin x \, dx$ が求められます.

🔔注意

最後の積分定数はどこから現れたのか，と思われるかもしれません．実は，$I=\int e^x\sin x\,dx$ とおいたとしても，これは不定積分ですから，「定数」のズレがあることを考慮しなければなりません．ですから，本当は①は

$$I=e^x\sin x-e^x\cos x-I+C' \quad \text{◁定数のズレ}$$

と書くべきです．これを I について解けば

$$I=\frac{1}{2}e^x(\sin x-\cos x)+\frac{1}{2}C'$$

となり，この $\frac{1}{2}C'$ をあらためて C と書き直せば，**解答**と同じになります．ただ，このような議論は非常に些末なものなので，とりあえず I を1つ求めて，最後にさりげなく積分定数を添えておけばそれで構いません．

コメント 2

次のように $(e^x\sin x)'$ と $(e^x\cos x)'$ を計算し，そこから $e^x\sin x$ が残るように2式を引き算して2で割れば，すぐに目的の式が得られます．

$$
\begin{array}{rll}
& (e^x\sin x)' &= \boxed{e^x\sin x}+e^x\cos x\\
-) & (e^x\cos x)' &= -\boxed{e^x\sin x}+e^x\cos x\\
\hline
& (e^x\sin x-e^x\cos x)' &= 2\boxed{e^x\sin x}\\
& \left\{\frac{1}{2}e^x(\sin x-\cos x)\right\}' &= \boxed{e^x\sin x}
\end{array}
$$

（両辺を2で割る）

不定積分の1つを求めたいだけならば，こちらの方が手っ取り早いです．

定積分

インテグラル記号の上と下に定数をつけた

$$\int_a^b f(x)\,dx$$

を,「**$f(x)$ の a から b までの定積分**」といいます. その定義は, 数学Ⅱですでに学んでいますが, ここであらためて書いておきましょう.

 定積分の定義

$f(x)$ の不定積分(の1つ)を $F(x)$ とするとき,
$$\int_a^b f(x)\,dx = F(b) - F(a)$$

右辺の計算 $F(b) - F(a)$ を $\left[F(x)\right]_a^b$ という記号で表します. 実際に積分計算を実行する上で, とても便利な記法です. 例えば, 定積分

$$\int_{\frac{\pi}{3}}^{\frac{\pi}{2}} \sin x\,dx$$

を実行してみましょう. $\sin x$ の不定積分は $-\cos x + C$ ですから

$$
\begin{aligned}
\int_{\frac{\pi}{3}}^{\frac{\pi}{2}} \sin x\,dx &= \left[-\cos x + C\right]_{\frac{\pi}{3}}^{\frac{\pi}{2}} \\
&= \left(-\cos\frac{\pi}{2} + C\right) - \left(-\cos\frac{\pi}{3} + C\right) \\
&= 0 - \left(-\frac{1}{2}\right) \\
&= \frac{1}{2}
\end{aligned}
$$

定積分では, 引き算のときに積分定数 C が打ち消されてしまうので, C の値が何であっても結果は変わりません. したがって, 定積分の計算では, 次のように積分定数を省略してしまって構いません.

第6章

$$\int_{\frac{\pi}{3}}^{\frac{\pi}{2}} \sin x\, dx = \Big[-\cos x\Big]_{\frac{\pi}{3}}^{\frac{\pi}{2}}$$
$$= -\cos\frac{\pi}{2} - \left(-\cos\frac{\pi}{3}\right)$$
$$= \frac{1}{2}$$

　不定積分の結果は「関数」ですが，**定積分をした結果は「定数」**であること に注意してください．定積分の中に現れる変数は，値を代入することで消えて しまうので，例えば $\int_{\frac{\pi}{3}}^{\frac{\pi}{2}} \sin x\, dx$，$\int_{\frac{\pi}{3}}^{\frac{\pi}{2}} \sin\theta\, d\theta$，$\int_{\frac{\pi}{3}}^{\frac{\pi}{2}} \sin t\, dt$ はすべて定積分と しては「同じもの」となります．定積分における変数は，計算の過程でのみ使 われる一時的なものなのです．

コメント

　数学Ⅱで見たように，定積分 $\int_{\frac{\pi}{3}}^{\frac{\pi}{2}} \sin x\, dx$ は $y = \sin x$ のグラフと x 軸 および $x = \dfrac{\pi}{3}$，$x = \dfrac{\pi}{2}$ で囲まれた右図の 部分の面積となります．積分をすると，あ

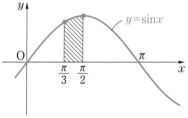

まりにサラリと出てきてしまうのでスルーしてしまいそうになりますが，この ような面積が $\dfrac{1}{2}$ というシンプルな値になるのはとても驚きです．

定積分の性質

定積分も，不定積分と同様に「和は分割できる」「定数があれば前に出せる」という性質が成り立ちます．

$$\int_a^b \{f(x)+g(x)\}dx = \int_a^b f(x)dx + \int_a^b g(x)dx$$

$$\int_a^b kf(x)dx = k\int_a^b f(x)dx$$

また，定積分ならではの性質として，次のことが成り立ちます．

☑ 定積分の性質

① 積分範囲の上端と下端の値が同じ場合，値は 0 になる．

$$\int_a^a f(x)dx = 0$$

② 積分範囲の上端と下端を入れ替えると，符号が反転する．

$$\int_a^b f(x)dx = -\int_b^a f(x)dx$$

③ 積分範囲は「連結」することができる．

$$\int_a^b f(x)dx + \int_b^c f(x)dx = \int_a^c f(x)dx$$

どれも，定積分の定義から簡単に証明できます．③は，下図のように「面積」の足し算ととらえると納得しやすくなるでしょう．

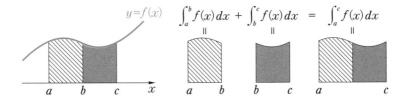

第6章

練習問題 16

次の定積分の値を求めよ.

(1) $\displaystyle\int_1^2 \sqrt{x}\,dx$　　(2) $\displaystyle\int_{-1}^{-3}\frac{1}{t}dt$　　(3) $\displaystyle\int_2^3 e^{2x-1}dx-\int_2^0 e^{2t-1}dt$

(4) $\displaystyle\int_0^{\frac{\pi}{2}}(\sin 2\theta+\cos 3\theta)d\theta$　　(5) $\displaystyle\int_0^{\frac{\pi}{2}}\sin 2\theta\cos 3\theta d\theta$

(6) $\displaystyle\int_1^2\frac{1}{x(x+1)}dx$

精 講　定積分は,不定積分さえ求められれば,あとは単なる「**代入と引き算**」です. つまり,定積分の難しさの8割は「**不定積分を求めること**」にあるわけで,それはすでに練習していることの復習となります.

解 答

(1) $\displaystyle\int_1^2 \sqrt{x}\,dx=\left[\frac{2}{3}x\sqrt{x}\right]_1^2$

$$\int \sqrt{x}\,dx=\int x^{\frac{1}{2}}dx$$
$$=\frac{2}{3}x^{\frac{3}{2}}+C$$
$$=\frac{2}{3}x\sqrt{x}+C$$

$\displaystyle=\underbrace{\frac{2}{3}\cdot 2\sqrt{2}}_{2\text{を代入}}-\underbrace{\frac{2}{3}\cdot 1\sqrt{1}}_{1\text{を代入}}$

$\displaystyle=\frac{4}{3}\sqrt{2}-\frac{2}{3}$

(2) $\displaystyle\int_{-1}^{-3}\frac{1}{t}dt=[\log|t|]_{-1}^{-3}$　　$\displaystyle\int\frac{1}{t}dt=\log|t|+C$

$\displaystyle=\underbrace{\log|-3|}_{-3\text{を代入}}-\underbrace{\log|-1|}_{-1\text{を代入}}$

$\displaystyle=\log 3-\log 1=\mathbf{\log 3}$

(3) 与式

$\displaystyle=-\int_2^0 e^{2t-1}dt+\int_2^3 e^{2x-1}dx$　　積分範囲の上下を入れ替えると符号が反転する

$\displaystyle=\int_0^2 e^{2t-1}dt+\int_2^3 e^{2x-1}dx$

$\displaystyle=\int_0^2 e^{2x-1}dx+\int_2^3 e^{2x-1}dx$　　$\displaystyle\int_0^2 e^{2t-1}dt=\int_0^2 e^{2x-1}dx$

$\displaystyle=\int_0^3 e^{2x-1}dx$　　積分範囲の連結　　変数を変えても定積分の値は同じ

$\displaystyle=\left[\frac{1}{2}e^{2x-1}\right]_0^3=\frac{1}{2}(e^5-e^{-1})=\frac{1}{2}\left(e^5-\frac{1}{e}\right)$

(4) $\displaystyle\int_0^{\frac{\pi}{2}}(\sin 2\theta+\cos 3\theta)\,d\theta$

$=\left[-\dfrac{1}{2}\cos 2\theta+\dfrac{1}{3}\sin 3\theta\right]_0^{\frac{\pi}{2}}$　$\boxed{\cos 0=1\text{ は}\\\text{忘れやすいので注意}}$

$=\left(-\dfrac{1}{2}\underset{\underset{-1}{\|}}{\cos\pi}+\dfrac{1}{3}\underset{\underset{-1}{\|}}{\sin\dfrac{3}{2}\pi}\right)-\left(-\dfrac{1}{2}\underset{\underset{1}{\|}}{\cos 0}+\dfrac{1}{3}\sin 0\right)=\left(\dfrac{1}{2}-\dfrac{1}{3}\right)-\left(-\dfrac{1}{2}+0\right)=\dfrac{2}{3}$

(5) $\displaystyle\int_0^{\frac{\pi}{2}}\sin 2\theta\cos 3\theta\,d\theta$　$\genfrac{}{}{0pt}{}{}{}$　積和公式
$\sin\alpha\cos\beta=\dfrac{1}{2}\{\sin(\alpha+\beta)+\sin(\alpha-\beta)\}$

$=\displaystyle\int_0^{\frac{\pi}{2}}\dfrac{1}{2}\{\sin 5\theta+\sin(-\theta)\}\,d\theta$

$=\dfrac{1}{2}\displaystyle\int_0^{\frac{\pi}{2}}(\sin 5\theta-\sin\theta)\,d\theta=\dfrac{1}{2}\left[-\dfrac{1}{5}\cos 5\theta+\cos\theta\right]_0^{\frac{\pi}{2}}$

$=\dfrac{1}{2}\left\{\left(-\dfrac{1}{5}\underset{\underset{0}{\|}}{\cos\dfrac{5}{2}\pi}+\underset{\underset{0}{\|}}{\cos\dfrac{\pi}{2}}\right)-\left(-\dfrac{1}{5}\underset{\underset{1}{\|}}{\cos 0}+\underset{\underset{1}{\|}}{\cos 0}\right)\right\}=\dfrac{1}{2}\left\{0-\left(-\dfrac{1}{5}+1\right)\right\}=-\dfrac{2}{5}$

(6) $\displaystyle\int_1^2\dfrac{1}{x(x+1)}\,dx=\int_1^2\left(\dfrac{1}{x}-\dfrac{1}{x+1}\right)dx$　◁ 部分分数分解

$=\left[\log|x|-\log|x+1|\right]_1^2=\left[\log\left|\dfrac{x}{x+1}\right|\right]_1^2$

$=\log\dfrac{2}{3}-\log\dfrac{1}{2}$　$\genfrac{}{}{0pt}{}{}{}$　$\log\left(\dfrac{2}{3}\div\dfrac{1}{2}\right)$

$=\log\dfrac{4}{3}$　$=\log\left(\dfrac{2}{3}\times 2\right)$

🔖 **注意**　多項式関数の定積分では，0を代入した結果は必ず0になったので，定積分の端の0は無視するというクセがついている人も多いでしょう．

$$\int_0^2 x^2\,dx=\left[\dfrac{1}{3}x^3\right]_0^2=\dfrac{1}{3}\cdot 2^3=\dfrac{8}{3}$$

（2だけ代入／無視）

ところが，一般の関数の場合は，不定積分に0を代入した結果は0になるとは限りませんから，うっかり無視しないように注意してください．

$$\int_0^\pi\sin\theta\,d\theta=\left[-\cos\theta\right]_0^\pi=-\cos\pi-(-\underset{\underset{1}{\|}}{\cos 0})=-(-1)-(-1)=2$$

$$\int_0^1 e^x\,dx=\left[e^x\right]_0^1=e^1-\underset{\underset{1}{\|}}{e^0}=e-1$$

定積分と対称性

p163 で説明したように，関数 $f(x)$ において，「すべての x に対して $f(-x)=f(x)$ となる」ときの $f(x)$ を偶関数，「すべての x に対して $f(-x)=-f(x)$ となる」ときの $f(x)$ を奇関数といいます．**偶関数のグラフは y 軸に関して対称であり，奇関数のグラフは原点に関して対称です．**

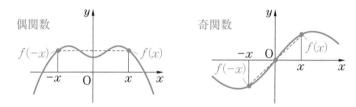

さて，積分範囲が「$-a$ から a まで」である場合を考えてみましょう．そのとき，次が成り立ちます．

 偶関数・奇関数と定積分

$f(x)$ が偶関数であれば

$$\int_{-a}^{a} f(x)\,dx = 2\int_{0}^{a} f(x)\,dx \quad \text{右半分の2倍}$$

$f(x)$ が奇関数であれば

$$\int_{-a}^{a} f(x)\,dx = 0 \quad \begin{array}{l}\text{左右が相殺して}\\ \text{0になる}\end{array}$$

この関係は，定積分の値を「$y=f(x)$ のグラフと x 軸および $x=-a$ と $x=a$ で囲まれた部分の面積」と考えれば，下図よりすぐに理解できます．「面積」には符号がついていて，グラフが x 軸より上にあれば正の面積，下にあれば負の面積として出てくることに注意してください．

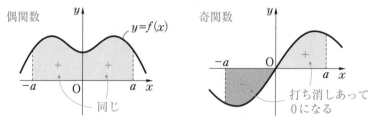

次の定積分の値を求めよ.

(1) $\displaystyle\int_{-\frac{\pi}{4}}^{\frac{\pi}{4}} \cos x\,dx$　　(2) $\displaystyle\int_{-1}^{1} (e^x - e^{-x})\,dx$　　(3) $\displaystyle\int_{-\frac{\pi}{3}}^{\frac{\pi}{3}} (1+\sin x)^2\,dx$

精　講　関数の「対称性」をうまく利用して計算を簡単に行ってみましょう. うまくやれば不定積分すら求めることなく計算が終わる場合もあります.

::::::::::::::::::::: 解　答 :::::::::::::::::::::

(1) $\cos(-x) = \cos x$ より, $\cos x$ は偶関数である. よって

$$\int_{-\frac{\pi}{4}}^{\frac{\pi}{4}} \underset{\text{偶}}{\cos x}\,dx = 2\int_{0}^{\frac{\pi}{4}} \underset{\text{偶}}{\cos x}\,dx \quad \text{半分だけ積分して 2 倍}$$

$$= 2[\sin x]_{0}^{\frac{\pi}{4}} = 2\left(\frac{1}{\sqrt{2}} - 0\right) = \sqrt{2}$$

(2) $e^{-x} - e^{-(-x)} = e^{-x} - e^{x} = -(e^x - e^{-x})$　より, $\boxed{e^x - e^{-x}}$ は奇関数である.

$$\int_{-1}^{1} \underset{\text{奇}}{(e^x - e^{-x})}\,dx = 0 \quad \text{相殺して 0 になる}$$

(3) $\displaystyle\int_{-\frac{\pi}{3}}^{\frac{\pi}{3}} (1+\sin x)^2\,dx = \int_{-\frac{\pi}{3}}^{\frac{\pi}{3}} (1 + 2\sin x + \sin^2 x)\,dx$

1 と $\sin^2 x$ は偶関数, $\boxed{\sin x}$ は奇関数である. $\boxed{\sin(-x) = -\sin x}$

$$\text{与式} = \int_{-\frac{\pi}{3}}^{\frac{\pi}{3}} \underset{\text{偶}}{(1+\sin^2 x)}\,dx + 2\int_{-\frac{\pi}{3}}^{\frac{\pi}{3}} \underset{\text{奇}}{\sin x}\,dx \quad \text{偶関数と奇関数に分離する}$$

$$= 2\int_{0}^{\frac{\pi}{3}} \underset{\text{偶}}{(1+\sin^2 x)}\,dx + 0 \quad \text{相殺して 0}$$

$$\quad \text{半分だけ積分して 2 倍}$$

$$= 2\int_{0}^{\frac{\pi}{3}} \left(1 + \frac{1-\cos 2x}{2}\right) dx$$

$$= 2\int_{0}^{\frac{\pi}{3}} \left(\frac{3}{2} - \frac{1}{2}\cos 2x\right) dx = 2\left[\frac{3}{2}x - \frac{1}{4}\sin 2x\right]_{0}^{\frac{\pi}{3}}$$

$$= 2\left\{\left(\frac{\pi}{2} - \frac{1}{4}\sin\frac{2}{3}\pi\right) - (0-0)\right\} = \pi - \frac{\sqrt{3}}{4}$$

練習問題 18

次の定積分の値を求めよ.

(1) $\displaystyle\int_1^2 x\sqrt{x-1}\,dx$ (2) $\displaystyle\int_0^{\frac{\pi}{2}}\frac{\sin x}{1+\cos x}\,dx$ (3) $\displaystyle\int_0^{\sqrt{2}} x\log(x^2+1)\,dx$

精講 定積分の「置換積分」を練習しましょう. 基本的な部分は不定積分と同じですが, 定積分の場合は**積分範囲も置き換えをしなければいけない**ことに注意してください.

解 答

x について解く

(1) $t=\sqrt{x-1}$ とおくと, $x=t^2+1$ より

$\dfrac{dx}{dt}=2t$ すなわち $dx=2t\,dt$

x	$1 \longrightarrow 2$
t	$0 \longrightarrow 1$

積分範囲を置き換える

$\displaystyle\int_1^2 x\sqrt{x-1}\,dx$

① 積分範囲
② 関数
③ 積分記号

この3つの置き換えを意識するとよい

$=\displaystyle\int_0^1 (t^2+1)\,t\cdot 2t\,dt=\int_0^1 (2t^4+2t^2)\,dt$

$=\left[\dfrac{2}{5}t^5+\dfrac{2}{3}t^3\right]_0^1=\dfrac{2}{5}+\dfrac{2}{3}=\dfrac{\mathbf{16}}{\mathbf{15}}$

(2) $t=\cos x$ とおくと

$\dfrac{dt}{dx}=-\sin x$

すなわち $\sin x\,dx=-dt$

x	$0 \longrightarrow \dfrac{\pi}{2}$
t	$1 \longrightarrow 0$

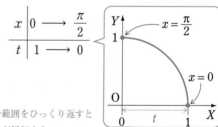

$\displaystyle\int_0^{\frac{\pi}{2}}\frac{1}{1+\cos x}\sin x\,dx$

積分範囲をひっくり返すと符号が反転する

$=\displaystyle\int_1^0\frac{1}{1+t}(-1)\,dt=-\int_1^0\frac{1}{1+t}\,dt=\int_0^1\frac{1}{1+t}\,dt$

$=[\log|1+t|]_0^1=\log 2-\log 1=\mathbf{\log 2}$

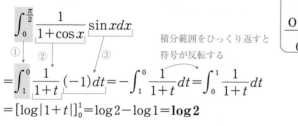

(3)　$t=x^2+1$ とおく.

$$\frac{dt}{dx}=2x \text{ すなわち } xdx=\frac{1}{2}dt$$

x	$0 \longrightarrow \sqrt{2}$
t	$1 \longrightarrow 3$

$$\int_0^{\sqrt{2}} \log(x^2+1)\cdot xdx$$

①　②　③

$$=\int_1^3 \log t\cdot\frac{1}{2}dt=\frac{1}{2}\int_1^3 \log tdt$$

$$=\frac{1}{2}\Bigl[t\log t-t\Bigr]_1^3$$

練習問題 14 より
$$\int \log tdt=t\log t-t+C$$

$$=\frac{1}{2}\{(3\log 3-3)-(\log 1-1)\}$$

$$=\frac{1}{2}(3\log 3-2)$$

コ メ ン ト

(2), (3)は「合成関数の痕跡がある」パターンですから，置換せずに直接定積分することもできます.

(2)　与式 $=-\int_0^{\frac{\pi}{2}}\frac{(1+\cos x)'}{1+\cos x}dx$

$$=\Bigl[-\log|1+\cos x|\Bigr]_0^{\frac{\pi}{2}}=-\log 1+\log 2=\log 2$$

(3)　与式 $=\frac{1}{2}\int_0^{\sqrt{2}}(x^2+1)'\log(x^2+1)dx$

$\int \log tdt$
$=t\log t-t+C$

$$=\frac{1}{2}\Bigl[(x^2+1)\log(x^2+1)-(x^2+1)\Bigr]_0^{\sqrt{2}}$$

$$=\frac{1}{2}\{(3\log 3-3)-(-1)\}=\frac{1}{2}(3\log 3-2)$$

第6章

特殊な置換積分

次の定積分を求めてみましょう.

$$\int_0^1 \sqrt{1-x^2}\,dx$$

どこかで見たことのあるような形に思えるのですが, $t=1-x^2$ や $t=\sqrt{1-x^2}$ という置換積分をしてもうまくいきません. 意外かもしれませんが, ここでは

$$x=\sin\theta$$

という置換をします.「なぜここで三角関数が？」という疑問はあるでしょうが, とりあえず計算を進めてみます.

$\dfrac{dx}{d\theta}=\cos\theta$ すなわち $dx=\cos\theta d\theta$

であり, 積分範囲は $0\leqq x\leqq 1$ に

対応する θ として $0\leqq\theta\leqq\dfrac{\pi}{2}$ が

とれます.

x	$0 \to 1$
θ	$0 \to \dfrac{\pi}{2}$

$\underset{\sin\theta=0}{\uparrow}$ $\underset{\sin\theta=1}{\uparrow}$

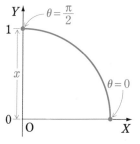

以上より,

$$\int_0^1 \sqrt{1-x^2}\,dx=\int_0^{\frac{\pi}{2}}\sqrt{1-\sin^2\theta}\,\cos\theta d\theta$$

$$=\int_0^{\frac{\pi}{2}}\cos^2\theta d\theta$$

半角公式

$$=\int_0^{\frac{\pi}{2}}\frac{1+\cos2\theta}{2}d\theta$$

> $0\leqq\theta\leqq\dfrac{\pi}{2}$ において,
> $\cos\theta\geqq 0$ であるから
> $\sqrt{1-\sin^2\theta}=\sqrt{\cos^2\theta}=\cos\theta$

$$=\frac{1}{2}\left[\theta+\frac{1}{2}\sin2\theta\right]_0^{\frac{\pi}{2}}=\frac{1}{2}\left\{\left(\frac{\pi}{2}+\frac{1}{2}\sin\pi\right)-\left(0+\frac{1}{2}\sin0\right)\right\}=\frac{\pi}{4}$$

です. とてもきれいに, 三角関数の定積分に帰着できましたね. タネを明かすと

$$y=\sqrt{1-x^2}\iff x^2+y^2=1,\ y\geqq 0$$

より, $y=\sqrt{1-x^2}$ のグラフは**原点を中心とする単位円の上半分**となり, 定積分の値は右図の四分円の面積に他なりません. 円がからんでいることを考えれば,「三角関数」による置換がうまくいくことも, 何となく納得できます.

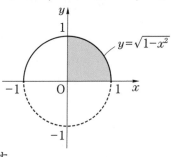

もう1つ，面白い置換積分の例を見てみましょう．

$$\int_0^1 \frac{1}{x^2+1}dx$$

こちらも，何でもない分数関数の定積分に思えるのですが，普通のやり方ではどうやってもうまくいきません．ここでも，三角関数がカギとなるのです．

という置換を考えます．

$$\frac{dx}{d\theta}=\frac{1}{\cos^2\theta} \quad \text{すなわち} \quad dx=\frac{1}{\cos^2\theta}d\theta$$

であり，積分範囲は $0\leqq x\leqq 1$ に対応する θ として，$0\leqq\theta\leqq\frac{\pi}{4}$ がとれます．

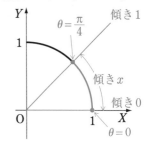

x	0	$\to$	1
θ	0	$\to$	$\frac{\pi}{4}$

以上により，

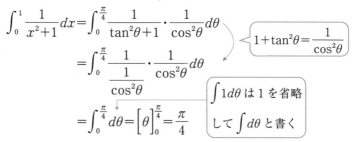

$$\int_0^1 \frac{1}{x^2+1}dx=\int_0^{\frac{\pi}{4}} \frac{1}{\tan^2\theta+1}\cdot\frac{1}{\cos^2\theta}d\theta$$

$$=\int_0^{\frac{\pi}{4}} \frac{1}{\frac{1}{\cos^2\theta}}\cdot\frac{1}{\cos^2\theta}d\theta$$

$$1+\tan^2\theta=\frac{1}{\cos^2\theta}$$

$$=\int_0^{\frac{\pi}{4}} d\theta=\Big[\theta\Big]_0^{\frac{\pi}{4}}=\frac{\pi}{4}$$

$\int 1d\theta$ は1を省略して $\int d\theta$ と書く

です．これまた，ちょっと怖いくらい，トントン拍子に計算が進んでしまいました．

ちなみに，p172 でも見たように，$y=\frac{1}{x^2+1}$ のグラフは右図のようになり，定積分は図の網掛け部分の面積です．先ほどと違って円はからんでいないので，なぜ三角関数による置換がうまくいくのかと問われても，残念ながら「うまくいくから」としか答えられません．

ここで見たように，$\sqrt{a^2-x^2}$ や a^2+x^2 が式の中に登場した場合に，$x=a\sin\theta$ や $x=a\tan\theta$ という置換をすると積分がうまくいくケースがあります．どのような場合にうまくいくのかは，とにかく「経験」で覚えていくことにしましょう．

第6章

練習問題 19

次の定積分の値を求めよ.

(1) $\displaystyle\int_{\frac{1}{2}}^{\frac{1}{\sqrt{2}}} \sqrt{1-x^2}\,dx$　　(2) $\displaystyle\int_{-1}^{\sqrt{2}} \frac{1}{\sqrt{4-x^2}}\,dx$　　(3) $\displaystyle\int_{0}^{1} \frac{1}{x^2+3}\,dx$

精 講　三角関数による置換が有効な例です. 式の中に $\sqrt{a^2-x^2}$ があれば $x=a\sin\theta$, a^2+x^2 があれば $x=a\tan\theta$ という置換を考えてみましょう.

:::::::::::: 解　答 ::::::::::::

(1)　$x=\sin\theta$ と置換する.

$$\frac{dx}{d\theta}=\cos\theta$$

すなわち $dx=\cos\theta\,d\theta$

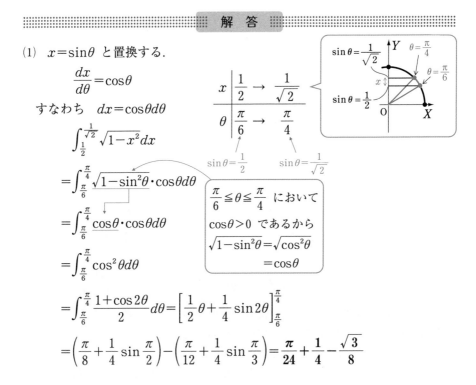

x	$\dfrac{1}{2}$	$\to$	$\dfrac{1}{\sqrt{2}}$
θ	$\dfrac{\pi}{6}$	$\to$	$\dfrac{\pi}{4}$

$\sin\theta=\dfrac{1}{2}$　　　$\sin\theta=\dfrac{1}{\sqrt{2}}$

$$\int_{\frac{1}{2}}^{\frac{1}{\sqrt{2}}} \sqrt{1-x^2}\,dx$$

$$=\int_{\frac{\pi}{6}}^{\frac{\pi}{4}} \sqrt{1-\sin^2\theta}\cdot\cos\theta\,d\theta$$

$$=\int_{\frac{\pi}{6}}^{\frac{\pi}{4}} \cos\theta\cdot\cos\theta\,d\theta$$

$\dfrac{\pi}{6}\leqq\theta\leqq\dfrac{\pi}{4}$ において
$\cos\theta>0$ であるから
$\sqrt{1-\sin^2\theta}=\sqrt{\cos^2\theta}$
$\qquad\qquad =\cos\theta$

$$=\int_{\frac{\pi}{6}}^{\frac{\pi}{4}} \cos^2\theta\,d\theta$$

$$=\int_{\frac{\pi}{6}}^{\frac{\pi}{4}} \frac{1+\cos2\theta}{2}\,d\theta=\left[\frac{1}{2}\theta+\frac{1}{4}\sin2\theta\right]_{\frac{\pi}{6}}^{\frac{\pi}{4}}$$

$$=\left(\frac{\pi}{8}+\frac{1}{4}\sin\frac{\pi}{2}\right)-\left(\frac{\pi}{12}+\frac{1}{4}\sin\frac{\pi}{3}\right)=\boldsymbol{\frac{\pi}{24}}+\boldsymbol{\frac{1}{4}}-\boldsymbol{\frac{\sqrt{3}}{8}}$$

💬 コメント

$y=\sqrt{1-x^2}$ は単位円 $x^2+y^2=1$ の $y\geqq0$ の部分なので，求める定積分は右図の面積です．

図形的に求めると

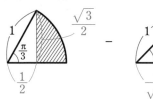 −

$$=\left(\frac{\pi}{6}-\frac{1}{2}\cdot\frac{1}{2}\cdot\frac{\sqrt{3}}{2}\right)-\left(\frac{\pi}{8}-\frac{1}{2}\cdot\frac{1}{\sqrt{2}}\cdot\frac{1}{\sqrt{2}}\right)=\frac{\pi}{24}-\frac{\sqrt{3}}{8}+\frac{1}{4}$$

📐 注意

x の積分範囲 $\dfrac{1}{2}\longrightarrow\dfrac{1}{\sqrt{2}}$ を

θ の積分範囲 $\dfrac{\pi}{6}\longrightarrow\dfrac{\pi}{4}$ に

置き換えましたが，これは必ずしもこうである必要はなく，例えば右図からわかるように

ここに対応させてもよい

$\dfrac{5}{6}\pi\longrightarrow\dfrac{3}{4}\pi$ としてもかまいません．ただし，この場合は $\cos\theta<0$ となるので，根号をはずすとき

$$\sqrt{1-\sin^2\theta}=\sqrt{\cos^2\theta}=-\cos\theta$$

一般に
$$\sqrt{A^2}=\begin{cases}A & (A\geqq0 \text{ のとき})\\-A & (A<0 \text{ のとき})\end{cases}$$

となることに注意が必要です．

(2) $x=2\sin\theta$ と置換する．

$$\frac{dx}{d\theta}=2\cos\theta$$

すなわち $dx=2\cos\theta d\theta$

x	-1	$\rightarrow$	$\sqrt{2}$
θ	$-\dfrac{\pi}{6}$	$\rightarrow$	$\dfrac{\pi}{4}$

$\sin\theta=-\dfrac{1}{2}$　　$\sin\theta=\dfrac{\sqrt{2}}{2}$

$$\int_{-1}^{\sqrt{2}} \frac{1}{\sqrt{4-x^2}}\,dx = \int_{-\frac{\pi}{6}}^{\frac{\pi}{4}} \frac{1}{\sqrt{4-4\sin^2\theta}}\cdot 2\cos\theta\,d\theta$$

$-\dfrac{\pi}{6}\leqq\theta\leqq\dfrac{\pi}{4}$ において

$\cos\theta>0$ なので

$\sqrt{4(1-\sin^2\theta)}$

$=\sqrt{4\cos^2\theta}$

$=2\cos\theta$

$$= \int_{-\frac{\pi}{6}}^{\frac{\pi}{4}} \frac{1}{2\cos\theta}\cdot 2\cos\theta\,d\theta$$

$\displaystyle\int 1\,d\theta$ は 1 を省略

して $\displaystyle\int d\theta$ と書く

$$= \int_{-\frac{\pi}{6}}^{\frac{\pi}{4}} d\theta = \Big[\theta\Big]_{-\frac{\pi}{6}}^{\frac{\pi}{4}}$$

$$= \frac{\pi}{4}-\left(-\frac{\pi}{6}\right)=\frac{5}{12}\pi$$

(3) $x=\sqrt{3}\,\tan\theta$ と置換する.

$$\frac{dx}{d\theta}=\sqrt{3}\,\frac{1}{\cos^2\theta}$$

すなわち $dx=\dfrac{\sqrt{3}}{\cos^2\theta}\,d\theta$

x	0	→	1
θ	0	→	$\dfrac{\pi}{6}$

$\tan\theta=0$ $\tan\theta=\dfrac{1}{\sqrt{3}}$

$1+\tan^2\theta=\dfrac{1}{\cos^2\theta}$

$$\int_0^1 \frac{1}{x^2+3}\,dx = \int_0^{\frac{\pi}{6}} \frac{1}{3\tan^2\theta+3}\cdot\frac{\sqrt{3}}{\cos^2\theta}\,d\theta$$

$$= \int_0^{\frac{\pi}{6}} \frac{1}{3(1+\tan^2\theta)}\cdot\frac{\sqrt{3}}{\cos^2\theta}\,d\theta = \int_0^{\frac{\pi}{6}} \frac{1}{3\dfrac{1}{\cos^2\theta}}\cdot\frac{\sqrt{3}}{\cos^2\theta}\,d\theta$$

$$= \frac{\sqrt{3}}{3}\int_0^{\frac{\pi}{6}} d\theta = \frac{\sqrt{3}}{3}\big[\theta\big]_0^{\frac{\pi}{6}} = \frac{\sqrt{3}}{18}\pi$$

練習問題 20

次の定積分の値を求めよ.

(1) $\displaystyle\int_0^1 xe^{-x}dx$ 　　　 (2) $\displaystyle\int_0^{\frac{\pi}{2}} x^2\sin x dx$ 　　　 (3) $\displaystyle\int_1^e \frac{\log x}{x^2}dx$

精 講 最後に,定積分による「部分積分」を練習します.

これも,基本的な部分は不定積分と同じで,それに積分範囲が加わ

るだけです.

$$\int_\alpha^\beta \{F(x)\}'g(x)dx=[F(x)g(x)]_\alpha^\beta-\int_\alpha^\beta F(x)g'(x)dx$$

解 答

(1)　—微分して簡単になる方を残す

$$\int_0^1 xe^{-x}dx=\int_0^1 x(-e^{-x})'dx$$
$$=[x(-e^{-x})]_0^1-\int_0^1 1\cdot(-e^{-x})dx$$
$$=[-xe^{-x}]_0^1+\int_0^1 e^{-x}dx$$
$$=-e^{-1}-0+[-e^{-x}]_0^1$$
$$=-e^{-1}+(-e^{-1})-(-e^0)\quad \boxed{e^0=1 \text{ に注意}}$$
$$=-\frac{1}{e}-\frac{1}{e}+1=-\frac{2}{e}+1$$

コメント

実用上は,まず不定積分を求めておいて,定積分では代入と引き算のみを

行う方が確実です.

$$\int xe^{-x}dx=\int x(-e^{-x})'dx$$
$$=x(-e^{-x})-\int(-e^{-x})dx$$
$$=-xe^{-x}-e^{-x}+C$$

まず不定積分を
求めてしまう

$$\int_0^1 xe^{-x}dx=[-xe^{-x}-e^{-x}]_0^1$$

この段階で
検算する

$$=(-e^{-1}-e^{-1})-(-e^0)$$
$$=-\frac{2}{e}+1$$

積分と代入を同時に進行すると，ミスが起こったとき，どこでミスをしたのかがわかりにくいですが，先ほどのように，① 不定積分を求める ② 代入と引き算 の2つを分離しておけば，それぞれの段階で検算ができます．

場合によっては，①のプロセスは計算用紙で行い，答案ではその結果だけを使えばよいでしょう．微分して元に戻ることさえ確かであれば，それをどのように求めたのかを説明する義務はありません．

(2) まず不定積分を求める．

微分して簡単になる方を残す

$$\int x^2 \sin x \, dx = \int x^2 (-\cos x)' \, dx$$

$$= -x^2 \cos x - \int 2x(-\cos x) \, dx$$

$$= -x^2 \cos x + 2\int x \cos x \, dx$$

$$= -x^2 \cos x + 2\int x(\sin x)' \, dx$$

$$= -x^2 \cos x + 2\Big(x\sin x - \int 1 \cdot \sin x \, dx\Big)$$

$$= -x^2 \cos x + 2x\sin x - 2\int \sin x \, dx$$

$$= -x^2 \cos x + 2x\sin x + 2\cos x + C \quad \leftarrow \text{この段階で検算する}$$

よって

$$\int_0^{\frac{\pi}{2}} x^2 \sin x \, dx = \Big[-x^2 \cos x + 2x\sin x + 2\cos x\Big]_0^{\frac{\pi}{2}}$$

$$= (0 + \pi + 0) - (0 + 0 + 2)$$

$$= \pi - 2$$

場合によっては答案はココだけでもよい

コメント

部分積分を，p232でやった「素朴」な方法で行えばこうなります．

$$\begin{array}{rl}
(-x^2\cos x)' = & \boxed{x^2\sin x} - 2x\cos x \\
(2x\sin x)' = & 2x\cos x + 2\sin x \\
+) \quad (2\cos x)' = & -2\sin x \\
\hline
(-x^2\cos x + 2x\sin x + 2\cos x)' = & \boxed{x^2\sin x}
\end{array}$$

手っ取り早く式を作るには，実はこの方法が一番です．

(3) まず不定積分を求める.

微分して簡単になる方を残す

$$\int \frac{\log x}{x^2}dx = \int \left(-\frac{1}{x}\right)' \log x\, dx \qquad \boxed{\left(-\frac{1}{x}\right)' = \frac{1}{x^2}}$$

$$= -\frac{1}{x}\log x - \int \left(-\frac{1}{x}\right)\cdot \frac{1}{x}\, dx$$

$$= -\frac{1}{x}\log x + \int \frac{1}{x^2}\, dx$$

$$= -\frac{1}{x}\log x - \frac{1}{x} + C = -\frac{1}{x}(\log x + 1) + C$$

よって

$$\int_1^e \frac{\log x}{x^2}dx = \left[-\frac{1}{x}(\log x + 1)\right]_1^e$$

$$= -\frac{1}{e}(1+1) + \frac{1}{1}(0+1)$$

$$= -\frac{2}{e} + 1$$

コメント

こちらも,「素朴」に不定積分を求めるとこうなります.

$$\left(-\frac{1}{x}\log x\right)' = \boxed{\frac{1}{x^2}\log x} - \frac{1}{x^2}$$

$$+)\qquad \left(-\frac{1}{x}\right)' = \qquad \frac{1}{x^2}$$

$$\overline{\left(-\frac{1}{x}\log x - \frac{1}{x}\right)' = \boxed{\frac{1}{x^2}\log x}}$$

第6章

応用問題3

0以上の整数 n について,

$$I_n = \int_0^1 x^n e^x dx$$

とする.

(1) I_0, I_1 を求めよ.

(2) I_{n+1} を I_n を用いて表せ.

(3) I_4 を求めよ.

精講 部分積分というのは,「ある積分をより単純な積分に帰着させる」というテクニックです. これは,**漸化式ととても相性がいい**です.

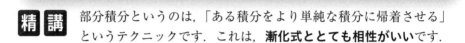
解 答

(1) $I_0 = \int_0^1 e^x dx = [e^x]_0^1 = \boxed{e-1}$

$I_1 = \int_0^1 xe^x dx$

$= \int_0^1 x(e^x)' dx$

部分積分を用いると
I_1 は I_0 に帰着できる

$= [xe^x]_0^1 - \int_0^1 1 \cdot e^x dx$

$= e - \int_0^1 e^x dx = e - (e-1) = \boxed{1}$

I_0 が出てくる

(2) $I_{n+1} = \int_0^1 x^{n+1} e^x dx$

$= \int_0^1 x^{n+1}(e^x)' dx$

$= [x^{n+1} e^x]_0^1 - \int_0^1 (n+1)x^n e^x dx$

$= e - (n+1)\int_0^1 x^n e^x dx$

$= \boldsymbol{e - (n+1)I_n}$ ← I_{n+1} が I_n に帰着できた

(3) (2)の漸化式を使えば

$I_2 = e - 2I_1 = e - 2$ ← $n=1$

$I_3 = e - 3I_2 = e - 3(e-2) = -2e + 6$ ← $n=2$

$I_4 = e - 4I_3 = e - 4(-2e+6) = \boldsymbol{9e - 24}$ ← $n=3$

練習問題 21

次の定積分を計算せよ．ただし n は正の整数であるとする．

(1) $\displaystyle\int_0^{2\pi} |\sin x|\, dx$

(2) $\displaystyle\int_0^{n\pi} |\sin x|\, dx$

精 講 $\sin x$ のような，「周期」をもつ関数の定積分は，面積に置き換えたときに「同じ形状の繰り返し」が現れます．それに気づけば，積分はとても簡単です．

░░░░░░░░░░░░░ **解 答** ░░░░░░░░░░░░░

(1) $\left|\sin(x+\pi)\right| = \left|-\sin x\right|$

$\qquad\qquad\quad = \left|\sin x\right|$

なので，$y = \left|\sin x\right|$ のグラフは π を周期として同じ形が繰り返される．

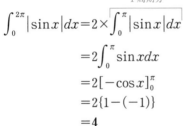

よって

$\displaystyle\int_0^{2\pi} |\sin x|\, dx = 2 \times \overbrace{\int_0^{\pi} |\sin x|\, dx}^{1\,周期分}$

$\qquad\qquad\qquad = 2\displaystyle\int_0^{\pi} \sin x\, dx$

$\qquad\qquad\qquad = 2\bigl[-\cos x\bigr]_0^{\pi}$

$\qquad\qquad\qquad = 2\{1-(-1)\}$

$\qquad\qquad\qquad = \mathbf{4}$

> $0 \leqq x \leqq \pi$ で $\sin x \geqq 0$ なので
> $|\sin x| = \sin x$

(2) 上と同様に考えれば

$\displaystyle\int_0^{n\pi} |\sin x|\, dx$

$= n \times \displaystyle\int_0^{\pi} \sin x\, dx$

$= \mathbf{2n}$

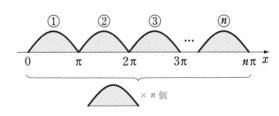

応用問題 4

次の定積分の値を求めよ.
$$\int_0^{2\pi} e^{-x}|\sin x|dx$$

精 講 p243 で練習した (指数関数)×(三角関数) の積分です. p203 で登場した減衰する曲線と x 軸とで囲まれた部分の面積が現れます.

░░░░░░░░░░░░░░░░░ **解 答** ░░░░░░░░░░░░░░░░░

$e^{-x}\sin x$ の不定積分を求める.

$I=\int e^{-x}\sin xdx$ とおくと

$I=\int (-e^{-x})'\sin xdx$

$=-e^{-x}\sin x-\int (-e^{-x})\cos xdx$

$=-e^{-x}\sin x+\int e^{-x}\cos xdx$

$=-e^{-x}\sin x+\int (-e^{-x})'\cos xdx$

$=-e^{-x}\sin x-e^{-x}\cos x-\int (-e^{-x})(-\sin x)dx$

$=-e^{-x}\sin x-e^{-x}\cos x-\int e^{-x}\sin xdx$

$=-e^{-x}(\sin x+\cos x)-I$

これを解いて

$I=-\dfrac{1}{2}e^{-x}(\sin x+\cos x)+C$

> 積分範囲を 2 つに分ける
> $0\leqq x\leqq\pi$ では $\sin x\geqq 0$
> $\pi\leqq x\leqq 2\pi$ では $\sin x\leqq 0$

与式 $=\displaystyle\int_0^{\pi} e^{-x}|\sin x|dx+\int_{\pi}^{2\pi} e^{-x}|\sin x|dx$

$=\displaystyle\int_0^{\pi} e^{-x}\sin xdx+\int_{\pi}^{2\pi} e^{-x}(-\sin x)dx$

$=\left[-\dfrac{1}{2}e^{-x}(\sin x+\cos x)\right]_0^{\pi}-\left[-\dfrac{1}{2}e^{-x}(\sin x+\cos x)\right]_{\pi}^{2\pi}$

$=\dfrac{1}{2}(e^{-\pi}+1)-\dfrac{1}{2}(-e^{-2\pi}-e^{-\pi})$

$=\dfrac{1}{2}(e^{-2\pi}+2e^{-\pi}+1)=\dfrac{1}{2}(e^{-\pi}+1)^2$

(右図)

y

$y=e^{-x}$

$y=e^{-x}|\sin x|$

O π 2π x

第7章 積分法の応用

定積分と面積

数学Ⅱですでに学習していますが，あらためて定積分と面積の関係について見ておきましょう．

✓ 定積分と面積

平面上に図形Dとx軸がある．x軸上の点$(x,\ 0)$を通り，x軸に垂直な直線でDを切断したときの切り口の長さを$l(x)$とする．この図形の $x=a$ と $x=b$ の間の面積Sは

$$S=\int_a^b l(x)\,dx$$

である．

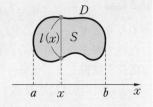

「積分すると面積が求められる」という漠然とした覚え方ではなく，「**切り口の長さを積分すると面積が求められる**」という覚え方をしておくことが大切です．後ほど見ていくように，積分した結果得られるものは，面積だけではありません．「何を積分するか」で，求められるものは変わってくるのです．

例として，$y=\sin x$ と $y=\cos x$ で囲まれた右図の部分の面積を求めてみましょう．$\dfrac{\pi}{4}\leqq x\leqq\dfrac{5\pi}{4}$ において，この図形を，点$(x,\ 0)$を通り，x軸に垂直な直線で切ったときの切り口の長さ$l(x)$は

$$l(x)=\sin x-\cos x$$

です．したがって，求める面積は，

$$\int_{\frac{\pi}{4}}^{\frac{5\pi}{4}}(\sin x-\cos x)\,dx=\Big[-\cos x-\sin x\Big]_{\frac{\pi}{4}}^{\frac{5\pi}{4}}=\left(\frac{\sqrt{2}}{2}+\frac{\sqrt{2}}{2}\right)-\left(-\frac{\sqrt{2}}{2}-\frac{\sqrt{2}}{2}\right)=2\sqrt{2}$$

練習問題 1

(1) $y=\sqrt{x}$ と $y=x$ のグラフで囲まれた部分の面積を求めよ.

(2) $y=\cos x$ と $y=\sqrt{3}\sin x$ のグラフおよび $x=0$, $x=\dfrac{\pi}{2}$ で囲まれた2つの部分の面積の和を求めよ.

(3) $y=(x-1)e^{-x}$ のグラフおよび x 軸, y 軸で囲まれた部分の面積を求めよ.

精 講 これまでの学習で,さまざまな関数の積分ができるようになりましたので,私たちが面積を求めることができる図形の種類もはるかに多くなります.

曲線で囲まれた部分の面積を求めるには,まず曲線と曲線の交点,および上下関係を把握しましょう.

あとは,「切り口の長さ」を積分することを意識して立式します.

解 答

(1) $\sqrt{x}=x$ を解く.

> 2つのグラフの交点の x 座標を求める

$x\geqq 0$ かつ $x=x^2$

> $\sqrt{x}$ の定義域

$\Longleftrightarrow x\geqq 0$ かつ $x(x-1)=0$

$\Longleftrightarrow x=0,\ 1$

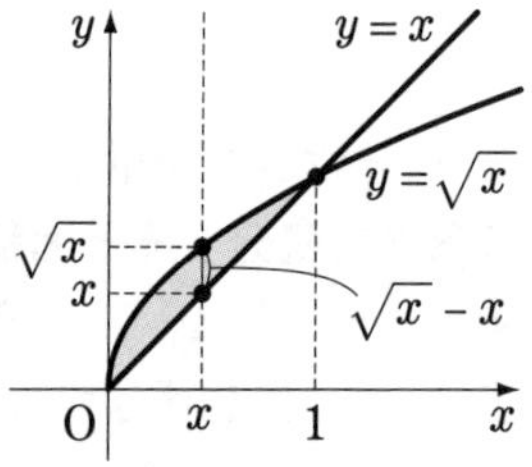

2つのグラフは右図のようになる.

$0\leqq x\leqq 1$ において,「切り口」の長さは $\sqrt{x}-x$ なので,求める面積は

$$\int_0^1(\sqrt{x}-x)\,dx=\left[\frac{2}{3}x^{\frac{3}{2}}-\frac{1}{2}x^2\right]_0^1=\frac{2}{3}-\frac{1}{2}=\frac{1}{6}$$

> 上のグラフの式から下のグラフの式を引く

> コメント

　図形を切るのは，必ずしも「x軸」に垂直である必要はなく，下図のように「y軸」に垂直に切っても構いません．

　このときは，yで積分することになります．

$$\int_0^1 (y-y^2)\,dy = \left[\frac{1}{2}y^2 - \frac{1}{3}y^3\right]_0^1$$

> 右のグラフの式
> から左のグラフ
> の式を引く

$$= \frac{1}{2} - \frac{1}{3}$$

$$= \frac{1}{6}$$

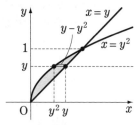

(2)　$\cos x = \sqrt{3}\sin x$ を解く．

$$\sqrt{3}\sin x - \cos x = 0,\quad 2\sin\left(x - \frac{\pi}{6}\right) = 0$$

> 三角関数の合成

$0 \leqq x \leqq \dfrac{\pi}{2}$ より　$-\dfrac{\pi}{6} \leqq x - \dfrac{\pi}{6} \leqq \dfrac{\pi}{3}$ だから

$$x - \frac{\pi}{6} = 0 \qquad x = \frac{\pi}{6}$$

　2つのグラフは右下図のようになる．

　「切り口」の長さは，

$0 \leqq x \leqq \dfrac{\pi}{6}$ において

$$\cos x - \sqrt{3}\sin x$$

> 上のグラフの式
> から下のグラフ
> の式を引く

$\dfrac{\pi}{6} \leqq x \leqq \dfrac{\pi}{2}$ において

$$\sqrt{3}\sin x - \cos x$$

であるから，求める面積は

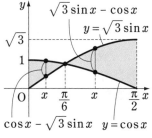

$$\int_0^{\frac{\pi}{6}} (\cos x - \sqrt{3}\sin x)\,dx + \int_{\frac{\pi}{6}}^{\frac{\pi}{2}} (\sqrt{3}\sin x - \cos x)\,dx$$

> 積分範囲を
> 2つに分割する

$$= \left[\sin x + \sqrt{3}\cos x\right]_0^{\frac{\pi}{6}} + \left[-\sqrt{3}\cos x - \sin x\right]_{\frac{\pi}{6}}^{\frac{\pi}{2}}$$

$$= \left(\frac{1}{2} + \sqrt{3}\cdot\frac{\sqrt{3}}{2}\right) - (0 + \sqrt{3}) + (0 - 1) - \left(-\sqrt{3}\cdot\frac{\sqrt{3}}{2} - \frac{1}{2}\right)$$

$$= 3 - \sqrt{3}$$

第7章

(3) $y=(x-1)e^{-x}$

$0 \leq x \leq 1$ で $y=(x-1)e^{-x} \leq 0$ であり

$y=0$ を代入すると $(x-1)e^{-x}=0$, $x=1$

$x=0$ を代入すると $y=-e^0=-1$

なので, $y=(x-1)e^{-x}$ のグラフは右図のように
なる.

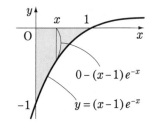

$0 \leq x \leq 1$ における切り口の長さは

$$0-(x-1)e^{-x}=-(x-1)e^{-x}$$

求める面積は

$$\int_0^1 \{-(x-1)e^{-x}\}\,dx$$

$$=\left[xe^{-x}\right]_0^1$$

$$=e^{-1}=\frac{1}{e}$$

$$\int (x-1)e^{-x}\,dx$$
$$=\int (x-1)(-e^{-x})'\,dx$$
$$=(x-1)(-e^{-x})-\int(-e^{-x})\,dx$$
$$=-(x-1)e^{-x}-e^{-x}+C$$
$$=-xe^{-x}+C$$

コメント

$y=(x-1)e^{-x}$ のグラフは, 正確にかくと右図の
ようになるのですが, 面積を求めるという目的にお
いて必要なのは, グラフと x 軸の上下関係という情
報だけで, 増減や極値といった情報は不要です.
p175 で説明したように, その問題を解くのに必要な
情報は何かを考え, それにあわせて適切な「**グラフ
の解像度**」を設定しましょう.

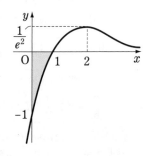

練習問題 2

　2 曲線 $y=ax^2$ と $y=\log x$ が 1 つの点を共有し，その点において共通の接線をもつ．　(1) 定数 a の値を求めよ．

(2)　これら 2 曲線と x 軸とで囲まれる部分の面積を求めよ．

精 講　一般に，$y=f(x)$ と $y=g(x)$ が $x=t$ において点を共有し，かつ共通の接線をもつ条件は

$$\begin{cases} f(t)=g(t) & \leftarrow 点を共有 \\ f'(t)=g'(t) & \leftarrow 接線の傾きが等しい \end{cases}$$

と書けます．このとき，「$y=f(x)$ と $y=g(x)$ は $x=t$ で接する」といいます．

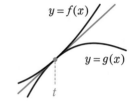

$y=f(x)$

$y=g(x)$

t

:::::::: 解　答 ::::::::

(1)　$f(x)=ax^2$，$g(x)=\log x$ とおく．$y=f(x)$ と $y=g(x)$ のグラフが $x=t$ において，点を共有し，その点において共通の接線をもつ条件は

$$f(t)=g(t) \ \text{かつ} \ f'(t)=g'(t)$$

$$at^2=\log t \ \cdots\cdots① \ \text{かつ} \ 2at=\frac{1}{t} \ \cdots\cdots②$$

②より $at^2=\dfrac{1}{2}$ なので，これを①に代入して

$$\log t=\frac{1}{2}, \quad t=e^{\frac{1}{2}}=\sqrt{e}$$

①に代入して　$ea=\dfrac{1}{2}$　　$a=\dfrac{1}{2e}$

(2)　右図の網掛け部分の面積を求める．

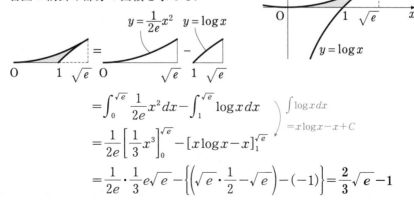

$$=\int_0^{\sqrt{e}} \frac{1}{2e}x^2\,dx - \int_1^{\sqrt{e}} \log x\,dx$$

$$=\frac{1}{2e}\left[\frac{1}{3}x^3\right]_0^{\sqrt{e}} - \left[x\log x-x\right]_1^{\sqrt{e}}$$

$$\left. \begin{array}{l} \displaystyle\int \log x\,dx \\ =x\log x-x+C \end{array} \right.$$

$$=\frac{1}{2e}\cdot\frac{1}{3}e\sqrt{e} - \left\{\left(\sqrt{e}\cdot\frac{1}{2}-\sqrt{e}\right)-(-1)\right\}=\frac{2}{3}\sqrt{e}-1$$

ココで 2 つのグラフが接する

$y=\dfrac{1}{2e}x^2$

$y=\log x$

1　$\sqrt{e}$

第7章

パラメータ曲線と面積

次のパラメータ表示で表された曲線を考えます.

$$x=\sin t,\ y=\sin 2t \quad \left(0\leqq t\leqq\frac{\pi}{2}\right)$$

増減表および曲線の概形は，下のようになります.

$$\begin{cases}\dfrac{dx}{dt}=\cos t\\[2mm]\dfrac{dy}{dt}=2\cos 2t\end{cases}$$

t	0	$\cdots$	$\dfrac{\pi}{4}$	$\cdots$	$\dfrac{\pi}{2}$
$\dfrac{dx}{dt}$		$+$	$+$	$+$	0
$\dfrac{dy}{dt}$		$+$	0	$-$	
$(x,\ y)$	$(0,\ 0)$	$\nearrow$	$\left(\dfrac{1}{\sqrt{2}},\ 1\right)$	$\searrow$	$(1,\ 0)$

この曲線と x 軸で囲まれた部分の面積を求めてみましょう．もし y が x の式で表せているのであれば，求める面積は

$$\int_0^1 y\,dx$$

となるはずです．しかし，一般にパラメータ表示の場合，t を消去して y を x の式で表すことは困難です．できれば，**変数 t のまま積分をしたい**ですね．そういうときは，**置換積分**で変数を t に置き換えてしまえばいいのです.

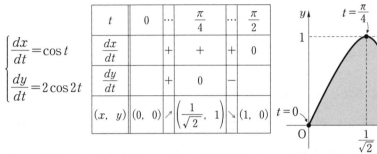

$x=\sin t$ より $\dfrac{dx}{dt}=\cos t$

x	0	$\to$	1
t	0	$\to$	$\dfrac{\pi}{2}$

ですから，

本来やりたい積分の式を書く

変数を t に置換する

$$\int_0^1 y\,dx=\int_0^{\frac{\pi}{2}} y\frac{dx}{dt}\,dt$$

$$=\int_0^{\frac{\pi}{2}}\sin 2t\cos t\,dt$$

と置換されます．あとは積和の公式を用います.

$$\boxed{\begin{array}{l}\sin\alpha\cos\beta\\=\dfrac{1}{2}\{\sin(\alpha+\beta)+\sin(\alpha-\beta)\}\end{array}}$$

$$\int_0^{\frac{\pi}{2}}\sin 2t\cos t\,dt=\int_0^{\frac{\pi}{2}}\frac{1}{2}\{\sin(2t+t)+\sin(2t-t)\}\,dt$$

$$=\frac{1}{2}\int_0^{\frac{\pi}{2}}(\sin 3t+\sin t)\,dt=\frac{1}{2}\left[-\frac{1}{3}\cos 3t-\cos t\right]_0^{\frac{\pi}{2}}$$

$$=\frac{1}{2}\left\{0-\left(-\frac{1}{3}-1\right)\right\}=\frac{2}{3}$$

練習問題3

$$x=2\cos t,\quad y=\sin t \quad \left(0\leqq t\leqq \frac{\pi}{2}\right)$$

で表される曲線と，x軸およびy軸で囲まれる部分の面積を求めよ．

精 講 まずは，曲線の概形をかきます．面積を求めるために，「**本来やりたい計算**」をかき，それをtでの積分に置換してしまいます．

パラメータ表示の場合，置換の形がすでに与えられているようなものなので，置換積分はほとんど自動的に進みます．

::::::::::::::::::::: 解 答 :::::::::::::::::::::

$$\frac{dx}{dt}=-2\sin t,\quad \frac{dy}{dt}=\cos t$$

$0\leqq t\leqq \dfrac{\pi}{2}$ における増減，および曲線の概形は，右下のようになる．

求める面積は

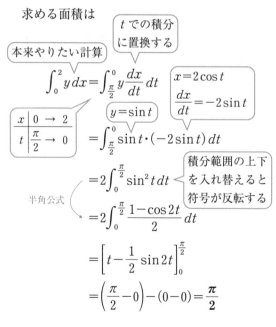

t	0	$\cdots$	$\dfrac{\pi}{2}$
$\dfrac{dx}{dt}$	0	$-$	
$\dfrac{dy}{dt}$		$+$	0
$(x,\ y)$	$(2,\ 0)$	$\searrow$	$(0,\ 1)$

本来やりたい計算

tでの積分に置換する

$x=2\cos t$ $\dfrac{dx}{dt}=-2\sin t$

$y=\sin t$

$$\int_0^2 y\,dx=\int_{\frac{\pi}{2}}^0 y\frac{dx}{dt}\,dt$$

x	$0 \to 2$
t	$\dfrac{\pi}{2} \to 0$

$$=\int_{\frac{\pi}{2}}^0 \sin t\cdot(-2\sin t)\,dt$$

積分範囲の上下を入れ替えると符号が反転する

$$=2\int_0^{\frac{\pi}{2}} \sin^2 t\,dt$$

半角公式

$$=2\int_0^{\frac{\pi}{2}} \frac{1-\cos 2t}{2}\,dt$$

$$=\left[t-\frac{1}{2}\sin 2t\right]_0^{\frac{\pi}{2}}$$

$$=\left(\frac{\pi}{2}-0\right)-(0-0)=\frac{\pi}{2}$$

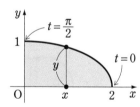

第7章

定積分によって面積が求められる理由

「微分の逆」として定義した積分がなぜ**面積と結びつくのか**. それについて
は「数学Ⅱ・B入門問題精講」でも説明していますが，大切なところなので，
もう一度ここで繰り返しておきましょう.

　右図のように，図形 D のうち「a から x までの範
囲」の面積を $S(x)$ とします. x を a から b まで動
かすと，$S(x)$ は 0 からスタートして下図のように
徐々に大きくなり，最終的に求めたい図形 D の面積
S となります. つまり， $S(a)=0$, $S(b)=S$ です.

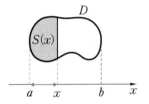

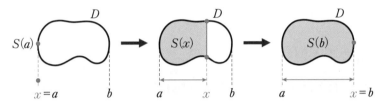

　面積 S を知りたいときに，関数 $S(x)$ という**1つ高い概念**をもってくるのが，
この話の面白いところです. これにより，「面積 S」を「**関数 $S(x)$ が変化し
た量**」ととらえる新しい視点が生まれます.

　さて，ここで「**$S(x)$ の変化率**」とは何かを考えてみましょう. x が Δx だ
け増えたときの $S(x)$ の増分を ΔS とすると

$$\Delta S = S(x+\Delta x) - S(x)$$

です. これは，下図の「青色」の部分の面積に相当します.

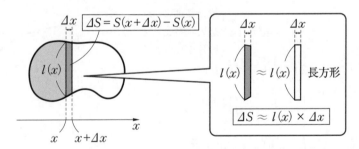

　注目してほしいのは，切り口の長さを $l(x)$ とすると，この青色の部分が，
「**高さ $l(x)$，幅 Δx の長方形**」と，とても良く似た形になる，ということです.
　その面積に注目すれば

$$\Delta S \approx l(x) \times \Delta x$$

という式が成り立ちます. さらに変形すると

$$\frac{\Delta S}{\Delta x} \approx l(x)$$

ですね．これは，面積の（平均）変化率が切り口の長さとほとんど同じであることを意味しています．

ここで，Δx を限りなく小さくしていきましょう．すると，平均変化率 $\frac{\Delta S}{\Delta x}$ は瞬間変化率 $\frac{dS}{dx}(=S'(x))$ となり，また青色の部分の面積と長方形の面積の誤差も限りなく小さくなるので，「ほとんど同じ（≈）」は「同じ（＝）」となります．つまり

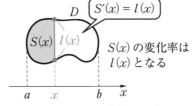

$S(x)$ の変化率は $l(x)$ となる

$$S'(x) = l(x)$$

が得られます．

「面積の変化率」は「切り口の長さ」となる

美しい関係式ですね．この式により，「$S(x)$ は $l(x)$ の不定積分（の1つ）」とわかったので

$$\int_a^b l(x)\,dx = \Big[S(x)\Big]_a^b = S(b) - S(a) = S - 0 = S$$

となり，見事に定積分が面積と結びつくことが示せました．

もちろん，これはかなり直感的な「説明」であって，厳密な「証明」とはいえませんが，高校数学の入門としては，このくらいの理解ができていれば十分です．

積分のニュアンス

上の説明をよく読めばわかると思いますが，「切り口の長さを積分すると面積となる」というのは，あくまで表面的な事象にすぎません．積分の本質とは

「小さな変化量」を足し合わせると「変化の総量」となる

ということになります．

例えば，貯金箱に毎日貯金をしていったとします．1日目は a_1 円，2日目は a_2 円，3日目は a_3 円，…と貯金をしていくと，貯金箱の中の金額は，毎日の貯金額の分だけ増えていきます．この a_1, a_2, a_3, …が，（毎日の）「**小さな変化量**」です．これを1か月（30日間）続けたとします．1か月後に貯金箱にたまっているお金の総額 S が，（1か月間の）「**変化の総量**」となります．こ

第7章

のとき

$$S = a_1 + a_2 + \cdots + a_{30} = \sum_{k=1}^{30} a_k$$

という式が成り立ちますね. **(毎日の)「小さな変化量」を足し合わせれば「変化の総量」になる**. これ自体は, 全く難しい話ではありません.

　さて, この話では1か月を「1日」という単位に切り分けてその変化量を足し算しましたが, 切り分ける単位を「1時間」「1分」「1秒」ともっと短くすることもできます. もちろんその分, 足し合わせるものも多くなっていくわけですね. これを突き詰めていけば, 最終的に, **切り分ける単位を限りなく小さくした「瞬間の変化量」を考え, それを限りなくたくさん足していく**という操作にたどり着くでしょう. かなり直感的な表現ですが, それが積分なのです.

　面積の話に戻ってみましょう. ある時点の切り口の長さが $l(x)$ であるときに, x がほんの少し(dx)だけ増加したならば, 面積は

$$\boldsymbol{l(x) \times dx}$$

だけ, 増加します. これが, いわば**「瞬間の変化量」**です. それを, $x = a$ から $x = b$ の区間で(限りなくたくさん)足し合わせていく, という操作を表現しているのが**インテグラル** $\int_a^b$ です. その結果は, 「変化の総量」, つまり図形の面積 S となります. そういう視点で, あらためて

$$S = \int_a^b l(x)\,dx$$

という式を見れば, 「積分のニュアンス」がよくわかるのではないでしょうか.

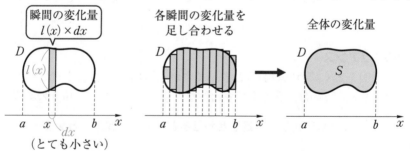

　右のように並べてみると, 和(シグマ)と積分(インテグラル)の類似性が見えます. 積分とはいわば**「和の極限」**なのです. このことは, p290の**区分求積法**を学習すると, より明確になります.

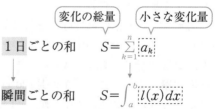

変化の総量 | 小さな変化量

1日ごとの和　$S = \sum_{k=1}^{n} a_k$

瞬間ごとの和　$S = \int_a^b l(x)\,dx$

定積分と体積

平面図形の場合,「切り口の長さ」を積分すると面積になりましたが,これが空間図形になると,「切り口の面積」を積分すると体積になります.

 定積分と体積

空間上に図形Dとx軸がある.x軸上の点$(x, 0, 0)$を通り,x軸に垂直な平面でDを切断したときの断面の面積を$S(x)$とする.この図形の $x=a$ と $x=b$ の間の体積Vは

$$V=\int_a^b S(x)\,dx$$

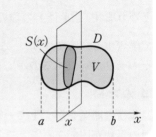

積分で面積が求められる理屈がきちんと理解できていれば,体積はその自然な拡張にすぎません.p272 と同じように,「aからxまでの範囲」の体積を$V(x)$とすれば,$V(x)$の「瞬間の変化量」が右図の柱の体積 $S(x) \times dx$ であり,それが積分によって足し合わせられることで,「**変化の総量**」,すなわち体積Vとなる,という感覚になります.

これを利用して,**半径rの球の体積**を求めてみましょう.球の中心Oを原点としてx軸をとり,x軸に垂直な平面でこの球を切断します.

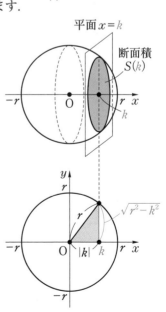

注意　切断面のx座標は,上の公式ではそのままxで表していましたが,図形の方程式を表すときにもx,y,zという文字は使うので,混同をさけるため別の文字を変数にすることも多いです.ここでは,kを使うことにしましょう.点$(k, 0, 0)$を通り,x軸に垂直な平面は,$x=k$ と表せます.

平面 $x=k$ $(-r \leqq k \leqq r)$ における断面は円になり,その半径は右図の直角三角形に注目すると$\sqrt{r^2-k^2}$ となるので,断面の面積を$S(k)$とおくと,

$$S(k)=\pi(\sqrt{r^2-k^2})^2=(r^2-k^2)\pi$$

となります．したがって，求める体積は

偶関数の性質

$$\int_{-r}^{r}S(k)dk=\int_{-r}^{r}(r^2-k^2)\pi dk=2\pi\int_{0}^{r}(r^2-k^2)dk$$

$$=2\pi\Big[r^2k-\frac{1}{3}k^3\Big]_0^r=2\pi\Big(r^3-\frac{1}{3}r^3\Big)=\frac{4}{3}\pi r^3$$

となります．「半径 r の球の体積が $\dfrac{4}{3}\pi r^3$ である」という事実自体は，中学校で学習する内容ですが，「なぜそうなるのか」は，そのときには教わりません．そのナゾが解決するのが，まさに今この瞬間なのです．

コメント

　体積の問題を解く上で一番難しいのは，**断面積 $S(k)$ を求める部分**です．断面の形状が円であることを見抜いたり，その円の半径が何かを求めたりするには，ある程度の空間の把握力が必要になってきます．そのようなときに便利なのが，図形の方程式です．

　原点を中心とする半径 r の球面の方程式は

$$x^2+y^2+z^2=r^2 \quad\cdots\cdots ①$$

と表されます．この球の $x=k$ における断面を知りたければ，単に①に $x=k$ を代入すればいいのです．

$$k^2+y^2+z^2=r^2$$

　これを y と z の方程式だと思えば

$$y^2+z^2=r^2-k^2$$

です．この式は，断面を yz 平面に投影したときの図形を表しており，式の形から，それは半径 $\sqrt{r^2-k^2}$ の円であることがすぐにわかりますね．

　求めたい情報が，ただ式を変形するだけで自動的に導かれたことに注目してください．式は，空間図形の把握を苦手とする人にとって強力なツールなのです．

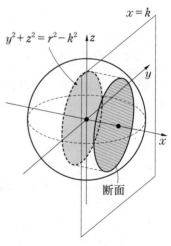

(1)　曲線 $y = \tan x$ と x 軸および $x = \dfrac{\pi}{4}$ で囲まれる部分を，x 軸のまわりに 1 回転してできる立体の体積を求めよ．

(2)　$0 \leqq x \leqq 1$ において，曲線 $y = x^2$ と曲線 $y = \sqrt{x}$ で囲まれる部分を，x 軸のまわりに 1 回転してできる立体の体積を求めよ．

(3)　曲線 $y = e^x$ と y 軸および $y = e$ で囲まれる部分を，y 軸のまわりに 1 回転してできる立体の体積を求めよ．

精講　図形をある軸のまわりに回転させたときにできる立体を，**回転体**といいます．回転体は，**回転軸に垂直な平面で切ると断面が必ず円になる**ので，回転体の体積を求めるときは，回転軸を積分の軸に選ぶのがセオリーになります．

解　答

(1)

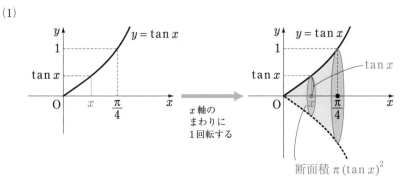

断面積 $\pi(\tan x)^2$

$0 \leqq x \leqq \dfrac{\pi}{4}$ において，$(x,\ 0,\ 0)$ を通り x 軸に垂直な平面で回転体を切る．断面は半径 $\tan x$ の円になり，その面積は $\pi(\tan x)^2$．求める体積は

$$\int_0^{\frac{\pi}{4}} \pi \tan^2 x\, dx = \pi \int_0^{\frac{\pi}{4}} \left(\frac{1}{\cos^2 x} - 1 \right) dx = \pi \Big[\tan x - x \Big]_0^{\frac{\pi}{4}} = \pi \left(1 - \frac{\pi}{4} \right)$$

$$1 + \tan^2 x = \frac{1}{\cos^2 x}$$

(2)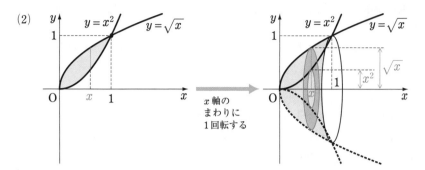

　上のグラフより，$0 \leqq x \leqq 1$ において，$\sqrt{x} \geqq x^2$ である．(1)と同様に回転体を切ると，その断面は半径 $\sqrt{x}$ の円から半径 x^2 の円を除いた右図のようなドーナツ形の図形になる．

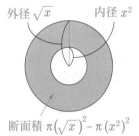

その面積は

$$\pi(\sqrt{x})^2 - \pi(x^2)^2 = \pi(x - x^4)$$

求める体積は

$$\int_0^1 \pi(x - x^4)\,dx = \pi\left[\frac{1}{2}x^2 - \frac{1}{5}x^5\right]_0^1 = \pi\left(\frac{1}{2} - \frac{1}{5}\right)$$

$$= \frac{3}{10}\pi$$

(3) $y = e^x \iff x = \log y$

　$1 \leqq y \leqq e$ において，$(0,\ y,\ 0)$ を通り，y 軸に垂直な平面で回転体を切る．

　断面は半径 $\log y$ の円になり，その面積は

$$\pi(\log y)^2$$

求める体積は

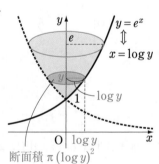

$$\int_1^e \pi(\log y)^2\,dy$$
$$= \pi\left[y(\log y)^2 - 2y\log y + 2y\right]_1^e$$
$$= \pi\{(e - 2e + 2e) - (0 - 0 + 2)\}$$
$$= \boldsymbol{\pi(e - 2)}$$

$$\int (\log y)^2\,dy = \int y'(\log y)^2\,dy$$
$$= y(\log y)^2 - \int y \cdot 2(\log y) \cdot \frac{1}{y}\,dy$$
$$= y(\log y)^2 - 2\int \log y\,dy$$
$$= y(\log y)^2 - 2(y\log y - y) + C$$
$$= y(\log y)^2 - 2y\log y + 2y + C$$

xyz 空間に，底面の半径が 1，高さが 1 の，右図のような直円柱がある．ただし，O は底円の中心，線分 AB は底円の直径である．線分 AB を含み，底面と 45° をなす平面でこの円柱を切り，2 つの立体に分けたとき，小さい方の立体を K とする．K の体積を求めよ．

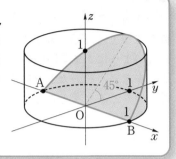

精 講 体積を求める図形が回転体でないときは，図形をどの軸に垂直に切断するかは，状況を見て判断する必要があります．なるべく断面の形状が簡単な図形になる軸をうまく選んでください．

░░░░░░░░░░░░░░░░░ 解 答 ░░░░░░░░░░░░░░░░░

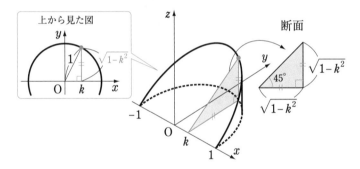

上図のように，x 軸に垂直な平面 $x=k$（$-1 \leqq k \leqq 1$）で K を切断する．

切断面には上図のように 1 辺の長さが $\sqrt{1-k^2}$ の直角二等辺三角形が現れる．その面積は

$$\frac{1}{2}(\sqrt{1-k^2})^2 = \frac{1}{2}(1-k^2)$$

なので，求める体積は

$$\int_{-1}^{1} \frac{1}{2}(1-k^2)\,dk = 2\int_{0}^{1} \frac{1}{2}(1-k^2)\,dk \quad \leftarrow \text{偶関数の性質}$$

$$= \left[k - \frac{1}{3}k^3 \right]_0^1$$

$$= 1 - \frac{1}{3} = \frac{2}{3}$$

◀ コ メ ン ト 1

　切断面の形状さえわかれば，計算自体はあっという間ですが，この切断面が
直角二等辺三角形であることに気づくこと自体に高いハードルがあります．
右図のように，まず円柱の切断面が長方形である
ことを考え，そのカドを底辺と45°の角をなす直
線で切りとると考えると，わかりやすいでしょう．

◀ コ メ ン ト 2

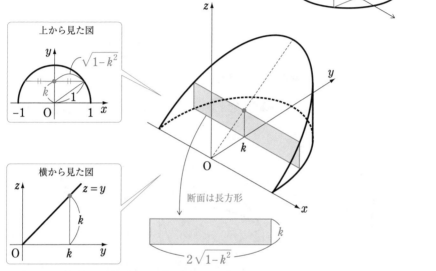

　別の軸に垂直な平面で切断することもできます．平面 $y=k$ $(0 \leqq k \leqq 1)$ で
Kを切断すると，切断面には底辺 $2\sqrt{1-k^2}$,
高さkの長方形が現れます．K の体積は

$$\int_0^1 2k\sqrt{1-k^2}\,dk = 2\int_1^0 \sqrt{t} \cdot \left(-\frac{1}{2}\right)dt$$

$$= \int_0^1 \sqrt{t}\,dt$$

$$= \left[\frac{2}{3}t^{\frac{3}{2}}\right]_0^1$$

$$= \frac{2}{3}$$

$$\left[\begin{array}{l} t=1-k^2 \text{ と置換} \\[2mm] \begin{array}{c|ccc} k & 0 & \to & 1 \\ \hline t & 1 & \to & 0 \end{array} \\[3mm] \dfrac{dt}{dk}=-2k \\[2mm] \text{すなわち} \\[2mm] k\,dk=-\dfrac{1}{2}\,dt \end{array}\right]$$

となります．結果は同じですが，計算はずいぶ
ん複雑になりましたね．体積の計算は軸の選び方で手間が全く違ってしまいま
すから，切断の方向はきちんと吟味することが大切です．

応用問題 1

xyz 空間内に，x 軸を中心軸とする半径
1 の円柱と，y 軸を中心軸とする半径 1 の
円柱がある．

2 つの円柱の共通部分の体積を求めよ．

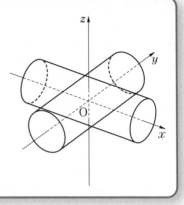

精講 体積を求める上で図形の全体像を把握する必要は全くありません．
適切な軸を選び，その軸に垂直な平面で図形を切断したときの断面
積さえ求められれば，あとは積分計算がすべてを解決してくれます．

:: 解　答 ::

1 つの円柱を平面 $z=k$（$-1 \leqq k \leqq 1$）で切断すると，下図のような短辺の
長さが $2\sqrt{1-k^2}$ の長方形が現れる．

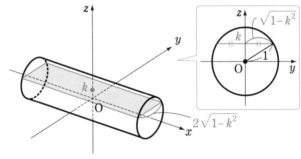

「共通部分の断面」は，2 つの円柱の「断面の
共通部分」になるので（右図），1 辺の長さが
$2\sqrt{1-k^2}$ の正方形である．その面積は
$$(2\sqrt{1-k^2})^2 = 4(1-k^2)$$
より，求める体積は

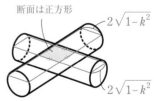
断面は正方形

$$\int_{-1}^{1} 4(1-k^2)\,dk = 2\int_{0}^{1} 4(1-k^2)\,dk = 8\left[k - \frac{1}{3}k^3\right]_{0}^{1}$$
$$= 8\left(1 - \frac{1}{3}\right) = \frac{16}{3}$$

第7章

コメント 1

これまた，わかってしまえば計算は非常にシンプルです．実際の共通部分の形状は右図のようになりますが，この像が頭に浮かばなくても，「断面」さえ把握できれば体積が求められる，というのがミソです．

コメント 2

x 軸を中心軸とする半径 1 の円柱の方程式は
$$y^2+z^2=1$$
y 軸を中心軸とする半径 1 の円柱の方程式は
$$x^2+z^2=1$$
と書けます．この式に $z=k$ を代入すると

$$y^2=1-k^2, \ x^2=1-k^2$$
$$y=\pm\sqrt{1-k^2}, \ x=\pm\sqrt{1-k^2}$$

となり，これは xy 平面上で，右図の 4 つの直線を表します．

求める断面は，この 4 つの直線で囲まれた部分ですから，1 辺の長さが $2\sqrt{1-k^2}$ の正方形であることがわかります．

　曲線 $y = \cos x$ $\left(0 \leqq x \leqq \dfrac{\pi}{2}\right)$ と，x 軸，y 軸で囲まれた部分を D とする．D を y 軸のまわりに 1 回転してできる立体の体積を求めよ．

精講　回転軸が y 軸なので，y で積分しなければならないところですが，x を y の式で表すことは難しそうです．そのときは，置換積分で x での積分にうまく切り替えてしまえばいいのです．

:::::::::: 解　答 ::::::::::

求める体積は
$$\int_0^1 \pi x^2 \, dy = \pi \int_0^1 x^2 \, dy$$

y での積分を，x での積分に置換する．

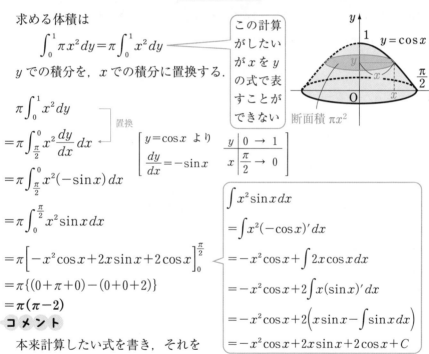

> この計算がしたいが x を y の式で表すことができない

断面積 πx^2

$$\pi \int_0^1 x^2 \, dy$$

置換

$$= \pi \int_{\frac{\pi}{2}}^0 x^2 \frac{dy}{dx} \, dx$$

$$\left[\begin{array}{l} y = \cos x \ \text{より} \\ \dfrac{dy}{dx} = -\sin x \end{array} \quad \begin{array}{c|c} y & 0 \to 1 \\ \hline x & \dfrac{\pi}{2} \to 0 \end{array}\right]$$

$$= \pi \int_{\frac{\pi}{2}}^0 x^2 (-\sin x) \, dx$$

$$= \pi \int_0^{\frac{\pi}{2}} x^2 \sin x \, dx$$

$$= \pi \left[-x^2 \cos x + 2x \sin x + 2\cos x\right]_0^{\frac{\pi}{2}}$$

$$= \pi \{(0 + \pi + 0) - (0 + 0 + 2)\}$$

$$= \pi(\pi - 2)$$

$$\int x^2 \sin x \, dx$$
$$= \int x^2 (-\cos x)' \, dx$$
$$= -x^2 \cos x + \int 2x \cos x \, dx$$
$$= -x^2 \cos x + 2\int x (\sin x)' \, dx$$
$$= -x^2 \cos x + 2\left(x \sin x - \int \sin x \, dx\right)$$
$$= -x^2 \cos x + 2x \sin x + 2\cos x + C$$

コメント

　本来計算したい式を書き，それを置換して計算できる形にもっていくという流れは，**練習問題 3** でパラメータ曲線を扱ったときと同じです．

　実際，$y = \cos x$ という曲線も，$x = t$，$y = \cos t$ $\left(0 \leqq t \leqq \dfrac{\pi}{2}\right)$ というパラメータ表示で書けば，上でやったことは
$$\pi \int_0^1 x^2 \, dy = \pi \int_{\frac{\pi}{2}}^0 x^2 \frac{dy}{dt} \, dt = \pi \int_{\frac{\pi}{2}}^0 t^2 (-\sin t) \, dt = \cdots$$
のようにパラメータ曲線と同じ処理と考えることができます．

第7章

p284〜p289 では，**第9章**で学習する「ベクトル」の知識を用います．「ベクトル」をまだ学習していない人は，とりあえず結果だけを公式として覚えて問題を解いてみましょう．

速さと道のり

x 軸上を動いている点Pを考えましょう．時刻 t における点Pの座標を $x(t)$ とすると，点Pの速度 $v(t)$ は「$x(t)$ の変化率」ですから

$$v(t) = x'(t) = \frac{dx}{dt}$$

と表すことができます．$v(t)$ は符号をもっていて，点Pが右に進んでいる場合は正，左に進んでいる場合は負になります．

いま，点Pが時刻 t_1 から t_2 の間で動くとします．$x(t)$ は $v(t)$ の不定積分の1つですので，$v(t)$ を t_1 から t_2 まで定積分した値は

$$\int_{t_1}^{t_2} v(t)dt = \Big[x(t)\Big]_{t_1}^{t_2} = x(t_2) - x(t_1) \quad \overset{}{\boxed{変位}}$$

となり，これは点Pの位置が時刻 t_1 から t_2 の間でどれだけ変化したかを表しています．これを，点Pの**変位**といいます．一方，この時刻の間で点Pが動いた長さのことを，**道のり**といいます．点Pが常に正の方向に動いているのであれば，変位と道のりは一致しますが，途中で向きが変化する場合は下図のように変位と道のりは一致しません．

道のりを求めるためには，「**速度 $v(t)$ の大きさ**」つまり $|v(t)|$ を積分すればよいことになります．$|v(t)|$ のことを，点Pの**速さ**といいます．道のりを L とすると，次の式が成り立ちます．

$$L = \int_{t_1}^{t_2} \big|v(t)\big|dt \quad \overset{}{\boxed{道のり}}$$

📐**注意**　「速度」と「速さ」は，ことばとしてよく似ていますが，速度が「向き」と「大きさ」を考えるのに対して，速さは「大きさ」だけを考えるという違いがあります．数学的にいえば，速度は**ベクトル**，速さは**スカラー**ですね．速度を時間で積分すると得られるのが変位，速さを時間で積分すると得られるのが道のりです．

コメント

　小学生のときに，いわゆる「はじきの公式」を学んだと思います．

$$（速さ）×（時間）＝（距離）$$

　この公式が成り立つのは，物体が常に一定の速さで動いているときですが，物体の速さが時間とともに変化する場合には，**これが積分の式に変わります**．p273 で説明した感覚でいえば，速さ $V(t)$ の物体がわずかな時間 dt で動く「瞬間の変化量」が $V(t)×dt$ で，これを $t=t_1$ から $t=t_2$ の間で足し合わせていったものが「変化の総量」，つまり道のり L となるわけです．

$$L=\int_{t_1}^{t_2}V(t)\,dt$$

　下図のように，横軸に時刻 t，縦軸に速さ v をとったとき，道のりは「面積」に対応します．この 2 つの図を見比べれば，この積分の式が「はじきの公式」の拡張となっていることがよくわかります．

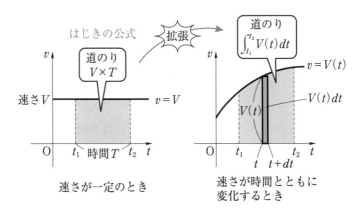

速さが一定のとき

速さが時間とともに
変化するとき

第7章

速さと弧長

パラメータ表示で表される曲線

$$C : x=x(t), \ y=y(t)$$

を考えます. p284 で解説したように, t を時
刻を表す変数とみなせば, 点 P$(x, \ y)$ が時間
とともに動いていると考えることができ, 点P
の速度ベクトルは

$$\vec{v}=(x'(t), \ y'(t))=\left(\frac{dx}{dt}, \ \frac{dy}{dt}\right)$$

と表されます.

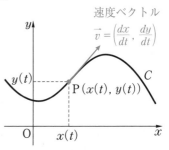

また, 点Pの速さは $\vec{v}$ の大きさなので

$$|\vec{v}|=\sqrt{\left(\frac{dx}{dt}\right)^2+\left(\frac{dy}{dt}\right)^2}$$

となりますね.

さて, 先に見た「**速さを時間で積分する
と道のりになる**」という関係は, 話が数直

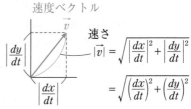

線(1次元)から平面(2次元)になったとしても同様に成り立ちます. 点Pが,
時刻 $t=t_1$ から $t=t_2$ の間に動いた道のりを L とすると,

$$L=\int_{t_1}^{t_2}|\vec{v}|dt=\int_{t_1}^{t_2}\sqrt{\left(\frac{dx}{dt}\right)^2+\left(\frac{dy}{dt}\right)^2}dt$$

と計算することができます.

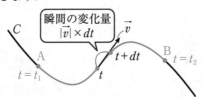

曲線Cにおいて, $t=t_1$, $t=t_2$ に対応する点をそれぞれA, Bとすれば, L
は曲線Cの弧 AB の長さと見ることができます. つまり, この式は「パラメ
ータ表示で表された曲線の弧長を求める式」と見ることができるわけです.

🖋 注意 パラメータ表示において, パラメータ t は必ずしも時間を表す変数
である必要はありません. ただ, 便宜上 t を時間を表す変数と見て, 弧長を点
Pの動く長さ(道のり)と見れば, 「**速さを時間で積分すると道のりになる**」と
いう文脈で式をとらえることができるので, 上の関係式がとても覚えやすくな
るのです.

練習問題 6

p197 で見たように，半径 1 の円が x 軸上を滑らないように 1 周するとき，円周上の点 P の描く軌跡はサイクロイド

$$x=t-\sin t,\ y=1-\cos t\quad(0\leqq t\leqq2\pi)$$

となる．この曲線の弧長を求めよ．

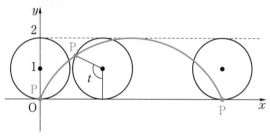

精 講 弧長を求める上で式の中の根号をどのようにはずすかがポイントになります．今回は半角公式

$$\sin^2\frac{t}{2}=\frac{1-\cos t}{2}$$

がうまく使えます.

> $\sin^2\theta=\dfrac{1-\cos 2\theta}{2}$
> の θ を $\dfrac{t}{2}$ に置き換えた

:::: 解 答 ::::

P の速度ベクトルを $\vec{v}$ とすると

$$\vec{v}=\left(\frac{dx}{dt},\ \frac{dy}{dt}\right)=(1-\cos t,\ \sin t)$$

P の速さは

$$
\begin{aligned}
|\vec{v}|&=\sqrt{(1-\cos t)^2+\sin^2 t} \quad\longleftarrow\ |\vec{v}|=\sqrt{\left(\frac{dx}{dt}\right)^2+\left(\frac{dy}{dt}\right)^2}\\
&=\sqrt{1-2\cos t+\cos^2 t+\sin^2 t}\\
&=\sqrt{2(1-\cos t)}\qquad\rfloor\ \cos^2 t+\sin^2 t=1\\
&=\sqrt{4\cdot\frac{1-\cos t}{2}}\\
&=\sqrt{4\sin^2\frac{t}{2}}\qquad\text{半角公式}\ \sin^2\frac{t}{2}=\frac{1-\cos t}{2}\\
&=2\sin\frac{t}{2}\qquad 0\leqq t\leqq2\pi\ \text{において}\ \sin\frac{t}{2}\geqq0
\end{aligned}
$$

曲線の弧長は $0 \leqq t \leqq 2\pi$ でPが進んだ道のりなので

$$\int_0^{2\pi} |\vec{v}| \, dt = \int_0^{2\pi} 2\sin\frac{t}{2} \, dt = \left[-4\cos\frac{t}{2} \right]_0^{2\pi}$$

$$= -4(\cos\pi - \cos 0)$$

$$= -4(-1-1)$$

$$= 8$$

> 「速さ」を積分すると道のりになる

コメント

サイクロイドの長さが8という整数(直径の4倍)になっているというのは驚きです.

練習問題 7

$f(x) = \dfrac{e^x + e^{-x}}{2}$ のグラフは，右図のような
曲線である．この曲線の，$-1 \leqq x \leqq 1$ の部分
の長さを求めよ.

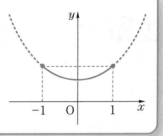

精講 $y = f(x)$ の $a \leqq x \leqq b$ の部分の弧長 L は，**x を時刻の変数と見て**，
P$(x, \ f(x))$ が $a \leqq x \leqq b$ で動く道のりと考えてしまえば，これま
での話がそのまま使えます.

Pの速度ベクトルを $\vec{v}$ として

$$\vec{v} = (1, \ f'(x)), \ |\vec{v}| = \sqrt{1 + \{f'(x)\}^2}$$

なので，

$$L = \int_a^b |\vec{v}| \, dx = \int_a^b \sqrt{1 + \{f'(x)\}^2} \, dx$$

となります.

x を時刻を表す変数と見て

$$P\left(x,\ \frac{e^x+e^{-x}}{2}\right)$$

と表す．Pの速度ベクトルを $\vec{v}$ とすると

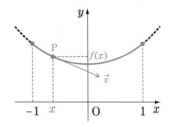

$$\vec{v}=\left(1,\ \frac{e^x-e^{-x}}{2}\right)$$

$$|\vec{v}|=\sqrt{1+\left(\frac{e^x-e^{-x}}{2}\right)^2}$$

$$=\sqrt{\left(\frac{e^x+e^{-x}}{2}\right)^2}$$

$$=\frac{e^x+e^{-x}}{2}$$

$$1+\left(\frac{e^x-e^{-x}}{2}\right)^2$$

$$=1+\frac{e^{2x}-2+e^{-2x}}{4}$$

$$=\frac{e^{2x}+2+e^{-2x}}{4}=\left(\frac{e^x+e^{-x}}{2}\right)^2$$

求める長さは，$-1\leqq x\leqq 1$ において，点Pが進んだ道のりなので

$$\int_{-1}^{1}|\vec{v}|\,dx=\int_{-1}^{1}\frac{e^x+e^{-x}}{2}\,dx$$

$$=2\int_{0}^{1}\frac{e^x+e^{-x}}{2}\,dx$$

$$=\int_{0}^{1}(e^x+e^{-x})\,dx$$

$$=\left[e^x-e^{-x}\right]_{0}^{1}$$

$$=(e-e^{-1})-(1-1)$$

$$=e-\frac{1}{e}$$

第7章

区分求積法

図 1 のように、$y=x^2$ のグラフと x 軸および $x=1$ で囲まれた部分の面積を S とします。S は、定積分を用いて

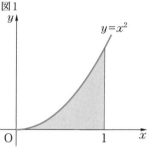

図1

$$S=\int_0^1 x^2 dx=\left[\frac{1}{3}x^3\right]_0^1=\frac{1}{3}$$

と求められることはすでに知っていますが、ここでは、この図形の面積を**全く別の発想**で求めてみたいと思います.

「長方形」の面積であれば、かけ算で求めることができるのですから、上の図形を**小さな長方形に分割する**という発想をします.

手始めに、0 から 1 の間を 3 等分し、図2 のように 3 つの長方形の帯を作ります.

帯の幅はすべて $\frac{1}{3}$ で、帯の右上のカドが $y=x^2$ 上にあるので、その高さは左から順に

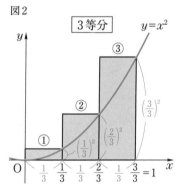

図2

$$\left(\frac{1}{3}\right)^2, \left(\frac{2}{3}\right)^2, \left(\frac{3}{3}\right)^2$$

ですね。3 つの帯をあわせた図形の面積を S_3 とすると、

$$S_3=\frac{1}{3}\cdot\left(\frac{1}{3}\right)^2+\frac{1}{3}\cdot\left(\frac{2}{3}\right)^2+\frac{1}{3}\cdot\left(\frac{3}{3}\right)^2$$

$$=\frac{1}{27}(1^2+2^2+3^2)=\frac{14}{27}$$

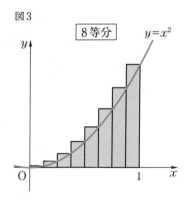

図3

となります。これは、求めたい図形の面積に「近い」ものになるはずですが、図からわかるように帯は $y=x^2$ の上側にはみ出しているので、まだまだ誤差が大きいですね。しかし、**分割の数をさらに細かくしていけば「はみ出し」部分も小さくなり、その誤差はどんどん小さくなっていく**と考えられます。図 3 は、上と同様の考え方で区間を 8 等分して帯を並べたものです

が，先ほどよりもずっと目的とする図形の形状に近づいていることがわかります．

これは，デジタルカメラの画素数が大きくなればなるほど，境界線のギザギザがとれて滑らかになっていくことによく似ています．

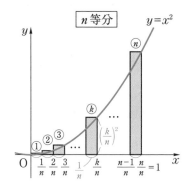

ここから先は，一般的に考えましょう．0から1の間を n 等分すると，帯の幅はすべて $\dfrac{1}{n}$ で，帯の高さは左から順に

$$\left(\frac{1}{n}\right)^2, \ \left(\frac{2}{n}\right)^2, \ \cdots, \ \left(\frac{n}{n}\right)^2$$

となります．n 個の帯をあわせた図形の面積を S_n とすると

$$S_n = \frac{1}{n}\left(\frac{1}{n}\right)^2 + \frac{1}{n}\left(\frac{2}{n}\right)^2 + \cdots + \frac{1}{n}\left(\frac{n}{n}\right)^2$$

です．これは，シグマ記号を使えば

$$S_n = \sum_{k=1}^{n} \frac{1}{n}\left(\frac{k}{n}\right)^2 = \frac{1}{n^3}\sum_{k=1}^{n} k^2$$

と簡潔に表すことができます．この計算を進めると

$$S_n = \frac{1}{n^3} \cdot \frac{1}{6} n(n+1)(2n+1) = \frac{1}{6}\left(1 + \frac{1}{n}\right)\left(2 + \frac{1}{n}\right)$$

です．この n を限りなく大きくしたときの S_n の極限を求めると

$$\lim_{n \to \infty} S_n = \frac{1}{6} \cdot 1 \cdot 2 = \frac{1}{3}$$

となり，最初に定積分で求めた S の値と見事に一致します．

このように，図形を小さな長方形の帯に分割し，それらの面積の**和の極限**として図形の面積を求める方法を**区分求積法**といいます．

区分求積法を一般化してみましょう．

第7章

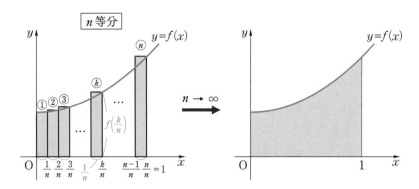

$y=f(x)$ と，x 軸および $x=0$，$x=1$ で囲まれた部分の面積 S を求めます。0 から 1 の間を n 等分するように帯を並べたとき，k 番目の帯の幅は $\dfrac{1}{n}$，高さは $f\left(\dfrac{k}{n}\right)$ ですから，n 個の帯の面積の和を S_n とすると，

$$S_n = \sum_{k=1}^{n} \frac{1}{n} f\left(\frac{k}{n}\right) = \frac{1}{n} \sum_{k=1}^{n} f\left(\frac{k}{n}\right)$$

となります。S は，S_n の n を限りなく大きくしたときの極限値ですから

$$S = \lim_{n \to \infty} S_n = \lim_{n \to \infty} \frac{1}{n} \sum_{k=1}^{n} f\left(\frac{k}{n}\right)$$

です。これが，区分求積の一般的な式となります。

さて，一方で，S は定積分を用いて

$$S = \int_0^1 f(x)\,dx$$

と求められるわけですから，次の関係式が成り立ちます。

✅ 区分求積法と定積分

$$\lim_{n \to \infty} \frac{1}{n} \sum_{k=1}^{n} f\left(\frac{k}{n}\right) = \int_0^1 f(x)\,dx$$

　一般には，左辺の極限を計算するよりも，右辺の定積分を計算するほうが簡単です．したがって，この関係式は左辺のような特別な形の極限の式があったとき，それを右辺の定積分に置き換えて計算するテクニックとして利用されます．

<blockquote>

コメント

</blockquote>

　区分求積法で $x_k = \dfrac{k}{n}$, $\dfrac{1}{n} = \varDelta x$ とすると左辺は $\displaystyle\lim_{n\to\infty}\sum_{k=1}^{n} f(x_k)\varDelta x$ と表すことができます．これが，右辺の積分記号ときれいに対応していることを見ておいてください．

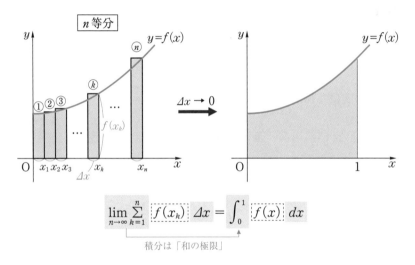

$$\lim_{n\to\infty}\sum_{k=1}^{n} f(x_k)\,\varDelta x = \int_0^1 f(x)\,dx$$

積分は「和の極限」

練習問題 8

次の極限値を求めよ.

(1) $\displaystyle\lim_{n\to\infty}\frac{1}{n^5}\sum_{k=1}^{n}k^4$ 　　　(2) $\displaystyle\lim_{n\to\infty}\sum_{k=1}^{n}\frac{1}{n^2}\sqrt{n^2-k^2}$

(3) $\displaystyle\lim_{n\to\infty}\left(\frac{1}{n+1}+\frac{1}{n+2}+\frac{1}{n+3}+\cdots+\frac{1}{n+n}\right)$

(4) $\displaystyle\lim_{n\to\infty}\frac{1}{n}\log\left(1+\frac{1}{n}\right)\left(1+\frac{2}{n}\right)\cdots\left(1+\frac{n}{n}\right)$

精 講 「和の極限」は定積分に帰着できることがあります. ポイントは

$$\lim_{n\to\infty}\frac{1}{n}\sum_{k=1}^{n}\left(\frac{k}{n}\ \text{の式}\right)$$

という形を作ろうとすることです. Σ の外に $\dfrac{1}{n}$ を出した(残した)ときに Σ の中が $\dfrac{k}{n}$ の式になればしめたものです.

::::::::::::::::::::::::::::::::::::::: 解 答 :::::::::::::::::::::::::::::::::::::::

(1) 与式$\displaystyle=\lim_{n\to\infty}\frac{1}{n}\sum_{k=1}^{n}\frac{k^4}{n^4}$ ⟨ $\dfrac{1}{n}$ を残して $\dfrac{1}{n^4}$ を Σ の中に入れる

$\displaystyle=\underbrace{\lim_{n\to\infty}\frac{1}{n}\sum_{k=1}^{n}\left(\frac{k}{n}\right)^4}_{\text{区分求積の形}}=\int_0^1 x^4\,dx=\left[\frac{1}{5}x^5\right]_0^1=\boldsymbol{\frac{1}{5}}$

$\dfrac{k}{n}$ の式になった!

(2) 与式$\displaystyle=\lim_{n\to\infty}\frac{1}{n}\sum_{k=1}^{n}\frac{\sqrt{n^2-k^2}}{n}$ ⟨ $\dfrac{1}{n}$ を Σ の外に追い出す

$\displaystyle=\underbrace{\lim_{n\to\infty}\frac{1}{n}\sum_{k=1}^{n}\sqrt{1-\left(\frac{k}{n}\right)^2}}_{\text{区分求積の形}}=\int_0^1\sqrt{1-x^2}\,dx$

$=\boldsymbol{\dfrac{\pi}{4}}$ — この面積を考える

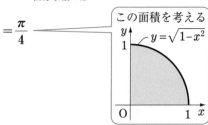

$\begin{pmatrix} x=\sin\theta\ \text{と置換しても} \\ \text{求められる. p254 参照.} \end{pmatrix}$

(3)　与式 $=\displaystyle\lim_{n\to\infty}\sum_{k=1}^{n}\dfrac{1}{n+k}$

$=\displaystyle\lim_{n\to\infty}\dfrac{1}{n}\sum_{k=1}^{n}\dfrac{n}{n+k}$ ← 無理やり $\dfrac{1}{n}$ を Σ の外に出し Σ の中を n 倍する

$=\displaystyle\lim_{n\to\infty}\dfrac{1}{n}\sum_{k=1}^{n}\dfrac{1}{1+\dfrac{k}{n}}=\int_{0}^{1}\dfrac{1}{1+x}\,dx$

区分求積の形

$\qquad\qquad\qquad\qquad=\Big[\log\big|1+x\big|\Big]_{0}^{1}=\log 2$

(4)　与式 $=\displaystyle\lim_{n\to\infty}\dfrac{1}{n}\left\{\log\Big(1+\dfrac{1}{n}\Big)+\log\Big(1+\dfrac{2}{n}\Big)+\cdots+\log\Big(1+\dfrac{n}{n}\Big)\right\}$

対数法則（積は和になる）

$=\displaystyle\lim_{n\to\infty}\dfrac{1}{n}\sum_{k=1}^{n}\log\Big(1+\dfrac{k}{n}\Big)=\int_{0}^{1}\log(1+x)\,dx$

区分求積の形

$=\displaystyle\int_{1}^{2}\log t\,dt$

$\left[\begin{array}{l} t=1+x \text{ と置換} \\ \dfrac{x\,|\,0\to1}{t\,|\,1\to2}\quad \dfrac{dt}{dx}=1 \text{ より } dx=dt \end{array}\right]$

$=\Big[t\log t-t\Big]_{1}^{2}$

$=(2\log 2-2)-(0-1)$

$=2\log 2-1$

定積分と不等式

✅ 定積分と不等式

連続な関数 $f(x)$, $g(x)$ について，$a \leqq x \leqq b$ において

$$f(x) \leqq g(x)$$

が成り立つのであれば，

$$\int_a^b f(x)dx \leqq \int_a^b g(x)dx$$

が成り立つ．

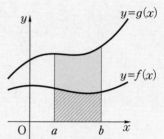

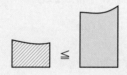

一言でいえば，「**関数の間の大小関係は定積分しても保たれる**」ということです．定積分を面積に置き換えてみれば，ほとんど明らかですね．この何でもないような定理が，実は微積分においてとても重要な役割を果たします．例えば，定積分

$$\int_0^1 e^{x^2}dx$$

を考えてみましょう．その値を求めたくても，e^{x^2} の不定積分を求めることができないので，どうやっても計算はできません．

そこで登場するのが上の定理になります．この不等式の関係を用いれば定積分の「正確な値」は無理でも「**だいたいの値**」を見積もることはできます．

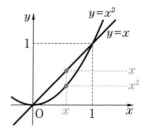

$0 \leqq x \leqq 1$ において

$$0 \leqq x^2 \leqq x$$

ですから（右図），

$$e^0 \leqq e^{x^2} \leqq e^x \quad \cdots\cdots ①$$

が成り立ちます（次ページの図）．このすべての関数を 0 から 1 まで定積分すれば，上の定理より

$$\int_0^1 e^0 dx \leqq \int_0^1 e^{x^2}dx \leqq \int_0^1 e^x dx \quad \cdots\cdots ②$$

となります. ここで,

$$(②の左辺) = \int_0^1 e^0 dx = \int_0^1 dx = \Big[x \Big]_0^1 = 1$$

$$(②の右辺) = \int_0^1 e^x dx = \Big[e^x \Big]_0^1 = e - 1$$

ですので, これを②に戻せば

$$1 \leqq \int_0^1 e^{x^2} dx \leqq e - 1 (= 1.71828\cdots)$$

となり, 定積分の値が「1 と 1.72 の間」くらいであることがわかりました. この話の最大のポイントは, ①で「積分できない関数 (e^{x^2})」を「積分できる関数(1 と e^x)」で挟んであげたところです.

ただし, この見積もりだと 0.7 程度の幅がありますから, 少し「甘すぎる」かもしれませんね. より精密な見積もりを出すためには,「積分できる関数」として, もっと e^{x^2} に近いものを見つける必要があります. 例えば, p181 で証明した

$$e^x \geqq x + 1$$

という不等式を用いてみましょう. x を x^2 に置き換えれば

$$e^{x^2} \geqq x^2 + 1$$

ですから, ここに定理を用いれば

$$\int_0^1 e^{x^2} dx \geqq \int_0^1 (x^2 + 1) dx = \Big[\frac{1}{3} x^3 + x \Big]_0^1 = \frac{4}{3} (= 1.333\cdots)$$

です. 先ほどの結果を合わせれば,「1.3 から 1.72 の間」くらいという, より精度が高い見積もりが作れました.

第7章

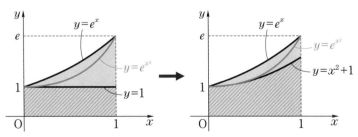

練習問題 9

(1) $0 \le x \le 1$ において
$$\frac{1}{1+x^2} \le \frac{1}{1+x^4} \le 1$$
であることを示せ.

(2) 次の不等式が成り立つことを示せ.
$$\frac{\pi}{4} \le \int_0^1 \frac{1}{1+x^4} dx \le 1$$

精 講 $\dfrac{1}{1+x^4}$ は「積分できない関数」ですが,これをうまく「積分できる関数」ではさんであげましょう.それを用いると,$\displaystyle\int_0^1 \frac{1}{1+x^4} dx$ の「**だいたいの値**」がわかります.

:::::::: 解 答 ::::::::

(1) $0 \le x \le 1$ において
$$0 \le x^4 \le x^2 \longleftarrow \boxed{\begin{array}{l} x^2 - x^4 = x^2(1-x^2) \ge 0 \\ (0 \le x \le 1 \text{ より}) \end{array}}$$

なので,全ての辺に 1 を加えると
$$1 \le 1+x^4 \le 1+x^2$$

逆数をとれば
$$\frac{1}{1+x^2} \le \frac{1}{1+x^4} \le 1 \longleftarrow \boxed{\begin{array}{l} \text{分母が大きい方が} \\ \text{値が小さい} \end{array}}$$

(2) (1)の不等式より
$$\int_0^1 \frac{1}{1+x^2} dx \le \int_0^1 \frac{1}{1+x^4} dx \le \int_0^1 dx$$

$$\int_0^1 \frac{1}{1+x^2} dx = \int_0^{\frac{\pi}{4}} \frac{1}{1+\tan^2\theta} \cdot \frac{1}{\cos^2\theta} d\theta$$
$$= \int_0^{\frac{\pi}{4}} d\theta$$
$$= \Big[\theta\Big]_0^{\frac{\pi}{4}} = \frac{\pi}{4}$$

$$\boxed{\begin{array}{l} x = \tan\theta \text{ と置換} \\ \begin{array}{c|c} x & 0 \to 1 \\ \hline \theta & 0 \to \dfrac{\pi}{4} \end{array} \quad \dfrac{dx}{d\theta} = \dfrac{1}{\cos^2\theta} \text{ より } dx = \dfrac{1}{\cos^2\theta} d\theta \end{array}}$$

$$\int_0^1 dx = \Big[x \Big]_0^1 = 1$$

より，$\dfrac{\pi}{4} \leqq \displaystyle\int_0^1 \dfrac{1}{1+x^4}\,dx \leqq 1$

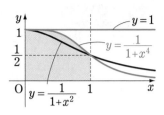

コメント

$\dfrac{\pi}{4} = 0.7853\cdots\cdots$ ですから，0.2 程度の幅で値が見積れたことになります.

コラム

　このようにおおよその値を見積もることを，数学では「**評価する**」といいます．「きっちり解く」のが「等式」の処理ならば，「おおざっぱに評価する」のは「不等式」の処理です．一見おおざっぱな「不等式」の方が，扱いが楽なように思えるかもしれませんが，それは大間違い．例えば，「等式」を用いて方程式の解が求まれば，その解に「良い」も「悪い」もありませんが，「不等式」による評価には，（相対的に見て）「良い（精密な）」ものと「悪い（甘い）」ものが存在します．ですから，評価をするときは「この問題を解くために，どこまでの精度の評価が必要か」を自分で見極め，適切な関数を見つけてくるといった洞察や経験が必要になるのです.

　深く微積分を学んでいくほど，微積分を司るのは「等式」ではなく「**不等式**」であることに気がつきます．奥深い「不等式」の処理に少しずつ慣れていってください.

第7章

練習問題 10

(1) k を 1 以上の整数とするとき

$$\int_k^{k+1} \frac{1}{x} dx \leqq \frac{1}{k}$$

であることを示せ.

(2) n を 1 以上の整数とするとき,

$$\log(n+1) \leqq 1 + \frac{1}{2} + \frac{1}{3} + \cdots + \frac{1}{n}$$

であることを示せ.

(3) 無限級数 $\sum_{n=1}^{\infty} \frac{1}{n}$ が発散することを示せ.

精 講 p68, 69 で説明した,「無限級数 $\sum_{n=1}^{\infty} \frac{1}{n}$ が発散する」という事実を ここで**ようやく証明することができます**. ここでも積分と不等式の関係が活躍 します.

解 答

(1) $y = \frac{1}{x}$ は $x > 0$ において, 単調減少なので,

$k \leqq x \leqq k+1$ において

$$\frac{1}{x} \leqq \frac{1}{k}$$

よって

$$\int_k^{k+1} \frac{1}{x} dx \leqq \int_k^{k+1} \frac{1}{k} dx$$

$$右辺 = \left[\frac{1}{k} x \right]_k^{k+1}$$

$$= \frac{1}{k} \{(k+1) - k\} = \frac{1}{k}$$

したがって

$$\int_k^{k+1} \frac{1}{x} dx \leqq \frac{1}{k}$$

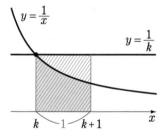

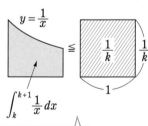

$$\int_k^{k+1} \frac{1}{x} dx$$

これは, 上図の底辺 1, 高さ $\frac{1}{k}$ の長 方形の面積と考えれば, 簡単にわかる

(2) (1)の式を，$k=1,\ 2,\ 3,\ \cdots,\ n$ について，すべて足し算すると

$$\int_1^2 \frac{1}{x}\,dx + \int_2^3 \frac{1}{x}\,dx + \cdots + \int_n^{n+1} \frac{1}{x}\,dx \leqq \frac{1}{1} + \frac{1}{2} + \cdots + \frac{1}{n}$$

連結 $\Rightarrow$ $\displaystyle\int_1^{n+1} \frac{1}{x}\,dx \leqq 1 + \frac{1}{2} + \cdots + \frac{1}{n}$ $\cdots\cdots(*)$

左辺 $= \big[\log|x|\big]_1^{n+1} = \log(n+1)$

より

$$\log(n+1) \leqq 1 + \frac{1}{2} + \cdots + \frac{1}{n}$$

コメント

（$*$）の不等式は，右図のように1つの
図にまとめるとわかりやすいです．

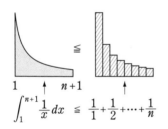

$$\int_1^{n+1} \frac{1}{x}\,dx \ \leqq\ \frac{1}{1} + \frac{1}{2} + \cdots + \frac{1}{n}$$

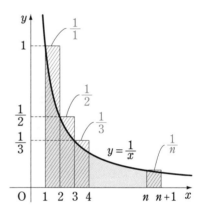

(3) 第 n 部分和を S_n とおく $\left(S_n = \dfrac{1}{1} + \dfrac{1}{2} + \cdots + \dfrac{1}{n}\right)$．

(2)より

$$\log(1+n) \leqq S_n$$

$\displaystyle\lim_{n\to\infty} \log(1+n) = \infty$ であるから，$\displaystyle\lim_{n\to\infty} S_n = \infty$

よって，無限級数は発散する．

コメント

すべての自然数 n で $a_n \leqq b_n$ が成り立ち，a_n が無限大に発散するならば，
b_n は a_n に追いたてられるように無限大に発散するという話で，直感的には明
らかですね．

「はさみうち」ならぬ「追いたて」の原理とでもいうべきものです．

微積分の基本定理

t の関数 $\sin t$ を「$\dfrac{\pi}{4}$ から $\dfrac{\pi}{2}$ まで」定積分してみましょう.

$$\int_{\frac{\pi}{4}}^{\frac{\pi}{2}} \sin t\,dt = \Big[-\cos t\Big]_{\frac{\pi}{4}}^{\frac{\pi}{2}} = 0 - \left(-\frac{1}{\sqrt{2}}\right) = \frac{1}{\sqrt{2}}$$

値を代入されることで t は消えてしまうので,結果は t によらない「定数」になります.ところで,もしこの積分範囲が「$\dfrac{\pi}{4}$ から x まで」のように,x を含むものであった場合はどうなるでしょう.それを計算した結果には,x が残るはずです.

$$\int_{\frac{\pi}{4}}^{x} \sin t\,dt = \Big[-\cos t\Big]_{\frac{\pi}{4}}^{x} = -\cos x + \frac{1}{\sqrt{2}}$$

つまり,これは x の関数となります.では次に,この関数を x で微分します.

$$\frac{d}{dx}\left(-\cos x + \frac{1}{\sqrt{2}}\right) = \sin x$$

何と,**積分する前と同じ関数が現れました**(変数は t から x に変わっていますが,関数としては同じものです).途中過程をよく観察すれば,これは不思議でもなんでもありません.

関数は積分され,(変数が x に変わって)再び微分されているだけ.要は,**「積分したものを微分したら元に戻る」**といっているだけのことです.この「当たり前」の関係は,**微積分の基本定理**と呼ばれています.

☑ 微積分の基本定理

$$\frac{d}{dx}\left\{\int_{a}^{x} f(t)\,dt\right\} = f(x)$$

一般に，証明するのも簡単です．$f(t)$ の不定積分の 1 つを $F(t)$ とすると，

$$\int_a^x f(t)dt = \Big[F(t)\Big]_a^x = F(x) - F(a)$$

ですから，これを x で微分すると，

$$\frac{d}{dx}\left\{\int_a^x f(t)dt\right\} = F'(x) = f(x)$$

となります．

コラム

　「積分」は，もともと「微分の逆演算」だったわけですから，「積分したものを微分したら元に戻る」なんてことは，初めからわかっています．「ある数に 5 をかけて 5 で割ったら元の数になる」といっているのと同じですよね．そんな当たり前のことをなぜ「基本定理」などと仰々しく呼ぶのでしょう．それは「定理」ではなく，むしろ「定義」そのもののような気がしてしまいます．

　はい，高校数学の立場では，この指摘はまさにその通りです．しかし，歴史的に見れば，実は**微分と積分は全く別のルートで発展した**ものなのです．積分の源流は，p290 で説明した「区分求積法」で，これは紀元前アルキメデスの時代からあるとても古い考え方です．それが，17 世紀にニュートンやライプニッツによって発明された微分法と出会い，お互いが逆演算の関係であることが「**発見**」されたというのが正しい順序．だからこそ，これが「定理」として重要な意味をもってくるわけですね．

　微分と積分．ずっと他人だと思っていた友が，かつて生き別れた兄弟であったことを知る．ドラマで一番盛り上がるはずの最終回の展開を，高校数学ではいきなり第一話で説明してしまいます．わかりやすさを重視すれば仕方がないこととはいえ，数学のもつ「ストーリー」を語る意味では，かなり無粋なネタバレだなぁ，といつも思ってしまいます．

　ちなみに，大学以降の数学では**区分求積によって積分を定義する**ことになります．p293 で，区分求積法の式が積分記号ときれいに対応することを説明しましたが，そもそもこれがスタートなのですから，その名残が残っているのは当たり前のことだったのですね．

練習問題 11

微分可能な関数 $f(x)$ が

$$e^x f(x) = x^2 + 2x + \int_0^x e^t f(t) dt$$

を満たしているとする.

(1) $f(0)$ を求めよ.　　(2) $f'(x)$ を求めよ.　　(3) $f(x)$ を求めよ.

精 講 関数 $f(x)$ を求める方程式なので「**関数方程式**」と呼ばれます.

$\int_a^x f(t) dt$ のように**積分範囲に x を含む式**は x の関数ですが,この関数からは次の 2 つの情報を引き出せます.

① $\displaystyle\int_a^a f(t) dt = 0$ ←a を代入したら 0 になる

② $\dfrac{d}{dx}\left\{\displaystyle\int_a^x f(t) dt\right\} = f(x)$ ←x で微分すると $f(x)$ になる

これをうまく利用して $f(x)$ を決定します.

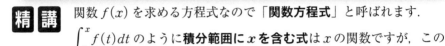

解 答

$$e^x f(x) = x^2 + 2x + \int_0^x e^t f(t) dt \quad \cdots\cdots(*)$$

(1) 両辺に $x = 0$ を代入すると

$$f(0) = \mathbf{0}$$ —— $\int_0^0 e^t f(t) dt = 0$

(2) $(*)$ の両辺を x で微分すると

$$(e^x f(x))' = 2x + 2 + e^x f(x)$$ —— $\dfrac{d}{dx}\left\{\int_0^x e^t f(t) dt\right\} = e^x f(x)$

$$e^x f(x) + e^x f'(x) = 2x + 2 + e^x f(x)$$

$$f'(x) = (2x + 2)e^{-x} = \mathbf{2(x+1)e^{-x}}$$

(3) $f(x) = \displaystyle\int 2(x+1)e^{-x} dx$ —— (2)より, $f(x)$ は $2(x+1)e^{-x}$ の不定積分の 1 つ

$$= 2\int (x+1)(-e^{-x})' dx$$

$$= 2\left\{(x+1)(-e^{-x}) + \int e^{-x} dx\right\}$$

$$= -2(x+1)e^{-x} - 2e^{-x} + C = -2(x+2)e^{-x} + C$$

$f(0) = 0$ より

$$-2 \cdot 2 \cdot 1 + C = 0, \quad C = 4$$ —— (1)の情報より, 積分定数 C の値が決まる

よって, $f(x) = \mathbf{-2(x+2)e^{-x} + 4}$

練習問題 12

次の式を満たす関数 $f(x)$ を求めよ.

$$f(x)=\cos x-4\int_0^{\frac{\pi}{3}} f(t)\sin t\,dt$$

精 講 これも関数方程式です. $\int_0^{\frac{\pi}{3}} f(t)\sin t\,dt$ は**積分範囲に x を含まな**

いので, x によらない定数になります. こういうときは, この定積分を k など

の文字でおくのがセオリーです. これで $f(x)$ の形が「仮確定」するので, 定

積分を実行できるようになり, そこから k の方程式が導けます.

解 答

$\underbrace{k=\int_0^{\frac{\pi}{3}} f(t)\sin t\,dt}$ ……① とおくと $\overbrace{\text{定数を } k \text{ とおく}}$

（x によらない定数）

$f(x)=\cos x-4k$ $\overbrace{f(x) \text{ の形が「仮確定」した}}$

$\begin{aligned}
(\text{①の右辺}) &=\int_0^{\frac{\pi}{3}} f(t)\sin t\,dt \\
&=\int_0^{\frac{\pi}{3}} (\cos t-4k)\sin t\,dt \quad \overbrace{\text{これで計算が進む}} \\
&=\int_0^{\frac{\pi}{3}} (\sin t\cos t-4k\sin t)\,dt \\
&=\int_0^{\frac{\pi}{3}} \left(\frac{\sin 2t}{2}-4k\sin t\right)dt \quad \text{半角公式} \\
&=\left[-\frac{1}{4}\cos 2t+4k\cos t\right]_0^{\frac{\pi}{3}} \\
&=\left\{-\frac{1}{4}\cdot\left(-\frac{1}{2}\right)+4k\cdot\frac{1}{2}\right\}-\left(-\frac{1}{4}+4k\right) \\
&=\frac{3}{8}-2k
\end{aligned}$

①に戻して （k の方程式ができる）

$k=\frac{3}{8}-2k,\quad 3k=\frac{3}{8},\quad k=\frac{1}{8}$

よって, $f(x)=\cos x-\dfrac{1}{2}$ $\overbrace{\text{これで } f(x) \text{ は「本確定」}}$

応用問題 3

x が $1<x<e$ を動くとき
$$f(x)=\int_0^1 \left|e^t-x\right|dt$$
が最小となるような x の値と，その最小値を求めよ.

精講 式の意味を正しく理解するのが難しい問題です.

まず，インテグラルの中に注目しましょう. t での積分なので，これは t の関数と見なければなりません. ここでは，t は変数，**x は定数**としてふるまいます.

$$\underbrace{\int_0^1 \overbrace{\left|e^t-x\right|dt}^{\text{t での積分}}}_{t \text{の関数}(x \text{は定数})}$$

ところが，いったん定積分が終わってしまえば，t は消え x だけが残るので，これは，x の関数となります. つまり，式全体として見れば，**x は変数**としてふるまいます.

$$\underbrace{\int_0^1 \left|e^t-x\right|dt}_{x \text{の関数}}$$

このように，1つの式の中で x を「定数」と見る視点と「変数」と見る視点が混在するのです. 問題を解くときは，今はどの視点で作業をしているのかを正しく見分ける必要があります.

:: **解 答** ::

x を $1<x<e$ を満たす定数と見る. e^t-x の符号は，右図より

$\quad 0\leqq t\leqq\log x$ のとき $e^t-x\leqq0$

$\quad \log x\leqq t\leqq1$ のとき $e^t-x\geqq0$

であるから

$$\left|e^t-x\right|=\begin{cases} -(e^t-x) & (0\leqq t\leqq\log x) \\ e^t-x & (\log x\leqq t\leqq1) \end{cases}$$

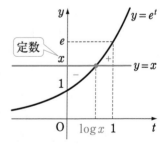

よって，

$$f(x)=\int_0^{\log x}\left|e^t-x\right|dt+\int_{\log x}^1\left|e^t-x\right|dt \quad \overset{\text{積分範囲を分割}}{}$$

$$=\int_0^{\log x}\{-(e^t-x)\}dt+\int_{\log x}^1(e^t-x)\,dt \quad \overset{\text{絶対値をはずす}}{}$$

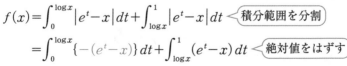

$$=-\Big[e^t-xt\Big]_0^{\log x}+\Big[e^t-xt\Big]_{\log x}^1 \quad \boxed{x\ \text{は定数!}\quad \text{に注意}}$$

$$=-(e^{\log x}-x\log x-1)+(e-x-e^{\log x}+x\log x)$$

$$=-(x-x\log x-1)+(e-x-x+x\log x)$$

$$=2x\log x-3x+e+1$$

（右注）$a^{\log_a b}=b$ より $e^{\log x}=x$

$\boxed{t\ \text{がなくなって}\ x\ \text{の式となった}}$

（以後 x を変数と見る）

$$f'(x)=2\log x+2x\cdot\frac{1}{x}-3$$

$$=2\log x-1$$

$$=2\left(\log x-\frac{1}{2}\right)$$

（右図）
- y 軸、$y=\log x$
- $\dfrac{1}{2}$
- $-$ と $+$ の符号
- O, $\sqrt{e}$, x

$1<x<e$ における $f(x)$ の増減は下表のようになる.

x	(1)	$\cdots$	$\sqrt{e}$	$\cdots$	(e)
$f'(x)$		$-$	0	$+$	
$f(x)$		$\searrow$	最小	$\nearrow$	

よって，$f(x)$ が最小となるのは $x=\sqrt{e}$ のときである.

最小値は

$$f(\sqrt{e})=2\sqrt{e}\log\sqrt{e}-3\sqrt{e}+e+1 \quad \boxed{\log\sqrt{e}=\frac{1}{2}}$$

$$=e-2\sqrt{e}+1 \quad (=(\sqrt{e}-1)^2)$$

コメント

$a\leqq t\leqq b$ において，$y=g(t)$ と $y=h(t)$ のグラフで囲まれた部分の面積は，グラフの上下関係によらず

$$\int_a^b\big|g(t)-h(t)\big|dt$$

と表すことができます.

$$f(x)=\int_0^1\big|e^t-x\big|dt$$

は，$0\leqq t\leqq 1$ において，$y=e^t$ と $y=x$ のグラフにはさまれた右図の網掛け部分の面積と見ることができます．x を $1<x<e$ で動かすと，$y=x$ のグラフが上下に平行移動して面積 $f(x)$ が変化します．その面積の最小値を求めたことになります.

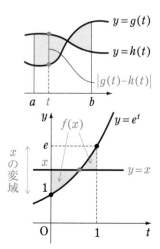

第8章　いろいろな曲線

楕円の方程式

　平らな板の2か所に釘を打ち，その釘に伸び縮みしない糸の両端をくくりつけます．そして，図のように鉛筆で糸をピンと張り，それがたるまないように動かしてみましょう．鉛筆の先が描く図形は，下図のような円を押しつぶしたような図形になります．この図形を**楕円**といいます．

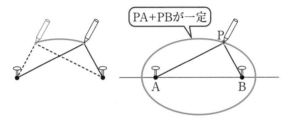

PA+PBが一定

　鉛筆の先をP，釘の位置をA，Bとすると，糸の長さPA+PBは一定です．つまり，楕円は「**2点A，Bからの距離の和が一定であるような点Pの軌跡**」ということになります．

　2点A，Bのことを楕円の**焦点**といい，2つの焦点の中点を楕円の**中心**といいます．また，下図左のように中心を通って直交する2つの軸をとったとき，線分XYを**長軸**，線分VWを**短軸**といいます．

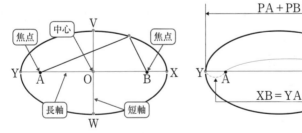

　PがXに一致したとき（上図右）を考えると

$$PA+PB=XA+XB$$
$$=XA+YA$$
$$=XY（長軸の長さ）$$

対称性より
XB=YA

ですので，（一定となる）**PA+PB**の値は楕円の長軸の長さに一致することがわかります．これは，後ほど重要になってきますので，しっかり押さえておいてください．

楕円の方程式を求めてみましょう．そのために

$$A(-c,\ 0),\ B(c,\ 0)\quad(c>0)$$

と座標を設定し

$$PA+PB=2a\quad(a>0)\quad\cdots\cdots①$$

とします．

Pの軌跡を求めるには，$P(x,\ y)$とおいて①をx，yの式で表し，それを変形していけばよいのでしたね．

$$\sqrt{(x+c)^2+y^2}+\sqrt{(x-c)^2+y^2}=2a\quad \overset{\frown}{\boxed{PA+PB=2a}}$$

$$\sqrt{(x-c)^2+y^2}=2a-\sqrt{(x+c)^2+y^2}\quad\text{移項}$$

$$\text{両辺を2乗}$$

$$(x-c)^2+y^2=4a^2-4a\sqrt{(x+c)^2+y^2}+(x+c)^2+y^2$$

$$\text{整理}$$

$$a\sqrt{(x+c)^2+y^2}=a^2+cx$$

$$\text{さらに両辺を2乗}$$

$$a^2\{(x+c)^2+y^2\}=a^4+2a^2cx+c^2x^2$$

$$\text{両辺を }a^2\text{ で割る}$$

$$(x+c)^2+y^2=a^2+2cx+\frac{c^2}{a^2}x^2$$

$$x^2+2cx+c^2+y^2=a^2+2cx+\frac{c^2}{a^2}x^2$$

$$\frac{a^2-c^2}{a^2}x^2+y^2=a^2-c^2$$

$$\text{両辺を }a^2-c^2\text{ で割る}$$

$$\frac{x^2}{a^2}+\frac{y^2}{a^2-c^2}=1\quad\cdots\cdots②$$

ここで，右図のように，点Pがy軸上にあるときを考えます．このときのPのy座標を$b(b>0)$とすると，右図の直角三角形に三平方の定理を用いて

$$b^2+c^2=a^2\quad\cdots\cdots③$$

が成り立ちます．これより，$a^2-c^2=b^2$ですから，これを②に代入すると

$$\frac{x^2}{a^2}+\frac{y^2}{b^2}=1\quad\cdots\cdots④$$

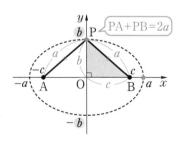

となります．これが求める楕円の方程式です．④の形が与えられれば，楕円のx切片が$(\pm a,\ 0)$，y切片が$(0,\ \pm b)$であることをすぐに読みとることができます．長軸の長さは$2a$，短軸の長さは$2b$です．①より，長軸の長さが確か

に PA+PB と一致していることを確認しておいてください. ③より,
$c=\pm\sqrt{a^2-b^2}$ なので, 焦点 A, B の座標を a, b を用いて表すと
$$\text{A}(-\sqrt{a^2-b^2},\ 0),\ \text{B}(\sqrt{a^2-b^2},\ 0)$$
となります.

以上をまとめておきましょう.

 **楕円の方程式**

$a>b>0$ のとき

$$\frac{x^2}{a^2}+\frac{y^2}{b^2}=1$$

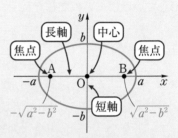

は原点を中心とし, $(\pm\sqrt{a^2-b^2},\ 0)$ を焦
点とする楕円となる. 長軸の長さは $2a$,
短軸の長さは $2b$ であり, また楕円上の点
と2つの焦点からの距離の和は $2a$(長軸の
長さ)である.

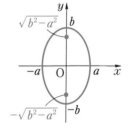

$b>a>0$ のときは, 上で説明したことの x と y, a
と b の関係が入れ替わることになります. 楕円は右図の
ように縦長となり, 焦点は y 軸上の点 $(0,\ \pm\sqrt{b^2-a^2})$
です.

また, $b=a$ のときは, この式は

$$x^2+y^2=a^2$$

ですから, 半径 a の円の方程式となり, 2つの焦点はともに原点に一致します.
このことから, 円は楕円の特別なケースととらえることができます.

練習問題 1

(1) 次の方程式で表される楕円の概形を描き，焦点の座標，および長軸，短軸の長さを求めよ．

　(i)　$2x^2+6y^2=12$

　(ii)　$9x^2+4y^2-4=0$

　(iii)　$7x^2-42x+16y^2-49=0$

(2) 2焦点 $(2,\ 0),\ (-2,\ 0)$ からの距離の和が 8 である楕円の方程式を求めよ．

精 講　式を $\dfrac{x^2}{a^2}+\dfrac{y^2}{b^2}=1$ の形に変形しましょう．$a>b$ のとき，楕円の

焦点は $(\pm\sqrt{a^2-b^2},\ 0)$ ですが，これは丸暗記しようとすると後に学習する双曲線の焦点と混同してしまう危険があります．仮に忘れたとしても，右図の直角三角形に注目しさえすれば，三平方の定理から簡単に式を導くことができる，ということをしっかり押さえておきましょう．

::::::::::::::::: 解　答 :::::::::::::::::

(1)(i)　$2x^2+6y^2=12$

　　　　両辺を 12 で割る

　　$\dfrac{x^2}{6}+\dfrac{y^2}{2}=1$

　　$\dfrac{x^2}{(\sqrt{6})^2}+\dfrac{y^2}{(\sqrt{2})^2}=1$

楕円の概形は右図のとおり．

　　$\sqrt{(\sqrt{6})^2-(\sqrt{2})^2}=\sqrt{4}=2$ より，

焦点は $(-2,\ 0),\ (2,\ 0)$

長軸の長さは $2\sqrt{6}$

短軸の長さは $2\sqrt{2}$

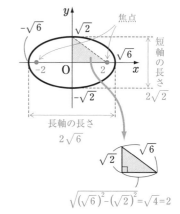

$$\sqrt{(\sqrt{6})^2-(\sqrt{2})^2}=\sqrt{4}=2$$

第8章

(ii) $9x^2+4y^2=4$

$\dfrac{9}{4}x^2+y^2=1$

$\dfrac{x^2}{\left(\dfrac{2}{3}\right)^2}+\dfrac{y^2}{1^2}=1$ ◁ $b>a$ なので 縦長の楕円になる

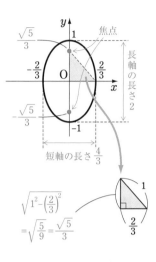

楕円の概形は右図のとおり.

$\sqrt{1^2-\left(\dfrac{2}{3}\right)^2}=\sqrt{\dfrac{5}{9}}=\dfrac{\sqrt{5}}{3}$ より,

焦点は $\left(0,\ \dfrac{\sqrt{5}}{3}\right),\ \left(0,\ -\dfrac{\sqrt{5}}{3}\right)$ ◁ 焦点は y 軸上

長軸の長さは **2**

短軸の長さは $\dfrac{4}{3}$

(iii) $7x^2-42x+16y^2-49=0$

$7(x^2-6x)+16y^2-49=0$

$7\{(x-3)^2-9\}+16y^2-49=0$ ⎱ 平方完成

$7(x-3)^2+16y^2=112$

$\dfrac{(x-3)^2}{16}+\dfrac{y^2}{7}=1$

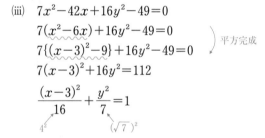

　これは,楕円 $\dfrac{x^2}{16}+\dfrac{y^2}{7}=1$ を x 軸方向に

3 平行移動した楕円である.楕円の概形は右

図のとおり.

$\sqrt{4^2-(\sqrt{7}\,)^2}=\sqrt{9}=3$ より,

焦点は **(0, 0), (6, 0)**

$\underbrace{-3+3}\quad\underbrace{3+3}$

長軸の長さは **8**

短軸の長さは $2\sqrt{7}$　※ x 切片は $(-1,\ 0),\ (7,\ 0)$,　y 切片は $\left(0,\ \pm\dfrac{7}{4}\right)$ である.

$\underbrace{-4+3}\quad\underbrace{4+3}$

$x=0$ を代入して $y^2=\dfrac{49}{16}$

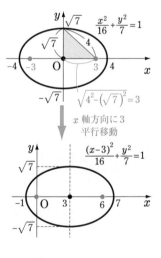

(2)　楕円の中心は焦点の中点なので $(0,\ 0)$.

　　焦点が x 軸上にあるので，楕円の方程式は

$$\frac{x^2}{a^2}+\frac{y^2}{b^2}=1 \quad (a>b>0) \quad \cdots\cdots①$$

とおける．焦点からの距離の和は $2a$

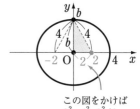

焦点からの距離の和は
長軸の長さに等しい

なので，$2a=8,\ a=4$

　　また，焦点の座標は $(\pm 2,\ 0)$ なので

$$\sqrt{4^2-b^2}=2$$
$$4^2-b^2=2^2$$
$$b^2=4^2-2^2=12,\quad b=2\sqrt{3}$$

　　これを①に代入すると，求める楕円の方程式は

$$\frac{x^2}{16}+\frac{y^2}{12}=1$$

この図をかけば
$b^2=4^2-2^2$ が
すぐにわかる

コメント

　楕円の方程式

$$\frac{x^2}{a^2}+\frac{y^2}{b^2}=1$$

は，$x^2+y^2=1$ の x を $\dfrac{x}{a}$ に，y を $\dfrac{y}{b}$ に入れ替

えたものになることに注目してください．

b 倍

a 倍

$$x^2+y^2=1 \quad \longrightarrow \quad \frac{x^2}{a^2}+\frac{y^2}{b^2}=1$$

これは，図形的には

　　　　単位円 $x^2+y^2=1$ を x 軸方向に a 倍，y 軸方向に b 倍したもの

になります．楕円は，「2定点からの距離の和が等しい点の軌跡」であると同
時に，「**円をある方向に拡大（縮小）して得られる図形**」でもあるわけです．

第8章

双曲線の方程式

　「2 定点からの距離の和が等しい点の軌跡」は，楕円になりました．では次に，「**2 定点からの距離の差が等しい点の軌跡**」がどのような図形になるかを考えてみましょう．

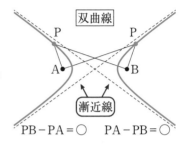

　結論を先にいえば，その軌跡は右図のように 2 本の**漸近線**をもつ 2 つの曲線となります．この曲線を**双曲線**といいます．なぜ曲線が 2 つ現れるのかというと，「A, B からの距離の差が○である点Pの軌跡」という場合，

$$\mathrm{PA-PB}=○ \quad と \quad \mathrm{PB-PA}=○$$

の **2 つのケースがあるから**です．

コメント

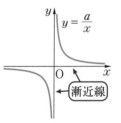

　この「双曲線」は，**第 1 章**で分数関数のグラフを学んだときに登場したのと同じものです．ただし，分数関数のグラフは漸近線が必ず直交しますが，一般の双曲線は漸近線が直交するとは限りません．分数関数のグラフは，双曲線の「特別なケース」といえるのです．

　楕円のときと同様，2 点 A, B を双曲線の**焦点**といい，2 つの焦点の中点を双曲線の**中心**といいます．また焦点を結ぶ直線と双曲線の交点（下図 X, Y）を双曲線の**頂点**といいます．

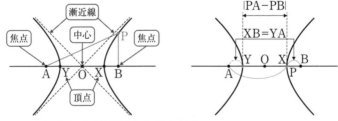

　PがXに一致したとき（上図右）を考えると

$$|\mathrm{PA-PB}|=\mathrm{XA-XB}=\mathrm{XA-YA}=\mathrm{XY}（2 頂点の距離）$$

ですので，（一定となる）**|PA−PB|の値は双曲線の 2 頂点の距離に一致する**

ことがわかります.

　双曲線の方程式を求めてみましょう.

$$A(-c,\ 0)\quad B(c,\ 0)$$

と座標を設定し，さらに

$$|PA-PB|=2a\quad (a>0)\quad\cdots\cdots①$$

とします．あとは P$(x,\ y)$ とおいて，①を $x,\ y$ の式で表し，その式を簡単にしていきます．その過程は，楕円のときとほとんど同じなので省略します．結果は次のようになります.

$$\frac{x^2}{a^2}-\frac{y^2}{c^2-a^2}=1$$

　$c^2-a^2=b^2(\cdots\cdots②)$ とおくと $(b>0)$，この式は次のようなシンプルな形になります.

$$\frac{x^2}{a^2}-\frac{y^2}{b^2}=1\quad\cdots\cdots③$$

　これが，双曲線の方程式です．楕円の方程式の「和」が「差」に変わっただけなので，とても覚えやすいですね.

　次に，漸近線について考えましょう．いま，$x>0,\ y>0$ として，③を y について解くと

$$y=\frac{b}{a}\sqrt{x^2-a^2}\quad\cdots\cdots④$$

となります．感覚としては，x がとても大きくなれば，「x^2-a^2 と x^2 はほとんど同じ値」になります.

$$\frac{b}{a}\sqrt{x^2-a^2}\approx\frac{b}{a}\sqrt{x^2}=\frac{b}{a}x$$

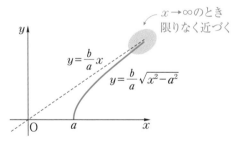

つまり，④は $y=\dfrac{b}{a}x$ という直線に近づいていくことになります.

　双曲線は，x 軸，y 軸に関して対称なのですから，2つの漸近線の方程式は

$$y=\pm\frac{b}{a}x$$

です.

　②より $c=\sqrt{a^2+b^2}$ なので，2つの焦点の座標は

$$A(-\sqrt{a^2+b^2},\ 0),\ B(\sqrt{a^2+b^2},\ 0)$$

です．以上をまとめておきましょう．

双曲線の方程式

$a>0,\ b>0$ のとき

$$\frac{x^2}{a^2}-\frac{y^2}{b^2}=1$$

は原点を中心とし，
$(\pm\sqrt{a^2+b^2},\ 0)$ を焦点とする双
曲線となる．頂点は $(\pm a,\ 0)$,
漸近線の方程式は $y=\pm\dfrac{b}{a}x$, ま
た双曲線上の点と2つの焦点から
の距離の差は $2a$（2頂点の距離）である．

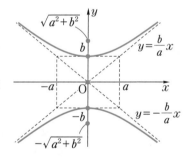

$$\frac{x^2}{a^2}-\frac{y^2}{b^2}=-1$$

のときは，上で説明したことの x と y, a と
b の関係が入れ替わることになります．
　漸近線は共通ですが，曲線は「左右」に並
ぶのではなく「上下」に並びます．頂点は
$(0,\ \pm b)$, 焦点は $(0,\ \pm\sqrt{a^2+b^2})$ です．

コメント

$\dfrac{x^2}{a^2}-\dfrac{y^2}{b^2}=\pm1$ で表される双曲線を描くときは，まず $x=\pm a,\ y=\pm b$ か

らなる**長方形を作図するのがコツ**です．この長方形の対角線を延長したものが，
漸近線となります．これを補助線として，右辺が1か-1かに応じて「左右」
もしくは「上下」に双曲線を描きます．どちらの場合も，曲線は頂点で長方形
に接し，また漸近線に限りなく近づきます．

練習問題 2

(1) 次の方程式で表される双曲線の概形を描き，焦点の座標，および漸近線の方程式を求めよ．

(i) $\dfrac{x^2}{16} - \dfrac{y^2}{9} = 1$

(ii) $3x^2 - 2y^2 = -6$

(2) 2つの焦点が $(5,\ 0)$ と $(-5,\ 0)$ で，漸近線が $y = 2x$ と $y = -2x$ であるような双曲線の方程式を求めよ．

精講 双曲線をかくときは，まず長方形から作図するといいのですが，そのとき同時に，「**原点を中心として長方形の頂点を通る円**」を想像するといいです．この円の半径は $\sqrt{a^2 + b^2}$ となるので，この円と x 軸（または y 軸）との交点が双曲線の焦点となります．

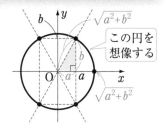

この円を想像する

:::: 解 答 ::::

(1)(i) $\dfrac{x^2}{4^2} - \dfrac{y^2}{3^2} = 1$　◁ 双曲線は「左右」

双曲線の概形は下右図のとおり．

$\sqrt{4^2 + 3^2} = 5$ より，焦点は $(-5,\ 0),\ (5,\ 0)$

漸近線の方程式は $y = \pm \dfrac{3}{4}x$

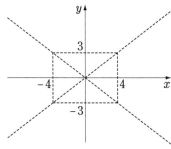

まず長方形と漸近線を作図する

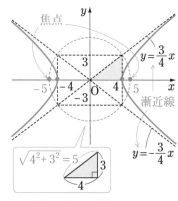

長方形と漸近線を補助線として，双曲線を「左右」にかく

(ii)　$3x^2 - 2y^2 = -6$ 〔両辺を6で割る〕

$$\underset{(\sqrt{2}\,)^2}{\dfrac{x^2}{2}} - \underset{(\sqrt{3}\,)^2}{\dfrac{y^2}{3}} = -1$$ 〔双曲線は「上下」〕

双曲線の概形は右図のとおり.

$\sqrt{(\sqrt{2}\,)^2 + (\sqrt{3}\,)^2} = \sqrt{5}$ より，焦点は

$(0,\ -\sqrt{5}\,),\ (0,\ \sqrt{5}\,)$

漸近線の方程式は

$$y = \pm\dfrac{\sqrt{3}}{\sqrt{2}}x = \pm\dfrac{\sqrt{6}}{2}x$$

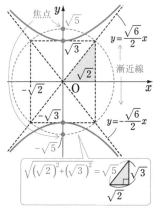

$\sqrt{(\sqrt{2}\,)^2 + (\sqrt{3}\,)^2} = \sqrt{5}$

コメント

　青の点線でかいたのは，焦点の座標を求める
ための想像上の補助円で，実際にかき込む必要はありません.

(2)　双曲線の中心は焦点の中点なので $(0,\ 0)$.

　焦点が x 軸上にあるので，求める双曲線は

$$\dfrac{x^2}{a^2} - \dfrac{y^2}{b^2} = 1 \quad (a > 0,\ b > 0)$$

とおける．焦点が $(\pm 5,\ 0)$ なので

$$\sqrt{a^2 + b^2} = 5,\ a^2 + b^2 = 25 \quad \cdots\cdots ①$$

　漸近線が $y = \pm 2x$ なので $\dfrac{b}{a} = 2,\ b = 2a \quad \cdots\cdots ②$

②を①に代入して　$a^2 + 4a^2 = 25,\ a^2 = 5,\ a = \sqrt{5}$

これを②に代入して，$b = 2\sqrt{5}$

よって，求める双曲線の方程式は　$\dfrac{x^2}{5} - \dfrac{y^2}{20} = 1$

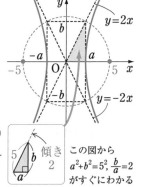

傾き2　この図から $a^2 + b^2 = 5^2,\ \dfrac{b}{a} = 2$ がすぐにわかる

放物線の方程式

放物線が $y=x^2$ のような2次関数のグラフとして現れることはよく知っていると思いますが，ここでは放物線を**図形的な性質から定義する**ことを考えてみたいと思います．

下図のように，平面上に直線 l と，その直線上にはない1点Aが与えられたとします．放物線は「**直線 l と点Aから等距離にある点Pの軌跡**」として定義することができます．

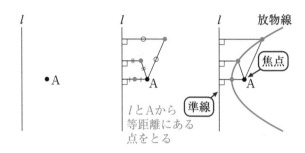

直線 l を放物線の**準線**，点Aを放物線の**焦点**といいます．

この曲線が，これまで学んできた放物線と同じものであることを，式を使って確かめてみましょう．

準線 l を $x=-p$，

焦点Aを $(p,\ 0)$ とします $(p \neq 0)$．

Pから l に下ろした垂線の足をHとすると，Pの満たすべき条件は

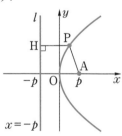

$$\mathbf{PH}=\mathbf{PA}$$

です．これを式を用いて表すと

$$\left|x-(-p)\right|=\sqrt{(x-p)^2+y^2}$$

両辺を2乗すると，

$$(x+p)^2=(x-p)^2+y^2$$

これを整理すると，

$$y^2=4px \quad \cdots\cdots\textcircled{1}$$

となります．少しわかりにくいですが，これは x に関して解けば

$$x=\frac{1}{4p}y^2$$

となり，おなじみの放物線 $y=\dfrac{1}{4p}x^2$ を $y=x$ に関して対称移動させたもの
となっています．今後，①の形を放物線の**標準形**とします．

✓ 放物線の方程式

$p\neq0$ のとき，

$$y^2=4px$$

は準線が $x=-p$，焦点が $(p,\ 0)$ であるよう
な放物線となる．この放物線の

$\quad$ 頂点は $(0,\ 0)$，放物線の軸は $y=0$

である．

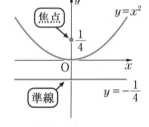

　私たちになじみのある「2次関数で表される放
物線」は，軸が y 軸に平行ですから，そこに上の
話を適用するときには，x と y を入れ替えてあげ
る必要があります．例えば，$y=x^2$ という放物
線は

$$x^2=4\cdot\frac{1}{4}y$$

と書けるので，

$$\text{準線が}\ \ y=-\frac{1}{4},\ \ \text{焦点が}\ \left(0,\ \frac{1}{4}\right)$$

です．
　それなら，最初から準線を $l:y=-p$，焦点 $A(0,\ p)$ となる放物線
$y=\dfrac{1}{4p}x^2$ を標準形とすればいいように思うかもしれませんが，後に見るよう
に，楕円，双曲線，放物線を**統一してとらえる**ときには，①の形で放物線を表
しておく方が何かと都合がいいのです．

練習問題 3

(1) 次の方程式で表される放物線の概形を描き，焦点の座標，および準線の方程式を求めよ.

　(i) $8x - y^2 = 0$　　(ii) $y = -\dfrac{1}{2}x^2$

(2) $(6, 0)$ を焦点，y 軸を準線とする放物線の方程式を求めよ.

精 講　最初はとまどうかもしれませんが，放物線を $y^2 = 4px$（または $x^2 = 4py$）と表す形に慣れていきましょう. この形から，焦点と準線がすぐにわかります.

解　答

(1)(i)　$y^2 = 8x = 4 \cdot 2x$

　　　これは，焦点 $(2, 0)$

　　　　　　　準線 $x = -2$

　　の右図の放物線である.

　(ii)　$x^2 = -2y = 4 \cdot \left(-\dfrac{1}{2}\right)y$

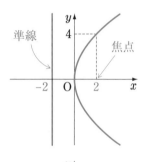

　　　これは，焦点 $\left(0, -\dfrac{1}{2}\right)$

　　　　　　準線 $y = \dfrac{1}{2}$

　　の右図の放物線である.

(2)　放物線の頂点は，$(3, 0)$ である.

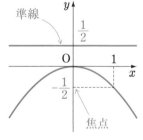

　　まず，この頂点が原点にあるとして，$(3, 0)$ を焦点，$x = -3$ を準線とする放物線を考える.

　　この方程式は

　　　　$y^2 = 4 \cdot 3x = 12x$

　　求める放物線は，これを x 軸方向に 3 平行移動したものであるから

　　　$y^2 = 12(x - 3)$　◁ x を $x-3$ に置き換える

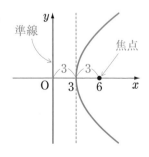

接線の方程式

楕円

$$\frac{x^2}{a^2} + \frac{y^2}{b^2} = 1 \quad \cdots\cdots ①$$

の点 $(x_0,\ y_0)$ における接線の方程式を求めてみましょう．ここで，p199 で学んだ**陰関数の微分**を使うことができます．①の両辺を x で微分すると

$$\frac{2x}{a^2} + \frac{2y}{b^2}\cdot y' = 0 \quad \text{すなわち} \quad y' = -\frac{b^2 x}{a^2 y}$$

です．$y_0 \neq 0$ のとき，点 $(x_0,\ y_0)$ における接線

の傾きは $-\dfrac{b^2 x_0}{a^2 y_0}$ ですから，接線の方程式は

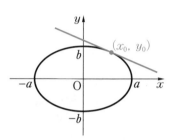

$$y - y_0 = -\frac{b^2 x_0}{a^2 y_0}(x - x_0)$$

と表せ，この両辺に $\dfrac{y_0}{b^2}$ をかけて整理すると

$$\frac{x_0 x}{a^2} + \frac{y_0 y}{b^2} = \frac{x_0{}^2}{a^2} + \frac{y_0{}^2}{b^2} \quad \cdots\cdots ②$$

となります．ここで，$(x_0,\ y_0)$ が楕円①上の点であることを思い出すと

$$\frac{x_0{}^2}{a^2} + \frac{y_0{}^2}{b^2} = 1$$

なので，②の右辺は 1 です．したがって，接線
の方程式は

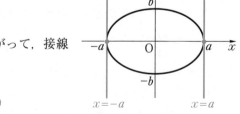

$$\frac{x_0 x}{a^2} + \frac{y_0 y}{b^2} = 1 \quad \cdots\cdots ③$$

という，とても簡単な形に書き表せます．

　ちなみに，$y_0 = 0$ のときは，$(x_0,\ y_0) = (\pm a,\ 0)$ ですから，このときの接線の方程式は，$x = \pm a$ であることがすぐにわかります．これは，③に $(x_0,\ y_0) = (\pm a,\ 0)$ を代入した結果と一致するので，③は楕円上のすべての

点に対し有効であることがわかります.

☑ 楕円の接線の方程式

楕円 $\dfrac{x^2}{a^2}+\dfrac{y^2}{b^2}=1$ の点 $(x_0,\ y_0)$ における接線

の方程式は

$$\dfrac{x_0 x}{a^2}+\dfrac{y_0 y}{b^2}=1$$

イメージ

$$\dfrac{x \cdot x}{a^2}+\dfrac{y \cdot y}{b^2}=1$$

$$\dfrac{x_0 x}{a^2}+\dfrac{y_0 y}{b^2}=1$$

この式は,楕円の式を $\dfrac{x \cdot x}{a^2}+\dfrac{y \cdot y}{b^2}=1$ と書き直し,分子の x, y を1つず

つ x_0, y_0 に置き換えたものだとイメージすると覚えやすいです.

例えば,楕円 $\dfrac{x^2}{4}+\dfrac{y^2}{6}=1$ の $(\sqrt{2},\ \sqrt{3})$ におけ

る接線の方程式は

$$\dfrac{\sqrt{2}\,x}{4}+\dfrac{\sqrt{3}\,y}{6}=1$$

すなわち

$$y=-\dfrac{\sqrt{6}}{2}x+2\sqrt{3}$$

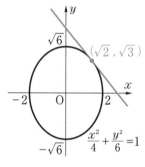

となります.

双曲線も放物線も,**全く同じ流れ**で接線の公式を導くことができます.以下
に結果だけを示しておきます.

☑ 双曲線の接線の方程式

双曲線 $\dfrac{x^2}{a^2}-\dfrac{y^2}{b^2}=\pm1$ の点 $(x_0,\ y_0)$ における

接線の方程式は

$$\dfrac{x_0 x}{a^2}-\dfrac{y_0 y}{b^2}=\pm1$$

イメージ

$$\dfrac{x \cdot x}{a^2}-\dfrac{y \cdot y}{b^2}=\pm1$$

$$\dfrac{x_0 x}{a^2}-\dfrac{y_0 y}{b^2}=\pm1$$

覚え方は，楕円の場合と全く同じですね.

例えば，双曲線 $\dfrac{x^2}{2}-y^2=1$ の $(-2,\ 1)$

における接線の方程式は

$$\dfrac{-2x}{2}-1\cdot y=1 \quad \text{すなわち} \quad y=-x-1$$

となります.

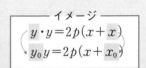

 放物線の接線の方程式

放物線 $y^2=4px$ の点 $(x_0,\ y_0)$ における接線
の方程式は
$$y_0 y=2p(x+x_0)$$

イメージ
$$y\cdot y=2p(x+x)$$
$$y_0 y=2p(x+x_0)$$

この式は，放物線の式を $y\cdot y=2p(x+x)$
と書き直し，$x,\ y$ を 1 つずつ $x_0,\ y_0$ に置き換
えたものだとイメージすると覚えやすいです.

例えば，放物線 $y^2=8x$ の $(2,\ 4)$ における
接線の方程式は

$$4y=4(x+2) \quad \text{すなわち} \quad y=x+2$$

となります.

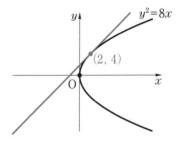

練習問題 4

点 $(4, 1)$ から楕円 $x^2+4y^2=10$ に引いた 2 本の接線の方程式を求めよ.

精 講 微分のときも説明したように,曲線外の点から曲線に引いた接線を求めるときは,まず接点を文字でおいて接線の方程式を立て,それが点を通る条件を立てる,いわゆる「**接線から点を迎えにいく**」のが定石です.

┈┈┈┈┈┈┈┈┈┈ 解 答 ┈┈┈┈┈┈┈┈┈┈

楕円 $x^2+4y^2=10$ 上の点 (a, b) における接線の方程式は,接線の公式より

$$ax+4by=10 \quad \cdots\cdots① \qquad \begin{cases} x\cdot x+4y\cdot y=10 \\ \quad\downarrow \qquad \downarrow \\ a\cdot x+4b\cdot y=10 \end{cases}$$

これが $(4, 1)$ を通るので

$$4a+4b=10 \qquad b=-a+\frac{5}{2} \quad \cdots\cdots②$$

(a, b) は楕円上の点なので

$$a^2+4b^2=10 \quad \cdots\cdots③$$

②を③に代入して

$$a^2+4\left(a^2-5a+\frac{25}{4}\right)=10$$

$$a^2-4a+3=0$$

$$(a-1)(a-3)=0$$

$$a=1,\ 3$$

それぞれを②に代入して,b を求めると

$$(a,\ b)=\left(1,\ \frac{3}{2}\right),\ \left(3,\ -\frac{1}{2}\right)$$

①に代入すると,求める接線は

$$x+6y=10,\ 3x-2y=10$$

$$y=-\frac{1}{6}x+\frac{5}{3},\ y=\frac{3}{2}x-5$$

接点 $\left(1,\ \dfrac{3}{2}\right)$ 接点 $\left(3,\ -\dfrac{1}{2}\right)$

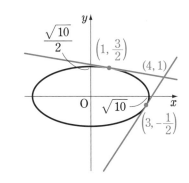

コメント

この方法は,接線と同時に接点も求まるので一石二鳥です.

練習問題 5

放物線 $C : y^2 = 12x$ がある. C の焦点を F とする.

(1) F の座標を求めよ.

(2) 原点とは異なる C 上の点 $P\left(\dfrac{t^2}{12},\ t\right)$ $(t \neq 0)$ における C の接線 l の方程式を求めよ.

(3) (2)の l と x 軸との交点を Q とするとき,$FP = FQ$ が成り立つことを示せ.

精 講 放物線の接線の公式を使ってみましょう. この問題から,放物線のもつ面白い性質が導かれます.

:::::::::::::::::::::::::::::::::::: 解 答 ::::::::::::::::::::::::::::::::::::

(1) $y^2 = 4 \cdot 3x$ より,焦点 F の座標は **(3, 0)**

(2) $y^2 = 12x$ の $\left(\dfrac{t^2}{12},\ t\right)$ における接線 l の方程式は

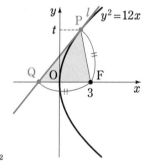

$$ty = 6\left(x + \dfrac{t^2}{12}\right) \quad \cdots\cdots① $$

接線の公式
$$y \cdot y = 6(x + x)$$
$$\downarrow$$
$$ty = 6\left(x + \dfrac{t^2}{12}\right)$$

(3) Q の x 座標は,①に $y = 0$ を代入して,$x = -\dfrac{t^2}{12}$

よって,$FQ = \left|3 - \left(-\dfrac{t^2}{12}\right)\right| = 3 + \dfrac{t^2}{12}$ ◁ $3 + \dfrac{t^2}{12} > 0$ より

また,$FP = \sqrt{\left(3 - \dfrac{t^2}{12}\right)^2 + (0 - t)^2}$

$= \sqrt{9 - \dfrac{t^2}{2} + \dfrac{t^4}{144} + t^2}$ ◁ $3 + \dfrac{t^2}{12} > 0$ より

$= \sqrt{9 + \dfrac{t^2}{2} + \dfrac{t^4}{144}} = \sqrt{\left(3 + \dfrac{t^2}{12}\right)^2} = 3 + \dfrac{t^2}{12}$

したがって,$FP = FQ$ が成り立つ.

コメント

(3)の事実より，三角形 FPQ は FP＝FQ の二等辺三角形となるので

$$\angle FPQ = \angle FQP \quad \cdots\cdots ②$$

です．ここで，P を通り x 軸に平行な直線を考えると（右図），同位角より

$$\angle FQP = \angle XPY \quad \cdots\cdots ③$$

②，③より，$\angle XPY = \angle FPQ$ が成り立ちます．

これは，放物線に（準線に対して垂直に）入射した光が放物線の面に反射すると焦点に集まる，ということを意味します（これが「焦点」という言葉の由来です）．ちなみに，放物線は英語で parabola（パラボーラ）といいます．そう，ご存知パラボラアンテナは，放物線のこの性質を活用して電波を集めているのです．

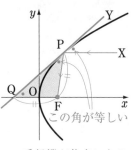
この角が等しい

受信機が焦点にある

放物線（パラボーラ）

実は，楕円にも同じような性質があります．A，B を焦点とする楕円上に点 P をとり，この楕円と点 P で接する接線 XY を引くと（下左図），点 P の位置によらず $\angle APX = \angle BPY$ が成り立つことが知られています．これにより，1 つの焦点から出た光は楕円の面に反射したあとに必ずもう 1 つの焦点に向かって進むことがわかります．

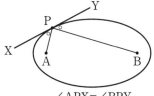
$\angle APX = \angle BPY$

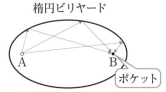
楕円ビリヤード
ポケット
1 つの焦点から打ったボールはもう 1 つの焦点に向かって進む

楕円の形状のビリヤード台を作り，焦点の 1 つにボールを置き，もう 1 つの焦点をポケットにしておけば，ボールをどの向きに打っても必ずポケットに入る，という面白い事実が成り立つのです．

第8章

練習問題 **6**

　双曲線 $C : x^2 - y^2 = 1$ の漸近線を l, l' とする．C 上の点Pにおける接線と l, l' の交点をそれぞれ Q, R とするとき，$\mathrm{OQ} \cdot \mathrm{OR}$ は一定であることを示し，その値を求めよ．

精講　**練習問題5** では，放物線上の点を1つの変数 t を用いて表しましたが，双曲線の場合は，それは難しいです．そこで，その点を (a, b) のように2つの文字でおき，その代わり，a, b の満たすべき関係式を用意する，というのが式処理のポイントになります．

::::::::: 解　答 :::::::::

双曲線 $C : x^2 - y^2 = 1$ の漸近線は
$$l : y = x \qquad l' : y = -x$$
である．点Pの座標を (a, b) とおくと，点Pは C 上の点なので

$a^2 - b^2 = 1$　……①　← a, b の満たす関係式

(a, b) における，曲線Cの接線の方程式は

$ax - by = 1$　……②

接線の公式
$$x \cdot x - y \cdot y = 1$$
$$\downarrow \qquad \downarrow$$
$$a \cdot x - b \cdot y = 1$$

②と $y = x$ から y を消去すると
$$(a - b)x = 1$$
$$x = \frac{1}{a - b}$$

P(a, b) は $y = x$ 上にはないので，$a - b \neq 0$ であることに注意

②と $y = -x$ から y を消去すると
$$(a + b)x = 1$$
$$x = \frac{1}{a + b}$$

P(a, b) は $y = -x$ 上にはないので，$a + b \neq 0$ であることに注意

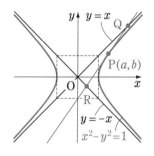

よって，$\mathrm{Q}\left(\dfrac{1}{a-b}, \dfrac{1}{a-b}\right)$, $\mathrm{R}\left(\dfrac{1}{a+b}, -\dfrac{1}{a+b}\right)$

$$\mathrm{OQ} = \sqrt{\left(\frac{1}{a-b}\right)^2 + \left(\frac{1}{a-b}\right)^2} = \sqrt{\frac{2}{(a-b)^2}} = \frac{\sqrt{2}}{|a-b|}$$

$$\mathrm{OR} = \sqrt{\left(\frac{1}{a+b}\right)^2 + \left(-\frac{1}{a+b}\right)^2} = \sqrt{\frac{2}{(a+b)^2}} = \frac{\sqrt{2}}{|a+b|}$$

$$\mathrm{OQ} \cdot \mathrm{OR} = \frac{2}{|a-b||a+b|} = \frac{2}{|a^2-b^2|} = \frac{2}{1} = 2$$

最後に a, b の関係式がいきてくる

$|\alpha||\beta| = |\alpha\beta|$　　①より

2次曲線

　ここまで，楕円，双曲線，放物線という3つの曲線を見てきましたが，これらに共通しているのは，どれも式で表したときに**x，yの2次式で表される**ということです．このような曲線を**2次曲線**といいます．一般の2次曲線は

$$Ax^2 + Bxy + Cy^2 + Dx + Ey + F = 0$$

という形をしているのですが，実はこの形で表される曲線は，これまで見てきた**楕円，双曲線，放物線**の3つに大別することができることが知られています．全く異なるように見える3つの曲線が，式の上では**統一してとらえることができる**というのは，興味深いです．

　楕円，双曲線，放物線を**統一してとらえる，もう一つの方法**があります．下図のように，2つの円錐を上下にくっつけたようなものを考えます．この円錐をある平面で切断したときの断面には，楕円，双曲線，放物線のいずれかが現れるのです．

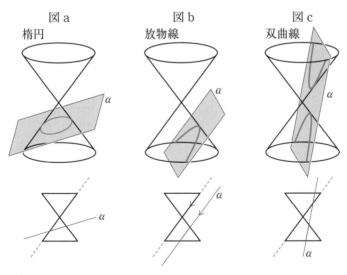

　どれが現れるかは，平面の入射角によって決まります．図aのように円錐の稜線より切断面の角度が浅い場合は楕円が，図bのように稜線と切断面が平行な場合は放物線が，図cのように稜線より切断面の角度が深い場合は双曲線が現れます．平面の入射角を少しずつ変化させたときに，楕円と双曲線の「境目」に放物線が現れてくるというのがとても面白いですね．

いま述べた性質から，2 次曲線は**円錐曲線**と呼ばれることもあります．

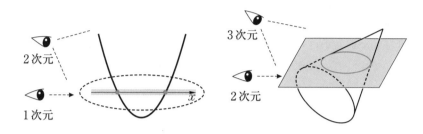

　数学 I で 2 次方程式を学習したときに，数直線上（1 次元）の点である 2 次方程式の解が，平面上（2 次元）の 2 次関数のグラフの切り口としてとらえられることを見ましたが，それと同じようにここでは，**平面上（2 次元）の曲線を空間上（3 次元）の円錐の切り口としてとらえている**わけです．1 段階高い視点に立つことで，異なるように思えたものが，実は「同じものの別の側面」を見ていたにすぎないとわかる．**このような発見**こそ，数学を学んでいて一番エキサイティングな瞬間です．

応用問題 1

$\dfrac{x^2}{4}+y^2=1$ （$y \geqq 0$）と x 軸とで囲まれる図形を D とする.

(1) D の面積を求めよ.

(2) D を x 軸のまわりに 1 回転してできる回転体の体積を求めよ.

精講 この問題で楕円のパラメータ表示を学びましょう．円 $x^2+y^2=1$ 上の点は $(\cos\theta,\ \sin\theta)$ とパラメータ表示できましたが，楕円 $\dfrac{x^2}{a^2}+\dfrac{y^2}{b^2}=1$ 上の点は $(a\cos\theta,\ b\sin\theta)$ とパラメータ表示できます.

░░░░░░░░░░░░░░░░░░░░░ 解 答 ░░░░░░░░░░░░░░░░░░░░░

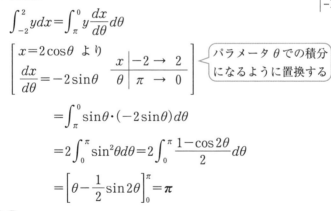

楕円 $\dfrac{x^2}{2^2}+y^2=1$ （$y \geqq 0$）は

$\quad x=2\cos\theta,\ y=\sin\theta\quad(0 \leqq \theta \leqq \pi)$

とパラメータ表示できる.

(1) D の面積は

$$\int_{-2}^{2} y\,dx = \int_{\pi}^{0} y\dfrac{dx}{d\theta}d\theta$$

$$\left[\begin{array}{l} x=2\cos\theta \text{ より} \\ \dfrac{dx}{d\theta}=-2\sin\theta \end{array}\quad \begin{array}{c|ccc} x & -2 & \to & 2 \\ \hline \theta & \pi & \to & 0 \end{array}\right] \triangleleft \boxed{\begin{array}{l}\text{パラメータ }\theta\text{ での積分}\\ \text{になるように置換する}\end{array}}$$

$$=\int_{\pi}^{0}\sin\theta\cdot(-2\sin\theta)\,d\theta$$

$$=2\int_{0}^{\pi}\sin^2\theta\,d\theta=2\int_{0}^{\pi}\dfrac{1-\cos 2\theta}{2}\,d\theta$$

$$=\left[\theta-\dfrac{1}{2}\sin 2\theta\right]_{0}^{\pi}=\boldsymbol{\pi}$$

🔷 コメント

実は，p271 **練習問題 3** に登場したパラメータ表示は，これと同じものです.

(2)　回転体の体積は

$$\int_{-2}^{2}\pi y^2 dx = \int_{-2}^{2}\pi\left(1-\frac{x^2}{4}\right)dx$$

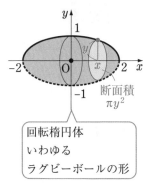

$$\boxed{\frac{x^2}{4}+y^2=1 \ \ \text{より} \ \ y^2=1-\frac{x^2}{4}}$$ これは直接
計算できる

$$=2\pi\int_{0}^{2}\left(1-\frac{x^2}{4}\right)dx$$ ◁ 偶関数の性質

$$=2\pi\left[x-\frac{1}{12}x^3\right]_{0}^{2}$$

$$=2\pi\left(2-\frac{2}{3}\right)=\frac{8}{3}\pi$$

断面積
πy^2

回転楕円体
いわゆる
ラグビーボールの形

▲ 注意

円 $x^2+y^2=a^2$ 上の点Pは

$$P(a\cos\theta, \ a\sin\theta)$$

とパラメータ表示できます.

楕円 $\dfrac{x^2}{a^2}+\dfrac{y^2}{b^2}=1$ は, この円を y 軸

方向に $\dfrac{b}{a}$ 倍したものですから, 楕円

上の点 P′ は

$$P'(a\cos\theta, \ b\sin\theta)$$

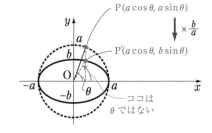

y 座標を $\dfrac{b}{a}$ 倍

とパラメータ表示できるわけです. **十分注意**してほしいのは, **θ は x 軸と**
OP′ のなす角を表しているのではないということです. ここは, 円のパラメ
ータ表示とは違うところです.

極座標

　これまで私たちが使ってきたのは，原点Oと，直交する2つの軸（x軸，y軸）をとり，平面上の点Pの位置をx座標とy座標の組み合わせで指定するものでした．これを**直交座標**と呼びます．

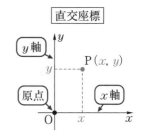

　一方，右下図のように，基準となる点O（**極**）と1つの方向（**始線**）をとり，平面上の点Pに対して

$$\begin{cases} r \cdots\cdots\text{OP の長さ} \\ \theta \cdots\cdots\text{始線から OP まで回る角（一般角）} \end{cases}$$

を指定しても，それに対応する位置はただ1つに決まりますね．要するに，「**この向きにこれだけ進め**」と，「向き」と「大きさ」の組み合わせで位置を指定しているわけです．これは**極座標**と呼ばれます．極座標は，rとθをこの順に並べて(r, θ)と書きます．

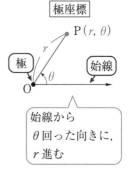

始線から
θ回った向きに，
r進む

　以下では，原点Oを極，x軸の正の向きを始線とする極座標を考えます．例えば，極座標で$\left(4, \dfrac{\pi}{3}\right)$，$\left(2, \dfrac{5}{4}\pi\right)$と表される点Pの位置は，それぞれ下図1, 2のようになります．

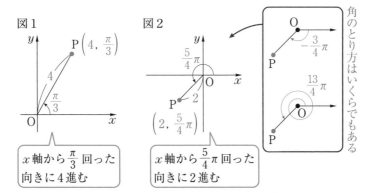

図1

x軸から$\dfrac{\pi}{3}$回った
向きに4進む

図2

x軸から$\dfrac{5}{4}\pi$回った
向きに2進む

角のとり方はいくらでもある

コメント

　極座標が決まれば，点Pの位置は1つに決まりますが，1つの点Pの位置に対する極座標のとり方は，1つには決まりません．例えば，図2の点Pの極座標は $\left(2,\ -\dfrac{3}{4}\pi\right)$ や $\left(2,\ \dfrac{13}{4}\pi\right)$ などと書くこともできます．このように，**1つの位置に対して座標のとり方が複数ある**ことは，極座標と直交座標との大きな違いです．

　もし極座標のとり方を1つにしたければ，P≠O のときは r と θ を

$$r>0,\ \ 0\leqq\theta<2\pi$$

の範囲でとると約束しておけばよいでしょう．

　ただし，P＝O の場合，つまり $r=0$ の場合は，**角 θ を定めることができない**という，もう一つの問題があります．これについては，「$r=0$ のときは角 θ は定義しない（あるいはどんな値であっても構わない）」ということにしておきましょう．

注意　1つの位置に対して複数の座標のとり方があってもいいじゃないか，と割り切って，r も θ もどんな実数をとってもよいとしてしまうこともできます（$r<0$ のときは θ の向きと逆方向に長さをとると考えればよいでしょう）．後に極方程式を考えるときなどは，むしろその方が**話がすっきり**したりもします．

直交座標と極座標の変換

　極座標と直交座標は，以下の関係式で互いに変換することができます．これは，三角関数の定義からすぐに導くことができます．

☑　**直交座標と極座標**

$(r,\ \theta)$ から $(x,\ y)$ の変換
$$\begin{cases} x=r\cos\theta \\ y=r\sin\theta \end{cases}$$

$(x,\ y)$ から $(r,\ \theta)$ の変換
$$\begin{cases} r=\sqrt{x^2+y^2} \\ \cos\theta=\dfrac{x}{r},\ \sin\theta=\dfrac{y}{r} \end{cases}$$

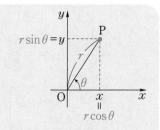

原点をOとする xy 平面上で，Oを極，x 軸の正の向きを始線とする極座標を考える.

(1) 次の極座標を直交座標で表せ.

(i) $\left(2, \dfrac{\pi}{6}\right)$　　(ii) $\left(5, \dfrac{3}{4}\pi\right)$

(2) 次の直交座標を極座標で表せ. ただし，(r, θ) は，$r>0$，$0\leqq\theta<2\pi$ の範囲でとるとする.

(i) $(-1, -1)$　　(ii) $(-\sqrt{2}, \sqrt{6})$

精 講 極座標と直交座標の変換を練習しましょう. どちらも「図」を使えば簡単です.

解 答

(1)(i)

直交座標 $(\sqrt{3}, 1)$

(ii)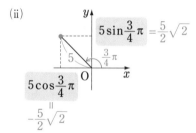

直交座標 $\left(-\dfrac{5}{2}\sqrt{2}, \dfrac{5}{2}\sqrt{2}\right)$

(2)(i)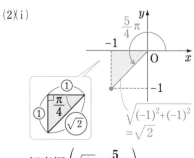

極座標 $\left(\sqrt{2}, \dfrac{5}{4}\pi\right)$

(ii)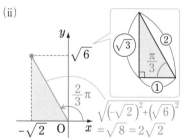

極座標 $\left(2\sqrt{2}, \dfrac{2}{3}\pi\right)$

第8章

コラム　蛇口の構造と極座標

　昔のホテルの浴室の蛇口には，右図のように赤と青の2
つのハンドルがついているものが多くありました．

　赤のハンドルをひねると熱いお湯が，青のハンドルをひ
ねると常温の水が出て，それが中央で混ざって1つの蛇口
から出てきます．赤と青のハンドルをどれだけひねるかで，
出てくる水の量と温度を調整するのですが，ほどよい温度になったと思っても，
水の量が少なかったり，ほどよい水の量であっても温度が高かったりと，その
調整はなかなか難しいものでした．

　青のハンドルをひねる量を x 軸に，赤のハンドルをひねる量を y 軸にとると，
蛇口から出る水の状態は，座標平面上の点Pで表すことができます．蛇口から
出る水の温度は x と y の比 $\dfrac{y}{x}$ （つまり OP の傾き）で決まり，水の量は $x+y$
で決まります．x のみを動かしても y のみを動かしても，$\dfrac{y}{x}$（温度）と $x+y$
（水量）は両方とも変化してしまうので，この2つをコントロールすることはと
ても難しいのですね．

　お気づきだと思いますが，これは極座標のパラメータ r，θ を使えば簡単な
のです．まず θ を動かすことで「温度」を調整し，次に r を動かすことで「水
量」を調整すれば，目的の状態に簡単に到達することができます．最近の蛇口
は，まさにこのアイデアで設計されていて，下図のようにハンドルの左右の傾
きで温度を，上下の傾きで水量を調整できるようになっています．

　「適切な座標系をとる」ことが，問題解決にいかに大切であるかということ
を，この2つの蛇口の例は教えてくれているように思います．

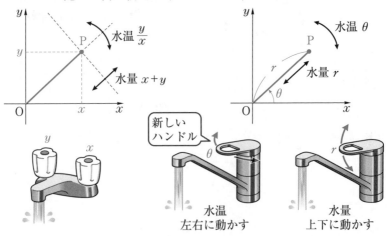

極方程式

　直交座標 (x, y) に対して，$y=f(x)$ のように y を x の式で表したものを考えます．下左図のように，各 x に対して「高さ」が $f(x)$ となるように点をとり，x を動かせばその点は平面上の曲線を描きます．これが，この方程式の表す曲線(あるいはこの関数のグラフ)と呼ばれるものです．

　さて，同じように極座標 (r, θ) に対して，

$$r=f(\theta)$$

のように，r を θ の式で表したものを考えてみましょう．これを**極方程式**といいます．この場合は，下右図のように各 θ に対して「原点からの距離」が $f(\theta)$ となる点が決まります．θ を動かせば，その点はやはり平面上の曲線を描くはずです．これが，極方程式の表す曲線です．

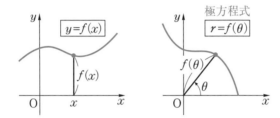

　次の極方程式で表される曲線を考えてみましょう．

$$r=\theta \quad (\theta \geqq 0)$$

　こんな単純な式でも，慣れないうちは図形を想像することは難しいはずです．こういうときは，基本に戻って「**具体的にいくつかの点をとってみる**」ことから始めましょう．下図左のように，θ を 0 から $\dfrac{\pi}{4}$ 刻みで動かして，対応する点をとっていきます．

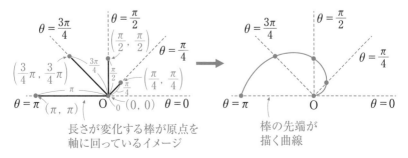

長さが変化する棒が原点を
軸に回っているイメージ

棒の先端が
描く曲線

$\theta=0$ のとき $r=0$，$\theta=\dfrac{\pi}{4}$ のとき $r=\dfrac{\pi}{4}$，…と
点をとってそれを滑らかにつないでいくと，曲線が
浮かび上がってきます．$0\leqq\theta\leqq\pi$ で，この曲線は前
ページ右図のようになります．さらに θ を動かして
いけば，右図のように O のまわりをぐるぐると回る
螺旋が描きだされます．これが，この極方程式の表
す曲線です．

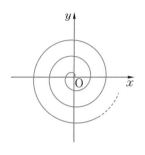

　このように，極方程式の表す曲線は「**回転にともなって長さが変化する棒の
先端の軌跡**」をイメージするとわかりやすくなります．もう1つの例を見てお
きましょう．

$$r=2\cos\theta \quad \left(-\dfrac{\pi}{2}\leqq\theta\leqq\dfrac{\pi}{2}\right)$$

　θ を $-\dfrac{\pi}{2}$ から $\dfrac{\pi}{6}$ 刻みで動かして，点をプロットしていきましょう．図1
のように，まず $r=2\cos\theta$ を直交座標のグラフで描いてみて，①から⑦の
「棒」を，図2のように O を始点に扇状に並べていくと考えるといいでしょう．
その棒の先端を結ぶと，図の概形が浮かび上がります．

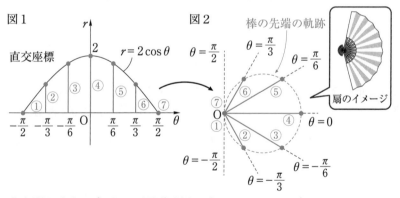

　タネを明かすと，実はこの図形は円です．
$A(2, 0)$ とすると，$r=2\cos\theta$ を満たす点 P は，
OA を直径とする円周上の点であることが右図から
わかります．見慣れた図形も，極方程式では全く別
の姿をしていることがあるのが面白いところです．
　ちなみに

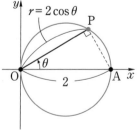

$$r = 2\cos\theta$$

の両辺に r をかけると

$$r^2 = 2r\cos\theta$$

となります。$\mathrm{P}(x, y)$ とすると，$r^2 = x^2 + y^2$，$x = r\cos\theta$ ですから，

$$x^2 + y^2 = 2x$$
$$(x-1)^2 + y^2 = 1$$

と，直交座標を用いた，おなじみの図形の方程式で表すことができます。

　ただし，極方程式のすべてがこのように直交座標の方程式に書き換えられるわけではありませんし，むしろそれができないものにこそ，**極方程式の価値がある**ともいえます（実際，先ほどの $r = \theta$ は直交座標の方程式では書き表すことができません）。ですから，極方程式を見たときに，まずは極方程式のままで図形の形状を把握できるように練習しておくことが大切になります。

　練習問題 8

(1)　いくつかの点を具体的にとることで，極方程式
$$r = 1 + \cos\theta \quad (0 \leqq \theta \leqq \pi)$$
　で表される曲線のおおまかな形を描け。

(2)　次の極方程式で表された曲線は，それぞれどのような図形かを答えよ。

　(i)　$r = \dfrac{1}{\cos\theta}$

　(ii)　$r = \sin\theta$

　(iii)　$r = \sin\left(\theta - \dfrac{\pi}{4}\right)$

精 講 　(1)では，極方程式から図形の形状を「おおまかに」把握する練習をしてみましょう。(2)の極方程式は，うまく変形することで直交座標の方程式で表すことができます。

∷∷∷∷∷∷∷∷ 解 答 ∷∷∷∷∷∷∷∷

(1) $r=1+\cos\theta$

θ を 0 から $\dfrac{\pi}{6}$ 刻みで動かして r の値を

とると,

$2,\ 1+\dfrac{\sqrt{3}}{2},\ \dfrac{3}{2},\ 1,\ \dfrac{1}{2},\ 1-\dfrac{\sqrt{3}}{2},\ 0$

となる. それに対応する点を平面上にとっ
て,なめらかな曲線で結ぶと下図のとおり.

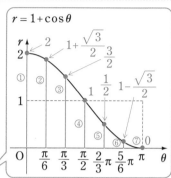

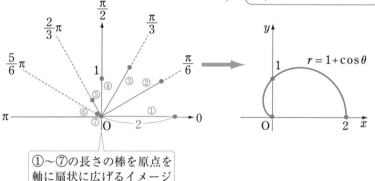

①～⑦の長さの棒を原点を
軸に扇状に広げるイメージ

(2) $x=r\cos\theta,\ y=r\sin\theta,\ x^2+y^2=r^2$ を用いて,
極方程式を直交座標の方程式になおす.

(i) $r=\dfrac{1}{\cos\theta},\quad r\cos\theta=1\qquad x=1$ ◁ $r\cos\theta=x$

　　$(1,\ 0)$ を通り,x 軸に垂直な直線

(ii) $r=\sin\theta$ 〉両辺に r をかける

　　$r^2=r\sin\theta$

　　$x^2+y^2=y$ ◁ $r^2=x^2+y^2$ / $r\sin\theta=y$

　　$x^2+\left(y-\dfrac{1}{2}\right)^2=\dfrac{1}{4}$

　　$\left(0,\ \dfrac{1}{2}\right)$ を中心とする,半径 $\dfrac{1}{2}$ の円

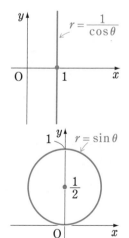

(iii) $r=\sin\left(\theta-\dfrac{\pi}{4}\right)$

$\qquad$ 加法定理

$r=\sin\theta\cos\dfrac{\pi}{4}-\cos\theta\sin\dfrac{\pi}{4}$

$r=\dfrac{\sqrt{2}}{2}\sin\theta-\dfrac{\sqrt{2}}{2}\cos\theta$

$\qquad$ 両辺に r をかける

$r^2=\dfrac{\sqrt{2}}{2}r\sin\theta-\dfrac{\sqrt{2}}{2}r\cos\theta$

$x^2+y^2=\dfrac{\sqrt{2}}{2}y-\dfrac{\sqrt{2}}{2}x$ $\quad\begin{cases}r^2=x^2+y^2\\ r\sin\theta=y\\ r\cos\theta=x\end{cases}$

$\left(x+\dfrac{\sqrt{2}}{4}\right)^2+\left(y-\dfrac{\sqrt{2}}{4}\right)^2=\dfrac{1}{4}$

$\left(-\dfrac{\sqrt{2}}{4},\ \dfrac{\sqrt{2}}{4}\right)$ を中心とする，半径 $\dfrac{1}{2}$ の円

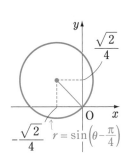

コメント

$r=\sin\left(\theta-\dfrac{\pi}{4}\right)$ は，$r=\sin\theta$ の θ を $\theta-\dfrac{\pi}{4}$ に置き換えたものですが，

これは，図形的には $r=\sin\theta$ を原点のまわりに $\dfrac{\pi}{4}$ **回転させることと対応**

していることを，(ii), (iii)の結果から観察しておきましょう．

応用問題 2

xy 平面において，原点Oを極，x 軸の正の向きを始線とする極座標 $(r,\ \theta)$ を用いて，次の極方程式で表される曲線をCとする．

$\qquad C:r=1+\cos\theta\quad(0\leqq\theta\leqq\pi)$

C上の点のy座標の最大値，x座標の最小値を求めよ．

精 講 この曲線は，**練習問題8**で「おおまかな形」をかきましたが，ここではさらに詳細にこの曲線の形状を調べてみましょう．

$\vdots$ **解 答** $\vdots$

極方程式 $r=1+\cos\theta$ は直交座標でパラメータ表示すると

$\begin{cases}x=r\cos\theta=(1+\cos\theta)\cos\theta=\cos\theta+\cos^2\theta\\ y=r\sin\theta=(1+\cos\theta)\sin\theta=\sin\theta+\cos\theta\sin\theta\end{cases}$

となる.

$$\frac{dx}{d\theta} = -\sin\theta + 2\cos\theta(-\sin\theta) = -\sin\theta(2\cos\theta+1)$$

$$\frac{dy}{d\theta} = \cos\theta - \sin^2\theta + \cos^2\theta = 2\cos^2\theta + \cos\theta - 1$$
$$= (2\cos\theta-1)(\cos\theta+1)$$

$0 \leqq \theta \leqq \pi$ における増減は,下表のとおり.

θ	0	$\cdots$	$\dfrac{\pi}{3}$	$\cdots$	$\dfrac{2}{3}\pi$	$\cdots$	π
$\dfrac{dx}{d\theta}$		$-$	$-$	$-$	0	$+$	
$\dfrac{dy}{d\theta}$		$+$	0	$-$	$-$	$-$	
(x, y)	$(2, 0)$	$\nwarrow$	$\left(\dfrac{3}{4}, \dfrac{3\sqrt{3}}{4}\right)$	$\swarrow$	$\left(-\dfrac{1}{4}, \dfrac{\sqrt{3}}{4}\right)$	$\searrow$	$(0, 0)$

したがって

y 座標の最大値は $\dfrac{3\sqrt{3}}{4}$

x 座標の最小値は $-\dfrac{1}{4}$

コメント

　$-\pi \leqq \theta \leqq \pi$ で,$r = 1 + \cos\theta$ は右図のような形状になります.これは,**カージオイド**(心臓形)と呼ばれる曲線です.ロマンチックにいえばハート形ですが,どちらかというとお尻形に見えます.

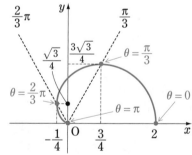

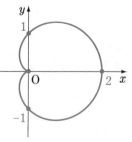

第9章 ベクトル

　舞台演出家が，舞台上の役者の立ち位置を変えたいときに，「上手に1m」とか「面に50cm」などと指示をしていることがあります．「上手」は「客席から見て右側」，「面」は「客席のある側」という意味で，ともに舞台上での方向を表す用語です．このように，動きを指示するためには，「動く大きさ」だけでなく「動く向き」を伝える必要があります．単に「1m動いて」といっただけでは，役者はどうしていいかわからず困ってしまいますよね．

　物の動き（変位）のように，**「向き」と「大きさ」の2つの要素をもつ量**のことを**ベクトル**といいます．風や力，速度なども，「向き」と「大きさ」をもつので，ベクトルです．ベクトルを図式化すると，**矢印**になります．このとき，矢印の向きがベクトルの向き，矢印の長さがベクトルの大きさを表します．

　2や$\sqrt{5}$といった数をaという文字で表すのと同じように，ベクトルも文字を使って表したい場合があります．ただ，文字にしてしまうと，「数」なのか「ベクトル」なのかが区別できなくなって

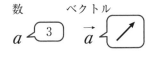

しまうので，ベクトルを文字で表すときは，$\vec{a}$のように文字の上に矢印をつけて表します．

2点を使ったベクトルの表し方

　平面上に2点A，Bがあったときに，Aを**始点**，Bを**終点**とするような矢印をかくことができます．この矢印と同じ「**向き**」と「**大きさ**」をもったベクトルを，$\overrightarrow{AB}$のように表します．

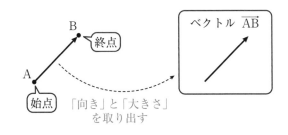

　ベクトルは,「向き」と「大きさ」が同じであれば, 置かれている位置が違
っても同じものであるとみなします.
例えば, 右図の平行四辺形 ABCD で
は, $\overrightarrow{AB}$ と $\overrightarrow{DC}$ は同じ「向き」と「大
きさ」をもっていますので, 同じベク
トルであると考え

$$\overrightarrow{AB} = \overrightarrow{DC}$$

と表します.

平行四辺形

A　　　　　　　D

向きと
大きさが
同じ

$\overrightarrow{AB} = \overrightarrow{DC}$

B　　　　　　　C

コメント

　ベクトル「$\overrightarrow{AB}$」の「向き」と「大きさ」を取り出すためには, 2つの場所
A, B が必要なのですが, それがいったん取り出されてしまえば, **$\overrightarrow{AB}$ はもは
やAやBという位置には縛られないものになる**ということに気をつけてくださ
い. 同じ「向き」と「大きさ」をもつベクトルは, 始点が A, 終点がBでな
くても, すべて $\overrightarrow{AB}$ と表すことができます.

　これは, ある公園の広さを「**甲子園3個分**」などと表現することとよく似て
います. このことばを聞いて,「公園が甲子園と同じ場所にある」と思う人は
いませんよね. 私たちは, 甲子園ということばから, その「広さ」という情報
のみを頭の中に取り出し, その広さを3倍したものを, 別の場所にある公園の
「広さ」と一致させているのです. そのようなアクロバティックな思考を頭の
中で自然に行うことができるのは, 私たちが「広さ(面積)」というものを具体
的な場所には縛られない「**概念**」としてとらえることができているからです.

　同じように, ベクトルというのも,「向き」と「大きさ」という2つの情報
だけをもち, 場所には縛られていない「**概念**」と考えるのです.

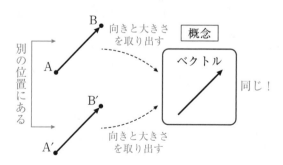

逆ベクトルと零ベクトル

$\vec{a}$ に対して，「**大きさ**」は同じで「**向き**」が反対のベクトルを，$\vec{a}$ の**逆ベク**
トルといい，$-\vec{a}$ と表します．また，始点と終点が同じであるような矢印は
ただの「**点**」ですが，これも「**大きさ**」が 0 で「**向き**」をもたない特別な**ベク**
トルとみなします．このベクトルを**零ベクトル**といい，$\vec{0}$ と書きます．

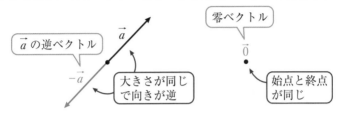

次の式が成り立つことは，すぐにわかります．

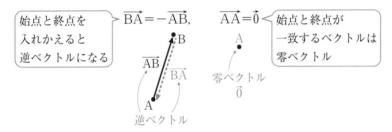

ベクトルの足し算と実数倍

これから，ベクトルに対して「**足し算**」と「**実数倍**」という演算の規則を決
めていくことにしましょう．

まずは「**足し算**」です．ベクトルとベクトルの足し算は，「**矢印と矢印をつ**
ぎ足して新しい矢印を作る」ような操作になります．

☑ ベクトルの足し算

2つのベクトル $\vec{a}$, $\vec{b}$ に対して，そ
の2つの矢印をこの順につないだとき，
「$\vec{a}$ の始点」から「$\vec{b}$ の終点」に向か
うベクトルを

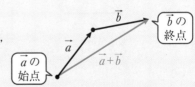

$$\vec{a}+\vec{b}$$

と表すことにする．

右図からわかるように, $\vec{a}+\vec{b}$ と $\vec{b}+\vec{a}$ は同じベクトルになります. つまり, ベクトルの足し算には

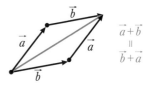

$$\vec{a}+\vec{b}=\vec{b}+\vec{a}$$

という**交換法則**が成り立つのです.

コメント

交換法則が成り立つことを,「足し算なんだから当たり前」のように考えないようにしてください. 私たちは, ベクトルというまだ得体の知れないものに対して「足し算」の**ルールを決めている最中**なのです. その足し算が, 数の世界と同じ性質をもっている保証はどこにもありません. このような当たり前に見える式変形も, できるかどうかちゃんと検証する必要があるのです.

ベクトルの「**引き算**」も,「足し算」の考え方の延長として定義できます.

図のように, $\vec{a}-\vec{b}$ は $\vec{a}$ に $-\vec{b}$ ($\vec{b}$ の逆ベクトル) を足したものと考えればよいのです.

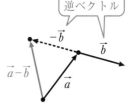

$$\vec{a}-\vec{b}=\vec{a}+(-\vec{b})$$

2つのベクトル $\vec{a}$ と $\vec{b}$ の「足し算」「引き算」は, ともに2つのベクトルの始点をそろえてかいた図からも作図できます. このとき,「$\vec{a}+\vec{b}$」は「**平行四辺形の対角線に表れるベクトル**」となり,「$\vec{a}-\vec{b}$」は「$\vec{b}$ **の終点から** $\vec{a}$ **の終点に向かうベクトル**」となります.

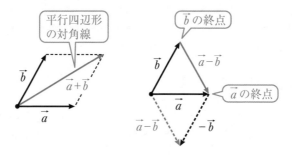

次に，ベクトルを実数倍することを考えます．ベクトルの実数倍は，「**矢印を伸縮させる**」ような操作になります．

 ベクトルの実数倍

　ベクトル $\vec{a}$ に対して，向きを保ったままで長さを k 倍したベクトルを
$$k\vec{a}$$
と表す（k が負の場合は「向きが反対になる」と考えればよい）．

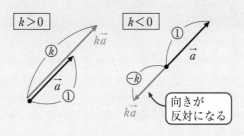

　例えば，$\vec{a}$ に対して，$2\vec{a}$，$3\vec{a}$，$-2\vec{a}$ は右図のようになります．

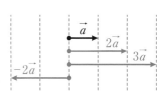

　この「足し算（引き算）」と「実数倍」の規則を組み合わせると，**いくつかのベクトルを組み合わせていろいろなベクトルを作る**ということができるようになります．

　次のページで練習をしてみましょう．

練習問題 1

$\vec{a}$ と $\vec{b}$ が，下の左図のように与えられている．次のベクトルを，下の右図に図示せよ（始点はどこにとっても構わない）．

(1)　$2\vec{a}+3\vec{b}$　　(2)　$\dfrac{3}{2}\vec{a}-\vec{b}$　　(3)　$\dfrac{1}{2}(2\vec{a}+3\vec{b})-2\left(\dfrac{3}{2}\vec{a}-\vec{b}\right)$

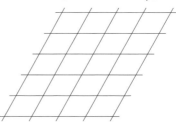

精 講　ベクトルを作図する練習をしてみましょう．足し算は，「矢印をつなぐ」と考えることも「矢印の始点をそろえて平行四辺形を作る」と考えることもできます．また，引き算は「逆ベクトルを足す」と考えることも「矢印の始点をそろえて終点どうしを結ぶ」と考えることもできます．(3)は，(1)と(2)の結果を用いて作図をしてみましょう．

解　答

(1)
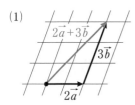

(2)
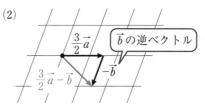

コメント

始点をそろえて，次のように作図することもできます．

(1)
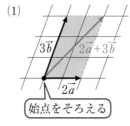

(2)
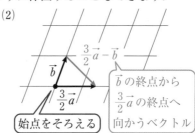

(3)

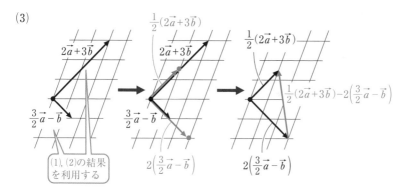

$\frac{1}{2}(2\vec{a}+3\vec{b})$

$2\vec{a}+3\vec{b}$

$\frac{3}{2}\vec{a}-\vec{b}$

$\frac{1}{2}(2\vec{a}+3\vec{b})-2\left(\frac{3}{2}\vec{a}-\vec{b}\right)$

(1), (2)の結果
を利用する

$2\left(\frac{3}{2}\vec{a}-\vec{b}\right)$

コメント 〜ベクトルの計算〜

ベクトルの「足し算」と「実数倍」に対して

$$k(\vec{a}+\vec{b})=k\vec{a}+k\vec{b}$$

という**分配法則**が成り立ちます．これを，下図から確認しておきましょう．

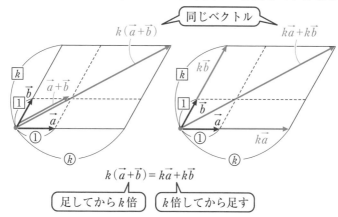

同じベクトル

$k(\vec{a}+\vec{b})$ $k\vec{a}+k\vec{b}$

$$k(\vec{a}+\vec{b})=k\vec{a}+k\vec{b}$$

足してからk倍 k倍してから足す

　ベクトルが，「足し算」と「実数倍」について，数と全く同じ性質をもつということは，**ベクトル$\vec{a}$を通常の文字aと同じように考えて式変形をすることができる**ということを意味します．例えば，(3)の問題は，展開して整理すれば

$$\frac{1}{2}(2\vec{a}+3\vec{b})-2\left(\frac{3}{2}\vec{a}-\vec{b}\right)=\vec{a}+\frac{3}{2}\vec{b}-3\vec{a}+2\vec{b}$$

$$=-2\vec{a}+\frac{7}{2}\vec{b}$$

となります．これを図示すれば，本解と同じ結果が得られます．

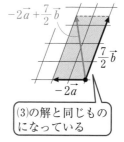

$-2\vec{a}+\frac{7}{2}\vec{b}$

$\frac{7}{2}\vec{b}$

$-2\vec{a}$

(3)の解と同じものになっている

第9章

練習問題 2

　右図のような，Oを中心とする正六角形
ABCDEF について，$\overrightarrow{AB}=\vec{a}$，$\overrightarrow{AF}=\vec{b}$ とする．ま
た，線分 CE を 3:1 に内分する点をPとする．次
のベクトルを，$\vec{a}$，$\vec{b}$ を用いて表せ．
(1) $\overrightarrow{AO}$　　(2) $\overrightarrow{AC}$　　(3) $\overrightarrow{CE}$　　(4) $\overrightarrow{AP}$

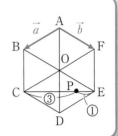

精講　$\vec{a}$，$\vec{b}$ という2つのベクトルをうまく組み合わせて他のベクトルを
作る，ということを練習してみましょう．直接作ることが難しいよ
うなベクトルも，すでに作ったベクトルをうまく組み合わせることで作ること
ができます．

░░ 解　答 ░░

(1) $\overrightarrow{AO}=\vec{a}+\vec{b}$

(2) $\overrightarrow{AC}=2\vec{a}+\vec{b}$

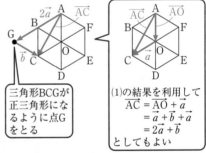

三角形BCGが
正三角形にな
るように点G
をとる

(1)の結果を利用して
$\overrightarrow{AC}=\overrightarrow{AO}+\vec{a}$
　　$=\vec{a}+\vec{b}+\vec{a}$
　　$=2\vec{a}+\vec{b}$
としてもよい

(3) $\overrightarrow{CE}=-\vec{a}+\vec{b}$

(4) (2)，(3)の結果を利用する．

$\overrightarrow{AP}=\overrightarrow{AC}+\overrightarrow{CP}$

$=\overrightarrow{AC}+\dfrac{3}{4}\overrightarrow{CE}$　　$\overrightarrow{CP}$ は $\overrightarrow{CE}$ の $\dfrac{3}{4}$ 倍

$=(2\vec{a}+\vec{b})+\dfrac{3}{4}(-\vec{a}+\vec{b})$　(2)，(3) より

$=2\vec{a}+\vec{b}-\dfrac{3}{4}\vec{a}+\dfrac{3}{4}\vec{b}$

$=\dfrac{5}{4}\vec{a}+\dfrac{7}{4}\vec{b}$

ベクトルの基本変形

ここで，ベクトルにとって，とても大切な2つの式変形を紹介します．

☑ ベクトルの基本変形

① $\overrightarrow{AB}=\overrightarrow{A\blacksquare}+\overrightarrow{\blacksquare B}$　　② $\overrightarrow{AB}=\overrightarrow{\square B}-\overrightarrow{\square A}$ ◁ ■，□には好きな点を入れてよい

上の■，□の部分には，どんな点を入れてもかまいません．例えば，①の■にCを入れると

$$\overrightarrow{AB}=\overrightarrow{AC}+\overrightarrow{CB}$$

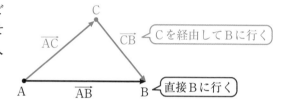

Cを経由してBに行く

直接Bに行く

となります．図を見れば，この式が成り立つことは（ベクトルの足し算の定義から）明らかです．

この式変形は，「**AからBに行くのに，Cに寄り道をする**」ような感覚で使われます．

次に，②の□にOを入れると

$$\overrightarrow{AB}=\overrightarrow{OB}-\overrightarrow{OA}$$

始点を指すベクトル

基準点

終点を指すベクトル

となります．こちらも図を見れば，p346で説明したベクトルの引き算の作図法に他なりません．

Oは自分の好きな場所にとることができるのですから，この式を用いれば，**あるベクトルを自分の好きな場所を始点とする2つのベクトルで表すことができる**，ということになります．ことばで書けば，「**終点を指すベクトルから始点を指すベクトルを引く**」ということになります．

練習問題 3

三角形 ABC において，辺 BC を $3:2$ に内分する点を P，辺 BC を $3:1$ に外分する点を Q，三角形 ABC の重心を G とする．
$\overrightarrow{AB}=\vec{b}$，$\overrightarrow{AC}=\vec{c}$ とするとき，次のベクトルを $\vec{b}$，$\vec{c}$ を用いて表せ．
(1) $\overrightarrow{BC}$　　(2) $\overrightarrow{AP}$　　(3) $\overrightarrow{AQ}$　　(4) $\overrightarrow{AG}$

精 講　前ページで説明した2つの基本変形をうまく使うと，

ある2つのベクトルを用いて，別のベクトルを書き表す

という作業がとても効率良くできるようになります．この問題を通して練習をしてみましょう．

解 答

(1) $\overrightarrow{BC} = \overrightarrow{AC} - \overrightarrow{AB}$ ← 基本変形②
　　　（終点）（始点）　$\overrightarrow{BC}$ を A を始点とするベクトルで表す

　　$= \vec{c} - \vec{b}$

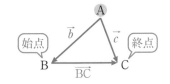

(2) $\overrightarrow{AP} = \overrightarrow{AB} + \overrightarrow{BP}$ ← 基本変形①

　　$= \overrightarrow{AB} + \dfrac{3}{5}\overrightarrow{BC}$

　　$= \vec{b} + \dfrac{3}{5}(\vec{c} - \vec{b})$ 　(1)より

　　$= \dfrac{2}{5}\vec{b} + \dfrac{3}{5}\vec{c}$

(3) $\overrightarrow{AQ} = \overrightarrow{AB} + \overrightarrow{BQ}$ ← 基本変形①

　　$= \overrightarrow{AB} + \dfrac{3}{2}\overrightarrow{BC}$

　　$= \vec{b} + \dfrac{3}{2}(\vec{c} - \vec{b})$ 　(1)より

　　$= -\dfrac{1}{2}\vec{b} + \dfrac{3}{2}\vec{c}$

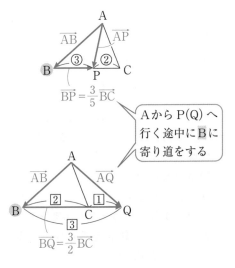

A から P(Q) へ行く途中に B に寄り道をする

(4) 線分 BC の中点をMとすると，G は線分 AM を $2:1$ に内分する点である． $\boxed{\text{重心は中線を}2:1\text{に内分する点}}$

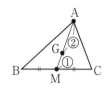

$$\overrightarrow{\text{AM}}=\overrightarrow{\text{AB}}+\overrightarrow{\text{BM}} \boxed{\text{基本変形①}}$$

$$=\overrightarrow{\text{AB}}+\frac{1}{2}\overrightarrow{\text{BC}}$$

$$=\vec{b}+\frac{1}{2}(\vec{c}-\vec{b}) \quad \text{(1)より}$$

$$=\frac{1}{2}\vec{b}+\frac{1}{2}\vec{c}$$

$$\overrightarrow{\text{AG}}=\frac{2}{3}\overrightarrow{\text{AM}}=\frac{1}{3}\vec{b}+\frac{1}{3}\vec{c}$$

コメント

(2)の結果を幾何学的に導いてみましょう．

P を通り辺 AC，AB に平行な直線と，辺 AB，AC との交点をそれぞれ B′，C′ とすると，平行線の性質より

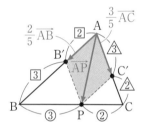

$$\text{AB}′:\text{B}′\text{B}=\text{CP}:\text{BP}=2:3$$

$$\text{AC}′:\text{C}′\text{C}=\text{BP}:\text{CP}=3:2$$

です．四角形 AB′PC′ は平行四辺形なので，ベクトルの足し算の定義より

$$\overrightarrow{\text{AP}}=\overrightarrow{\text{AB}′}+\overrightarrow{\text{AC}′}=\frac{2}{5}\overrightarrow{\text{AB}}+\frac{3}{5}\overrightarrow{\text{AC}}$$

となります．

何が行われているのかが，視覚的にとてもわかりやすい方法です．しかし，このようなうまい補助線を見つけることは，センスやひらめきが必要でしょう．一方，本解の方法は図形的な性質を一切使わず，**すべてを計算のみで処理できている**という点に注目してください．ベクトルというのは，本来センスやひらめきが必要な図形問題を単純な式計算に落とし込むことができる，強力なツールなのです．

内分・外分の公式

練習問題 3 で見たように，内分，外分，重心を終点とするベクトルの式は，ベクトルの基本変形を組み合わせれば導き出すことができます．ただ，これらの点は問題に頻繁に登場しますから，そのたびに同じ作業をするのは面倒です．ある程度，そのやり方が身についたところで，一般的な文字の形で計算を行い，その結果を公式として覚えておくと便利でしょう．この

「やり方がわかる ⟶ 繰り返しが面倒になる ⟶ 公式化して覚える」

という順序はとても大切．やり方がわからないのに，公式だけを丸暗記しても，それは数学を学んだことにはなりません．

 内分・外分の公式

線分 AB と点Oがある．

線分 AB を $m:n$ に内分する点をPとすると

$$\overrightarrow{\mathrm{OP}}=\frac{n\overrightarrow{\mathrm{OA}}+m\overrightarrow{\mathrm{OB}}}{m+n}$$

線分 AB を $m:n$ に外分する点をPとすると

$$\overrightarrow{\mathrm{OP}}=\frac{-n\overrightarrow{\mathrm{OA}}+m\overrightarrow{\mathrm{OB}}}{m-n}$$

内分の公式の n を
$-n$ に置き換えた式

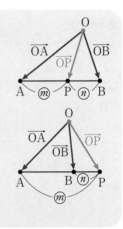

この公式は，数学Ⅱの「図形と方程式」のところで学んだ，線分上の点の内分・外分の公式と実質同じであることに気づくでしょう．導き方は，前ページでやったのと同じことを文字を使って行うだけです．内分の場合は

$$\overrightarrow{\mathrm{OP}}=\overrightarrow{\mathrm{OA}}+\overrightarrow{\mathrm{AP}} \quad\text{基本変形①}$$

$$=\overrightarrow{\mathrm{OA}}+\frac{m}{m+n}\overrightarrow{\mathrm{AB}} \quad\cdots\cdots ⑦$$

$$=\overrightarrow{\mathrm{OA}}+\frac{m}{m+n}\left(\overrightarrow{\mathrm{OB}}-\overrightarrow{\mathrm{OA}}\right) \quad\text{基本変形②}$$

$$=\frac{(m+n)\overrightarrow{\mathrm{OA}}+m(\overrightarrow{\mathrm{OB}}-\overrightarrow{\mathrm{OA}})}{m+n}=\frac{n\overrightarrow{\mathrm{OA}}+m\overrightarrow{\mathrm{OB}}}{m+n}$$

となり，外分の場合は，上の式⑦の部分が

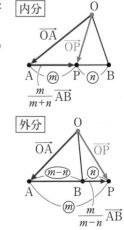

$$\overrightarrow{\text{OP}}=\overrightarrow{\text{OA}}+\frac{m}{m-n}\overrightarrow{\text{AB}}$$

と変わるだけです．つまり，内分の公式の n を $-n$ に置き換えれば，外分の公式となることがわかります．

特に，点Pが AB の中点である場合は

$$\overrightarrow{\text{OP}}=\frac{\overrightarrow{\text{OA}}+\overrightarrow{\text{OB}}}{2} \overset{\frown}{\boxed{\text{足して2で割る}}}$$

となります．感覚的には，「**2つのベクトルの平均**」ととらえることができますね．

重心の公式は，内分の公式を組み合わせることで導き出すことができます．三角形 ABC と点Oをとります．BC の中点をMとすると，三角形 ABC の重心Gは，線分 AM を $2:1$ に内分する点なので

$$\overrightarrow{\text{OG}}=\frac{\overrightarrow{\text{OA}}+2\overrightarrow{\text{OM}}}{2+1} \overset{\frown}{\boxed{\text{内分の公式}}}$$

$$=\frac{\overrightarrow{\text{OA}}+2\left(\dfrac{\overrightarrow{\text{OB}}+\overrightarrow{\text{OC}}}{2}\right)}{3} \overset{\frown}{\boxed{\text{中点の公式}}}$$

$$=\frac{\overrightarrow{\text{OA}}+\overrightarrow{\text{OB}}+\overrightarrow{\text{OC}}}{3}$$

となります．中点が「2つのベクトルの平均」という形をしていたのと同じように，重心は「**3つのベクトルの平均**」という形をしているのが面白いところです．

☑ 重心の公式

三角形 ABC と点Oがある．三角形 ABC の重心をGとすると

$$\overrightarrow{\text{OG}}=\frac{\overrightarrow{\text{OA}}+\overrightarrow{\text{OB}}+\overrightarrow{\text{OC}}}{3} \overset{\frown}{\boxed{\text{足して3で割る}}}$$

点Oが三角形の頂点Aと一致する場合は

$$\overrightarrow{\text{AG}}=\frac{\overrightarrow{\text{AA}}+\overrightarrow{\text{AB}}+\overrightarrow{\text{AC}}}{3}=\frac{\overrightarrow{\text{AB}}+\overrightarrow{\text{AC}}}{3} \overset{\frown}{\boxed{\overrightarrow{\text{AA}}=\vec{0}}}$$

となります．これは，**練習問題 3**(4)と同じ結果ですね．

練習問題4

　三角形 ABC において，辺 AB，辺 BC，辺 CA をそれぞれ 3：2 に内分する点をそれぞれ P，Q，R とする．三角形 ABC の重心を G，三角形 PQR の重心を G′ とする．$\overrightarrow{AB}=\vec{b}$，$\overrightarrow{AC}=\vec{c}$ として，以下の問に答えよ．

(1) $\overrightarrow{AG'}$ を $\vec{b}$ と $\vec{c}$ を用いて表せ．

(2) G と G′ は一致することを示せ．

精講　図形についての証明問題を，ベクトルを使って解くことができます．$\overrightarrow{AG}$ と $\overrightarrow{AG'}$ をともに $\vec{b}$ と $\vec{c}$ を用いて書き表してみましょう．$\overrightarrow{AG}$ と $\overrightarrow{AG'}$ が同じ式で表されるのであれば，$\overrightarrow{AG}=\overrightarrow{AG'}$ となりますので，G と G′ が一致することが証明できます．

:::::::::::::::::::::::::::::: 解　答 ::::::::::::::::::::::::::::::

(1) $\overrightarrow{AP}=\dfrac{3}{5}\overrightarrow{AB}=\dfrac{3}{5}\vec{b}$

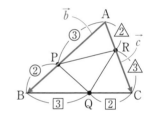

$\overrightarrow{AQ}=\dfrac{2\overrightarrow{AB}+3\overrightarrow{AC}}{3+2}$　◁ 内分の公式

　　　$=\dfrac{2}{5}\vec{b}+\dfrac{3}{5}\vec{c}$

$\overrightarrow{AR}=\dfrac{2}{5}\overrightarrow{AC}=\dfrac{2}{5}\vec{c}$

G′ は三角形 PQR の重心なので

$$\overrightarrow{AG'}=\dfrac{\overrightarrow{AP}+\overrightarrow{AQ}+\overrightarrow{AR}}{3}$$ ◁ 重心は3つの ベクトルの「平均」

$$=\dfrac{\dfrac{3}{5}\vec{b}+\dfrac{2}{5}\vec{b}+\dfrac{3}{5}\vec{c}+\dfrac{2}{5}\vec{c}}{3}=\dfrac{1}{3}\vec{b}+\dfrac{1}{3}\vec{c}$$

(2) G は三角形 ABC の重心なので

$$\overrightarrow{AG}=\dfrac{\overrightarrow{AA}+\overrightarrow{AB}+\overrightarrow{AC}}{3}=\dfrac{\overrightarrow{AB}+\overrightarrow{AC}}{3}=\dfrac{1}{3}\vec{b}+\dfrac{1}{3}\vec{c}$$

(1)より　$\overrightarrow{AG}=\overrightarrow{AG'}$ なので，G と G′ は一致する．

コメント

「三角形 ABC と三角形 PQR の重心が一致する」という幾何学的な事実が，式計算によって証明できるというのがとてもすごいところです．

平行四辺形 ABCD において，対角線 BD を $3:1$ に内分する点を P，
辺 CD を $2:1$ に外分する点を Q，三角形 BCD の重心を G とする．
$\overrightarrow{AB}=\vec{b}$，$\overrightarrow{AD}=\vec{d}$ とするとき，以下の問いに答えよ．

(1)　$\overrightarrow{AP}$，$\overrightarrow{AQ}$，$\overrightarrow{AG}$ を $\vec{b}$，$\vec{d}$ を用いて表せ．

(2)　$\overrightarrow{GP}$，$\overrightarrow{GQ}$ を $\vec{b}$，$\vec{d}$ を用いて表せ．

(3)　3 点 G，P，Q が同一直線上にあることを示し，GP：PQ を求めよ．

精 講　「異なる 3 点 A，B，C が同じ直線上
にある」とき，「$\overrightarrow{AB}$ と $\overrightarrow{AC}$ は平行で
ある」といえ，さらに 2 つのベクトルが平行であ
れば，「一方のベクトルを何倍かすればもう一方
のベクトルになる」のですから

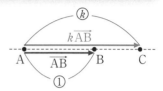

$$\overrightarrow{AC}=k\overrightarrow{AB}$$

となるような実数 k が存在するはずです．そのことを示してみましょう．

━━━━━━━━━━ 解 答 ━━━━━━━━━━

(1)　$\overrightarrow{AP}=\dfrac{1\cdot\overrightarrow{AB}+3\overrightarrow{AD}}{3+1}=\dfrac{1}{4}\vec{b}+\dfrac{3}{4}\vec{d}$

　　$\overrightarrow{AQ}=\dfrac{-1\cdot\overrightarrow{AC}+2\overrightarrow{AD}}{2-1}$

　　　　　四角形 ABCD は
　　　　　平行四辺形なので
　　　　　$\overrightarrow{AC}=\vec{b}+\vec{d}$

　　　$=-\overrightarrow{AC}+2\overrightarrow{AD}$

　　　$=-(\vec{b}+\vec{d})+2\vec{d}=-\vec{b}+\vec{d}$

　　$\overrightarrow{AG}=\dfrac{\overrightarrow{AB}+\overrightarrow{AC}+\overrightarrow{AD}}{3}=\dfrac{\vec{b}+\vec{b}+\vec{d}+\vec{d}}{3}$

　　　$=\dfrac{2}{3}\vec{b}+\dfrac{2}{3}\vec{d}$

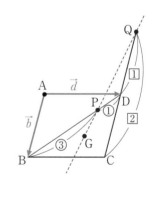

(2)　$\overrightarrow{GP}=\overrightarrow{AP}-\overrightarrow{AG}=\left(\dfrac{1}{4}\vec{b}+\dfrac{3}{4}\vec{d}\right)-\left(\dfrac{2}{3}\vec{b}+\dfrac{2}{3}\vec{d}\right)=-\dfrac{5}{12}\vec{b}+\dfrac{1}{12}\vec{d}$

　　$\overrightarrow{GQ}=\overrightarrow{AQ}-\overrightarrow{AG}=(-\vec{b}+\vec{d})-\left(\dfrac{2}{3}\vec{b}+\dfrac{2}{3}\vec{d}\right)=-\dfrac{5}{3}\vec{b}+\dfrac{1}{3}\vec{d}$

　　　　Aを始点とするベクトルで表す

(3)　(2)より，$\overrightarrow{GQ}=4\overrightarrow{GP}$ なので，

　　　一方のベクトルが
　　　もう一方のベクト
　　　ルの実数倍になる

　　3 点 G，P，Q は同一直線上にあり，

　　　　　GP：PQ$=1:3$

2つのベクトルを組み合わせていろいろなベクトルを表す

　ここまでの練習問題を振り返ってみるとわかるように，あるベクトル$\vec{p}$を2つのベクトル$\vec{a}$, $\vec{b}$を組み合わせて

$$\vec{p}=\bigcirc\vec{a}+\square\vec{b}$$

と書き表すということが，ベクトルの基本です．

　ここで1つ考えてみたいのは，ある2つのベクトル$\vec{a}$, $\vec{b}$を用意したとき

どんなベクトル$\vec{p}$も必ず$\vec{a}$と$\vec{b}$を組み合わせて表すことができるのか

という点です．その答えは，基本的には YES です．さらにいえば，その表し方は**必ず1通りに決まります**．そのことを，実際に作図をして確認してみましょう．

　2つのベクトル$\vec{a}$, $\vec{b}$を用意し，その始点を点Oにそろえるようにかきましょう．$\vec{a}$の終点を A，$\vec{b}$の終点をBとします．さらに，ベクトル$\vec{p}$も始点がOになるようにかき，$\vec{p}$の終点をPとしましょう．

　次に，OA と OB を延長するように直線をかき，さらに点Pを通りこの2つの直線に平行になるような2直線をかきます．すると，右図のように平行四辺形 OA′PB′ が作図できます．ここで，$\overrightarrow{OA'}$と$\overrightarrow{OA}$は平行，$\overrightarrow{OB'}$と$\overrightarrow{OB}$は平行なのですから，実数 s, t を用いて

$$\overrightarrow{OA'}=s\overrightarrow{OA}, \quad \overrightarrow{OB'}=t\overrightarrow{OB}$$

と書くことができるはずです．したがって

$$\overrightarrow{OP}=\overrightarrow{OA'}+\overrightarrow{OB'}=s\overrightarrow{OA}+t\overrightarrow{OB}$$

すなわち

$$\vec{p}=s\vec{a}+t\vec{b}$$

と表すことができるのです．上の作図のやり方は1本道ですから，このような実数 s, t は$\vec{p}$に対して必ずただ1つに決まります．

　ただし，少し細かいことをいえば，上のような作図ができるためには，初めにとる2つのベクトル$\vec{a}$と$\vec{b}$が，次の2つの要件を満たす必要があります．

　　・どちらも$\vec{0}$ではないこと
　　・2つのベクトルが平行ではないこと

この条件は，いいかえれば「**3 点 O，A，B が三角形をなしている**」という
ことです．これらの条件が満たされなければ，三角形 OAB はつぶれてしまい
ますので，$s\vec{a}+t\vec{b}$ の形では表せない $\vec{p}$ が出てきてしまいます．

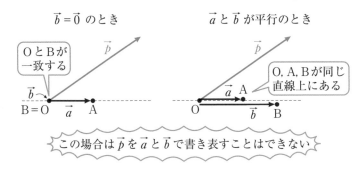

$\vec{b}=\vec{0}$ のとき　　　　　$\vec{a}$ と $\vec{b}$ が平行のとき

O と B が
一致する

O, A, B が同じ
直線上にある

この場合は $\vec{p}$ を $\vec{a}$ と $\vec{b}$ で書き表すことはできない

以上の話をまとめてみます．

 ベクトルの組み合わせ

平面上に，「ともに $\vec{0}$ でなく，互いに平行でもない」
ような 2 つのベクトル $\vec{a}$，$\vec{b}$ があるとする．どのよ
うなベクトル $\vec{p}$ も，この 2 つのベクトルを使って

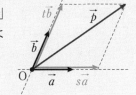

$$\vec{p}=s\vec{a}+t\vec{b} \quad (s,\ t \text{ は実数})$$

のようにただ 1 通りに書き表すことができる．

今の段階ではピンとこないかもしれませんが，実はこのことはとても重要な
事実なのです．

コメント

2 つのベクトルが「ともに $\vec{0}$ でなく，互いに平行でも
ない」と毎回いうのは，少し面倒くさいですね．それを
一言で表現したいときは，2 つのベクトルは「**1 次独立
である**」と表現します．便利な用語ですので，今後も使
っていきます．ちなみに僕は，1 次独立を人に説明する
ときは，左手の親指と人差し指を広げて「この形だよ」
といいます．1 次独立のハンドサインです．

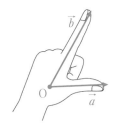

練習問題6

　三角形 OAB の辺 OA を 1：2 に内分する点を C，辺 OB を 2：3 に内分する点を D，線分 AD と線分 BC の交点を P とする．$\overrightarrow{OA}=\vec{a}$，$\overrightarrow{OB}=\vec{b}$ とするとき，次の問に答えよ．

(1)　$\overrightarrow{OP}$ を $\vec{a}$ と $\vec{b}$ を用いて表せ．

(2)　AP：PD，BP：PC を求めよ．

精 講　2つの直線の交点をPとしたとき，$\overrightarrow{OP}$ を $\vec{a}$ と $\vec{b}$ を用いて表すという問題です．比がわかっていないところは，文字を使って立式すると，$\overrightarrow{OP}$ は $\vec{a}$ と $\vec{b}$ を用いて2通りに表すことができます．あとは，$\vec{a}$ と $\vec{b}$ の**係数を比較**することで，連立方程式にもちこみます．

解　答

(1)　点Pは直線 AD 上にあるので
$$\overrightarrow{AP}=k\overrightarrow{AD} \quad (k は実数)$$
とおける（図2）．よって

図1

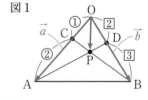

$$\overrightarrow{OP}=\overrightarrow{OA}+\overrightarrow{AP}=\overrightarrow{OA}+k\overrightarrow{AD}$$
$$=\overrightarrow{OA}+k(\overrightarrow{OD}-\overrightarrow{OA})$$
$$=(1-k)\overrightarrow{OA}+k\overrightarrow{OD} \quad \cdots\cdots(*)$$
$$=(1-k)\vec{a}+\frac{2}{5}k\vec{b} \quad \cdots\cdots①$$

$\overrightarrow{OD}=\dfrac{2}{5}\vec{b}$

図2

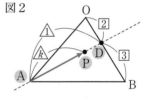

　次に，点Pは直線 BC 上にあるので
$$\overrightarrow{BP}=l\overrightarrow{BC} \quad (l は実数)$$
とおける（図3）．上と同様にして

$$\overrightarrow{OP}=\overrightarrow{OB}+l\overrightarrow{BC}$$
$$=(1-l)\overrightarrow{OB}+l\overrightarrow{OC}$$
$$=\frac{1}{3}l\vec{a}+(1-l)\vec{b} \quad \cdots\cdots②$$

$\overrightarrow{OC}=\dfrac{1}{3}\vec{a}$

図3

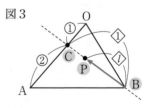

$\vec{a}$，$\vec{b}$ は1次独立なので，①，②の $\vec{a}$ と $\vec{b}$ の係数を比較して

$$1-k=\frac{1}{3}l, \quad \frac{2}{5}k=1-l \quad \text{← } k と l の連立方程式$$

　これを解いて，$k=\dfrac{10}{13}$，$l=\dfrac{9}{13}$

　これを①（または②）に代入して

$$\overrightarrow{\mathrm{OP}} = \frac{3}{13}\vec{a} + \frac{4}{13}\vec{b}$$

(2)　図2より，AP：PD$=k:(1-k)=\dfrac{10}{13}:\dfrac{3}{13}=10:3$

　　図3より，BP：PC$=l:(1-l)=\dfrac{9}{13}:\dfrac{4}{13}=9:4$

コメント

　練習問題6は，ベクトルの学習における一里塚，つまり「**これができれば一人前**」といってよい問題です．

　①は「点Pが直線 AD 上にある」という条件式，②は「点Pが直線 BC 上にある」という条件式です．点Pが直線上のどこにあるかはわかりませんので，どちらの式も文字を含んでいますね．この2つの式の$\vec{a}$と$\vec{b}$の係数を比較し，連立方程式を解くことで文字の値が決まり，点Pの位置が確定します．「2つの直線の方程式を連立させることで交点の座標を求める」のと同じことを**ベクトルを用いてやっている**，と見ることができます．

　さて，この①と②の係数比較の部分ですが，何でもないところのように思えて，実はここで$\vec{a}, \vec{b}$が**1次独立**（ハンドサインを思い出してください！）という条件が重要な働きをしています．p359で説明したように，$\vec{a}, \vec{b}$が1次独立であれば，$\overrightarrow{\mathrm{OP}}$ を

$$\overrightarrow{\mathrm{OP}} = \bigcirc\vec{a} + \square\vec{b}$$

と表す方法は，必ず「ただ1通り」に決まります．だから，$\overrightarrow{\mathrm{OP}}$ を，ある人が$p\vec{a}+q\vec{b}$ と表し，別のある人が $p'\vec{a}+q'\vec{b}$ と表したとすれば，実はこの2つの表し方は全く同じものであるはず，つまり **$p=p'$，$q=q'$** が成り立つ，という理屈になるのです．

> ☑ **ベクトルの係数比較**
>
> 　2つのベクトル$\vec{a}, \vec{b}$は1次独立であるとする．
> $$p\vec{a}+q\vec{b}=p'\vec{a}+q'\vec{b}$$
> であるならば，「$p=p'$ かつ $q=q'$」が成り立つ．

　ベクトルの係数比較をする場面では，「1次独立」の条件が成り立っていることをきちんと**答案に書く習慣**をつけましょう．

注意

練習問題6で,「点Pが直線 AD 上にある条件」を立てるとき, 内分比 AP : PD を $k : (1-k)$ とおいて, 内分の公式より,

$$\overrightarrow{OP} = \frac{(1-k)\overrightarrow{OA} + k\overrightarrow{OD}}{k + (1-k)} = (1-k)\overrightarrow{OA} + k\overrightarrow{OD} \quad \cdots\cdots (*)$$

として,（*）の式を出すことができます. ただ,（*）を内分の公式ととらえる考え方は, 個人的にあまりオススメしません. というのは,（*）が使えるのは, 別に「内分」に**限った話ではない**からです.

下の3つの図を見てください.

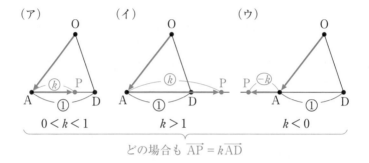

どの場合も $\overrightarrow{AP} = k\overrightarrow{AD}$

（ア）,（イ）,（ウ）のどの場合も

$$\begin{aligned}
\overrightarrow{OP} &= \overrightarrow{OA} + k\overrightarrow{AD} \\
&= \overrightarrow{OA} + k(\overrightarrow{OD} - \overrightarrow{OA}) \\
&= (1-k)\overrightarrow{OA} + k\overrightarrow{OD} \quad \cdots\cdots (*)
\end{aligned}$$

と, 同じ1つの式で表すことができるのです.

（ア）$0 < k < 1$ であれば, 点Pは線分 AD の内分点,

（イ）$k > 1$ または（ウ）$k < 0$ であれば, 点Pは線分 AD の外分点,

さらに, $k = 0$ のときは, 点Pは点Aと一致しますし, $k = 1$ のときは, 点Pは点Dと一致します.

つまり,（*）の式1つで「**点Pが直線 AD 上にある**」というすべてのケースを包括してしまえるということです.

「内分」と「外分」は, 状況としてかなり違って見えるかもしれませんが, 式にとっては, そんなこと「知ったこっちゃない」のです.（*）を「内分の式」に限定するのではなく,「**点Pが直線 AD 上にあるための条件式**」, さらにいえば**「直線 AD の方程式」**と見る視点がとても大切です.

練習問題 7

平行四辺形 OACB において，辺 OA を $1:2$ に内分する点を L，辺 OB の中点を M，辺 AC を $2:1$ に内分する点を N とする．

(1) 直線 LM と直線 NB の交点を P とするとき，$\overrightarrow{OP}$ を $\overrightarrow{OA}$ と $\overrightarrow{OB}$ を用いて表せ．

(2) 直線 OP と直線 AB の交点を Q とするとき，$\overrightarrow{OQ}$ を $\overrightarrow{OA}$ と $\overrightarrow{OB}$ を用いて表せ．

精 講 この問題では，点 P は線分 LM と線分 NB の外分点となりますが，内分，外分に関わらず，式の立て方は全く同じ．どこで交わるかは意識せずに，「直線上にある条件」をそれぞれ式にして連立させればよいのです．

::::::::::::::::::::::::::::::: 解 答 :::::::::::::::::::::::::::::::

(1) 点 P は直線 LM 上にあるので

$$\overrightarrow{OP}=\overrightarrow{OL}+s\overrightarrow{LM}$$
$$=\overrightarrow{OL}+s(\overrightarrow{OM}-\overrightarrow{OL})$$
$$=(1-s)\overrightarrow{OL}+s\overrightarrow{OM}$$
$$=\frac{1}{3}(1-s)\overrightarrow{OA}+\frac{s}{2}\overrightarrow{OB} \quad \cdots\cdots①$$

（s は実数）

とおける．

また，点 P は直線 NB 上にあるので

$$\overrightarrow{OP}=\overrightarrow{ON}+t\overrightarrow{NB}$$
$$=(1-t)\overrightarrow{ON}+t\overrightarrow{OB}$$
$$=(1-t)\left(\overrightarrow{OA}+\frac{2}{3}\overrightarrow{OB}\right)+t\overrightarrow{OB}$$
$$=(1-t)\overrightarrow{OA}+\left(\frac{2}{3}+\frac{t}{3}\right)\overrightarrow{OB} \quad \cdots\cdots②$$

（t は実数）

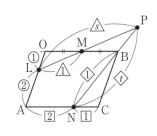

$$\overrightarrow{ON}=\overrightarrow{OA}+\overrightarrow{AN}$$
$$=\overrightarrow{OA}+\frac{2}{3}\overrightarrow{AC}$$
$$=\overrightarrow{OA}+\frac{2}{3}\overrightarrow{OB}$$

とおける．

$\overrightarrow{OA}$，$\overrightarrow{OB}$ は 1 次独立より，①，②の $\overrightarrow{OA}$ と $\overrightarrow{OB}$ の係数を比較して

$$\frac{1}{3}(1-s)=1-t, \quad \frac{s}{2}=\frac{2}{3}+\frac{t}{3}$$

これを解くと

分母をはらうと
$$\begin{cases} 1-s=3-3t \\ 3s=4+2t \end{cases}$$

$$s=\frac{16}{7}, \quad t=\frac{10}{7}$$

これを①(または②)に代入して

$$\overrightarrow{\mathrm{OP}}=-\frac{3}{7}\overrightarrow{\mathrm{OA}}+\frac{8}{7}\overrightarrow{\mathrm{OB}}$$

(2)　点Qは直線 OP 上にあるので
$$\overrightarrow{\mathrm{OQ}}=k\overrightarrow{\mathrm{OP}}$$

$$=-\frac{3}{7}k\overrightarrow{\mathrm{OA}}+\frac{8}{7}k\overrightarrow{\mathrm{OB}} \quad \cdots\cdots③$$

　　　（k は実数）

とおける. また, 点Qは直線 AB 上にあるので
$$\overrightarrow{\mathrm{OQ}}=\overrightarrow{\mathrm{OA}}+l\overrightarrow{\mathrm{AB}}=(1-l)\overrightarrow{\mathrm{OA}}+l\overrightarrow{\mathrm{OB}} \quad \cdots\cdots④$$

とおける.　　　　　　　　　　　　　（l は実数）

　$\overrightarrow{\mathrm{OA}}$, $\overrightarrow{\mathrm{OB}}$ は1次独立より, ③, ④の $\overrightarrow{\mathrm{OA}}$ と $\overrightarrow{\mathrm{OB}}$ の係数を比較して

$$-\frac{3}{7}k=1-l, \quad \frac{8}{7}k=l$$

これを解いて, $k=\frac{7}{5}$, $l=\frac{8}{5}$

これを③(または④)に代入して

$$\overrightarrow{\mathrm{OQ}}=-\frac{3}{5}\overrightarrow{\mathrm{OA}}+\frac{8}{5}\overrightarrow{\mathrm{OB}}$$

コメント

　本問では問われていませんが, (1), (2)で導いた s, t, k, l を用いると

$$\mathrm{LM}:\mathrm{MP}=1:(s-1)=1:\frac{9}{7}=7:9$$

$$\mathrm{NB}:\mathrm{BP}=1:(t-1)=1:\frac{3}{7}=7:3$$

$$\mathrm{OP}:\mathrm{PQ}=1:(k-1)=1:\frac{2}{5}=5:2$$

$$\mathrm{AB}:\mathrm{BQ}=1:(l-1)=1:\frac{3}{5}=5:3$$

という比が計算できます.

コメント 〜共線条件〜

　「**3 つの点が同じ直線上にある**」という条件を, **共線条件**といいます. この問題の中でも, いくつかの形が出てきましたので, まとめておきましょう.

　「**点 P が直線 AB 上にある**」という条件を, A をベクトルの始点にして表すと

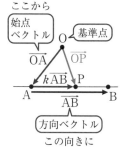

$$\overrightarrow{\mathrm{AP}}=k\overrightarrow{\mathrm{AB}} \quad \cdots\cdots①$$

となります. 問題において, 基準点が考えている直線上にあるときは, この最もシンプルな形が使えますね. 基準点が直線上にないときは, その基準点を O とし, ①の左辺を $\overrightarrow{\mathrm{OP}}-\overrightarrow{\mathrm{OA}}$ と変形して, 式を整理すれば

$$\overrightarrow{\mathrm{OP}}=\overrightarrow{\mathrm{OA}}+k\overrightarrow{\mathrm{AB}} \quad \cdots\cdots②$$

となります. これもわかりやすい形ですね. 直線は, 「ここから(通る点)」と「この向きに」を決めれば 1 つに決まりますが, まさに $\overrightarrow{\mathrm{OA}}$ が「**ここから**」を, $\overrightarrow{\mathrm{AB}}$ が「**この向きに**」を決めているわけですね. その意味で, $\overrightarrow{\mathrm{OA}}$ を**始点ベクトル**, $\overrightarrow{\mathrm{AB}}$ を**方向ベクトル**といいます. ②を見ることで, 点 P が「A を通り $\overrightarrow{\mathrm{AB}}$ の方向に伸びる直線上にある」ということを, 感覚的に読み取れるようになっておくといいと思います.

　②の右辺のベクトルを, すべて始点を O とするベクトルで書き表すと, 次の形ができます.

$$\overrightarrow{\mathrm{OP}}=\overrightarrow{\mathrm{OA}}+k(\overrightarrow{\mathrm{OB}}-\overrightarrow{\mathrm{OA}})$$
$$=(1-k)\overrightarrow{\mathrm{OA}}+k\overrightarrow{\mathrm{OB}} \quad \cdots\cdots③$$

　問題を解く中で, 最もよく登場する形です.

　③の式の, 「$\overrightarrow{\mathrm{OA}}$ と $\overrightarrow{\mathrm{OB}}$ の係数の和が 1 になっている」という特徴に注目すれば, この条件は次のように書き表すこともできます.

$$\overrightarrow{\mathrm{OP}}=s\overrightarrow{\mathrm{OA}}+t\overrightarrow{\mathrm{OB}}, \quad s+t=1 \quad \cdots\cdots④$$

　これも, 共線条件として使いやすい形です. 例えば, (2)で

$$\overrightarrow{\mathrm{OQ}}=-\frac{3}{7}k\overrightarrow{\mathrm{OA}}+\frac{8}{7}k\overrightarrow{\mathrm{OB}}$$

という式を導いたあとに, 点 Q が直線 AB 上にあるための条件が「$\overrightarrow{\mathrm{OA}}$ と $\overrightarrow{\mathrm{OB}}$ の係数の和が 1」であることを利用して

$$-\frac{3}{7}k+\frac{8}{7}k=1 \qquad よって, \quad k=\frac{7}{5}$$

と求めてしまえば, 連立方程式を立てる手間がなくなります.

応用問題 1

　平面上に三角形 ABC と点Pがあり
$$4\overrightarrow{AP}+3\overrightarrow{BP}+2\overrightarrow{CP}=\vec{0}$$
を満たしている.

(1)　点Pはどのような位置にあるかを答えよ.

(2)　三角形 PAB の面積は，三角形 ABC の面積の何倍かを求めよ.

精　講　　与えられた式は，ベクトルの始点が統一されていませんので，ベクトルの基本変形を用いて始点を統一してしまいましょう.

┊┊┊┊┊┊┊┊┊┊　　解　答　┊┊┊┊┊┊┊┊┊┊

(1)　点Aが始点となるように式を変形すると
$$4\overrightarrow{AP}+3(\overrightarrow{AP}-\overrightarrow{AB})+2(\overrightarrow{AP}-\overrightarrow{AC})=\vec{0}$$
$$9\overrightarrow{AP}=3\overrightarrow{AB}+2\overrightarrow{AC}$$

$$\overrightarrow{AP}=\frac{1}{9}(3\overrightarrow{AB}+2\overrightarrow{AC})$$

つじつまを
合わせるために
5をかける
$$=\frac{5}{9}\cdot\frac{3\overrightarrow{AB}+2\overrightarrow{AC}}{5}$$

$\overrightarrow{AB}$ と $\overrightarrow{AC}$ の係数の和
(3+2=5) で割る
(内分の公式の形を作るため)

$$\overrightarrow{AD}=\frac{3\overrightarrow{AB}+2\overrightarrow{AC}}{5}$$ とおくと，点Dは線分 BC

を 2:3 に内分する点であり，また $\overrightarrow{AP}=\dfrac{5}{9}\overrightarrow{AD}$

より，点Pは線分 AD を 5:4 に内分する点である.
　よって，点Pの位置は右図のようになる.

(2)　AD:AP=9:5, BC:BD=5:2 より
$$\binom{\triangle PAB}{\text{の面積}}=\binom{\triangle ABD}{\text{の面積}}\times\frac{5}{9}$$
$$=\binom{\triangle ABC}{\text{の面積}}\times\frac{2}{5}\times\frac{5}{9}$$
$$=\binom{\triangle ABC}{\text{の面積}}\times\frac{2}{9}$$

　よって，　$\dfrac{2}{9}$ **倍**

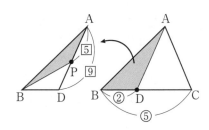

コラム　～ベクトルを使うと座標軸をカスタマイズできる～

　比の値が求められたり，３点が同一直線上にあるということが証明できたり，ベクトルが図形問題を解く上でとても有用な手法であることは少しずつ実感できてきたのではないでしょうか．ここで，**そもそもベクトルを使って図形問題を扱うということはどういうことなのか**について，少し踏み込んだ説明をしておきたいと思います．

　最初にいったように，ベクトルは「向き」と「大きさ」だけをもつ概念であり，「位置」とは無関係です．例えば，待ち合わせをするときに「**北東に 10 m の位置**で待ってるよ」とだけいわれても，どこで待っているのかはさっぱりわかりません．しかし，ここに「どこから」という情報が加われば，例えば「**渋谷のハチ公像から北東に 10 m の位置**で待ってるよ」といわれれば，その待ち合わせの位置は特定できます．このように，**「基準点」が与えられれば，「ベクトル」は「位置」と対応させることができる**のです．

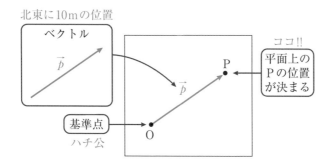

　では，その「基準点」を点Oとし，平面上の点Pに対して $\overrightarrow{\mathrm{OP}}$ というベクトルを対応させることにします．次に，２つのベクトル $\vec{a}$ と $\vec{b}$ をとりましょう．この２つのベクトルは，「ともに $\vec{0}$ でなく，かつ平行ではない」，つまり「１次独立」という条件を満たすように選びます．すると，$\overrightarrow{\mathrm{OP}}$ は $\vec{a}$ と $\vec{b}$ を用いて

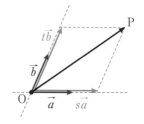

$$\overrightarrow{\mathrm{OP}} = s\vec{a} + t\vec{b} \quad (s,\ t \text{ は実数})$$

とただ１通りの形に書き表すことができます．つまり

平面上の点Pに対して，実数の組 $(s,\ t)$ を対応させることができる

これは，まさに「点P」に対して「**座標**」を与え
ているのと同じことです．右図のように，原点を
Oとし，$\vec{a}$，$\vec{b}$の長さを1目盛りにとった平行四
辺形の格子をかいてみれば，点Pに対応させられ
る(s, t)は，この**斜めに傾いた世界の座標**である
ことがよくわかります．

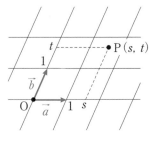

今までは，平面上の座標は「1目盛りの長さが
1で，かつ直交している座標軸で考える」と決まっ
ていました．例えば，一般の三角形をこの座標系の
中におくときには，右図のように頂点の座標を表す
のにいろいろな文字定数をおく必要があったのです．

ところが，ベクトルを使えば，基準点Oをどこに
とるか，2つのベクトル$\vec{a}$，$\vec{b}$をどの向きにどの大
きさでとるかは，自分で自由に選ぶことができます．
つまり，**問題に応じて自由に座標軸をカスタマイズ
できる**のです．三角形の問題であれば，頂点の1つ
を基準点にし，各辺に沿うように$\vec{a}$，$\vec{b}$の向きと大
きさを選べば，頂点の座標は$(0, 0)$，$(1, 0)$，$(0, 1)$
と，一切文字定数を使わずに表せてしまうことにな
ります．

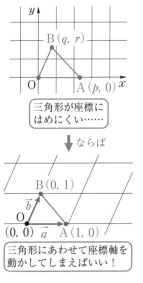

> **図形が座標にあわないのであれば，
> 座標の方を図形にあわせてしまおう**

何とも数学らしい柔軟な発想ですね．

今後，ベクトルの問題を解くときは，「**基準点**」と「**2つのベクトル**」に何
が選ばれているのかに注目してほしいと思います．

応用問題 2

　右図のような三角形 OAB があり，さらに点Pが
$$\overrightarrow{\mathrm{OP}}=s\overrightarrow{\mathrm{OA}}+t\overrightarrow{\mathrm{OB}}$$
で定められている．実数 s, t が，次のそれぞれの条件を
満たすとき，点Pの存在範囲を図示せよ．

(1)　$s+t=1$　　　　　　(2)　$s+3t=1$

(3)　$s\geqq0$, $t\geqq0$, $s+t\leqq1$

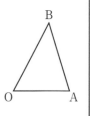

精　講　三角形 OAB があるとき，同じ平面上の点Pに対して，
$\overrightarrow{\mathrm{OP}}=s\overrightarrow{\mathrm{OA}}+t\overrightarrow{\mathrm{OB}}$ を満たす実数 (s, t) の組を対応させることがで
きます．この s, t が，ある条件を満たして変化すると，点Pは平面上の図形，
または領域をかくことになります．これは，**「斜めに傾いた座標」**における
「図形の方程式」に他なりません．

解　答

(1)　$\overrightarrow{\mathrm{OP}}=s\overrightarrow{\mathrm{OA}}+t\overrightarrow{\mathrm{OB}}$ が $s+t=1$ を満たしながら
　　動くとき，点Pは直線 AB 上を動く．

> p365 共線条件④

　　点Pの存在範囲は，右図のようになる．

(2)　$\overrightarrow{\mathrm{OP}}=s\overrightarrow{\mathrm{OA}}+t\overrightarrow{\mathrm{OB}}$ 〔ここを $3t$ にする〕

$$=s\overrightarrow{\mathrm{OA}}+3t\cdot\frac{\overrightarrow{\mathrm{OB}}}{3}$$

〔つじつまを合わせる
ために 3 で割る〕

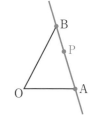

$\overrightarrow{\mathrm{OB'}}=\dfrac{\overrightarrow{\mathrm{OB}}}{3}$ とおくと

$$\overrightarrow{\mathrm{OP}}=s\overrightarrow{\mathrm{OA}}+3t\overrightarrow{\mathrm{OB'}}$$

$s+3t=1$ なので，点Pは直線 AB' 上を動く．
点Pの存在範囲は，右図のようになる．

(3)　$s=0$ のとき，$\overrightarrow{\mathrm{OP}}=t\overrightarrow{\mathrm{OB}}$ となるので，点 P は直線 OB 上を動く．$s\geqq0$
のときは，点Pは直線 OB および直線 OB の右側（点Aを含む側）の領域を
動く（図１）．

　　同様に，$t\geqq0$ のときは，点Pは直線 OA および，直線 OA の上側（点B
を含む側）の領域を動く（図２）．

$s+t=1$ のとき，(1)より点Pは直線 AB 上を動く．$s+t\leqq1$ のとき，点
Pは直線 AB および，直線 AB の左下側(点Oを含む側)の領域を動く(図
3)．

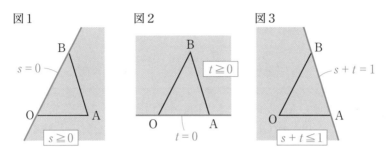

図1　　　　　　図2　　　　　　図3

以上より，点Pの存在範囲は三角形 OAB の周および内部
の領域である．

コメント

$\overrightarrow{\text{OP}}=s\overrightarrow{\text{OA}}+t\overrightarrow{\text{OB}}$ と書いたとき，$(s,\ t)$ は下左図のように座標軸をとったと
きの点Pの「座標」であると考えると，ここでやっていることはとてもわかり
やすくなります．仮に，下右図のように，$\overrightarrow{\text{OA}}$，$\overrightarrow{\text{OB}}$ を長さ1で直交するよう
にとり，$\overrightarrow{\text{OP}}=x\overrightarrow{\text{OA}}+y\overrightarrow{\text{OB}}$ とすれば，「$x+y=1$」や「$x\geqq0,\ y\geqq0,\ x+y\leqq1$」
は見慣れた直線や領域の方程式となります．

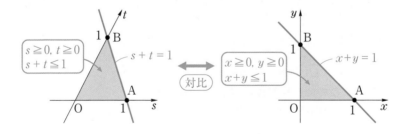

ベクトルの内積

　ここまで，ベクトルを使って解いた図形問題は，「比を求める」という話ばかりで，**「長さ」「角度」「面積」といった図形量を求めること**はできていません．そのようなこともベクトルを使って自在にできるようになることが，これからの目的です．それができたとき初めて，ベクトルはその真価を十二分に発揮することになるのです．そのためには，いくつかの準備が必要になります．まずは，ベクトルの「大きさ」を表す記号を用意しておきましょう．

 ベクトルの大きさ

　$\vec{a}$ の大きさを $|\vec{a}|$ と表す.

　絶対値記号と同じ記号を使いますが，それがベクトルについた場合は，「ベクトルの大きさ」つまり「矢印の長さ」を表すことになります．当然ですが，$|\vec{a}|$ は実数です．

　次に，「2つのベクトルのなす角」について取り決めをしておきます．

 2つのベクトルのなす角

　2つのベクトル $\vec{a}$ と $\vec{b}$ を始点をそろえてかいたとき，2つの方向がなす角 θ を「**$\vec{a}$ と $\vec{b}$ のなす角**」という.

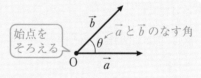

　2つのベクトルがなす角を測るときは，**「始点をそろえる」**というのがポイントです．θ は 0 以上 π 以下の範囲で考えます．

　さて，ここからが本題です．以上を踏まえて，これから2つのベクトル $\vec{a}$，$\vec{b}$ に対して，**内積**という**新しい演算**を考えてみたいと思います．$\vec{a}$ と $\vec{b}$ の内積は

$$\vec{a} \cdot \vec{b}$$

という記号で表します．数のかけ算と同じ記号を使っていますが，これは決してベクトルの「かけ算」という意味ではなく，「内積」という特別な演算を表す記号なのです．その計算規則は，次のようになります．

✅ ベクトルの内積

$\vec{a}$ と $\vec{b}$ に対して，$\vec{a}$ と $\vec{b}$ のなす角を θ とする．$\vec{a}$ と $\vec{b}$ の内積 $\vec{a}\cdot\vec{b}$ は，

$$\vec{a}\cdot\vec{b}=|\vec{a}||\vec{b}|\cos\theta$$

という式で表される数である．

　ここで，まさかの三角関数の登場です．頭の中に山ほど疑問がわき起こるでしょうが，いったんそれらは脇に置いておき，下の図1〜図3において，具体的に内積 $\vec{a}\cdot\vec{b}$ の値を計算してみましょう．

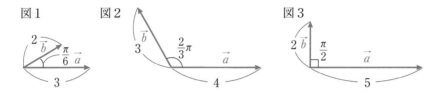

図1　　　　図2　　　　　　　　　　　　　　　　図3

　図1では，$|\vec{a}|=3$，$|\vec{b}|=2$ で，$\vec{a}$ と $\vec{b}$ のなす角は $\dfrac{\pi}{6}$ ですので

$$\vec{a}\cdot\vec{b}=3\cdot2\cos\frac{\pi}{6}=3\cdot2\cdot\frac{\sqrt{3}}{2}=3\sqrt{3}$$

となります．

　図2では，$|\vec{a}|=4$，$|\vec{b}|=3$ で，$\vec{a}$ と $\vec{b}$ のなす角は $\dfrac{2}{3}\pi$ ですので

$$\vec{a}\cdot\vec{b}=4\cdot3\cos\frac{2}{3}\pi=4\cdot3\cdot\left(-\frac{1}{2}\right)=-6$$

となります．

　図3では，$|\vec{a}|=5$，$|\vec{b}|=2$ で，$\vec{a}$ と $\vec{b}$ のなす角は $\dfrac{\pi}{2}$ ですので

$$\vec{a}\cdot\vec{b}=5\cdot2\cos\frac{\pi}{2}=5\cdot2\cdot0=0$$

となります．

　ここで，最低限押さえてほしいのは

内積を計算した結果は実数になる

ということです．$\vec{a}$，$\vec{b}$ は「ベクトル」ですが，その内積 $\vec{a}\cdot\vec{b}$ は $3\sqrt{3}$ や -6 というように「実数」になっていますね．内積は，**2つのベクトルに対して実数を対応させる**という，不思議な演算なのです．次のページでもう少し練習をしてみましょう．

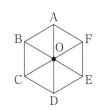

右図のような各辺の長さが 1 である正六角形 ABCDEF があり，その中心は O である．次の内積の値を求めよ．

(1) $\overrightarrow{OA}\cdot\overrightarrow{OB}$　　(2) $\overrightarrow{CB}\cdot\overrightarrow{BE}$　　(3) $\overrightarrow{AD}\cdot\overrightarrow{CE}$

(4) $\overrightarrow{AF}\cdot\overrightarrow{BE}$

精 講　ベクトルのなす角を測るときは，必ずベクトルの始点をそろえることに注意しましょう．また，$\cos\dfrac{\pi}{2}=0$ ですので，直角をなす 2 つのベクトルの内積はベクトルの大きさに関わらず **0 になる**ことも覚えておくといいでしょう．

解 答

(1) $|\overrightarrow{OA}|=1$, $|\overrightarrow{OB}|=1$

$\overrightarrow{OA}$, $\overrightarrow{OB}$ の

なす角は $\dfrac{\pi}{3}$

よって

$\overrightarrow{OA}\cdot\overrightarrow{OB}$

$=1\cdot1\cdot\cos\dfrac{\pi}{3}$

$=\dfrac{1}{2}$

(2) $|\overrightarrow{CB}|=1$, $|\overrightarrow{BE}|=2$

$\overrightarrow{CB}$ と $\overrightarrow{BE}$ の始点を

そろえて書くと右下図

となり，なす角は $\dfrac{2}{3}\pi$

よって

$\overrightarrow{CB}\cdot\overrightarrow{BE}$

$=1\cdot2\cdot\cos\dfrac{2}{3}\pi$

$=-1$

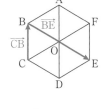

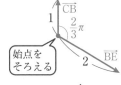

始点を
そろえる

(3) $\overrightarrow{AD}$ と $\overrightarrow{CE}$ のなす

角は $\dfrac{\pi}{2}$ なので

$\overrightarrow{AD}\cdot\overrightarrow{CE}$

$=|\overrightarrow{AD}||\overrightarrow{CE}|\cos\dfrac{\pi}{2}$

$=0$

$\cos\dfrac{\pi}{2}=0$ なので，

$|\overrightarrow{AD}|$, $|\overrightarrow{CE}|$ の値

によらず，内積は 0

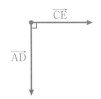

(4) $|\overrightarrow{AF}|=1$,

$|\overrightarrow{BE}|=2$

$\overrightarrow{AF}$ と $\overrightarrow{BE}$ の

なす角は 0 なの

で

$\overrightarrow{AF}\cdot\overrightarrow{BE}$

$=1\cdot2\cdot\cos0$

$=2$

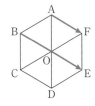

同じ向きの 2 つの
ベクトルのなす角
は 0

コメント

　内積を初めて学ぶとき，多くの人が感じる「もやもや」はおそらく，「**内積の計算の規則はわかるし，それを計算することもできる．でもこの計算結果が何を意味しているのかわからない**」ということではないかと思います．

　ここで，内積に対して**図形的な解釈**を与えてみましょう．2つのベクトル $\vec{a}$ と $\vec{b}$ を，始点をそろえてかきます．$\vec{a}$ に沿う直線を「地面」と見立て，太陽の光が真上から射しているときに地面に落ちる「$\vec{b}$ **の影**」に注目します．すると，その**影の長さ**は，θ の三角比を用いて $|\vec{b}|\cos\theta$ と書けますよね．したがって，2つのベクトルの内積は

$$\vec{a}\cdot\vec{b}=|\vec{a}||\vec{b}|\cos\theta=(\vec{a}\text{ の長さ})\times(\vec{b}\text{ の影の長さ})$$

という計算をしていることになるのです．ただし，この「影の長さ」は符号をもっていて，$\vec{a}$ と同じ方向に影が伸びる場合は正の長さ，逆方向に影が伸びる場合は負の長さと考えています．

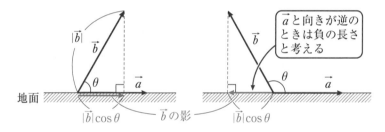

　なるほど，確かにこれで内積の図形的な意味はわかりました．とはいえ，「もやもや」の一番根本的な部分が解決されたわけではありませんよね．そもそも，なぜこんな面倒くさい計算を「内積」なんて名づけて，ありがたがらなければいけないのか．その部分はあいかわらず謎のままです．「積」というのであれば，単に「2つのベクトルの長さの積」を考える方がずっと自然な気がしてしまうのです．

　ところが，そうではないのです．次のページからの解説を読めば，この一見奇妙に見える内積の定義が，実に「理にかなったもの」であることがわかると思います．

内積の性質

内積について，次の①～③の計算法則が成り立ちます．

> ☑ **内積の性質**
> ① $\vec{a}\cdot\vec{b}=\vec{b}\cdot\vec{a}$ ← 交換法則
> ② $\vec{a}\cdot(\vec{b}+\vec{c})=\vec{a}\cdot\vec{b}+\vec{a}\cdot\vec{c}$ ← 分配法則
> ③ $\vec{a}\cdot\vec{a}=|\vec{a}|^2$

①はいわゆる**交換法則**，②は**分配法則**ですね．「かけ算」なんだから，交換法則や分配法則が成り立つのは当たり前でしょ，と多くの人がスルーしてしまう部分なのですが，**ちょっと待ってください**．

ここで，「・」は「かけ算」ではなく，「内積」という私たちがベクトルに対して定義した**全く新しい演算**であったことを思い出してください．その「内積」が，あたかも普通の「かけ算」のようなふるまいを見せるというのは，当たり前どころか実に驚くべきことなのです．

これらが成り立つ理由はすべて，あの一見奇妙な内積の定義

$$\vec{a}\cdot\vec{b}=|\vec{a}||\vec{b}|\cos\theta$$

から導かれます．

まず①についてですが，これは当然ですね．$\vec{a}$ と $\vec{b}$ の順番を変えても，2つのベクトルの大きさやなす角は変わらないのですから，$\vec{a}\cdot\vec{b}$ と $\vec{b}\cdot\vec{a}$ は等しいはずです．

問題は②です．この式は，見れば見るほどに不思議な式です．左辺に表れる $\vec{b}+\vec{c}$ という足し算は「ベクトルの世界」の足し算ですが，右辺に表れる $\vec{a}\cdot\vec{b}+\vec{a}\cdot\vec{c}$ という足し算は「実数の世界」の足し算．つまり，左辺と右辺で足し算の意味が違っているのです．

$$\vec{a}\cdot(\vec{b}+\vec{c})=\vec{a}\cdot\vec{b}+\vec{a}\cdot\vec{c}$$

（ベクトルの足し算 / 実数の足し算）

これが成り立つ理由を説明するカギは，前のページで説明した

$$\vec{a}\cdot\vec{b}=(\vec{a} \text{ の長さ})\times(\vec{b} \text{ の影の長さ})$$

という内積の図形的意味にあります．

3つのベクトル $\vec{a}$, $\vec{b}$, $\vec{c}$ を次の左図のようにとり，それぞれのベクトルの長さを A, B, C とします．また，$\vec{b}+\vec{c}$ の長さを X としましょう．

このとき，次の右図のように，$\vec{a}$ の方向に伸びている地面に $\vec{b}$, $\vec{c}$, $\vec{b}+\vec{c}$ が落とす「影」の長さを B', C', X' としてみます．

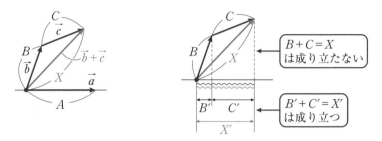

ここで注目してほしいのは

$$B'+C'=X' \qquad \cdots\cdots(*)$$

つまり，

$$(\vec{b} \text{ の影の長さ})+(\vec{c} \text{ の影の長さ})=(\vec{b}+\vec{c} \text{ の影の長さ})$$

が成り立っていることです．この両辺に，$\vec{a}$ の長さである A をかけ算すれば

$$AB'+AC'=AX'$$

となり，$AB'=\vec{a}\cdot\vec{b}$, $AC'=\vec{a}\cdot\vec{c}$, $AX'=\vec{a}\cdot(\vec{b}+\vec{c})$ なのですから

$$\vec{a}\cdot\vec{b}+\vec{a}\cdot\vec{c}=\vec{a}\cdot(\vec{b}+\vec{c})$$

が導かれるわけです．注意してほしいのは，「ベクトルの長さ」の間には

$$B+C=X$$

という足し算は成立しないということです．$B+C$ は三角形の2辺の長さの和ですので，一般には残りの1辺の長さ X より長くなるはずですよね．もし，内積が「2つのベクトルの長さの積」であったならば，②の分配法則は成立しなかったのです．ところが，「影」に注目すると，$(*)$ という足し算が成立する．つまり，内積の定義にあった **$\cos\theta$ は，この分配法則を成り立たせる上で必要不可欠なものであった**ことがわかるのです．

最後に③です．これも定義からすぐに導けます．同じベクトルの場合，なす角は0ですので

$$\vec{a}\cdot\vec{a}=|\vec{a}||\vec{a}|\underset{\substack{\|\\1}}{\cos 0}=|\vec{a}|^2$$

同じ2つのベクトル
のなす角は0

となるのです.

　この式は，あたかも「**同じベクトルを2回かけると2乗になる**」といっているように見えるのが面白いところです．もちろん，実際には内積はかけ算ではありませんし，右辺の式も「$\vec{a}$ の2乗」ではなく「$\vec{a}$ の大きさの2乗」であることは注意してほしいですが，ベクトルの内積計算が文字計算と似た構造をもっているということは，計算上とても便利なのです.

コラム　～内積とかけ算のアナロジー～

　「ベクトルの内積」と「数のかけ算」の計算規則を以下に並べてみましょう．先ほど紹介したものに②′と④が加わっていますが，どちらも内積の定義から導くことができます．左右に並んだ2つの計算は本来全く別のものであるにも関わらず，対比させてみるとその類似性がよくわかります.

ベクトル ―＜類似している＞― 数

① $\vec{a}\cdot\vec{b}=\vec{b}\cdot\vec{a}$ 　　　　　　$ab=ba$
② $\vec{a}\cdot(\vec{b}+\vec{c})=\vec{a}\cdot\vec{b}+\vec{a}\cdot\vec{c}$ 　　$a(b+c)=ab+ac$
②′ $(\vec{b}+\vec{c})\cdot\vec{a}=\vec{b}\cdot\vec{a}+\vec{c}\cdot\vec{a}$ 　　$(b+c)a=ba+ca$
③ $\vec{a}\cdot\vec{a}=|\vec{a}|^2$ 　　　　　　$aa=a^2$
④ $(k\vec{a})\cdot\vec{b}=\vec{a}\cdot(k\vec{b})=k\vec{a}\cdot\vec{b}$ 　$(ka)b=a(kb)=kab$

　「あるもの」と「全く別のもの」との間の類似性のことを**アナロジー**といいますが，まさにベクトルの内積は，普通の数のかけ算のアナロジーとしてとらえることができるのです．数の計算のときに学んだ，展開や因数分解の公式は，ベクトルの内積計算でも（ほとんど）そのまま使うことができます.

　例えば

$$|\vec{b}-\vec{a}|^2$$

という計算を実行してみることにしましょう．内積の性質①～④を用いると，これは次のように「展開」できます.

$$
\begin{aligned}
|\vec{b}-\vec{a}|^2&=(\vec{b}-\vec{a})\cdot(\vec{b}-\vec{a}) &&\text{性質③}\\
&=(\vec{b}-\vec{a})\cdot\vec{b}-(\vec{b}-\vec{a})\cdot\vec{a} &&\text{性質②}\\
&=\vec{b}\cdot\vec{b}-\vec{a}\cdot\vec{b}-\vec{b}\cdot\vec{a}+\vec{a}\cdot\vec{a} &&\text{性質②′}\\
&=\vec{b}\cdot\vec{b}-\vec{a}\cdot\vec{b}-\vec{a}\cdot\vec{b}+\vec{a}\cdot\vec{a} &&\text{性質①}\\
&=|\vec{b}|^2-2\vec{a}\cdot\vec{b}+|\vec{a}|^2 &&\text{性質③}
\end{aligned}
$$

第9章

この結果は，数の世界の「2乗の展開公式」と全く同じ形をしています．

$$\boxed{\text{ベクトル}} \quad |\vec{b}-\vec{a}|^2=|\vec{b}|^2-2\vec{a}\cdot\vec{b}+|\vec{a}|^2$$
$$\boxed{\text{数}} \quad (b-a)^2=b^2\ \ -2ab\ \ +a^2$$

類似している

さて，一方でベクトルの式は図形的な意味をもっていることも忘れてはいけません．三角形 OAB について，$\vec{a}=\overrightarrow{OA}$, $\vec{b}=\overrightarrow{OB}$ とおけば，$\vec{b}-\vec{a}=\overrightarrow{AB}$ ですので，$|\vec{b}-\vec{a}|^2$ は AB^2 に他なりません．

また，∠AOB$=\theta$ とすると，$\vec{a}\cdot\vec{b}=$OA・OB$\cos\theta$ です．したがって，先ほどの結果は次のように書き直せます．

$$AB^2=OA^2-2OA\cdot OB\cos\theta+OB^2$$

そう，驚くべきことにこれは**余弦定理**そのものなのです．

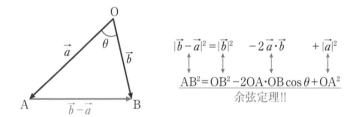

この事実に初めて気がついたとき，僕はとても感銘を受けました．よく知っている「余弦定理」が「2乗の展開公式」とのアナロジーとしてとらえることができるなんて，想像したこともなかったからです．数学は真っ当に勉強している人に，ときどきこんな思いがけないご褒美をくれます．

さて，この事実は，ベクトルを使えば，**図形の計量問題を，式展開をするのと同じ感覚で自然に解くことができる**，ということを暗示しています．図形問題といえば，「うまい補助線を引く」とか「適切な定理を使う」といったひらめきや試行錯誤の要素が強く，それを苦手にしていた人は多いと思います．しかし，ベクトルはそういったひらめきや試行錯誤の要素を排除し，すべてを計算に落とし込んでいく手法を与えてくれます．ベクトルは，これまで図形を苦手としていた人にとってこそ，心強い武器になるのです．

練習問題 9

三角形 OAB において，OA=2，OB=3，$\angle \text{AOB}=\dfrac{\pi}{3}$ である．AB を 2：1 に内分する点を P とする．$\vec{a}=\overrightarrow{\text{OA}}$，$\vec{b}=\overrightarrow{\text{OB}}$ とおくとき，次の問に答えよ．

(1) $|\vec{a}|$，$|\vec{b}|$，$\vec{a}\cdot\vec{b}$ の値を求めよ．

(2) $\overrightarrow{\text{OP}}$ を $\vec{a}$ と $\vec{b}$ を用いて表せ．

(3) OP の長さを求めよ．

精 講 ベクトルを使って図形量を求めるためには，まず基準となる 2 つのベクトル $\vec{a}$，$\vec{b}$ を用意し，それらに対して

$$|\vec{a}|,\ |\vec{b}|,\ \vec{a}\cdot\vec{b}$$

という 3 つの実数の値をあらかじめ求めておくことがポイントです．「長さ」「角度」「面積」などを内積計算で求めようとすると，最終的に**この 3 つの値に帰着**されます．

:::::::::::::::::::: 解 答 ::::::::::::::::::::

(1) $|\vec{a}|=2$，$|\vec{b}|=3$ ←（まずこの 3 つの値を用意する）

$\vec{a}\cdot\vec{b}=2\cdot3\cdot\cos\dfrac{\pi}{3}$

$=2\cdot3\cdot\dfrac{1}{2}=3$

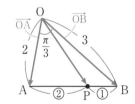

(2) 内分の公式より

$$\overrightarrow{\text{OP}}=\frac{1\cdot\overrightarrow{\text{OA}}+2\overrightarrow{\text{OB}}}{2+1}=\frac{1}{3}\vec{a}+\frac{2}{3}\vec{b}$$

(3) $|\overrightarrow{\text{OP}}|^2=\left|\dfrac{1}{3}\vec{a}+\dfrac{2}{3}\vec{b}\right|^2$ ←（大きさを 2 乗する）

$=\dfrac{1}{9}|\vec{a}|^2+\dfrac{4}{9}\vec{a}\cdot\vec{b}+\dfrac{4}{9}|\vec{b}|^2$

（(1)で求めた 3 つの値が出てくる）

ここは文字の展開

$\left(\dfrac{1}{3}a+\dfrac{2}{3}b\right)^2=\dfrac{1}{9}a^2+\dfrac{4}{9}ab+\dfrac{4}{9}b^2$

と同じ感覚でできる

$=\dfrac{1}{9}\cdot2^2+\dfrac{4}{9}\cdot3+\dfrac{4}{9}\cdot3^2=\dfrac{52}{9}$ よって，OP$=|\overrightarrow{\text{OP}}|=\dfrac{\sqrt{52}}{3}=\dfrac{2\sqrt{13}}{3}$

コメント

学びはじめのころは，うっかり

$$\left|\frac{1}{3}\vec{a}+\frac{2}{3}\vec{b}\right|=\frac{1}{3}|\vec{a}|+\frac{2}{3}|\vec{b}|=\frac{1}{3}\cdot2+\frac{2}{3}\cdot3=\frac{8}{3}\quad\times$$

などとしてしまいがちですが，もちろんこのような計算はできません．

$\left|\dfrac{1}{3}\vec{a}+\dfrac{2}{3}\vec{b}\right|$ という式は，このままではどうしようもないのですが，2乗することで動き始め，$|\vec{a}|$，$\vec{a}\cdot\vec{b}$，$|\vec{b}|$ を用いて表せるようになります．

練習問題 10

三角形 ABC について，AB=4，BC=7，CA=5 とする．

(1) $\overrightarrow{AB}\cdot\overrightarrow{AC}$ の値を求めよ．

(2) ∠BAC$=\theta$ とするとき，$\cos\theta$ を求めよ．

(3) 三角形 ABC の面積を求めよ．

精 講 三角比の知識を使って解くこともできるのですが，ここではあえてベクトルの知識のみを使って解いてみましょう．Aを基準点とし，$\overrightarrow{AB}=\vec{b}$ と $\overrightarrow{AC}=\vec{c}$ を，基準となる2つのベクトルに採用します．$|\vec{b}|$ と $|\vec{c}|$ はすでにわかっていますので，$\vec{b}\cdot\vec{c}$ の値を求めておく必要があります．これが(1)の問題です．そのためには，$|\overrightarrow{BC}|=|\vec{c}-\vec{b}|=7$ であることを利用します．

解 答

(1) $\overrightarrow{AB}=\vec{b}$，$\overrightarrow{AC}=\vec{c}$ とする． ← 基準とする2つのベクトルを決める

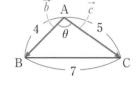

　　$|\vec{b}|=4$，$|\vec{c}|=5$ ……①

　　$|\overrightarrow{BC}|=7$ より

　　　$|\vec{c}-\vec{b}|=7$ ← $\overrightarrow{BC}=\overrightarrow{AC}-\overrightarrow{AB}$ $=\vec{c}-\vec{b}$

　　両辺を2乗して

　　　$|\vec{c}|^2-2\vec{b}\cdot\vec{c}+|\vec{b}|^2=49$

　　①を代入して　　これで $|\vec{b}|$，$|\vec{c}|$，$\vec{b}\cdot\vec{c}$ の3つの値がそろった

　　　$5^2-2\vec{b}\cdot\vec{c}+4^2=49$，$\ \vec{b}\cdot\vec{c}=\boldsymbol{-4}$

(2) 内積の定義より，$\vec{b}\cdot\vec{c}=|\vec{b}||\vec{c}|\cos\theta$ なので，

　　　　$\cos\theta$ が $|\vec{b}|$，$|\vec{c}|$，$\vec{b}\cdot\vec{c}$ を用いて表せる

　　$\cos\theta=\dfrac{\vec{b}\cdot\vec{c}}{|\vec{b}||\vec{c}|}=\dfrac{-4}{4\cdot5}=\boldsymbol{-\dfrac{1}{5}}$

(3) $\sin^2\theta=1-\cos^2\theta=1-\left(-\dfrac{1}{5}\right)^2=\dfrac{24}{25}$，$\sin\theta>0$ より $\sin\theta=\dfrac{2\sqrt{6}}{5}$

　　よって，三角形 ABC の面積は

　　$\dfrac{1}{2}\cdot AB\cdot AC\cdot\sin\theta=\dfrac{1}{2}\cdot4\cdot5\cdot\dfrac{2\sqrt{6}}{5}=\boldsymbol{4\sqrt{6}}$

角と面積の公式

三角形 OAB において，$\overrightarrow{OA}=\vec{a}$，$\overrightarrow{OB}=\vec{b}$ としましょう．

∠AOB$=\theta$ とすると，内積の定義より
$$\vec{a}\cdot\vec{b}=|\vec{a}||\vec{b}|\cos\theta$$
ですので，これを $\cos\theta$ について解いて
$$\cos\theta=\frac{\vec{a}\cdot\vec{b}}{|\vec{a}||\vec{b}|}$$
となります．これは，$\cos\theta$ の値を $|\vec{a}|$，$|\vec{b}|$，$\vec{a}\cdot\vec{b}$ という3つの値を用いて表した式となっています．

次に，三角形 OAB の面積を S とすると
$$S=\frac{1}{2}\text{OA}\cdot\text{OB}\sin\theta=\frac{1}{2}|\vec{a}||\vec{b}|\sqrt{1-\cos^2\theta}$$
$$=\frac{1}{2}|\vec{a}||\vec{b}|\sqrt{1-\left(\frac{\vec{a}\cdot\vec{b}}{|\vec{a}||\vec{b}|}\right)^2}=\frac{1}{2}\sqrt{|\vec{a}|^2|\vec{b}|^2-(\vec{a}\cdot\vec{b})^2}$$
となり，これも S の値を $|\vec{a}|$，$|\vec{b}|$，$\vec{a}\cdot\vec{b}$ という3つの値を用いて表した式となっています．これらは，公式として覚えておくと便利です．

ベクトルの問題では，基準点Oと2つの基準となるベクトル $\vec{a}$ と $\vec{b}$ をとれば，平面上のどんな点Pも
$$\overrightarrow{OP}=s\vec{a}+t\vec{b}$$
と表せることは説明しましたが，そこにさらに
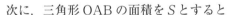
$$|\vec{a}|,\ |\vec{b}|,\ \vec{a}\cdot\vec{b}$$
という3つの情報が加われば，その平面上のどんな線分の「長さ」も「角度」も「面積」もこの3つの値だけを組み合わせて自由に計算できることがわかりました．ベクトルを使って図形の計量問題を解くときは，何をおいてもまず**「この3つの値をそろえよう」**と考えられることが大切です．

ちなみに，前のページの**練習問題 10** では，(1)を解くことで $|\vec{b}|=4$，$|\vec{c}|=5$，$\vec{b}\cdot\vec{c}=-4$ という3つの値がそろいますので，あとは上で導いた公式を使えば
$$\cos\theta=\frac{-4}{4\cdot5}=-\frac{1}{5},\quad S=\frac{1}{2}\sqrt{4^2\cdot5^2-(-4)^2}=4\sqrt{6}$$
が直ちに計算できます．

練習問題 11

OA＝4，OB＝5，AB＝6 である三角形 OAB において，線分 OB を 2：3 に内分する点をCとする．また，辺 AB 上に点Pを直線 AC と直線 OP が直交するようにとる．
(1)　$\overrightarrow{OP}$ を $\overrightarrow{OA}$ と $\overrightarrow{OB}$ を用いて表せ．
(2)　AP：PB を求めよ．

精 講　$\vec{0}$ でない2つのベクトル $\vec{a}$, $\vec{b}$ について
$$\vec{a} \text{ と } \vec{b} \text{ が垂直である} \iff \vec{a}\cdot\vec{b}=0$$
が成り立ちます．これをうまく利用して，Pの位置を決めましょう．

───── 解　答 ─────

$\overrightarrow{OA}=\vec{a}$, $\overrightarrow{OB}=\vec{b}$ とおく．
まず，$|\vec{a}|$, $|\vec{b}|$, $\vec{a}\cdot\vec{b}$ の3つの値を求める．
$$|\vec{a}|=4,\ |\vec{b}|=5$$
$|\overrightarrow{AB}|=6$ より，$|\vec{b}-\vec{a}|=6$
両辺を2乗して
$$|\vec{b}|^2-2\vec{a}\cdot\vec{b}+|\vec{a}|^2=36$$
$$5^2-2\vec{a}\cdot\vec{b}+4^2=36,\ \ \vec{a}\cdot\vec{b}=\frac{5}{2}$$

> $|\vec{a}|$, $|\vec{b}|$, $\vec{a}\cdot\vec{b}$ の3つの値がそろった

(1)　Pは直線 AB 上にあるので
$$\overrightarrow{OP}=(1-t)\vec{a}+t\vec{b}$$
とおける．また

> 共線条件
> $\overrightarrow{AP}=t\overrightarrow{AB}$
> $\iff \overrightarrow{OP}=\overrightarrow{OA}+t\overrightarrow{AB}$

$$\overrightarrow{AC}=\overrightarrow{OC}-\overrightarrow{OA}=\frac{2}{5}\vec{b}-\vec{a}$$
$\overrightarrow{OP}\perp\overrightarrow{AC}$ より，$\overrightarrow{OP}\cdot\overrightarrow{AC}=0$

> 垂直な2つのベクトルの内積は0

$$\left\{(1-t)\vec{a}+t\vec{b}\right\}\cdot\left(\frac{2}{5}\vec{b}-\vec{a}\right)=0$$
$$\frac{2}{5}(1-t)\vec{a}\cdot\vec{b}-(1-t)|\vec{a}|^2+\frac{2}{5}t|\vec{b}|^2-t\vec{a}\cdot\vec{b}=0$$
$$1-t-16(1-t)+10t-\frac{5}{2}t=0,\ \ \frac{45}{2}t=15,\ \ t=\frac{2}{3}$$

よって，$\overrightarrow{OP}=\dfrac{1}{3}\vec{a}+\dfrac{2}{3}\vec{b}=\dfrac{1}{3}\overrightarrow{OA}+\dfrac{2}{3}\overrightarrow{OB}$

(2)　$t=\dfrac{2}{3}$ より $\overrightarrow{AP}=\dfrac{2}{3}\overrightarrow{AB}$　　よって，**AP：PB＝2：1**

> 代入

383

ベクトルの成分表示

　ここまで，ベクトルを表す方法は「矢印の絵をかく」ことしかありませんでしたが，ベクトルを「数値」によって表す方法があると便利です．そこで，次のような方法を考えましょう．

　ベクトル $\vec{a}$ に対して，その始点を xy 座標平面の原点においたときの終点の座標 $(a_1,\ a_2)$ は，必ずただ1つに決まります．このとき，ベクトル $\vec{a}$ を

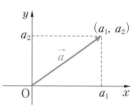

$$\vec{a}=(a_1,\ a_2)$$

と書き表すことにします．これを，ベクトルの**成分表示**といいます．

　要するに，$\vec{a}=(a_1,\ a_2)$ というのは，「x 軸方向に a_1，y 軸方向に a_2 進む」ような，向きと大きさをもったベクトルということになります．この a_1 を **x 成分**，a_2 を **y 成分**といいます．

　注意　ベクトルの成分表示は，座標と同じ形をしていますので，$(1,\ 2)$ と書かれたときに，これが xy 平面の $(1,\ 2)$ という座標を表しているのか，$(1,\ 2)$ という成分表示のベクトルを表しているのかは，見た目だけでは区別できません．そこは，前後の文脈から判断する以外ありません．その紛らわしさをなくすために，ベクトルの成分表示の場合は

$$\vec{a}=\begin{pmatrix}1\\2\end{pmatrix}$$

と縦に数字を並べるという流儀もあります．

　成分表示の場合，ベクトルの「足し算(引き算)」や「実数倍」の規則は，とてもシンプルに書き表せます．

☑ 成分表示されたベクトルの演算

　$\vec{a}=(a_1,\ a_2)$, $\vec{b}=(b_1,\ b_2)$ のとき
$$\vec{a}+\vec{b}=(a_1+b_1,\ a_2+b_2),\qquad k\vec{a}=(ka_1,\ ka_2)$$

　要するに，「足し算(引き算)」は対応する成分どうしの足し算(引き算)となり，「実数倍」はすべての成分の実数倍になるというだけです．例えば
$$(1,\ 2)+(3,\ 4)=(4,\ 6),\qquad 2(1,\ 2)=(2,\ 4)$$
です．簡単ですね．

第9章

ベクトルの大きさは三平方の定理を用いて，次のように計算できます.

 ### 成分表示されたベクトルの大きさ

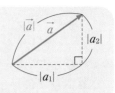

$\vec{a}=(a_1,\ a_2)$ の大きさは

$$|\vec{a}|=\sqrt{a_1{}^2+a_2{}^2}$$

例えば，$\vec{a}=(3,\ 4)$ のとき，

$$|\vec{a}|=\sqrt{3^2+4^2}=\sqrt{25}=5$$

となります.

次に，内積を成分を用いて表してみましょう. こ
こで，右図のように x 軸の正の向きをもつ，長さが
1 のベクトルを $\vec{e_1}$，y 軸の正の向きをもつ，長さ
が 1 のベクトルを $\vec{e_2}$ とします.

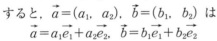
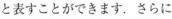

すると，$\vec{a}=(a_1,\ a_2)$，$\vec{b}=(b_1,\ b_2)$ は

$$\vec{a}=a_1\vec{e_1}+a_2\vec{e_2},\ \ \vec{b}=b_1\vec{e_1}+b_2\vec{e_2}$$

と表すことができます. さらに

$$|\vec{e_1}|=1,\ \ |\vec{e_2}|=1,\ \ \vec{e_1}\cdot\vec{e_2}=0$$

であることより

$$\vec{a}\cdot\vec{b}=(a_1\vec{e_1}+a_2\vec{e_2})\cdot(b_1\vec{e_1}+b_2\vec{e_2})$$
$$=a_1b_1|\vec{e_1}|^2+a_1b_2\vec{e_1}\cdot\vec{e_2}+a_2b_1\vec{e_1}\cdot\vec{e_2}+a_2b_2|\vec{e_2}|^2=a_1b_1+a_2b_2$$

となります. これも，とてもシンプルな結果になりました.

 ### 成分表示されたベクトルの内積

$\vec{a}=(a_1,\ a_2)$，$\vec{b}=(b_1,\ b_2)$ の内積は

$$\vec{a}\cdot\vec{b}=a_1b_1+a_2b_2$$

要するに，内積は「x 成分どうし，y 成分どうしをかけ算したものの和」と
なります. 例えば，$\vec{a}=(1,\ 2)$，$\vec{b}=(3,\ 4)$ のときは

$$\vec{a}\cdot\vec{b}=1\cdot3+2\cdot4=11$$

となります.

内積の定義には $\cos\theta$ が含まれていましたが，成分表示の場合は θ について
の情報が何もなくても内積が簡単に計算できてしまうのは少し驚きです.

練習問題 12

xy 平面上に，3 点 A$(-3,\ 1)$，B$(-1,\ -2)$，C$(0,\ 2)$ がある．

(1) $\overrightarrow{AB}$ と $\overrightarrow{AC}$ を成分表示で表せ．

(2) 四角形 ABDC が平行四辺形となるような点Dの座標を求めよ．

精 講 Oを始点とするベクトルの成分表示は，**終点の座標と同じなので，**

$$\overrightarrow{OA}=(-3,\ 1),\ \overrightarrow{OB}=(-1,\ -2),\ \overrightarrow{OC}=(0,\ 2)$$

となります．始点がOでないベクトルの成分表示も，
$\overrightarrow{AB}=\overrightarrow{OB}-\overrightarrow{OA}$ のように，Oが始点になるように変形すれ
ば，計算だけで求めることができます．

また，(2)は，一般に四角形 PQRS が平行四辺形であると
き $\overrightarrow{PQ}=\overrightarrow{SR}$ が成り立つことを利用しましょう．

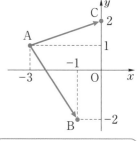

平行四辺形

::::::::::::::::::::::: 解 答 :::::::::::::::::::::::

(1) $\overrightarrow{OA}=(-3,\ 1),\ \overrightarrow{OB}=(-1,\ -2),$
$\overrightarrow{OC}=(0,\ 2)$ なので

$$\begin{aligned}
\overrightarrow{AB}&=\overrightarrow{OB}-\overrightarrow{OA}\\
&=(-1,\ -2)-(-3,\ 1)\\
&=(-1-(-3),\ -2-1)\\
&=\mathbf{(2,\ -3)}\\
\overrightarrow{AC}&=\overrightarrow{OC}-\overrightarrow{OA}\\
&=(0,\ 2)-(-3,\ 1)\\
&=(0-(-3),\ 2-1)\\
&=\mathbf{(3,\ 1)}
\end{aligned}$$

> 感覚的には「**終点の座標
> から始点の座標を引く**」と
> 成分表示が求められる

(2) D$(x,\ y)$ とする．四角形 ABDC が
平行四辺形である条件は
$$\overrightarrow{AB}=\overrightarrow{CD}$$
$$(2,\ -3)=(x,\ y-2)$$
$$2=x,\ -3=y-2$$

> $\overrightarrow{CD}=\overrightarrow{OD}-\overrightarrow{OC}$
> $=(x,\ y)-(0,\ 2)$
> $=(x,\ y-2)$

より，$x=2,\ y=-1$

よって，$\mathbf{D(2,\ -1)}$

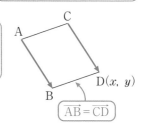

$\overrightarrow{AB}=\overrightarrow{CD}$

練習問題 13

xy 平面上に，3点 A(2, 0)，B(4, −1)，C(8, 2) がある．
(1) $\overrightarrow{AB} \cdot \overrightarrow{AC}$ を求めよ．
(2) ∠BAC の大きさを求めよ．
(3) 三角形 ABC の面積を求めよ．

精 講 p381 で解説した，角と面積の公式

$$\cos\theta = \frac{\vec{a} \cdot \vec{b}}{|\vec{a}||\vec{b}|}, \quad S = \frac{1}{2}\sqrt{|\vec{a}|^2|\vec{b}|^2 - (\vec{a} \cdot \vec{b})^2}$$

を使ってみましょう．ベクトルの内積の便利さが感じられる問題です．

▒▒▒▒▒▒▒▒▒▒▒▒ 解 答 ▒▒▒▒▒▒▒▒▒▒▒▒

(1) $\overrightarrow{AB} = (4, -1) - (2, 0) = (2, -1)$, $\overrightarrow{AC} = (8, 2) - (2, 0) = (6, 2)$

〔BからAを引く〕　　　　　　　　　　　〔CからAを引く〕

$\overrightarrow{AB} \cdot \overrightarrow{AC} = 2 \cdot 6 + (-1) \cdot 2$ 〔x 成分の積 ＋y 成分の積〕
$= 12 - 2 = \mathbf{10}$

(2) $|\overrightarrow{AB}| = \sqrt{2^2 + (-1)^2} = \sqrt{5}$, $|\overrightarrow{AC}| = \sqrt{6^2 + 2^2} = \sqrt{40} = 2\sqrt{10}$

$$\cos\angle BAC = \frac{\overrightarrow{AB} \cdot \overrightarrow{AC}}{|\overrightarrow{AB}||\overrightarrow{AC}|} = \frac{10}{\sqrt{5} \cdot 2\sqrt{10}} = \frac{1}{\sqrt{2}}$$

$0 \leq \angle BAC \leq \pi$ より，$\angle BAC = \dfrac{\pi}{4}$

(3) 三角形 ABC の面積を S とすると，

$$S = \frac{1}{2}\sqrt{|\overrightarrow{AB}|^2|\overrightarrow{AC}|^2 - (\overrightarrow{AB} \cdot \overrightarrow{AC})^2}$$

$$= \frac{1}{2}\sqrt{(\sqrt{5})^2 \cdot (2\sqrt{10})^2 - 10^2}$$

$$= \frac{1}{2}\sqrt{5 \cdot 40 - 100}$$

$$= \frac{1}{2}\sqrt{100} = \frac{1}{2} \cdot 10 = \mathbf{5}$$

(2)より ∠BAC$= \dfrac{\pi}{4}$ なので

$S = \dfrac{1}{2} \cdot AB \cdot AC \cdot \sin\dfrac{\pi}{4} = \dfrac{1}{2} \cdot \sqrt{5} \cdot 2\sqrt{10} \cdot \dfrac{1}{\sqrt{2}} = 5$

としてもよい

コメント

ベクトルの成分表示を用いると，角の大きさや面積がとても簡単に計算できます．

> 点 A(2, 1) を通り $\vec{d}=(2,\ 3)$ に平行な直線を l とする.
> (1) l 上の点Pの座標を変数 t を用いて表せ.
> (2) 点 B$(-2,\ 0)$ から l に下ろした垂線の足Hの座標を求めよ.

精講 　点 A を通り $\vec{d}$ に平行な直線上の点を
Pとすると，$\overrightarrow{OP}$ は実数 t を用いて

$$\overrightarrow{OP}=\overrightarrow{OA}+t\vec{d}$$

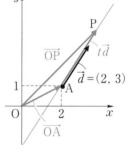

と表すことができます．この直線の表現は p365
の共線条件②の式と同じですね．$\overrightarrow{OA}$ が始点ベク
トル，$\vec{d}$ が方向ベクトルです.

　(2)では，$\overrightarrow{BH}\perp l$ である条件をベクトルの内積を用いて表します.

──────────────────── 解 答 ────────────────────

(1) Aを通り $\vec{d}$ に平行な直線上の点Pは

$$\overrightarrow{OP}=\overrightarrow{OA}+t\vec{d}$$
$$=(2,\ 1)+t(2,\ 3)$$
$$=(2t+2,\ 3t+1)\quad(t\ \text{は実数})$$

と表せる．よって

$$\mathbf{P}(2t+2,\ 3t+1)$$

(2) Hは l 上の点なので，H$(2t+2,\ 3t+1)$ とおける.

$$\overrightarrow{BH}=\overrightarrow{OH}-\overrightarrow{OB}$$
$$=(2t+2,\ 3t+1)-(-2,\ 0)$$
$$=(2t+4,\ 3t+1)$$

$\overrightarrow{BH}\perp l$ より $\overrightarrow{BH}\perp\vec{d}$ すなわち

$$\overrightarrow{BH}\cdot\vec{d}=0$$

> 直交する2つの
> ベクトルの内積は0

が成り立つので

$$(2t+4)\cdot2+(3t+1)\cdot3=0$$
$$13t+11=0$$
$$t=-\frac{11}{13}$$

$$\mathrm{H}\!\left(\frac{4}{13},\ -\frac{20}{13}\right)$$

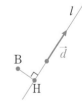

空間ベクトル

　これまでは，「平面」つまり2次元の世界でベクトルを扱っていましたが，ここからは，「**空間**」つまり3次元の世界でベクトルを扱っていくことにしましょう．ベクトルのすごいところは，「平面」が「空間」になっても，**基本的な考え方は何一つ変わらない**ということです．内分や重心の公式，共線条件など平面で学んだ話はそっくりそのまま空間にもっていくことができます．

　変わるところは，「基準となるベクトル」の個数が2から3になるところです．

　平面のベクトルでは，1次独立，つまり「ともに$\vec{0}$でなく，平行でない」ような2つのベクトル$\vec{a}$と$\vec{b}$を用意すれば，それを用いてどんなベクトル$\vec{p}$も

$$\vec{p} = s\vec{a} + t\vec{b}$$

の形で表すことができました．〜〜の条件は，$\overrightarrow{OA} = \vec{a}$，$\overrightarrow{OB} = \vec{b}$ としたとき「3点OABが三角形をなす」という条件にいいかえることができます．

平面の「1次独立」

　同じことを空間でいおうとすると，必要なベクトルの数は2つから3つになります．空間ベクトルでは，

「どれも$\vec{0}$でなく，同一平面上にのせることができない」

ような3つのベクトル$\vec{a}$, $\vec{b}$, $\vec{c}$を用意すれば，どんなベクトル$\vec{p}$も

$$\vec{p} = s\vec{a} + t\vec{b} + u\vec{c}$$

と表すことができます．〜〜の条件も，$\overrightarrow{OA} = \vec{a}$, $\overrightarrow{OB} = \vec{b}$, $\overrightarrow{OC} = \vec{c}$ としたとき

「4点OABCが四面体をなす」

という条件にいいかえることができます．

　空間の場合も，〜〜の条件を「1次独立」といいかえることができます．右図は，空間の1次独立のハンドサインです．

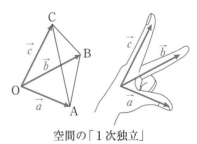

空間の「1次独立」

練習問題 15

　四面体 ABCD において，辺 AB，BC，CD を，それぞれ 1：1，2：1，5：1 の比に内分する点を，順に K，L，M とする．三角形 BCD の重心を G，三角形 KLM の重心を G′ とする．$\overrightarrow{AB}=\vec{b}$，$\overrightarrow{AC}=\vec{c}$，$\overrightarrow{AD}=\vec{d}$ とするとき，次の問に答えよ．

(1)　$\overrightarrow{AG}$，$\overrightarrow{AG'}$ のそれぞれを，$\vec{b}$，$\vec{c}$，$\vec{d}$ を用いて表せ．

(2)　A，G，G′ が同一直線上にあることを示し，AG′：G′G を求めよ．

精講　内分・外分・重心についての公式は，「平面」が「空間」に変わっても**全く同じように使えます**．空間の問題を，平面の問題のときと同じく「計算」だけで解くことができるのが，ベクトルのすさまじく便利なところなのです．

━━━━━━━━━━━ 解　答 ━━━━━━━━━━━

(1)　G は三角形 BCD の重心なので

$$\overrightarrow{AG}=\frac{\overrightarrow{AB}+\overrightarrow{AC}+\overrightarrow{AD}}{3} \quad \fbox{重心の公式}$$

$$=\frac{1}{3}\vec{b}+\frac{1}{3}\vec{c}+\frac{1}{3}\vec{d}$$

$$\overrightarrow{AK}=\frac{1}{2}\overrightarrow{AB}=\frac{1}{2}\vec{b}$$

$$\overrightarrow{AL}=\frac{1\cdot\overrightarrow{AB}+2\overrightarrow{AC}}{3}=\frac{1}{3}\vec{b}+\frac{2}{3}\vec{c}$$

$$\overrightarrow{AM}=\frac{1\cdot\overrightarrow{AC}+5\overrightarrow{AD}}{6}=\frac{1}{6}\vec{c}+\frac{5}{6}\vec{d}$$

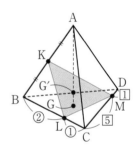

$\fbox{内分の公式}$

G′ は三角形 KLM の重心なので

$$\overrightarrow{AG'}=\frac{\overrightarrow{AK}+\overrightarrow{AL}+\overrightarrow{AM}}{3}=\frac{\dfrac{1}{2}\vec{b}+\dfrac{1}{3}\vec{b}+\dfrac{2}{3}\vec{c}+\dfrac{1}{6}\vec{c}+\dfrac{5}{6}\vec{d}}{3}$$

$$=\frac{5}{18}\vec{b}+\frac{5}{18}\vec{c}+\frac{5}{18}\vec{d}$$

(2)　$\overrightarrow{AG'}=\dfrac{5}{6}\overrightarrow{AG}$ なので　$\fbox{共線条件}$

　A，G，G′ は同一直線上にあり，

$$\text{AG′}：\text{G′G}=\mathbf{5：1}$$

練習問題 16

　1辺の長さ1の正四面体 OABC において，辺 OA を $1:2$ に内分する点を P，辺 BC の中点を Q とする．$\overrightarrow{OA}=\vec{a}$, $\overrightarrow{OB}=\vec{b}$, $\overrightarrow{OC}=\vec{c}$ とするとき，

(1) $\vec{a}\cdot\vec{b}$, $\vec{b}\cdot\vec{c}$, $\vec{c}\cdot\vec{a}$ の値を求めよ．

(2) PQ⊥BC であることを示せ．

精 講　平面の計量問題では，基準となる2つのベクトル $\vec{a}$, $\vec{b}$ について，$|\vec{a}|$, $|\vec{b}|$, $\vec{a}\cdot\vec{b}$ の3つの値を準備しておけばよかったのですが，空間の問題では，基準となるベクトルが $\vec{a}$, $\vec{b}$, $\vec{c}$ の3つになりますので，

$$|\vec{a}|,\ |\vec{b}|,\ |\vec{c}|,\ \vec{a}\cdot\vec{b},\ \vec{b}\cdot\vec{c},\ \vec{c}\cdot\vec{a}$$

の**6つの値**をあらかじめ準備しておく必要があります．ベクトルの数が増えても，内積計算のやり方は全く同じです．

░░░░░░░░░░░░░░░░░ 解 答 ░░░░░░░░░░░░░░░░░

(1) $|\vec{a}|=|\vec{b}|=|\vec{c}|=1$

$\angle \text{AOB}=\dfrac{\pi}{3}$ より

$\vec{a}\cdot\vec{b}=1\cdot 1\cdot\cos\dfrac{\pi}{3}=\dfrac{1}{2}$

同様にして

$\vec{b}\cdot\vec{c}=\vec{c}\cdot\vec{a}=\dfrac{1}{2}$

> $|\vec{a}|$, $|\vec{b}|$, $|\vec{c}|$,
> $\vec{a}\cdot\vec{b}$, $\vec{b}\cdot\vec{c}$, $\vec{c}\cdot\vec{a}$
> の6つの値を計算しておく

(2) $\overrightarrow{OP}=\dfrac{1}{3}\vec{a}$, $\overrightarrow{OQ}=\dfrac{\vec{b}+\vec{c}}{2}$ より

$\overrightarrow{PQ}=\overrightarrow{OQ}-\overrightarrow{OP}$

$\quad=-\dfrac{1}{3}\vec{a}+\dfrac{1}{2}\vec{b}+\dfrac{1}{2}\vec{c}$

代入

$\overrightarrow{PQ}\cdot\overrightarrow{BC}=\left(-\dfrac{1}{3}\vec{a}+\dfrac{1}{2}\vec{b}+\dfrac{1}{2}\vec{c}\right)\cdot(\vec{c}-\vec{b})$

$\quad=-\dfrac{1}{3}\vec{a}\cdot\vec{c}+\dfrac{1}{3}\vec{a}\cdot\vec{b}+\dfrac{1}{2}\vec{b}\cdot\vec{c}-\dfrac{1}{2}|\vec{b}|^2+\dfrac{1}{2}|\vec{c}|^2-\dfrac{1}{2}\vec{b}\cdot\vec{c}$

$\quad=-\dfrac{1}{6}+\dfrac{1}{6}+\dfrac{1}{4}-\dfrac{1}{2}+\dfrac{1}{2}-\dfrac{1}{4}=0$

よって，PQ⊥BC である．

> 垂直を示すには
> 内積が0であることを示せばよい

共面条件

　空間に，同一直線上にはない異なる3点 A，B，C があるとき，この3点 A，B，C を通る平面は必ず存在します．しかし，ここに4つ目の点Pが現れたとき，点Pがこの平面上にあるかどうかはわかりません．では，**点Pが平面ABC上にある条件**とは何かを考えてみましょう．

　まず，平面上の点Aを始点にして考えると，点Pが平面 ABC 上にあるためには

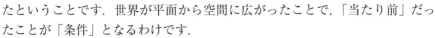

$$\overrightarrow{\text{AP}} = s\overrightarrow{\text{AB}} + t\overrightarrow{\text{AC}} \quad \cdots\cdots①$$

となる実数 s，t がとれることが条件となります．面白いのは，平面の世界では点Pに対して①のような s，t がとれるのは「当たり前」のことだったということです．世界が平面から空間に広がったことで，「当たり前」だったことが「条件」となるわけです．

　さて，①の式を，平面上にあるとは限らない点Oを始点として書き直してみましょう．$\overrightarrow{\text{AP}} = \overrightarrow{\text{OP}} - \overrightarrow{\text{OA}}$ ですので

$$\overrightarrow{\text{OP}} = \overrightarrow{\text{OA}} + s\overrightarrow{\text{AB}} + t\overrightarrow{\text{AC}} \quad \cdots\cdots②$$

　この式は「**A を通り，$\overrightarrow{\text{AB}}$ と $\overrightarrow{\text{AC}}$ の方向に広がっている平面**」を表現していると見ることができます．直線の場合は，「方向」を定めるベクトルは1つしか必要ありませんでしたが，平面の場合は，「方向」を定めるベクトルは **2つ必要**になるのですね．

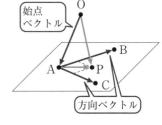

　さらに，②の右辺をすべてOを始点とするベクトルで表すと

$$\begin{aligned}
\overrightarrow{\text{OP}} &= \overrightarrow{\text{OA}} + s\overrightarrow{\text{AB}} + t\overrightarrow{\text{AC}} \\
&= \overrightarrow{\text{OA}} + s(\overrightarrow{\text{OB}} - \overrightarrow{\text{OA}}) + t(\overrightarrow{\text{OC}} - \overrightarrow{\text{OA}}) \\
&= (1 - s - t)\overrightarrow{\text{OA}} + s\overrightarrow{\text{OB}} + t\overrightarrow{\text{OC}} \quad \cdots\cdots③
\end{aligned}$$

となります．この式は，「**$\overrightarrow{\text{OA}}$，$\overrightarrow{\text{OB}}$，$\overrightarrow{\text{OC}}$ の係数の和が1になる**」ような式ととらえることができますので，次のように書き直しても構いません．

$$\overrightarrow{\mathrm{OP}}=\alpha\overrightarrow{\mathrm{OA}}+\beta\overrightarrow{\mathrm{OB}}+\gamma\overrightarrow{\mathrm{OC}}, \quad \alpha+\beta+\gamma=1 \qquad \cdots\cdots\text{④}$$

　共線条件と共面条件を対比させてみると，その類似性がよくわかりますね．共線条件は，いわば「1次元の条件」，共面条件は「2次元の条件」ですから，いろいろなことが「1つ」から「2つ」になっていることが読み取れるのではないでしょうか．

	共線条件	共面条件
	点Pが直線 AB 上にある	点Pが平面 ABC 上にある
Aが始点→	$\overrightarrow{\mathrm{AP}}=k\overrightarrow{\mathrm{AB}}$	$\overrightarrow{\mathrm{AP}}=s\overrightarrow{\mathrm{AB}}+t\overrightarrow{\mathrm{AC}}$
Oが始点	$\overrightarrow{\mathrm{OP}}=\underset{\text{始点}}{\overrightarrow{\mathrm{OA}}}+\underset{\text{方向}}{k\overrightarrow{\mathrm{AB}}}$ $=(1-k)\overrightarrow{\mathrm{OA}}+k\overrightarrow{\mathrm{OB}}$ 係数の和が1	$\overrightarrow{\mathrm{OP}}=\underset{\text{始点}}{\overrightarrow{\mathrm{OA}}}+\underset{\text{方向}}{s\overrightarrow{\mathrm{AB}}+t\overrightarrow{\mathrm{AC}}}$ $=(1-s-t)\overrightarrow{\mathrm{OA}}+s\overrightarrow{\mathrm{OB}}+t\overrightarrow{\mathrm{OC}}$ 係数の和が1
	$\overrightarrow{\mathrm{OP}}=s\overrightarrow{\mathrm{OA}}+t\overrightarrow{\mathrm{OB}}$ $s+t=1$	$\overrightarrow{\mathrm{OP}}=\alpha\overrightarrow{\mathrm{OA}}+\beta\overrightarrow{\mathrm{OB}}+\gamma\overrightarrow{\mathrm{OC}}$ $\alpha+\beta+\gamma=1$

練習問題 17

四面体 OABC において，$\overrightarrow{OA}=\vec{a}$，$\overrightarrow{OB}=\vec{b}$，$\overrightarrow{OC}=\vec{c}$ とする．辺 OA の中点を L，辺 OB を 2：1 に内分する点を M，辺 OC の中点を N，三角形 ABC の重心を G とする．直線 LG と平面 AMN の交点を K とするとき，$\overrightarrow{OK}$ を $\vec{a}$，$\vec{b}$，$\vec{c}$ を用いて表せ．

精 講　「点 K が直線 LG 上にある」という条件（共線条件）と「点 K が平面 AMN 上にある」という条件（共面条件）を立式します．合わせて 3 つの文字をおく必要がありますが，$\vec{a}$，$\vec{b}$，$\vec{c}$ の係数を比べることで 3 つの方程式ができますので，この連立方程式は解くことができます．

━━━━━━━━ 解　答 ━━━━━━━━

$$\overrightarrow{OL}=\frac{1}{2}\vec{a},\quad \overrightarrow{OM}=\frac{2}{3}\vec{b},\quad \overrightarrow{ON}=\frac{1}{2}\vec{c},\quad \overrightarrow{OG}=\frac{1}{3}\vec{a}+\frac{1}{3}\vec{b}+\frac{1}{3}\vec{c}$$

点 K は平面 AMN 上にあるので　←〔共面条件〕

$$\begin{aligned}
\overrightarrow{OK}&=\overrightarrow{OA}+s\overrightarrow{AM}+t\overrightarrow{AN}\\
&=(1-s-t)\overrightarrow{OA}+s\overrightarrow{OM}+t\overrightarrow{ON}\\
&=(1-s-t)\vec{a}+\frac{2s}{3}\vec{b}+\frac{t}{2}\vec{c}\quad\cdots\cdots①
\end{aligned}$$

（s，t は実数）

とおける．また，点 K は直線 LG 上にあるので，←〔共線条件〕

$$\begin{aligned}
\overrightarrow{OK}&=\overrightarrow{OL}+k\overrightarrow{LG}\\
&=(1-k)\overrightarrow{OL}+k\overrightarrow{OG}=\frac{1}{2}(1-k)\vec{a}+k\left(\frac{1}{3}\vec{a}+\frac{1}{3}\vec{b}+\frac{1}{3}\vec{c}\right)\\
&=\left(\frac{1}{2}-\frac{k}{6}\right)\vec{a}+\frac{k}{3}\vec{b}+\frac{k}{3}\vec{c}\quad（k は実数）\quad\cdots\cdots②
\end{aligned}$$

とおける．$\vec{a}$，$\vec{b}$，$\vec{c}$ は 1 次独立なので，①，②の $\vec{a}$，$\vec{b}$，$\vec{c}$ の係数を比較して

$$1-s-t=\frac{1}{2}-\frac{k}{6},\quad \frac{2s}{3}=\frac{k}{3},\quad \frac{t}{2}=\frac{k}{3}$$

第 2 式，第 3 式より $s=\dfrac{k}{2}$，$t=\dfrac{2k}{3}$．これを第 1 式に代入すると

$$1-\frac{k}{2}-\frac{2k}{3}=\frac{1}{2}-\frac{k}{6}\quad \text{これを解いて，}\ k=\frac{1}{2}\left(\text{よって，}\ s=\frac{1}{4},\ t=\frac{1}{3}\right)$$

これを②に代入して

$$\overrightarrow{OK}=\frac{5}{12}\vec{a}+\frac{1}{6}\vec{b}+\frac{1}{6}\vec{c}$$

空間座標

座標の空間への拡張を考えましょう. 考え方は難しくありません. おなじみの **xy 座標平面**に,「**高さ**」を表す座標を加えるだけです. 図のように, x軸とy軸に直交するようにz軸をとってあげましょう. すると, 空間の点は (a, b, c) のように **3つの実数の組**として表すことができます. これを**空間座標**といいます.

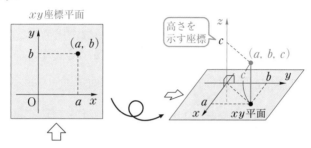

x軸とy軸を含む平面を **xy 平面**, y軸とz軸を含む平面を **yz 平面**, z軸とx軸を含む平面を **zx 平面**といいます.

空間座標を使えば, 空間ベクトルの成分表示も平面のときと同じように定義することができます. ベクトル$\vec{a}$に対して, その始点を原点においたときの終点の座標 (a_1, a_2, a_3) は, 必ずただ1つに決まるので, そのベクトル$\vec{a}$を

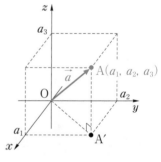

$$\vec{a} = (a_1,\ a_2,\ a_3)$$

と書き表すことにするのです.

$\vec{a} = (a_1, a_2, a_3)$ の大きさは, 右図の点線で示した直方体の対角線の長さです.

$$OA^2 = OA'^2 + a_3{}^2 = a_1{}^2 + a_2{}^2 + a_3{}^2$$

ですので

$$|\vec{a}| = \sqrt{a_1{}^2 + a_2{}^2 + a_3{}^2}$$

となります.

また, $\vec{a} = (a_1, a_2, a_3)$ と $\vec{b} = (b_1, b_2, b_3)$ との内積も, 平面の場合 (p384) と同じようにして計算すれば,

$$\vec{a} \cdot \vec{b} = a_1 b_1 + a_2 b_2 + a_3 b_3$$

となります. どの式も平面ベクトルのときの結果を**自然に拡張したもの**になっていますね.

練習問題 18

xyz 空間に 3 点 P$(1,\ 2,\ 0)$, Q$(3,\ 4,\ 4)$, R$(3,\ 2,\ 2)$ がある.

(1) $\overrightarrow{\mathrm{PQ}}$, $\overrightarrow{\mathrm{PR}}$ を成分を用いて表せ.

(2) $|\overrightarrow{\mathrm{PQ}}|$, $|\overrightarrow{\mathrm{PR}}|$, $\overrightarrow{\mathrm{PQ}} \cdot \overrightarrow{\mathrm{PR}}$ を求めよ.

(3) $\angle$QPR と三角形 PQR の面積を求めよ.

精 講　空間の三角形の頂点の座標が与えられたときも, 辺のなす角や面積を, ベクトルを用いて計算することができます. 成分表示を使えば, 計算の手間は平面の場合とほとんど変わりません.

解　答

(1) $\overrightarrow{\mathrm{PQ}} = \overrightarrow{\mathrm{OQ}} - \overrightarrow{\mathrm{OP}} = (3,\ 4,\ 4) - (1,\ 2,\ 0) = \boldsymbol{(2,\ 2,\ 4)}$

$\overrightarrow{\mathrm{PR}} = \overrightarrow{\mathrm{OR}} - \overrightarrow{\mathrm{OP}} = (3,\ 2,\ 2) - (1,\ 2,\ 0) = \boldsymbol{(2,\ 0,\ 2)}$

(2) $|\overrightarrow{\mathrm{PQ}}| = \sqrt{2^2 + 2^2 + 4^2} = \sqrt{24} = \boldsymbol{2\sqrt{6}}$

$|\overrightarrow{\mathrm{PR}}| = \sqrt{2^2 + 0^2 + 2^2} = \sqrt{8} = \boldsymbol{2\sqrt{2}}$

$\overrightarrow{\mathrm{PQ}} \cdot \overrightarrow{\mathrm{PR}} = 2 \cdot 2 + 2 \cdot 0 + 4 \cdot 2 = \boldsymbol{12}$

(3) $\cos \angle \mathrm{QPR} = \dfrac{\overrightarrow{\mathrm{PQ}} \cdot \overrightarrow{\mathrm{PR}}}{|\overrightarrow{\mathrm{PQ}}||\overrightarrow{\mathrm{PR}}|}$

$\qquad\qquad = \dfrac{12}{2\sqrt{6} \cdot 2\sqrt{2}}$

$\qquad\qquad = \dfrac{\sqrt{3}}{2}$

$0 \leq \angle \mathrm{QPR} \leq \pi$ より, $\angle \mathrm{QPR} = \dfrac{\pi}{6}$

また, 三角形 PQR の面積を S とすると

$S = \dfrac{1}{2} \sqrt{|\overrightarrow{\mathrm{PQ}}|^2 |\overrightarrow{\mathrm{PR}}|^2 - (\overrightarrow{\mathrm{PQ}} \cdot \overrightarrow{\mathrm{PR}})^2}$　◁ 面積の公式

$\quad = \dfrac{1}{2} \sqrt{24 \cdot 8 - 12^2} = \dfrac{1}{2} \sqrt{48} = \boldsymbol{2\sqrt{3}}$

コメント

やっていることは, **練習問題 13** と実質同じです. 「平面」と「空間」の違いをほとんど意識しないで済むのが, ベクトルのとても優れたところです.

第9章

練習問題 19

2 点 A(4, 4, 1)，B(−4, −8, −3) を通る直線を l とする.

(1) 直線 l と xy 平面の交点Pの座標を求めよ.

(2) 点 C(6, 6, 5) から直線 l に下ろした垂線の足をHとするとき，Hの座標を求めよ.

精 講　平面座標の場合と違い，空間座標では図が具体的にはかきづらく，点や直線の位置関係を把握することは困難です. そのようなときは，「**何となくこんな感じ**」というイメージ図だけをかくといいでしょう. あくまで，式を作るための図ですから，正確なものである必要はありません. 直線の扱いは，平面の場合（**練習問題 14**）と何も変わりません.

::::::::::::::::::::::::::::: 解　答 :::::::::::::::::::::::::::::

(1)　l 上の点をPとすると　$\overrightarrow{AB}=\overrightarrow{OB}-\overrightarrow{OA}=(-4, -8, -3)-(4, 4, 1)$

$\overrightarrow{OP}=\overrightarrow{OA}+t\overrightarrow{AB}$

〔始点ベクトル〕　〔方向ベクトル〕

$\qquad =(4, 4, 1)+t(-8, -12, -4)$

$\qquad =(4-8t, 4-12t, 1-4t)$

Pが xy 平面上にあるのは

$\quad 1-4t=0$ ◁ $\overrightarrow{OP}$ の z 成分が 0

$\quad t=\dfrac{1}{4}$

このとき，$\overrightarrow{OP}=(2, 1, 0)$

すなわち　**P(2, 1, 0)**

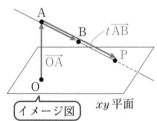

イメージ図　　xy 平面

コメント

$t=\dfrac{1}{4}$ なので，実際は交点は線分 AB 上にあります. したがって，上の図は正確ではありませんが，問題を解くための図としてはこれで十分です.

(2)　Hは l 上の点より，(1)と同様に，H$(4-8t, 4-12t, 1-4t)$ とおく.

$\overrightarrow{CH}\perp l$ すなわち $\overrightarrow{CH}\perp\overrightarrow{AB}$ なので　$\overrightarrow{CH}=\overrightarrow{OH}-\overrightarrow{OC}$

$\quad \overrightarrow{CH}\cdot\overrightarrow{AB}=0$ ◁　　　$=(-2-8t, -2-12t, -4-4t)$

$\quad (-2-8t)\cdot(-8)+(-2-12t)\cdot(-12)+(-4-4t)\cdot(-4)=0$

これを解いて，$t=-\dfrac{1}{4}$　　よって，**H(6, 7, 2)**

3点 A$(2,\ 1,\ -3)$, B$(3,\ 1,\ -2)$, C$(4,\ 3,\ -2)$ がある. また, 原点 O から平面 ABC へ下ろした垂線の足を H とする.

(1) H の座標を求めよ. (2) 四面体 OABC の体積を求めよ.

精 講 直線 OH が平面 α に垂直である条件は, 平面上の(平行ではない)2つの向きと垂直であることです. 図のように平面の2つの方向を $\vec{d_1}$, $\vec{d_2}$ とすると

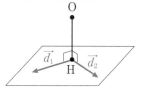

$$\overrightarrow{OH} \perp \vec{d_1},\ \ \overrightarrow{OH} \perp \vec{d_2}$$

すなわち

$$\overrightarrow{OH} \cdot \vec{d_1} = 0,\ \ \overrightarrow{OH} \cdot \vec{d_2} = 0$$

が成り立ちます.

解 答

$$\overrightarrow{AB} = (3,\ 1,\ -2) - (2,\ 1,\ -3) = (1,\ 0,\ 1)$$
$$\overrightarrow{AC} = (4,\ 3,\ -2) - (2,\ 1,\ -3) = (2,\ 2,\ 1)$$

(1) H は平面 ABC 上にあるので

$$\overrightarrow{OH} = \overrightarrow{OA} + s\overrightarrow{AB} + t\overrightarrow{AC} \quad \text{共面条件}$$
$$= (2,\ 1,\ -3) + s(1,\ 0,\ 1) + t(2,\ 2,\ 1)$$
$$= (2+s+2t,\ 1+2t,\ -3+s+t)$$

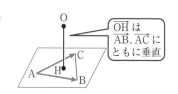

$\overrightarrow{OH}$ は $\overrightarrow{AB},\overrightarrow{AC}$ にともに垂直

$\overrightarrow{OH}$ は平面 ABC に垂直なので,

$$\overrightarrow{OH} \cdot \overrightarrow{AB} = 0 \quad \cdots\cdots①$$
$$\overrightarrow{OH} \cdot \overrightarrow{AC} = 0 \quad \cdots\cdots②$$

① より

$$(2+s+2t)\cdot 1 + (1+2t)\cdot 0 + (-3+s+t)\cdot 1 = 0$$
$$2s+3t-1 = 0 \quad \cdots\cdots③$$

② より

$$(2+s+2t)\cdot 2 + (1+2t)\cdot 2 + (-3+s+t)\cdot 1 = 0$$
$$3s+9t+3 = 0$$
$$s+3t+1 = 0 \quad \cdots\cdots④$$

③$-$④ より, $s-2=0$, $s=2$

③に代入して，$t=-1$

よって，$\overrightarrow{\text{OH}}=(2,\ -1,\ -2)$ より，**H(2, −1, −2)**

(2) 三角形 ABC の面積を S とすると

$$S=\frac{1}{2}\sqrt{|\overrightarrow{\text{AB}}|^2|\overrightarrow{\text{AC}}|^2-(\overrightarrow{\text{AB}}\cdot\overrightarrow{\text{AC}})^2}$$

$$=\frac{1}{2}\sqrt{2\cdot9-3^2}=\frac{3}{2}$$

> $|\overrightarrow{\text{AB}}|=\sqrt{1^2+0^2+1^2}=\sqrt{2}$
> $|\overrightarrow{\text{AC}}|=\sqrt{2^2+2^2+1^2}=3$
> $\overrightarrow{\text{AB}}\cdot\overrightarrow{\text{AC}}=1\cdot2+0\cdot2+1\cdot1=3$

$$|\overrightarrow{\text{OH}}|=\sqrt{2^2+(-1)^2+(-2)^2}=3$$

求める体積は

$$\frac{1}{3}\cdot S\cdot|\overrightarrow{\text{OH}}|=\frac{1}{3}\cdot\frac{3}{2}\cdot3=\frac{3}{2}$$

> 三角すいの体積は
> $\frac{1}{3}\times$底面積×高さ

第 10 章　複素数平面

数直線上の実数と演算

　実数は，数直線上の点として表すことができます．例えば，2 や -3 は右図の A，B という点にそれぞれ対応します．

　一方，実数の演算を考えるときは，実数を数直線上の「点」と考えるよりも，原点とその点を結ぶ矢印，つまり**「ベクトル」ととらえる**方がわかりやすくなります．例えば，2 や -3 をベクトル $\overrightarrow{OA}$，$\overrightarrow{OB}$ と見なすわけです（下図左）．この立場に立てば

$$2+(-3)=-1$$

という計算は，下図右のようにベクトルの足し算ととらえることができます．

　「-1 をかける」という演算も，ベクトルとしてとらえれば「ベクトルの向きを 180° 変える」ことに相当します．中学校で，「マイナスとマイナスをかけるとプラスになる」という規則を学びましたが，

$$(-1)\times(-1)=1$$

というのは，**「-1 のベクトルを 180° 向きを変えると 1 のベクトルになる」**ととらえることで，すっきりと説明できます．

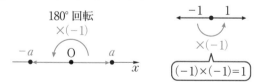

直線から平面へ

　では，複素数の世界に話を広げてみましょう．数学Ⅱで虚数単位 i を学びましたが，これは「2 回かけると -1 になるような数」，つまり

$$i\times i=-1$$

となるものです．このような数は実数の世界には存在しないので，i は数直線

上には存在しません. **では, この i はどこにあると考えればいいのでしょうか.**

　ここで, 少し大胆な発想をします.「-1 をかけるとベクトルの向きが $180°$ 変わる」ことを思い出してください.「-1 をかける」ことは「i を 2 回かけること」と同じなのですから, i を 1 回かけた場合はベクトルの向きは $180°$ の半分, つまり $90°$ 変わると考えることができるのではないでしょうか. そこで, i は 1 を原点を中心に **$90°$ 回転させた場所にある** としてみましょう.

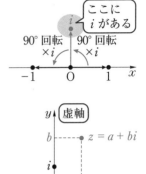

　数の世界が直線を飛び出して平面へと広がりはじめましたね. 原点 O と i を含む直線を y 軸とすれば, 一般の複素数

$$z = a + bi \quad (a, \ b \text{ は実数})$$

はこの平面上の $(a, \ b)$ という点に対応すると考えることができます. 実数は直線に対応する数であったのに対して, 複素数は平面に対応する数なのです.

　この平面のことを**複素数平面**といい, x 軸を**実軸**, y 軸を**虚軸**といいます.

> **コメント**

　虚数単位 i を初めて学んだときに, それは実体のない, まさに「虚ろな数」に思えたかもしれませんが, それは私たちが数直線(1 次元)という狭い世界しか見ていなかったからです. 視点を平面(2 次元)に向けたとき, そこに虚数の居場所が広がっており, 私たちの見慣れた実数の世界は, より広い複素数の世界の「切り口」にすぎなかったことに気づかされるのです.

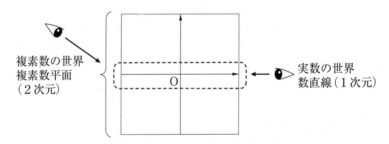

　実数の世界では複雑に見えたものが, 複素数の世界からはすっきりと見通せるということは頻繁に起こります. そういう事例を知れば知るほど, 複素数は絵空事の数ではなく, 姿かたちのある実在の数であると実感できるようになります.

複素数とベクトル

複素数 $z = a + bi$ は複素数平面上の「(a, b) を座標とする**点A**」と見なすことができることを説明しましたが，実数のときと同様に，z を「(a, b) を成分表示とする**ベクトル $\overrightarrow{OA}$**」と見なすほうが都合がいい場合もあります．

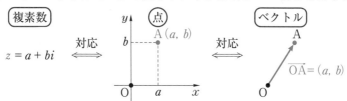

例えば，複素数 $2 + 3i$ は複素数平面上の点 $(2, 3)$ と見ることもできますし，ベクトル $(2, 3)$ と見ることもできます．

複素数の加減算と実数倍

複素数をベクトルと見なしてしまえば，**足し算，引き算，実数倍について複素数の演算とベクトルの演算は完全に対応します．** 複素数

$$z_1 = a + bi, \ z_2 = c + di$$

に対して

$$z_1 + z_2 = (a + c) + (b + d)i$$
$$z_1 - z_2 = (a - c) + (b - d)i$$

となりますが，これは z_1, z_2 をベクトル (a, b)，(c, d) と対応させたときのベクトルの成分計算

$$(a, b) + (c, d) = (a + c, \ b + d)$$
$$(a, b) - (c, d) = (a - c, \ b - d)$$

と対応します．右図のように z_1 と z_2 をベクトルとして足せば，それが $z_1 + z_2$ に対応するベクトルとなるわけです．

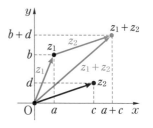

また，複素数 $z = a + bi$ に実数 k をかけると

$$kz = ka + kbi$$

となりますが，これもベクトルの成分計算

$$k(a, b) = (ka, \ kb)$$

と対応しています．右図のように z をベクトルとして k 倍すれば，それが kz に対応するベクトルとなります．

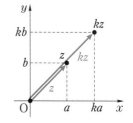

複素数と絶対値

実数 x の絶対値 $|x|$ とは，数直線上において「**x と原点との距離**」のことでした．例えば

$$|2|=2, \quad |-3|=3$$

です．

これを複素数に拡張するならば，**複素数 z の絶対値** $|z|$ は，複素数平面上において「**z と原点との距離**」のことであると考えるのが自然です．

$$z=a+bi$$

に対応する点を $A(a,\ b)$ とすると，

$$|z|=OA=\sqrt{a^2+b^2}$$

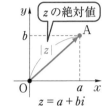

となります．ちなみに，z をベクトル $\overrightarrow{OA}$ と見なせば，$|z|$ はベクトル $\overrightarrow{OA}$ の長さ $|\overrightarrow{OA}|$ ですから，$|z|=|\overrightarrow{OA}|$ となり，記号も含めて対応します．

2点間の距離

点 A を複素数 α に対応させることを $A(\alpha)$ と表します．例えば

$$\alpha=1+4i, \quad \beta=3+i$$

に対して $A(\alpha)$，$B(\beta)$ とすると，A，B は複素数平面上で右図の位置にあります．

ここで，2点 A，B の距離を求めてみましょう．

$$\overrightarrow{AB}=\overrightarrow{OB}-\overrightarrow{OA}$$

ですから，ベクトル $\overrightarrow{AB}$ に対応する複素数は

$$\beta-\alpha=(3+i)-(1+4i)=2-3i$$

となります．2点 A，B の距離を求めるには，この複素数の絶対値を計算すればよいのです．

$$AB=|2-3i|=\sqrt{2^2+(-3)^2}=\sqrt{13}$$

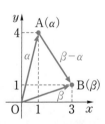

となります．

一般に，$A(\alpha)$，$B(\beta)$ とすると，

$$\mathbf{AB}=|\boldsymbol{\beta}-\boldsymbol{\alpha}|$$

となります．

練習問題 1

　複素数平面上に，点 $A(4-3i)$，$B(-2+5i)$，$C(7+4i)$ をとるとき，以下の問に答えよ．

(1)　A，B，C を複素数平面上に図示せよ．

(2)　AB の長さを求めよ．

(3)　AB の中点Mに対応する複素数を求めよ．

(4)　三角形 ABC の重心Gに対応する複素数を求めよ．

(5)　四角形 ACBD が平行四辺形となるような点Dに対応する複素数を求めよ．

精 講　複素数は「加減算と実数倍」についてベクトルと全く同じふるまいをするので，この性質を用いて導かれるベクトルの「内分・外分の公式」や「重心の公式」などは複素数に置き換えてもそのまま成り立ちます．

解 答

$\alpha = 4-3i$，$\beta = -2+5i$，$\gamma = 7+4i$ とおく．

(1)　右図のとおり．

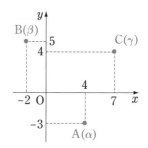

(2)　$AB = |\beta - \alpha|$ 　$\left(|\overrightarrow{AB}| = |\overrightarrow{OB} - \overrightarrow{OA}| \right)$

$\quad = |(-2+5i)-(4-3i)|$

$\quad = |-6+8i|$

$\quad = \sqrt{(-6)^2 + 8^2}$

$\quad = \sqrt{100} = \mathbf{10}$

(3)　$M(m)$ とすると

$$m = \frac{\alpha+\beta}{2} \quad \left(\overrightarrow{OM} = \frac{\overrightarrow{OA}+\overrightarrow{OB}}{2} \right) \quad \text{中点は} \atop \text{2点の「平均」}$$

$$\quad = \frac{(4-3i)+(-2+5i)}{2} = \frac{2+2i}{2} = \mathbf{1+i}$$

(4)　$G(g)$ とおく．

$$g = \frac{\alpha+\beta+\gamma}{3} \quad \left(\overrightarrow{OG} = \frac{\overrightarrow{OA}+\overrightarrow{OB}+\overrightarrow{OC}}{3} \right) \quad \text{重心は} \atop \text{3点の「平均」}$$

$$\quad = \frac{(4-3i)+(-2+5i)+(7+4i)}{3} = \frac{9+6i}{3} = \mathbf{3+2i}$$

(5) D(d) とおく.

　四角形 ACBD が平行四辺形であるとき，AB の
中点と CD の中点は一致する．よって

$$\frac{\alpha+\beta}{2}=\frac{\gamma+d}{2} \quad \overbrace{\frac{\overrightarrow{\text{OA}}+\overrightarrow{\text{OB}}}{2}=\frac{\overrightarrow{\text{OC}}+\overrightarrow{\text{OD}}}{2}}$$

$$d=\alpha+\beta-\gamma$$
$$=(4-3i)+(-2+5i)-(7+4i)$$
$$=-5-2i$$

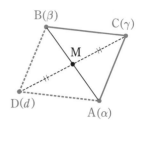

別　解　四角形 ACBD が平行四辺形であるとき，$\overrightarrow{\text{AD}}=\overrightarrow{\text{CB}}$ なので

$$d-\alpha=\beta-\gamma \quad \overbrace{\overrightarrow{\text{OD}}-\overrightarrow{\text{OA}}=\overrightarrow{\text{OB}}-\overrightarrow{\text{OC}}}$$
$$d=\alpha+\beta-\gamma$$

（以下同様）

コメント

　複素数の加減算や実数倍がベクトルの加減算や実数倍と対応するのであれば，
複素数の積はベクトルの「内積」に対応するのではないかと考える人も多そう
ですが，話はそう**単純ではありません**．複素数の積は複素数ですが，ベクトル
の内積はベクトルではなく「実数」だからです．複素数の積については，この
後でゆっくりと説明していきます．

共役複素数

複素数 $z=a+bi$ $(a,\ b$ は実数$)$ に対して，a を z の**実部**，b を z の**虚部**といいます．例えば，$z=3+2i$ の実部は 3，虚部は 2 となります．

また，$z=a+bi$ の虚部の符号を入れ替えた複素数 $a-bi$ を z の**共役複素数**といい，$\bar{z}$ と表します．例えば，$z=3+2i$ の共役複素数は $\bar{z}=3-2i$ です．共役複素数は，右図のように複素数平面上で実軸（x 軸）に関して対称な位置関係にあります．

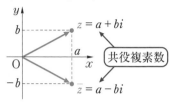

共役複素数

📏 注意　共役複素数は互いに対の関係ですから，z の共役複素数が $\bar{z}$ であるとともに，$\bar{z}$ の共役複素数は z です．つまり $\bar{\bar{z}}=z$ が成り立ちます．

☑ 共役複素数の性質Ⅰ

複素数 $z_1,\ z_2$ に対して，
$$① \quad \overline{z_1+z_2}=\overline{z_1}+\overline{z_2} \qquad ② \quad \overline{z_1z_2}=\overline{z_1}\cdot\overline{z_2}$$

共役の記号は，和，積に関して「分配」できるというものです．決して当たり前ではありませんので，きちんと式で確認しておきます．
$$z_1=a+bi,\ z_2=c+di \quad (a,\ b,\ c,\ d \text{ は実数})$$
とおくと，
$$z_1+z_2=(a+c)+(b+d)i,\ z_1z_2=(ac-bd)+(ad+bc)i$$

$$\overline{z_1+z_2}=(a+c)-(b+d)i,\ \overline{z_1z_2}=(ac-bd)-(ad+bc)i$$
です．一方
$$\overline{z_1}+\overline{z_2}=(a-bi)+(c-di)=(a+c)-(b+d)i$$
$$\overline{z_1}\cdot\overline{z_2}=(a-bi)(c-di)=(ac-bd)-(ad+bc)i$$
ですから，確かに性質①，②が成り立っています．さて，①の z_1 を z_1-z_2 に，②の z_1 を $\dfrac{z_1}{z_2}$ に置き換えれば，次の式がすぐに導けます．

$$\overline{z_1-z_2}=\overline{z_1}-\overline{z_2}, \quad \overline{\left(\frac{z_1}{z_2}\right)}=\frac{\overline{z_1}}{\overline{z_2}}$$

つまり，共役の記号は差や商についても同じようにして「分配」することができます．

また，②より，$\overline{z^n}=\overline{\underbrace{zz\cdots z}_{n個}}=\underbrace{\overline{z}\cdot\overline{z}\cdots\overline{z}}_{n個}=(\overline{z})^n$ ですから，

$$\overline{z^n}=\overline{z}^n$$

も成り立ちます。

複素数 $z=a+bi$ とその共役複素数 $\overline{z}=a-bi$ には，「**和と積がともに実数になる**」という面白い性質があります。実際に計算してみると

$$z+\overline{z}=2a,\ z\overline{z}=a^2-b^2i^2=a^2+b^2$$

ですね。特に積 a^2+b^2 は z の絶対値 $|z|=\sqrt{a^2+b^2}$ の 2 乗になっていることに注目してください。

☑ **共役複素数の性質 II**

$$z\overline{z}=|z|^2$$

この関係は，後に大切になってきますので，しっかり押さえておきましょう。
$z=a+bi,\ \overline{z}=a-bi$ を a と b に関して解くと

$$a=\frac{z+\overline{z}}{2},\ b=\frac{z-\overline{z}}{2i}$$

となります。このことから

☑ **共役複素数の性質 III**

$$(z\text{の実部})=\frac{z+\overline{z}}{2},\ (z\text{の虚部})=\frac{z-\overline{z}}{2i}$$

が成り立ちます。

$z=a+bi$ が実数であるのは，$b=0$，すなわち z の虚部が 0 のときですから，

$$\boldsymbol{z\text{が実数}}\iff\underbrace{\frac{z-\overline{z}}{2i}=0}_{\text{虚部が }0}\iff\overline{z}=z$$

が成り立ちます。

$2i$ や $-\sqrt{5}\,i$ のように，実部が 0 であるような複素数を**純虚数**といいます。上と同様にして

$$\boldsymbol{z\text{が純虚数}}\iff\underbrace{\frac{z+\overline{z}}{2}=0}_{\text{実部が }0}\iff\overline{z}=-z$$

が成り立ちます。

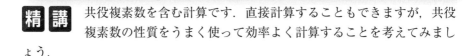

練習問題 2

$z=1-i$ とするとき，次の値を計算せよ．

(1) $z+\bar{z}$　　(2) $z\bar{z}$　　(3) $z^2+\bar{z}^2$　　(4) $\left|z+\dfrac{1}{z}\right|$

精 講　共役複素数を含む計算です．直接計算することもできますが，共役複素数の性質をうまく使って効率よく計算することを考えてみましょう．

================================ 解　答 ================================

(1) $z+\bar{z}=(1-i)+(1+i)=\mathbf{2}$　← ともに実数となる

(2) $z\bar{z}=(1-i)(1+i)=1-i^2=\mathbf{2}$ ←

(3) $z^2+\bar{z}^2=(z+\bar{z})^2-2z\bar{z}$　← $a^2+b^2=(a+b)^2-2ab$

$\qquad =2^2-2\cdot2=\mathbf{0}$　← (1), (2)の結果を利用する

(4) $\left|z+\dfrac{1}{z}\right|^2=\left(z+\dfrac{1}{z}\right)\overline{\left(z+\dfrac{1}{z}\right)}$　← $|z|^2=z\cdot\bar{z}$

$\qquad\qquad\qquad\qquad\qquad \overline{z_1+z_2}=\bar{z_1}+\bar{z_2}$

$\qquad =\left(z+\dfrac{1}{z}\right)\left(\bar{z}+\dfrac{1}{\bar{z}}\right)$　← $\overline{\left(\dfrac{z_1}{z_2}\right)}=\dfrac{\bar{z_1}}{\bar{z_2}}$

$\qquad =z\bar{z}+\dfrac{z}{\bar{z}}+\dfrac{\bar{z}}{z}+\dfrac{1}{z\bar{z}}$

$\qquad =z\bar{z}+\dfrac{z^2+\bar{z}^2}{z\bar{z}}+\dfrac{1}{z\bar{z}}$　← $z\bar{z}=2$、$z^2+\bar{z}^2=0$

$\qquad =2+\dfrac{0}{2}+\dfrac{1}{2}=\dfrac{5}{2}$

よって，

$$\left|z+\dfrac{1}{z}\right|=\sqrt{\dfrac{5}{2}}=\dfrac{\sqrt{10}}{2}$$

▷コメント

(4)は，具体的に計算すると

$$\left|z+\dfrac{1}{z}\right|=\left|1-i+\dfrac{1}{1-i}\right|=\left|1-i+\dfrac{1+i}{(1-i)(1+i)}\right|$$

$$=\left|1-i+\dfrac{1+i}{1-i^2}\right|=\left|1-i+\dfrac{1+i}{2}\right|=\left|\dfrac{3}{2}-\dfrac{1}{2}i\right|=\sqrt{\left(\dfrac{3}{2}\right)^2+\left(-\dfrac{1}{2}\right)^2}$$

$$=\sqrt{\dfrac{10}{4}}=\dfrac{\sqrt{10}}{2}$$

複素数のかけ算

　加減算と実数倍においては，複素数とベクトルが同じふるまいをすることを見ましたが，その一方で複素数とベクトルでは決定的に違う点が1つあります．それは，「**ベクトルどうしはかけ算できないが，複素数どうしはかけ算できる**」という点です．例えば，2つの複素数

$$z_1 = \sqrt{3} + i, \ z_2 = -3 + 3\sqrt{3}\, i$$

に対して，その積は

$$z_1 z_2 = (\sqrt{3} + i)(-3 + 3\sqrt{3}\, i)$$
$$= -3\sqrt{3} + 9i - 3i + 3\sqrt{3}\, i^2 = -6\sqrt{3} + 6i$$

と計算できます．それに対して，ベクトルとベクトルをかけてベクトルになるような演算はありませんから，かけ算においては複素数とベクトルを対応させることはできないのです．

　では，このかけ算は複素数平面上でどのような意味をもっているのでしょうか．ここに潜む，驚くべき**幾何学的な構造**をこれから明らかにしていきましょう．

　まず観察です．z_1, z_2, $z_1 z_2$ を複素数平面上の点としてとると右図のようになります．パッと見た限りは，規則性は全くわかりませんね．

　これから，このかけ算の幾何学的な意味を，2つの要素に分割して見ていくことにします．まず「**絶対値**」に注目してみます．この3つの点の原点からの距離を求めると

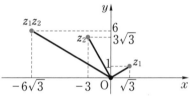

$$|z_1| = \sqrt{(\sqrt{3})^2 + 1^2} = 2$$
$$|z_2| = \sqrt{(-3)^2 + (3\sqrt{3})^2} = 6$$
$$|z_1 z_2| = \sqrt{(-6\sqrt{3})^2 + 6^2} = 12$$

です．すぐに気がつくのは，絶対値の間には

$$|z_1 z_2| = |z_1||z_2| \quad \cdots\cdots ①$$

というかけ算の関係が成り立っているということです．

注意　z_1, z_2 が実数であれば，①が成り立つのは当たり前といえるのですが，複素数において拡張された絶対値の新しい定義のもとで，この式が成り立つことは決して当たり前とはいえません．

　さて，もう一つの要素として注目するのが「**角**」です．複素数 z に対して，

実軸（x軸）の正の向きから（ベクトル）zの向きに回る角を，zの**偏角**といいます．右図より，z_1，z_2，z_1z_2の偏角を求めると

$$(z_1\text{ の偏角})=\frac{\pi}{6}(=30°)$$

$$(z_2\text{ の偏角})=\frac{2\pi}{3}(=120°)$$

$$(z_1z_2\text{ の偏角})=\frac{5\pi}{6}(=150°)$$

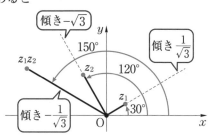

となっています．

ここで，偏角の間に $150°=30°+120°$，つまり

$$\textbf{(}\boldsymbol{z_1z_2}\textbf{ の偏角)}\textbf{=(}\boldsymbol{z_1}\textbf{ の偏角)}\textbf{+(}\boldsymbol{z_2}\textbf{ の偏角)}\quad\cdots\cdots②$$

という関係が成り立っていることに注目しましょう．複素数がかけ算されるとき，**その偏角は足し算されている**のです．思いがけない，そしてとても興味深い関係式です．

一般に，zの偏角を $\arg$（アーギュメント）という記号を用いて $\arg z$ と表します．この記号を用いると，これまで観察したことは次のようにまとめられます．

☑ **複素数のかけ算**

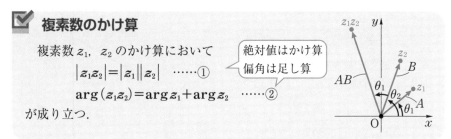

複素数 z_1，z_2 のかけ算において

$$|z_1z_2|=|z_1||z_2|\quad\cdots\cdots①$$

$$\arg(z_1z_2)=\arg z_1+\arg z_2\quad\cdots\cdots②$$

が成り立つ．

｜絶対値はかけ算
偏角は足し算

驚くことに，この関係式は，どんな複素数のかけ算でも成り立つのです．このことは，以降で証明します．

📓**注意** 複素数の偏角のとり方は1通りではなく，例えば $z_1=\sqrt{3}+i$ の偏角は $\dfrac{\pi}{6}$ でも $-\dfrac{11}{6}\pi$ でも，あるいは $\dfrac{13}{6}\pi$ でも構いません（一般には

$\arg z_1=\dfrac{\pi}{6}+2n\pi$（$n$ は整数）)．②の等式も，厳密には後ろに「$+2n\pi$（n は整数)」をつけるべきですが，あまり細かなことに煩わされるのもイヤなので，偏角の計算は「**$2n\pi$ ズレた角は同じものと見なす**」という，おおらかな気持ちでとらえるようにしてください．

練習問題 3

$z_1=1+\sqrt{3}\,i$, $z_2=-3-\sqrt{3}\,i$ とする.

(1) z_1z_2 を計算せよ.

(2) $|z_1|$, $|z_2|$, $|z_1z_2|$ をそれぞれ求め,$|z_1z_2|=|z_1||z_2|$ が成り立っていることを確かめよ.

(3) $\arg z_1$, $\arg z_2$, $\arg(z_1z_2)$ をそれぞれ求め,$\arg(z_1z_2)=\arg z_1+\arg z_2$ が成り立っていることを確かめよ.

ただし,偏角は $0\leqq\theta<2\pi$ の範囲でとるとする.

精 講 「絶対値はかけ算」「偏角は足し算」の法則が成り立っていることを,別の実例で確かめてみましょう.

∷∷∷ 解 答 ∷∷∷

(1) $z_1z_2=(1+\sqrt{3}\,i)(-3-\sqrt{3}\,i)$

$=-3-\sqrt{3}\,i-3\sqrt{3}\,i-3i^2=-4\sqrt{3}\,i$

(2) $|z_1z_2|=|-4\sqrt{3}\,i|=4\sqrt{3}$

$|z_1||z_2|=|1+\sqrt{3}\,i||-3-\sqrt{3}\,i|$

$=\sqrt{1^2+(\sqrt{3})^2}\sqrt{(-3)^2+(-\sqrt{3})^2}$

$=\sqrt{4}\cdot\sqrt{12}=4\sqrt{3}$

より,$|z_1z_2|=|z_1||z_2|$ が成り立つ.

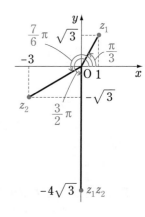

(3) 右図より

$$\arg z_1=\frac{\pi}{3},\quad \arg z_2=\frac{7}{6}\pi$$

$$\arg(z_1z_2)=\frac{3}{2}\pi$$

であり,

$$\frac{\pi}{3}+\frac{7}{6}\pi=\frac{2+7}{6}\pi=\frac{3}{2}\pi$$

より,$\arg(z_1z_2)=\arg z_1+\arg z_2$ が成り立つ.

極形式

　複素数のかけ算の図形的な意味を学びましたが，これが「なぜ成り立つのか」という証明はまだできていません．それをするための準備として，「絶対値」と「偏角」という，2つの要素がひと目でわかるような**複素数の新しい表し方**を考えてみましょう．複素数

$$z = a + bi \quad (a, \ b は実数) \quad \cdots \cdots ①$$

に対して，複素数平面上の点 $\mathrm{A}(z)$ をとります．ここで，z の**絶対値**（OA の長さ）を r，**偏角**（実軸から OA に回る角）を $\boldsymbol{\theta}$ とすると，

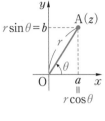

$$a = r\cos\theta, \quad b = r\sin\theta$$

です．これを①に代入すると

$$z = r\cos\theta + (r\sin\theta)i$$

すなわち

$$z = r(\cos\theta + i\sin\theta) \quad \cdots \cdots ②$$

となります．これを見れば，z の絶対値 r と偏角 θ がすぐに読み取れますね．この②の形を複素数の**極形式**といいます（それに対して，①の形を複素数の**直交形式**と呼ぶことがあります）．

　例えば

$$z_1 = \sqrt{3} + i$$

を極形式で表してみましょう．右図のように点 $\mathrm{A}(\sqrt{3}, \ 1)$ をとると，z_1 の絶対値は

$$\mathrm{OA} = \sqrt{(\sqrt{3})^2 + 1^2} = 2, \ z_1 の偏角は \frac{\pi}{6} なので，$$

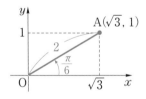

$$z_1 = 2\left(\cos\frac{\pi}{6} + i\sin\frac{\pi}{6}\right)$$

です．同様にして，

$$z_2 = -3 + 3\sqrt{3}\,i$$

を極形式で表すと，右図より

$$z_2 = 6\left(\cos\frac{2}{3}\pi + i\sin\frac{2}{3}\pi\right)$$

となります．

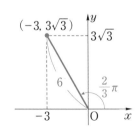

極形式とかけ算

極形式を用いると，p408 で説明した複素数のかけ算の規則がほとんど自動的に証明されてしまいます．いま，z_1 の絶対値を r_1，偏角を θ_1，z_2 の絶対値を r_2，偏角を θ_2 として，それを極形式で表します．

$$z_1 = r_1(\cos\theta_1 + i\sin\theta_1), \quad z_2 = r_2(\cos\theta_2 + i\sin\theta_2)$$

その積 $z_1 z_2$ を計算すると

$$
\begin{aligned}
z_1 z_2 &= r_1 r_2 (\cos\theta_1 + i\sin\theta_1)(\cos\theta_2 + i\sin\theta_2) \\
&= r_1 r_2 (\cos\theta_1\cos\theta_2 + i\cos\theta_1\sin\theta_2 + i\sin\theta_1\cos\theta_2 + i^2\sin\theta_1\sin\theta_2) \\
&= r_1 r_2 \Big\{ (\cos\theta_1\cos\theta_2 - \sin\theta_1\sin\theta_2)_{\text{ア}} + i(\cos\theta_1\sin\theta_2 + \sin\theta_1\cos\theta_2)_{\text{イ}} \Big\}
\end{aligned}
$$

です．気がつきますか？ 上の ア，イ は三角関数の加法定理の形ですよね．複素数の式を展開するだけで，自然と加法定理の式が導き出されたことは，注目に値します．

$$\cos(\theta_1 + \theta_2) = \cos\theta_1\cos\theta_2 - \sin\theta_1\sin\theta_2{}_{\text{ア}}$$
$$\sin(\theta_1 + \theta_2) = \cos\theta_1\sin\theta_2 + \sin\theta_1\cos\theta_2{}_{\text{イ}}$$

ですから

$$z_1 z_2 = r_1 r_2 \{\cos(\theta_1 + \theta_2) + i\sin(\theta_1 + \theta_2)\}$$

となります．これで証明は終わりです．この式は，$z_1 z_2$ の極形式になっており，その絶対値は $r_1 r_2$，偏角は $\theta_1 + \theta_2$，つまり**「絶対値はかけ算」「偏角は足し算」**が確かに成り立っているのです．

これを見るとわかるように，極形式というのは，かけ算をする上できわめて便利な形なのです．例えば，先ほどの

$$z_1 = 2\Big(\cos\frac{\pi}{6} + i\sin\frac{\pi}{6}\Big), \quad z_2 = 6\Big(\cos\frac{2}{3}\pi + i\sin\frac{2}{3}\pi\Big)$$

をかけ算した結果を極形式で表せば

$$z_1 z_2 = 2\cdot 6\Big\{\cos\Big(\frac{\pi}{6} + \frac{2}{3}\pi\Big) + i\sin\Big(\frac{\pi}{6} + \frac{2}{3}\pi\Big)\Big\} = 12\Big(\cos\frac{5}{6}\pi + i\sin\frac{5}{6}\pi\Big)$$

と，あっという間に終わってしまいます．これを直交形式に戻すと

$$z_1 z_2 = 12\Big(-\frac{\sqrt{3}}{2} + \frac{1}{2}i\Big) = -6\sqrt{3} + 6i$$

ですが，これは $z_1 = \sqrt{3} + i$ と $z_2 = -3 + 3\sqrt{3}\,i$ をかけ算した結果と一致しています．

複素数の割り算

　最後に残ったのは，複素数の割り算です．これも，かけ算のときと同じように極形式を用いて一般的に計算してみましょう．

$z_1 = r_1(\cos\theta_1 + i\sin\theta_1), \quad z_2 = r_2(\cos\theta_2 + i\sin\theta_2)$ とすると，

$$\frac{z_1}{z_2} = \frac{r_1}{r_2} \cdot \frac{\cos\theta_1 + i\sin\theta_1}{\cos\theta_2 + i\sin\theta_2}$$

分母・分子に $\cos\theta_2 - i\sin\theta_2$ を かける

$$= \frac{r_1}{r_2} \cdot \frac{(\cos\theta_1 + i\sin\theta_1)(\cos\theta_2 - i\sin\theta_2)}{(\cos\theta_2 + i\sin\theta_2)(\cos\theta_2 - i\sin\theta_2)} \quad \text{分母の実数化}$$

$$= \frac{r_1}{r_2} \cdot \frac{\cos\theta_1\cos\theta_2 - i\cos\theta_1\sin\theta_2 + i\sin\theta_1\cos\theta_2 + \sin\theta_1\sin\theta_2}{\cos^2\theta_2 + \sin^2\theta_2}$$

$$= \frac{r_1}{r_2}\{(\underline{\cos\theta_1\cos\theta_2 + \sin\theta_1\sin\theta_2})_{\text{ウ}} + i(\underline{\sin\theta_1\cos\theta_2 - \cos\theta_1\sin\theta_2})_{\text{エ}}\}$$

となり，＿＿＿ウ，＿＿＿エの部分に加法定理を用いれば

$$\frac{z_1}{z_2} = \frac{r_1}{r_2}\{\cos(\theta_1 - \theta_2) + i\sin(\theta_1 - \theta_2)\}$$

となります．つまり，複素数の割り算においては，**「絶対値は割り算」「偏角は引き算」**となるわけですね．

 複素数の割り算

　複素数 z_1，z_2 の割り算において，次が成り立つ．

$$\left|\frac{z_1}{z_2}\right| = \frac{|z_1|}{|z_2|}, \quad \arg\left(\frac{z_1}{z_2}\right) = \arg z_1 - \arg z_2$$

　極形式の割り算も，かけ算と同じくらい簡単です．

$$z_1 = 2\left(\cos\frac{\pi}{6} + i\sin\frac{\pi}{6}\right), \quad z_2 = 6\left(\cos\frac{2}{3}\pi + i\sin\frac{2}{3}\pi\right)$$

で割り算を行った結果を極形式で表すと，

$$\frac{z_1}{z_2} = \frac{2}{6}\left\{\cos\left(\frac{\pi}{6} - \frac{2}{3}\pi\right) + i\sin\left(\frac{\pi}{6} - \frac{2}{3}\pi\right)\right\} = \frac{1}{3}\left\{\cos\left(-\frac{\pi}{2}\right) + i\sin\left(-\frac{\pi}{2}\right)\right\}$$

となります．一方，直交形式のまま $\frac{z_1}{z_2}$ を計算すると

$$\frac{\sqrt{3} + i}{-3 + 3\sqrt{3}\,i} = \frac{(\sqrt{3} + i)(-3 - 3\sqrt{3}\,i)}{(-3 + 3\sqrt{3}\,i)(-3 - 3\sqrt{3}\,i)} = \frac{-3\sqrt{3} - 9i - 3i + 3\sqrt{3}}{36} = -\frac{1}{3}i$$

となり，これが上の結果と一致することはすぐに確かめられます．

練習問題 4

$\alpha = 1 + \sqrt{3}\,i$, $\beta = 1 + i$ とする.

(1) α, β を極形式で表せ. ただし, 偏角 θ は $0 \leqq \theta < 2\pi$ とする.

(2) $\alpha\beta$, $\dfrac{\alpha}{\beta}$ を極形式で表せ. ただし, 偏角 θ は $0 \leqq \theta < 2\pi$ とする.

(3) $\cos\dfrac{7\pi}{12}$, $\sin\dfrac{\pi}{12}$ を求めよ.

精 講 極形式を用いて, かけ算, 割り算の計算をしてみましょう. 極形式での計算と直交形式での**結果を比べる**ことで, 対応する三角比の値を求めることができるという副産物が得られることがあります. 複素数の計算が, 自動的に「加法定理」と同じ働きをしてくれるのです.

━━━━━ 解 答 ━━━━━

(1) 右図より, α の絶対値は 2.

偏角は $\dfrac{\pi}{3}$ なので

$$\alpha = 2\left(\cos\frac{\pi}{3} + i\sin\frac{\pi}{3}\right)$$

同様に, β の絶対値は $\sqrt{2}$.

偏角は $\dfrac{\pi}{4}$ なので

$$\beta = \sqrt{2}\left(\cos\frac{\pi}{4} + i\sin\frac{\pi}{4}\right)$$

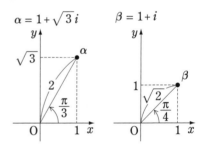

コメント

p333 で極座標を学んだ人は, 直交形式と極形式の変換がまさに直交座標と極座標の変換に対応していることに気がつくはずです.

複素数平面上の α を直交座標で表すのが「直交形式」, 極座標で表すのが「極形式」なのです.

(2) $\alpha\beta = 2\sqrt{2}\left\{\cos\left(\dfrac{\pi}{3} + \dfrac{\pi}{4}\right) + i\sin\left(\dfrac{\pi}{3} + \dfrac{\pi}{4}\right)\right\}$ 　　絶対値はかけ算 偏角は足し算

$\qquad\ = 2\sqrt{2}\left(\cos\dfrac{7}{12}\pi + i\sin\dfrac{7}{12}\pi\right)$

$\dfrac{\alpha}{\beta} = \dfrac{2}{\sqrt{2}}\left\{\cos\left(\dfrac{\pi}{3} - \dfrac{\pi}{4}\right) + i\sin\left(\dfrac{\pi}{3} - \dfrac{\pi}{4}\right)\right\}$ 　　絶対値は割り算 偏角は引き算

$$=\sqrt{2}\left(\cos\frac{\pi}{12}+i\sin\frac{\pi}{12}\right)$$

(3) 直交形式で計算すると

$$\alpha\beta=(1+\sqrt{3}\,i)(1+i)=1+i+\sqrt{3}\,i+\sqrt{3}\,i^2=-(\sqrt{3}-1)+(\sqrt{3}+1)i$$

$$\frac{\alpha}{\beta}=\frac{1+\sqrt{3}\,i}{1+i}=\frac{(1+\sqrt{3}\,i)(1-i)}{(1+i)(1-i)}=\frac{1-i+\sqrt{3}\,i-\sqrt{3}\,i^2}{1-i^2}=\frac{\sqrt{3}+1+(\sqrt{3}-1)i}{2}$$

$\alpha\beta$ の実部を極形式と直交形式で比較すると

$$2\sqrt{2}\cos\frac{7}{12}\pi=-(\sqrt{3}-1),\quad \cos\frac{7}{12}\pi=-\frac{\sqrt{3}-1}{2\sqrt{2}}=-\frac{\sqrt{6}-\sqrt{2}}{4}$$

$\dfrac{\alpha}{\beta}$ の虚部を極形式と直交形式で比較すると

$$\sqrt{2}\sin\frac{\pi}{12}=\frac{\sqrt{3}-1}{2},\quad \sin\frac{\pi}{12}=\frac{\sqrt{3}-1}{2\sqrt{2}}=\frac{\sqrt{6}-\sqrt{2}}{4}$$

コメント

$\cos\dfrac{7}{12}\pi(=\cos105°)$, $\sin\dfrac{\pi}{12}(=\sin15°)$ の値は，加法定理を用いても計算できますが，上ではそれを複素数の計算で行ったことになります．よりストレートに結果を出すなら，絶対値が1で偏角がそれぞれ $\dfrac{\pi}{3}$, $\dfrac{\pi}{4}$ である2つの複素数 α', β' を用意し，$\alpha'\beta'$, $\dfrac{\alpha'}{\beta'}$ を計算するといいでしょう．

$$\alpha'=\cos\frac{\pi}{3}+i\sin\frac{\pi}{3}=\frac{1}{2}+\frac{\sqrt{3}}{2}i$$

$$\beta'=\cos\frac{\pi}{4}+i\sin\frac{\pi}{4}=\frac{\sqrt{2}}{2}+\frac{\sqrt{2}}{2}i$$

極形式で計算　　　直交形式で計算

$$\alpha'\beta'=\cos\frac{7}{12}\pi+i\sin\frac{7}{12}\pi=-\frac{\sqrt{6}-\sqrt{2}}{4}+\frac{\sqrt{6}+\sqrt{2}}{4}i$$

$$\frac{\alpha'}{\beta'}=\cos\frac{\pi}{12}+i\sin\frac{\pi}{12}=\frac{\sqrt{6}+\sqrt{2}}{4}+\frac{\sqrt{6}-\sqrt{2}}{4}i$$

$$\cos\frac{7}{12}\pi=-\frac{\sqrt{6}-\sqrt{2}}{4},\quad \sin\frac{7}{12}\pi=\frac{\sqrt{6}+\sqrt{2}}{4}$$

$$\cos\frac{\pi}{12}=\frac{\sqrt{6}+\sqrt{2}}{4},\quad \sin\frac{\pi}{12}=\frac{\sqrt{6}-\sqrt{2}}{4}$$

累乗計算とド・モアブルの定理

極形式を用いると，複素数のかけ算や割り算の計算がとても簡単になること を見ましたが，その真価が最大限に発揮されるのが**累乗**計算です．極形式で
$$z=r(\cos\theta+i\sin\theta)$$
と表される複素数を繰り返しかけていくことを考えてみましょう．「2乗」を するときは，同じ数を2回かけるのですから

$$\begin{aligned}z^2&=z\times z\\&=r(\cos\theta+i\sin\theta)\times r(\cos\theta+i\sin\theta)\\&=r^2\{\cos(\theta+\theta)+i\sin(\theta+\theta)\}\\&=r^2(\cos2\theta+i\sin2\theta)\end{aligned}$$

です．つまり，**2乗すると「絶対値は2乗」「偏角は2倍」**されることになり ます．

続いて，「3乗」です．このときは，2乗の結果が利用できます．

$$\begin{aligned}z^3&=z^2\times z\\&=r^2(\cos2\theta+i\sin2\theta)\times r(\cos\theta+i\sin\theta)\\&=r^3\{\cos(2\theta+\theta)+i\sin(2\theta+\theta)\}\\&=r^3(\cos3\theta+i\sin3\theta)\end{aligned}$$

3乗すると，「絶対値は3乗」「偏角は3倍」されることになります．これを 繰り返せば，**n乗すると，「絶対値はn乗」「偏角はn倍」**となることが自然に 導かれます．

> $z=r(\cos\theta+i\sin\theta)$，$n$を正の整数とすると，
> $$z^n=r^n(\cos n\theta+i\sin n\theta)$$

これを用いて
$$(\sqrt{3}+i)^{10}$$
を計算してみましょう．普通にやろうとすると大変ですが，極形式にすると計 算はとても簡単です．

$$\begin{aligned}(\sqrt{3}+i)^{10}&=\left\{2\left(\cos\frac{\pi}{6}+i\sin\frac{\pi}{6}\right)\right\}^{10}\\&=2^{10}\left\{\cos\left(\frac{\pi}{6}\times10\right)+i\sin\left(\frac{\pi}{6}\times10\right)\right\}\quad\genfrac{}{}{0pt}{}{\text{絶対値は10乗}}{\text{偏角は10倍}}\\&=1024\left(\cos\frac{5}{3}\pi+i\sin\frac{5}{3}\pi\right)\end{aligned}$$

$$=1024\left(\frac{1}{2}-\frac{\sqrt{3}}{2}i\right)=512-512\sqrt{3}\,i$$

特に，絶対値 $r=1$ のとき，すなわち $z=\cos\theta+i\sin\theta$ のときは

$$z^n=\cos n\theta+i\sin n\theta$$

となります．これは，**ド・モアブルの定理**として知られているきれいな関係式です．

 ド・モアブルの定理

$$(\cos\theta+i\sin\theta)^n=\cos n\theta+i\sin n\theta$$

「n 乗」が偏角の「n 倍」に変わるわけですね．$z=\cos\theta+i\sin\theta$ を繰り返しかけていくと，絶対値は 1 のまま変わらず，偏角だけが θ ずつ増えていきます．$1,\ z,\ z^2,\ z^3,\ \cdots$ を複素数平面上に図示すると，右図のように単位円周上を θ ずつ回転する点の列となります．

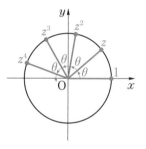

コメント

ド・モアブルの定理は，実は n が 0 や負の数のときも成り立ちます．$z=\cos\theta+i\sin\theta$ とすると

$$z^0=1=\cos(\theta\times0)+i\sin(\theta\times0)$$

ですから，$n=0$ のときもド・モアブルの定理は成り立ちます．

また，z の逆数をとると

$$\frac{1}{z}=\frac{1}{\cos\theta+i\sin\theta}=\frac{\cos\theta-i\sin\theta}{(\cos\theta+i\sin\theta)(\cos\theta-i\sin\theta)}\quad\lhd\;\boxed{\text{分母の実数化}}$$

$$=\frac{\cos\theta-i\sin\theta}{\cos^2\theta+\sin^2\theta}=\cos\theta-i\sin\theta$$

であり，$\cos(-\theta)=\cos\theta,\ \sin(-\theta)=-\sin\theta$ ですから

$$z^{-1}=\cos(-\theta)+i\sin(-\theta)$$

となり，$n=-1$ のときも定理は成り立ち，さらに正の整数 n に対して

$$z^{-n}=(z^{-1})^n=\{\cos(-\theta)+i\sin(-\theta)\}^n=\cos(-n\theta)+i\sin(-n\theta)$$

なので，すべての負の整数でも定理は成り立っていることがわかります．

以上より，ド・モアブルの定理はすべての整数 n で成り立つことがわかります．

練習問題 5

次の計算をした結果を，直交形式 $(a+bi)$ で表せ.

(1) $(1-\sqrt{3}\,i)^8$ 　　(2) $\left(\dfrac{\sqrt{3}+i}{1-i}\right)^{12}$

精 講　直交形式のままでは大変な累乗計算も，極形式にしてしまえば「n 乗」の計算が偏角の「n 倍」の計算に置き換わるので，とても簡単になります.

::::::::::::::::::::::::::::::::: 解 答 :::::::::::::::::::::::::::::::::

(1)　$1-\sqrt{3}\,i$ を極形式で表す.

$$1-\sqrt{3}\,i=2\left\{\cos\left(-\frac{\pi}{3}\right)+i\sin\left(-\frac{\pi}{3}\right)\right\}$$

8乗 ↓　　　　　　　　絶対値は 8 乗
　　　　　　　　　　偏角は 8 倍 ↓

$$(1-\sqrt{3}\,i)^8=2^8\left\{\cos\left(-\frac{\pi}{3}\times8\right)+i\sin\left(-\frac{\pi}{3}\times8\right)\right\}$$

$$=256\left\{\cos\left(-\frac{8}{3}\pi\right)+i\sin\left(-\frac{8}{3}\pi\right)\right\}$$

$$=256\left(-\frac{1}{2}-\frac{\sqrt{3}}{2}i\right)$$

$$=\boldsymbol{-128-128\sqrt{3}\,i}$$

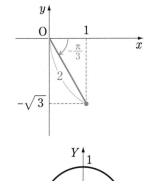

コメント

極形式は，$1-\sqrt{3}\,i=2\left(\cos\dfrac{5}{3}\pi+i\sin\dfrac{5}{3}\pi\right)$ などとおいてもかまいません.

$$(1-\sqrt{3}\,i)^8=2^8\left(\cos\frac{40}{3}\pi+i\sin\frac{40}{3}\pi\right)$$

$$=2^8\left(\cos\frac{4}{3}\pi+i\sin\frac{4}{3}\pi\right)$$

$$=256\left(-\frac{1}{2}-\frac{\sqrt{3}}{2}i\right)$$

$$=-128-128\sqrt{3}\,i$$

$\dfrac{40}{3}\pi=2\pi\times6+\dfrac{4}{3}\pi$　6周分

で，結果は同じです. ただし，累乗計算では偏角の値が大きくなるので，偏角はなるべく絶対値が小さくなる $-\pi<\theta\leqq\pi$ の範囲でとるのがオススメです.

(2) $\sqrt{3}+i=2\left(\cos\dfrac{\pi}{6}+i\sin\dfrac{\pi}{6}\right)$

$\quad 1-i=\sqrt{2}\left\{\cos\left(-\dfrac{\pi}{4}\right)+i\sin\left(-\dfrac{\pi}{4}\right)\right\}$

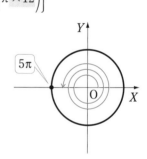

割り算

絶対値は割り算
偏角は引き算

$$\dfrac{\sqrt{3}+i}{1-i}=\dfrac{2}{\sqrt{2}}\left[\cos\left\{\dfrac{\pi}{6}-\left(-\dfrac{\pi}{4}\right)\right\}+i\sin\left\{\dfrac{\pi}{6}-\left(-\dfrac{\pi}{4}\right)\right\}\right]$$

$$=\sqrt{2}\left(\cos\dfrac{5}{12}\pi+i\sin\dfrac{5}{12}\pi\right)$$

12乗

絶対値は12乗
偏角は12倍

$$\left(\dfrac{\sqrt{3}+i}{1-i}\right)^{12}=\left(\sqrt{2}\right)^{12}\left\{\cos\left(\dfrac{5}{12}\pi\times12\right)+i\sin\left(\dfrac{5}{12}\pi\times12\right)\right\}$$

$$=2^{6}(\cos5\pi+i\sin5\pi)$$

$$=64(-1+0)$$

$$=-64$$

コメント

$\dfrac{\sqrt{3}+i}{1-i}$ を先に計算してしまうと

$$\dfrac{\sqrt{3}+i}{1-i}=\dfrac{\sqrt{3}-1}{2}+\dfrac{\sqrt{3}+1}{2}i$$

となり，極形式で表すのが難しくなります．

練習問題6

$\left(\dfrac{\sqrt{3}-i}{2}\right)^{-n}$ が実数となるような最小の自然数 n の値を求めよ.

精 **講**　極形式で表してから，累乗計算をしてみましょう．ド・モアブルの定理は，n が負のときでも使えます．複素数が実数であるかどうかは，**「偏角」に注目**すればわかります.

::: 解　答 :::

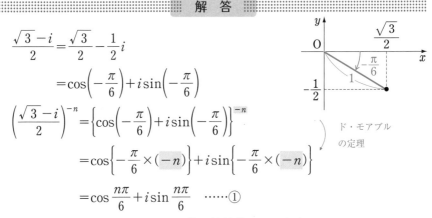

$$\dfrac{\sqrt{3}-i}{2}=\dfrac{\sqrt{3}}{2}-\dfrac{1}{2}i$$
$$=\cos\left(-\dfrac{\pi}{6}\right)+i\sin\left(-\dfrac{\pi}{6}\right)$$
$$\left(\dfrac{\sqrt{3}-i}{2}\right)^{-n}=\left\{\cos\left(-\dfrac{\pi}{6}\right)+i\sin\left(-\dfrac{\pi}{6}\right)\right\}^{-n}$$
$$=\cos\left\{-\dfrac{\pi}{6}\times(-n)\right\}+i\sin\left\{-\dfrac{\pi}{6}\times(-n)\right\}$$
$$=\cos\dfrac{n\pi}{6}+i\sin\dfrac{n\pi}{6}\quad\cdots\cdots①$$

ド・モアブルの定理

$n=1,\ 2,\ 3,\ 4,\ \cdots$ において，①の絶対値は1，偏角は

$$\dfrac{\pi}{6},\ \dfrac{2\pi}{6},\ \dfrac{3\pi}{6},\ \dfrac{4\pi}{6},\ \cdots$$

となるので，複素数の列 $\left\{\left(\dfrac{\sqrt{3}-i}{2}\right)^{-n}\right\}$ を図示すると，右のようになる.

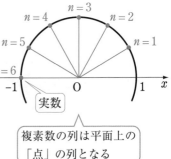

この図より，はじめて実数が現れるのは，

$$n=6$$

のときである.

実数は実軸（x軸）上の点

複素数の列は平面上の「点」の列となる

コメント

一般に，複素数が実数となるのは

（偏角）$=\pi\times$（整数）　$\boxed{0,\ \pm\pi,\ \pm2\pi,\ \cdots}$

のときです．この問題においては

$$\dfrac{n\pi}{6}=m\pi\iff n=6m\quad(m\text{ は整数})$$

ですから，n が6の倍数のときに，①は実数となります．これを満たす最小の自然数は，$n=6$ です.

方程式の解と複素数平面

数学Ⅱの「高次方程式」で学んだように，一般に n 次方程式は複素数の範囲で n 個の解をもつことが知られています．**それらの解が，複素数平面上でどのような位置関係にあるか**，というのはとても面白いテーマです．ここでは，その最も単純なケースについて見てみましょう．次の z の方程式の解を考えます．

$$z^6=1 \quad \cdots\cdots ①$$

この方程式を解くのに，極形式が活躍します． z を極形式で
$$z=r(\cos\theta+i\sin\theta) \quad (r\geqq0,\ 0\leqq\theta<2\pi) \quad \cdots\cdots ②$$
とおきます．①の左辺は，ド・モアブルの定理を用いると
$$z^6=\{r(\cos\theta+i\sin\theta)\}^6=r^6(\cos6\theta+i\sin6\theta)$$
です．一方，①の右辺を極形式で表すと
$$1=1(\cos0+i\sin0)$$
となります．以上より，①の方程式は
$$r^6(\cos6\theta+i\sin6\theta)=1(\cos0+i\sin0)$$
と表せます．まず，両辺の絶対値を比べます．
$$r^6=1$$
で， $r\geqq0$ ですから
$$r=1$$
となります．次に，両辺の偏角を比べます．単純に比べて
$$6\theta=0$$
としたくなるところですが，同じ位置でも偏角には 2π の整数倍のズレがある可能性があります．それに注意すれば
$$6\theta=0+2k\pi \quad (k は整数)$$
としなければなりません．これを θ について解くと
$$\theta=\frac{k}{3}\pi \quad (k は整数)$$

> $k=0,\ \pm1,\ \pm2,\ \pm3,\ \cdots$ を代入

具体的に書き並べれば
$$\theta=0,\ \pm\frac{1}{3}\pi,\ \pm\frac{2}{3}\pi,\ \pm\pi,\ \pm\frac{4}{3}\pi,\ \pm\frac{5}{3}\pi,\ \pm2\pi,\ \cdots$$
です．この中で， $0\leqq\theta<2\pi$ の範囲にあるものをすべてとれば
$$\theta=0,\ \frac{1}{3}\pi,\ \frac{2}{3}\pi,\ \pi,\ \frac{4}{3}\pi,\ \frac{5}{3}\pi$$

以上より，(r, θ) の組み合わせは

$$(r, \theta) = (1, 0), \left(1, \frac{1}{3}\pi\right), \left(1, \frac{2}{3}\pi\right), (1, \pi), \left(1, \frac{4}{3}\pi\right), \left(1, \frac{5}{3}\pi\right)$$

ですから，これを②に戻せば，

$$z = \cos 0 + i\sin 0, \ \cos\frac{1}{3}\pi + i\sin\frac{1}{3}\pi, \ \cos\frac{2}{3}\pi + i\sin\frac{2}{3}\pi,$$

$$\cos\pi + i\sin\pi, \ \cos\frac{4}{3}\pi + i\sin\frac{4}{3}\pi, \ \cos\frac{5}{3}\pi + i\sin\frac{5}{3}\pi$$

すなわち

$$z = 1, \ \frac{1}{2} + \frac{\sqrt{3}}{2}i, \ -\frac{1}{2} + \frac{\sqrt{3}}{2}i, \ -1, \ -\frac{1}{2} - \frac{\sqrt{3}}{2}i, \ \frac{1}{2} - \frac{\sqrt{3}}{2}i$$

が①の6つの解となります。

　面白いのは，これらの解を複素数平面上に図示すると，右図のように**単位円に内接する正六角形の頂点になる**ということです。ちなみに

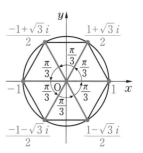

$$\alpha = \frac{1+\sqrt{3}\,i}{2}$$

とおくと，6つの解は

$$1, \ \alpha, \ \alpha^2, \ \alpha^3, \ \alpha^4, \ \alpha^5$$

と表すことができます。

コメント

　$x^n = 1$ となるような複素数 x を，**1の n 乗根**といいます。1の n 乗根は，複素数平面上で半径1の円周に内接する正 n 角形の頂点をなすことが，上と全く同じようにして確かめられます。

　実数の範囲だけで見れば，1の n 乗根は「n が偶数のときは1と -1，n が奇数のときは1のみ」と，少しいびつなふるまいに見えたのですが，複素数というより広い視野から見れば，それは「正 n 角形の頂点」の**一部だけを見ていたにすぎなかった**わけですね。複素数平面が，いかにもののとらえ方をすっきりさせてくれるかという1つの例です。

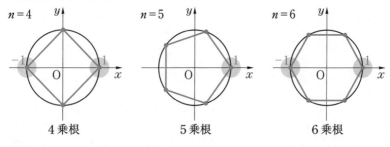

4乗根　　　　　　5乗根　　　　　　6乗根

練習問題 7

(1) z の 2 次方程式
$$z^2 = i$$
の解をすべて求めよ.

(2) z の 4 次方程式
$$z^4 = -8 + 8\sqrt{3}\, i$$
の解をすべて求め, それらを複素数平面上に図示せよ.

精 講 複素数を含む方程式を解いてみましょう. z を極形式で表してみるのがポイントです. 偏角を比べるときは, $2k\pi$ (k は整数)のズレを考慮することを忘れないようにしましょう.

::::: 解 答 :::::

(1) $z = r(\cos\theta + i\sin\theta)$ ($r \geqq 0$, $0 \leqq \theta < 2\pi$) とおくと
$$z^2 = r^2(\cos 2\theta + i\sin 2\theta)$$
また
$$i = 1 \cdot \left(\cos\frac{\pi}{2} + i\sin\frac{\pi}{2}\right)$$
$z^2 = i$ の両辺の絶対値と偏角を比較して
$$r^2 = 1, \quad 2\theta = \frac{\pi}{2} + 2k\pi \quad (k \text{ は整数})$$
$$r = 1, \quad \theta = \frac{\pi}{4} + k\pi \quad \boxed{\text{これを忘れないように}}$$

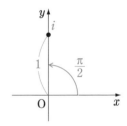

$0 \leqq \theta < 2\pi$ より
$$(r, \theta) = \left(1, \frac{\pi}{4}\right), \ \left(1, \frac{5}{4}\pi\right)$$
$$\underbrace{\qquad}_{k=0} \qquad \underbrace{\qquad}_{k=1}$$
$$z = \cos\frac{\pi}{4} + i\sin\frac{\pi}{4}, \ \cos\frac{5}{4}\pi + i\sin\frac{5}{4}\pi$$
$$= \frac{1}{\sqrt{2}} + \frac{1}{\sqrt{2}}i, \ -\frac{1}{\sqrt{2}} - \frac{1}{\sqrt{2}}i$$
$$\left(= \pm\frac{1+i}{\sqrt{2}}\right)$$

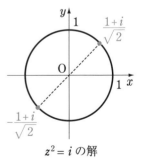

$z^2 = i$ の解

(2)　z を(1)と同様におく.

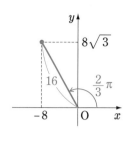

$$z^4 = r^4(\cos 4\theta + i\sin 4\theta)$$

$$-8 + 8\sqrt{3}\,i = 16\left(\cos\frac{2}{3}\pi + i\sin\frac{2}{3}\pi\right)$$

$z^4 = -8 + 8\sqrt{3}\,i$ の両辺の絶対値と偏角を比較して

$$r^4 = 16, \quad 4\theta = \frac{2}{3}\pi + 2k\pi \quad (k\text{ は整数})$$

$$r = 2, \quad \theta = \frac{\pi}{6} + \frac{1}{2}k\pi$$

$0 \leqq \theta < 2\pi$ より

$$(r,\ \theta) = \left(2,\ \frac{\pi}{6}\right),\ \left(2,\ \frac{2}{3}\pi\right),\ \left(2,\ \frac{7}{6}\pi\right),\ \left(2,\ \frac{5}{3}\pi\right)$$

$$z = 2\left(\cos\frac{\pi}{6} + i\sin\frac{\pi}{6}\right),\ 2\left(\cos\frac{2}{3}\pi + i\sin\frac{2}{3}\pi\right),$$

$$2\left(\cos\frac{7}{6}\pi + i\sin\frac{7}{6}\pi\right),\ 2\left(\cos\frac{5}{3}\pi + i\sin\frac{5}{3}\pi\right)$$

$$z = \sqrt{3} + i,\ -1 + \sqrt{3}\,i,\ -\sqrt{3} - i,\ 1 - \sqrt{3}\,i$$

$$(= \pm(\sqrt{3} + i),\ \pm(-1 + \sqrt{3}\,i))$$

　これを複素数平面上に図示すると, 右図の
ようになる.

$\begin{pmatrix} \text{原点を中心とする半径2の円に} \\ \text{内接する正方形の頂点をなす.} \end{pmatrix}$

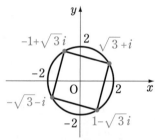

複素数の図形への応用

　複素数は，「数」としての側面と，複素数平面上での「図形」としての側面をあわせもっています．これは，複素数を用いることで「図形」の問題を数の計算に置き換えたり，逆に数の計算を図形的にとらえ直したりすることができるようになることを意味しています．**「図形問題を複素数を用いて解く」**という，思いもよらない展望がここから開けます．

複素数のかけ算と「拡大」+「回転」

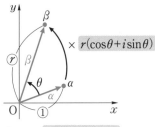

　複素数のかけ算の規則を見直してみましょう．
　絶対値 r，偏角 θ の複素数，つまり
$$r(\cos\theta + i\sin\theta)$$
をある複素数にかけ算するということは，

　　$\begin{cases} \text{絶対値を } r \text{ 倍し，} \\ \text{偏角を } \theta \text{ 増加させる} \end{cases}$

という操作をすることに相当します．

$\beta = \alpha \times r(\cos\theta + i\sin\theta)$

　したがって
$$\beta = \alpha \times r(\cos\theta + i\sin\theta)$$
とすると，

**　　　　（ベクトル）β は（ベクトル）α を r 倍拡大し，θ 回転させたもの**

となります．ベクトルに対して実数をかけた場合，そのベクトルは「拡大（縮小）」されるだけですが，複素数をかけた場合は，「拡大（縮小）」に**「回転」**という操作が追加されるわけですね．この「回転」を扱えるのが，複素数の最大の強みになります．特に，$r=1$ の場合，つまり $\cos\theta + i\sin\theta$ をかけることが，単なるベクトルの「回転」に相当します．

 複素数と回転移動

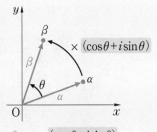

　　　$\beta = \alpha \times (\cos\theta + i\sin\theta)$
とすると
（α, β をベクトルとして見たときは）
　　β は α を θ 回転させたもの
あるいは
（α, β を点として見たときは）
　　**点 β は点 α を原点を中心に
　　θ 回転させたもの**

$\beta = \alpha \times (\cos\theta + i\sin\theta)$

練習問題 8

O を原点とする複素数平面を考える.

(1) 点 P$(5+3i)$ を，原点 O を中心に $\dfrac{\pi}{4}$ 回転させた点 Q を表す複素数を求めよ.

(2) 点 P$(5+3i)$ を，点 A$(1+i)$ を中心に $\dfrac{5}{6}\pi$ 回転させた点 R を表す複素数を求めよ.

精 講　複素数平面上での「回転移動」を考えます. 原点を中心に回転させるときは，複素数を「点」と見ても「ベクトル」と見ても同じことですが，原点以外の点を中心に回転させるときは，**複素数を「ベクトル」と見る視点**が大切になります.

　例えば，右図のように点 A(α) を，点 C(γ) を中心に θ 回転移動させた点を B(β) とする場合は

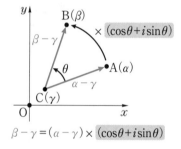

$$\beta-\gamma=(\alpha-\gamma)\times(\cos\theta+i\sin\theta)$$

$\overrightarrow{\mathrm{CA}}$ を θ 回転移動させると $\overrightarrow{\mathrm{CB}}$ となる

というとらえ方ができることが大切で，$\overrightarrow{\mathrm{CA}}$, $\overrightarrow{\mathrm{CB}}$ に対応する複素数はそれぞれ $\alpha-\gamma$, $\beta-\gamma$ ですから，

$$\beta-\gamma=(\alpha-\gamma)\times(\cos\theta+i\sin\theta)$$

という式が成り立つことがわかります.

解　答

(1)　P(p), Q(q) とする.

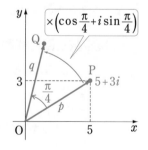

　q は p を $\dfrac{\pi}{4}$ 回転させたものなので

$$
\begin{aligned}
q &= p\times\left(\cos\frac{\pi}{4}+i\sin\frac{\pi}{4}\right)\\
&= (5+3i)\times\left(\frac{\sqrt{2}}{2}+\frac{\sqrt{2}}{2}i\right)\\
&= \frac{5\sqrt{2}}{2}+\frac{5\sqrt{2}}{2}i+\frac{3\sqrt{2}}{2}i+\frac{3\sqrt{2}}{2}i^2\\
&= \sqrt{2}+4\sqrt{2}\,i
\end{aligned}
$$

(2) A(a), P(p), R(r) とする.

$\overrightarrow{\mathrm{AP}}$ を $\dfrac{5}{6}\pi$ 回転させると $\overrightarrow{\mathrm{AR}}$ となるので

$$r-a=(p-a)\times\left(\cos\dfrac{5}{6}\pi+i\sin\dfrac{5}{6}\pi\right)$$

$\underset{\overrightarrow{\mathrm{AR}}}{\underbrace{}}\quad\underset{\overrightarrow{\mathrm{AP}}}{\underbrace{}}$

$$r-(1+i)=(4+2i)\left(-\dfrac{\sqrt{3}}{2}+\dfrac{1}{2}i\right)$$

$$=-2\sqrt{3}+2i-\sqrt{3}\,i+i^2$$

$$=-2\sqrt{3}-1+(2-\sqrt{3}\,)i$$

$$r=-2\sqrt{3}+(3-\sqrt{3}\,)i$$

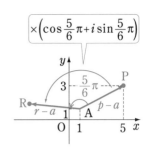

練習問題 9

座標平面上に，P$(2,\ -1)$，Q$(-2,\ 5)$ がある.

(1) 三角形 PQR が正三角形となるように点Rを定めるとき，Rの座標をすべて求めよ．

(2) 線分 PQ を対角線にもつ正方形を平面上にとるとき，P，Q 以外の 2 つの頂点の座標を求めよ．

精 講 複素数平面で考えます．このとき，(1)では「回転」を，(2)では「拡大＋回転」を用いて点を移動させることになり，それは複素数のかけ算を用いて簡単に実現できます．

解 答

複素数平面上に P，Q をとる．

P(p)，Q(q) とすると

$$p=2-i,\quad q=-2+5i$$

(1) R(r) とする．三角形 PQR が正三角形となるのは，Rが点Pを点Qを中心に $\pm\dfrac{\pi}{3}$ 回転した位置にあるときである．

2 通り考えられることに注意

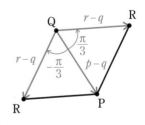

$$r-q=(p-q)\times\left\{\cos\left(\pm\frac{\pi}{3}\right)+i\sin\left(\pm\frac{\pi}{3}\right)\right\}\quad(複号同順)$$

$$r-(-2+5i)=(4-6i)\times\left(\frac{1}{2}\pm\frac{\sqrt{3}}{2}i\right)\qquad\begin{array}{l}\cos\left(\pm\dfrac{\pi}{3}\right)=\dfrac{1}{2}\\[2mm]\sin\left(\pm\dfrac{\pi}{3}\right)=\pm\dfrac{\sqrt{3}}{2}\end{array}$$

$$=2\pm2\sqrt{3}\,i-3i\mp3\sqrt{3}\,i^2$$

$$=(2\pm3\sqrt{3})+(-3\pm2\sqrt{3})i$$

$$r=\pm3\sqrt{3}+(2\pm2\sqrt{3})i$$

よって，**R(3√3 ， 2+2√3) または R(-3√3 ， 2-2√3)**

🗨 **コメント**

　上の計算では，2階立ての符号(**複号**)を用いて $\frac{\pi}{3}$ 回転と $-\frac{\pi}{3}$ 回転の計算を同時に行っています．2つ以上の位置に複号が使われるときは，「上の符号は上の符号に，下の符号は下の符号に対応する」という規則に従います．これを**複号同順**といいます．

(2)　P，Q 以外の頂点を S(s) とする．

$\overline{QS}$　$\overline{QP}$

$s-q$ は $p-q$ を $\begin{cases}\dfrac{1}{\sqrt{2}} \text{ 倍拡大}\\[2mm]\pm\dfrac{\pi}{4} \text{ 回転}\end{cases}$ したものである．

頂点は 2 つある

2つ同時に計算する

よって

$$s-q=(p-q)\times\frac{1}{\sqrt{2}}\left\{\cos\left(\pm\frac{\pi}{4}\right)+i\sin\left(\pm\frac{\pi}{4}\right)\right\}\quad(複号同順)$$

$$s-(-2+5i)=(4-6i)\times\frac{1}{\sqrt{2}}\left(\frac{1}{\sqrt{2}}\pm\frac{1}{\sqrt{2}}i\right)$$

$$=(4-6i)\left(\frac{1}{2}\pm\frac{1}{2}i\right)$$

$$=2\pm2i-3i\mp3i^2$$

$$=(2\pm3)+(\pm2-3)i$$

複号同順で計算

$\rightarrow 2+3+(2-3)i$

$\searrow 2-3+(-2-3)i$

$$=5-i,\ -1-5i$$

$$s=3+4i,\ -3$$

よって，2つの頂点は，**(3, 4)，(-3, 0)**

コメント

　複素数 α, β が図1のように与えられたとき，複素数 $\alpha\beta$ を作図する簡単な方法があります．

　A(α)，B(β)，E(1) として

　　　$\triangle$OBC$\backsim$$\triangle$OEA ← $\triangle$OBC と $\triangle$OEA が相似

となる点Cをとるのです（図2）．それが，$\alpha\beta$ に対応する点になります．

　理由はとても簡単で，α の絶対値を r，偏角を θ とすると

$$\begin{cases} \overrightarrow{\text{OC}} \text{ は } \overrightarrow{\text{OB}} \text{ を } r \text{ 倍して } \theta \text{ 回転したもの} \\ \overrightarrow{\text{OA}} \text{ は } \overrightarrow{\text{OE}} \text{ を } r \text{ 倍して } \theta \text{ 回転したもの} \end{cases}$$

となり，2つの三角形の2辺の比と，そのはさむ角が等しくなるからです．

　この関係は，知っているととても便利です．例えば，A(α) に対して，図3のようにOAを1辺にもつ正方形の頂点でAの隣にある点B(β) を求めたいとします．このとき，E(1) に対して同じ位置関係にある複素数が $1+i$ であることを見れば

$$\beta = \alpha \times (1+i)$$

であることが即座にわかります．

図1

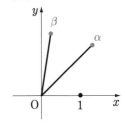

図2

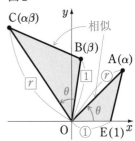

図3

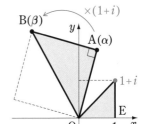

複素数のなす角

$$\beta = \alpha \times r(\cos\theta + i\sin\theta)$$

であるとき，β は α を「r 倍拡大」「θ 回転」させたものであることは，すでに見ましたね．いま，逆に α と β だけが与えられていたとして，「β は α を何倍拡大したものか」あるいは「β が α をどれだけ回転させたものか」を知りたいとします．先ほどの式は

$$\frac{\beta}{\alpha} = r(\cos\theta + i\sin\theta)$$

と変形できるのですから，r を知るには $\left|\dfrac{\beta}{\alpha}\right|$ を，θ を知るには $\arg\left(\dfrac{\beta}{\alpha}\right)$ を調べればいいことがわかります．

　例えば

$$\alpha = 2 + i, \quad \beta = 1 + 3i$$

であるとすると

$$\frac{\beta}{\alpha} = \frac{1+3i}{2+i} = \frac{(1+3i)(2-i)}{(2+i)(2-i)} = \frac{5+5i}{5} = 1+i$$

　ここで

$$\left|\frac{\beta}{\alpha}\right| = \sqrt{1^2 + 1^2} = \sqrt{2}, \quad \arg\left(\frac{\beta}{\alpha}\right) = \frac{\pi}{4}$$

ですから，β は α を $\sqrt{2}$ 倍して $\dfrac{\pi}{4}$ 回転させたものであることがわかるわけです．

　特に，$\alpha,\ \beta$ のなす角について，次のことが成り立ちます．

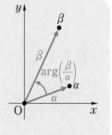

☑ 2つの複素数のなす角 I

　$\alpha,\ \beta$ をベクトルとして見たときに，α の向きから β の向きに回る角は

$$\arg\left(\frac{\beta}{\alpha}\right)$$

である．

　回転移動のときと同様，ここでも複素数を**「ベクトル」と見る視点**が大切になります．例えば，複素数平面上の3点が三角形をなしていて，その内角の一つを求めるような場合には，次のような式になります．

2つの複素数のなす角Ⅱ

複素数平面上の3点 A(α)，B(β)，C(γ) につ
いて，$\overrightarrow{AB}$ の向きから $\overrightarrow{AC}$ の向きに回る角は

$$\arg\left(\frac{\gamma-\alpha}{\beta-\alpha}\right)$$

である．

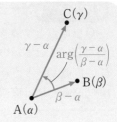

練習問題 10

複素数平面上の3点 P($4+2i$)，Q($1+i$)，R($-3+3i$) をとる．$\angle$PQR
を求めよ．

 $\angle$PQR を求めるには，$\overrightarrow{QP}$ の向きから $\overrightarrow{QR}$ の向
きに回る角の大きさを求めればよいのです．

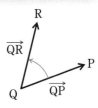

∷∷∷∷∷∷∷∷∷∷∷∷∷∷∷∷∷∷∷∷∷∷∷ **解 答** ∷∷∷∷∷∷∷∷∷∷∷∷∷∷∷∷∷∷∷∷∷∷∷

$p=4+2i$，$q=1+i$，$r=-3+3i$ とする．
$\overrightarrow{QP}$ の向きから $\overrightarrow{QR}$ の向きに回る角は

$$\arg\left(\frac{r-q}{p-q}\right)$$

である．

$$\frac{r-q}{p-q}=\frac{-4+2i}{3+i}=\frac{(-4+2i)(3-i)}{(3+i)(3-i)}$$

$$=\frac{-12+4i+6i-2i^2}{9-i^2}$$

$$=\frac{-10+10i}{10}=-1+i$$

なので

$$\arg\left(\frac{r-q}{p-q}\right)=\frac{3}{4}\pi$$

よって，$\angle$PQR$=\dfrac{3}{4}\pi$

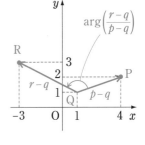

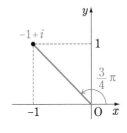

　Oを原点とする複素数平面上に A$(2+2i)$, B$(5+6i)$, P$(t+3i)$ がある. ただし, t は実数の定数であるとする.
(1)　直線 OP と直線 AB が平行となる t の値を求めよ.
(2)　直線 OP と直線 AB が垂直となる t の値を求めよ.

精 講　0ではない複素数αとβをベクトルと見たとき, それらが「平行」である条件,「垂直」である条件を考えてみましょう.

　αとβが平行であるとき, $\arg\left(\dfrac{\beta}{\alpha}\right)$ は「0 または π」$(+2n\pi)$ です. これは,「$\dfrac{\beta}{\alpha}$ が x 軸上にある」, つまり「$\dfrac{\beta}{\alpha}$ **が実数である**」ことを意味します.

　αとβが垂直であるとき, $\arg\left(\dfrac{\beta}{\alpha}\right)$ は「$\dfrac{\pi}{2}$ または $-\dfrac{\pi}{2}$」$(+2n\pi)$ です. これは,「$\dfrac{\beta}{\alpha}$ が y 軸上にある」, つまり「$\dfrac{\beta}{\alpha}$ **が純虚数である**」ことを意味します.

✅ 複素数の平行と垂直

　0ではない複素数αとβに対して,

$$\alpha と \beta が平行 \iff \frac{\beta}{\alpha} は実数$$

$$\alpha と \beta が垂直 \iff \frac{\beta}{\alpha} は純虚数$$

解 答

$a=2+2i$, $b=5+6i$, $p=t+3i$ とする.
(1)　$\overrightarrow{\mathrm{OP}}$ と $\overrightarrow{\mathrm{AB}}$ が平行となるのは

$$「p と b-a が平行」 すなわち \frac{p}{b-a} が実数$$

が成り立つときである.

$$\frac{p}{b-a}=\frac{t+3i}{3+4i}=\frac{(t+3i)(3-4i)}{(3+4i)(3-4i)}$$
$$=\frac{3t-4ti+9i-12i^2}{9-16i^2}$$

$$= \frac{(3t+12)+(-4t+9)i}{25} \quad \cdots\cdots ①$$

これが実数となるのは，①の虚部が 0 になるときなので

$$\frac{-4t+9}{25}=0, \quad t=\frac{9}{4}$$

(2) $\overrightarrow{\mathrm{OP}}$ と $\overrightarrow{\mathrm{AB}}$ が垂直となるのは

「p と $b-a$ が垂直」すなわち $\dfrac{p}{b-a}$ が純虚数

が成り立つときである．

それは，①の実部が 0 になるときなので

$$\frac{3t+12}{25}=0, \quad t=-4$$

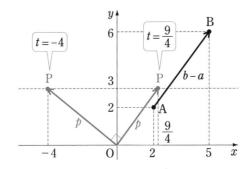

応用問題 1

α, β は等式 $\alpha^2+\alpha\beta+\beta^2=0$ を満たす 0 でない複素数とする.

(1) 複素数 $\dfrac{\beta}{\alpha}$ を極形式で表せ. ただし, 偏角 θ は $-\pi\leqq\theta<\pi$ とする.

(2) 複素数平面上で O(0), A(α), B(β) とすると, 三角形 OAB はどのような三角形か.

精 講　$\alpha^2+\alpha\beta+\beta^2=0$ の両辺を $\alpha^2(\neq0)$ で割ることで, $\dfrac{\beta}{\alpha}$ の方程式を作ってみましょう. $\dfrac{\beta}{\alpha}$ の絶対値と偏角から O, A, B の位置関係がわかります.

::: 解 答 :::

(1)　$\alpha^2+\alpha\beta+\beta^2=0$

　　$\alpha\neq0$ なので, 両辺を α^2 で割ると　$1+\dfrac{\beta}{\alpha}+\left(\dfrac{\beta}{\alpha}\right)^2=0$

　　$x=\dfrac{\beta}{\alpha}$ とすると, これは x の 2 次方程式

　　　　$x^2+x+1=0$

　　となる. これを解くと

　　　　$x=\dfrac{-1\pm\sqrt{1-4}}{2}=\dfrac{-1\pm\sqrt{3}\,i}{2}$

　　よって　$\dfrac{\beta}{\alpha}=-\dfrac{1}{2}\pm\dfrac{\sqrt{3}}{2}i$

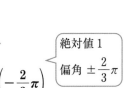

　　$\dfrac{\beta}{\alpha}=-\dfrac{1}{2}+\dfrac{\sqrt{3}}{2}i$ のとき, $\dfrac{\beta}{\alpha}=\cos\dfrac{2}{3}\pi+i\sin\dfrac{2}{3}\pi$

　　$\dfrac{\beta}{\alpha}=-\dfrac{1}{2}-\dfrac{\sqrt{3}}{2}i$ のとき, $\dfrac{\beta}{\alpha}=\cos\left(-\dfrac{2}{3}\pi\right)+i\sin\left(-\dfrac{2}{3}\pi\right)$

　　　　　　絶対値 1
　　　　　　偏角 $\pm\dfrac{2}{3}\pi$

(2)　(1)の結果より, B(β) はA(α) を O を中心に $\dfrac{2}{3}\pi$ または $-\dfrac{2}{3}\pi$ 回転させたものであるから, 三角形 OAB は **OA=OB, $\angle$AOB=$\dfrac{2}{3}\pi$ の二等辺三角形**である.

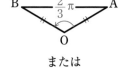

または

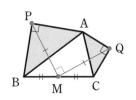

応用問題 2

複素数平面上に，A(α)，B(β)，C(γ) からなる図のような三角形 ABC がある．辺 BC の中点を M とし，辺 AB，AC をそれぞれ斜辺とする 2 つの直角二等辺三角形を三角形 ABC の外側に作り，それらの頂点を P，Q とする．このとき

$$MP \perp MQ, \qquad MP = MQ$$

であることを示せ．

精 講 シンプルで美しい性質ですが，初等的な方法で証明するのは難しいです．ところが，複素数を用いると驚くほど鮮やかに解決します．**複素数の真骨頂**をとくとお味わいください．

解 答

P(p)，Q(q)，M(m) とする．
M は辺 BC の中点なので

$$m = \frac{\beta + \gamma}{2}$$

$\overrightarrow{AP}$ は $\overrightarrow{AB}$ を $\dfrac{1}{\sqrt{2}}$ 倍して $-\dfrac{\pi}{4}$ 回転したものなので

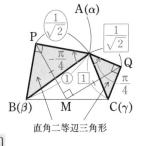

直角二等辺三角形

$$p - \alpha = (\beta - \alpha) \times \frac{1}{\sqrt{2}} \left\{ \cos\left(-\frac{\pi}{4}\right) + i \sin\left(-\frac{\pi}{4}\right) \right\}$$

$$= (\beta - \alpha) \times \frac{1}{\sqrt{2}} \left(\frac{1}{\sqrt{2}} - \frac{1}{\sqrt{2}} i \right)$$

$$= \frac{1}{2} (\beta - \alpha)(1 - i)$$

よって

$$p = \alpha + \frac{1}{2} (\beta - \alpha)(1 - i)$$

$$= \alpha + \frac{1}{2} (1 - i)\beta - \frac{1}{2} (1 - i)\alpha$$

$$= \frac{1}{2} (1 + i)\alpha + \frac{1}{2} (1 - i)\beta$$

$\overrightarrow{AQ}$ は $\overrightarrow{AC}$ を $\dfrac{1}{\sqrt{2}}$ 倍して $\dfrac{\pi}{4}$ 回転したものなので

$$q-\alpha=(\gamma-\alpha)\times\boxed{\dfrac{1}{\sqrt{2}}\left(\cos\dfrac{\pi}{4}+i\sin\dfrac{\pi}{4}\right)}$$

$$=\dfrac{1}{2}(\gamma-\alpha)(1+i)$$

$$q=\alpha+\dfrac{1}{2}(\gamma-\alpha)(1+i)$$

$$=\dfrac{1}{2}(1-i)\alpha+\dfrac{1}{2}(1+i)\gamma$$

ここで

$$p-m=\dfrac{1}{2}(1+i)\alpha+\dfrac{1}{2}(1-i)\beta-\dfrac{\beta+\gamma}{2}$$

$$=\dfrac{1}{2}(1+i)\alpha-\dfrac{1}{2}i\beta-\dfrac{1}{2}\gamma$$

$$q-m=\dfrac{1}{2}(1-i)\alpha+\dfrac{1}{2}(1+i)\gamma-\dfrac{\beta+\gamma}{2}$$

$$=\dfrac{1}{2}(1-i)\alpha-\dfrac{1}{2}\beta+\dfrac{1}{2}i\gamma$$

$$\dfrac{p-m}{q-m}=i=\cos\dfrac{\pi}{2}+i\sin\dfrac{\pi}{2}$$

$$i\times(q-m)=\dfrac{1}{2}(i-i^2)\alpha-\dfrac{1}{2}i\beta+\dfrac{1}{2}i^2\gamma$$

$$=\dfrac{1}{2}(1+i)\alpha-\dfrac{1}{2}i\beta-\dfrac{1}{2}\gamma$$

$$=p-m$$

$\overrightarrow{MP}$ は $\overrightarrow{MQ}$ を $\dfrac{\pi}{2}$ 回転させたものとなるので,

$$MP\perp MQ,\quad MP=MQ$$

が示せた.

コメント

$\dfrac{p-m}{q-m}=i$ であることを式の形だけから見抜くのは難しいですが, 証明するべきことから逆算すれば, 「この式が成り立たなければならない」ことはわかりますから, あとはそれを「確認」するだけです.

第10章

練習問題 12

複素数平面上で，次の条件を満たす点 z は，どのような図形を描くか．

(1) $|z-4|=|z-2i|$　　(2) $|z-1-i|=\sqrt{2}$

精講 複素数 z の条件式が与えられたとき，その条件を満たすような z の集まりは，複素数平面上で，ある図形をなします．その図形を知る 1 つの方法は，$z=x+yi$（x, y は実数）とおいて，条件を x, y の関係式に書き直してしまうことです．

ただし，条件式の図形的な意味を考えれば，式に頼らずに答えを導ける場合もあります．

解　答

(1) $z=x+yi$（x, y は実数）とすれば

$$|z-4|=|z-2i|$$
$$|(x-4)+yi|=|x+(y-2)i|$$
$$\sqrt{(x-4)^2+y^2}=\sqrt{x^2+(y-2)^2}$$
$$(x-4)^2+y^2=x^2+(y-2)^2$$

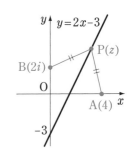

展開して整理すれば，

$$2x-y-3=0 \text{ すなわち } y=2x-3$$

よって，z は **$-3i$ を通る傾き 2 の直線** を描く．

◆ コメント ◆

A(4)，B(2i)，P(z) とすると，与えられた条件は

$$|z-4|=|z-2i| \iff \text{AP=BP}$$

です．P がこの条件を満たしながら動くとき，P は線分 AB の垂直二等分線を描きます．

(2) $z=x+yi$（x, y は実数）とすると

$$|z-1-i|=\sqrt{2}$$
$$|(x-1)+(y-1)i|=\sqrt{2}$$
$$\sqrt{(x-1)^2+(y-1)^2}=\sqrt{2}$$
$$(x-1)^2+(y-1)^2=2$$

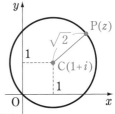

よって，z は **点 $1+i$ を中心とする半径 $\sqrt{2}$ の円** を描く．

◆ コメント ◆

C(1+i)，P(z) とすると，与えられた条件は

$$|z-(1+i)|=\sqrt{2} \iff \mathrm{CP}=\sqrt{2}$$

です．Pがこの条件を満たしながら動くとき，PはCを中心とする半径$\sqrt{2}$の円を描きます．

☑️ 円の方程式

複素数平面上で点αを中心とする半径r $(r>0)$の円上の点zは，方程式

$$|z-\alpha|=r$$

を満たす．

📐注意 $|z-\alpha|=r$ の両辺を2乗すると

$$|z-\alpha|^2=r^2$$
$$(z-\alpha)\overline{(z-\alpha)}=r^2$$
$$(z-\alpha)(\bar{z}-\bar{\alpha})=r^2$$
$$z\bar{z}-\bar{\alpha}z-\alpha\bar{z}+\alpha\bar{\alpha}-r^2=0$$
$$z\bar{z}-\bar{\alpha}z-\alpha\bar{z}+|\alpha|^2-r^2=0$$

となります．〰〰〰の部分は実数なので，最後の式は

$$z\bar{z}-\bar{\alpha}z-\alpha\bar{z}=実数$$

と書けます．今後，この形の式が出てきた場合は，これは**円の方程式ではないかと疑える**ようにしておいてください．この式の形から，上の作業を巻き戻すようにして円の方程式を導くという作業は，とても重要になります．

練習問題 13

複素数平面上で次の条件を満たす点zが円を描くことを示し，その中心と半径を求めよ．

$$2|z-3i|=|z-6|$$

精 講 **練習問題 12** と同様に，$z=x+yi$(x, y は実数) とおいてx, y の関係式を作ってもいいですが，複素数のまま処理することもできます．

╍╍╍╍╍╍╍╍╍╍╍ **解 答** ╍╍╍╍╍╍╍╍╍╍╍

$z=x+yi$(x, y は実数) とおくと

$$2|x+(y-3)i|=|x-6+yi|$$

$$2\sqrt{x^2+(y-3)^2}=\sqrt{(x-6)^2+y^2}$$

両辺を2乗すると

$$4\{x^2+(y-3)^2\}=(x-6)^2+y^2$$
$$x^2+y^2+4x-8y=0$$
$$(x+2)^2+(y-4)^2=20$$

よって，z は中心 $-2+4i$，半径 $2\sqrt{5}$ の円を描く．

別 解 複素数のまま処理すると，次のようになる．

$$2|z-3i|=|z-6|$$
$$4|z-3i|^2=|z-6|^2 \quad \text{両辺を2乗する}$$
$$4(z-3i)(\overline{z-3i})=(z-6)(\overline{z-6}) \quad |z|^2=z\cdot\bar{z}$$
$$4(z-3i)(\bar{z}+3i)=(z-6)(\bar{z}-6) \quad \begin{aligned}\overline{z_1+z_2}&=\overline{z_1}+\overline{z_2}\\ \overline{3i}&=-3i\\ \bar{6}&=6\end{aligned}$$
$$4(z\bar{z}+3iz-3i\bar{z}+9)=z\bar{z}-6z-6\bar{z}+36$$
$$z\bar{z}+(2+4i)z+(2-4i)\bar{z}=0$$
$$z\bar{z}+(\overline{2-4i})z+(2-4i)\bar{z}=0 \quad z\bar{z}-\bar{\alpha}z-\alpha\bar{z}=\text{実数の形}$$
$$\{z+(2-4i)\}\{\bar{z}+(\overline{2-4i})\}-(2-4i)(\overline{2-4i})=0$$
$$(z+2-4i)(\overline{z+2-4i})=|2-4i|^2 \quad \begin{aligned}z\bar{z}-\bar{\alpha}z-\alpha\bar{z}\\=(z-\alpha)(\bar{z}-\bar{\alpha})-\alpha\bar{\alpha}\end{aligned}$$
$$|z+2-4i|^2=20$$
$$|z+2-4i|=2\sqrt{5}$$
$$|z-(-2+4i)|=2\sqrt{5}$$

$C(-2+4i)$，$P(z)$ とすると，$CP=2\sqrt{5}$ なので，P は C を中心とする半径 $2\sqrt{5}$ の円を描く．

コメント

$A(3i)$，$B(6)$，$P(z)$ とすると，与えられた条件は

$$2AP=BP \iff AP:BP=1:2$$

となります．2点からの距離の比が一定である点
P の軌跡が円（アポロニウスの円）になることは，
数学Ⅱの「図形と方程式」でも扱いましたが，こ
こでは同じことを複素数を用いて導いたことになります．

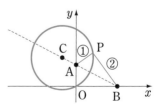

応用問題 3

複素数平面上で，点 z が点 $\sqrt{3}-i$ を中心とする半径 1 の円周上を動くとき，$\omega=(1+\sqrt{3}\,i)z$ で定まる点 ω が描く図形を求めよ．

精 講 座標におきかえてやろうとすると手間がかかりますが，複素数のまま計算するととてもラクです．数学Ⅱの「軌跡」でもやったように，「図形の移動」の処理の基本は**「逆に解いて代入」**です．

░░░░░░░░░░░░░░░ 解 答 ░░░░░░░░░░░░░░░

z の満たすべき条件は

> α を中心とする半径 r の円の方程式は
> $|z-\alpha|=r$

$$|z-(\sqrt{3}-i)|=1 \quad \cdots\cdots ①$$

$\omega=(1+\sqrt{3}\,i)z$ より，$z=\dfrac{\omega}{1+\sqrt{3}\,i}$ ◁─逆に解く

これを①に代入して

$$\left|\frac{\omega}{1+\sqrt{3}\,i}-(\sqrt{3}-i)\right|=1 \quad ◁─代入$$

両辺に $|1+\sqrt{3}\,i|$ をかけて

$$|\omega-(1+\sqrt{3}\,i)(\sqrt{3}-i)|=|1+\sqrt{3}\,i| \quad \Big\rangle \ {\scriptstyle \sqrt{1^2+(\sqrt{3})^2}=2}$$

$$|\omega-(2\sqrt{3}+2i)|=2$$

ω は**点 $2\sqrt{3}+2i$ を中心とする半径 2 の円**を描く．

コメント

$$1+\sqrt{3}\,i=2\left(\cos\frac{\pi}{3}+i\sin\frac{\pi}{3}\right)$$

なので，ω は z を 2 倍して $\dfrac{\pi}{3}$ 回転させたものです．z は $\sqrt{3}-i$ を中心とした半径 1 の円上を動くので，ω はその円を 2 倍して $\dfrac{\pi}{3}$ 回転させた円上を動くことになります．

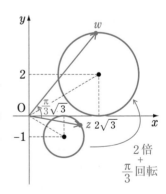

$y=\dfrac{1}{x}$ で表される曲線を，原点のまわりに $-\dfrac{\pi}{4}$ 回転させた曲線は

双曲線 $x^2-y^2=2$

であることを示せ.

精 講　複素数を用いて，**2次曲線の回転移動**をしてみましょう．分数関数 $y=\dfrac{1}{x}$ のグラフが双曲線であることが確かめられます．ここでも，「逆に解いて代入」が基本になります.

:::::::::::::::::::::::::: 解　答 ::::::::::::::::::::::::::

$(s,\ t)$ を原点を中心に $-\dfrac{\pi}{4}$ 回転した点を $(X,\ Y)$ とする.

$(s,\ t)$ が曲線 $y=\dfrac{1}{x}$ 上を動くときの $(X,\ Y)$ の軌跡を求めればよい.

$$X+Yi=(s+ti)\left\{\cos\left(-\frac{\pi}{4}\right)+i\sin\left(-\frac{\pi}{4}\right)\right\}$$

$$=(s+ti)\frac{1-i}{\sqrt{2}}$$

よって，　　　┃逆に解く

$$s+ti=(X+Yi)\times\frac{\sqrt{2}}{1-i}$$

$$=(X+Yi)\times\frac{\sqrt{2}\,(1+i)}{2}$$

$$=\frac{\sqrt{2}}{2}(X+Xi+Yi+Yi^2)$$

$$=\frac{\sqrt{2}}{2}(X-Y)+\frac{\sqrt{2}}{2}(X+Y)i$$

$$s=\frac{\sqrt{2}}{2}(X-Y),\ \ t=\frac{\sqrt{2}}{2}(X+Y)$$

$\overbrace{}$（$s,\ t$ を $X,\ Y$ を用いて表すのがポイント）

> 裏返せば，$(s,\ t)$ は $(X,\ Y)$ を原点を中心に $\dfrac{\pi}{4}$ 回転させた点なので，
> $$s+ti=(X+Yi)\left(\cos\frac{\pi}{4}+i\sin\frac{\pi}{4}\right)$$
> $$=(X+Yi)\cdot\frac{\sqrt{2}}{2}(1+i)$$
> としてもよい.

(s, t) は，$y = \dfrac{1}{x}$ すなわち $xy = 1$

上の点なので

$$st = 1$$

$$\frac{\sqrt{2}}{2}(X - Y) \cdot \frac{\sqrt{2}}{2}(X + Y) = 1$$

$$\frac{1}{2}(X^2 - Y^2) = 1 \qquad \boxed{\text{代入}}$$

$$X^2 - Y^2 = 2$$

(X, Y) は双曲線 $x^2 - y^2 = 2$ を描く

ので，題意は示された．

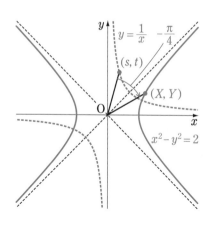

👣 **一歩踏みこんで　〜数学の宝石〜**

　複素数のかけ算，割り算，累乗において，偏角はそれぞれ足し算，引き算，かけ算に置き換わることを見ました．これを式で表すと，次のようになります．

☑️ **複素数と偏角**

　複素数 z_1，z_2，z と整数 n に対して

$$\arg(z_1 z_2) = \arg z_1 + \arg z_2 \qquad \text{かけ算は足し算になる}$$

$$\arg\left(\frac{z_1}{z_2}\right) = \arg z_1 - \arg z_2 \qquad \text{割り算は引き算になる}$$

$$\arg z^n = n \arg z \qquad \text{累乗はかけ算になる}$$

　あらためてこのように並べてみたときに，ここからある別の法則を連想する人は少なくないのではないでしょうか．そう，これは見れば見るほど**対数法則にそっくり**です．

☑️ **対数法則**

　正の実数 z_1，z_2，z と自然数 n に対して

$$\log(z_1 z_2) = \log z_1 + \log z_2 \qquad \text{かけ算は足し算になる}$$

$$\log\left(\frac{z_1}{z_2}\right) = \log z_1 - \log z_2 \qquad \text{割り算は引き算になる}$$

$$\log z^n = n \log z \qquad \text{累乗はかけ算になる}$$

　このように，arg と log が同じふるまいをするというのは偶然なのでしょうか.

　実は，そうではないのです．この2つの驚くべきつながりを示す，次のような関係式が存在します.

☑ オイラーの公式

$$e^{i\theta}=\cos\theta+i\sin\theta$$

　左辺に現れる e は，何と微分で学習した自然対数の底(p133)なのです．それがこんなところで再登場することも驚きですが，さらにブッ飛んでいるのは，それを $i\theta$ 乗，つまり「虚数乗」するということです．その結果，絶対値1，偏角 θ の複素数が現れるというのが，この公式の主張．これはいったい何？　考えれば考えるほど頭がクラクラとしてきますね.

　もちろん，「虚数乗」なんて高校数学の範囲では定義できないので，現段階では，この式を証明することはおろか，その意味を理解することもできません．でも，理解できないながらも，とりあえずこの等式が成り立つことを認めてしまえば(ときに，数学の学習にはそのような姿勢も必要となります)

$$(\cos\theta_1+i\sin\theta_1)(\cos\theta_2+i\sin\theta_2)=e^{i\theta_1}e^{i\theta_2}=e^{i\theta_1+i\theta_2}=e^{i(\theta_1+\theta_2)}$$
$$=\cos(\theta_1+\theta_2)+i\sin(\theta_1+\theta_2)$$

$$\frac{\cos\theta_1+i\sin\theta_1}{\cos\theta_2+i\sin\theta_2}=\frac{e^{i\theta_1}}{e^{i\theta_2}}=e^{i\theta_1-i\theta_2}=e^{i(\theta_1-\theta_2)}$$
$$=\cos(\theta_1-\theta_2)+i\sin(\theta_1-\theta_2)$$

$$(\cos\theta+i\sin\theta)^n=(e^{i\theta})^n=e^{in\theta}$$
$$=\cos(n\theta)+i\sin(n\theta)$$

と，偏角についての計算はすべて**指数法則に置き換えてしまえる**ことがわかります．先ほどの arg と log の不思議な類似性は，ここから導かれていたのです．ちなみに，オイラーの公式で $\theta=\pi$ を代入すると，右辺は

$$\cos\pi+i\sin\pi=-1$$

となるので，次の関係式が導かれます.

$$e^{i\pi}=-1$$

　これを,「**数学史上最も美しい公式**」と讃える数学者は数多くいます. この式の見事さは,「自然対数の底 e」「円周率 π」そして「虚数単位 i」という, 数学における 3 つの重要な定数がたった 1 つのイコールによって, これ以上ないほどシンプルな形で結ばれていることです.「複素数」「三角関数」「指数対数関数」という全く異なる分野が奇跡的な融合を果たし, そこから結実した一粒の宝石のような式なのです.

　高校数学の学習は, 決して楽しいとはいえないかもしれません. でも, それを乗り越えた少し外側, **もうあとちょっと手を伸ばせば届くような距離に**, これほどまで美しい数学の宝石が転がっていることは, 数学が苦手な人にこそ知っておいてほしいと思うのです.

　難しい, わからない.

でもなんかワクワクする

　それって, すべての学びの出発点なのですから.

$\displaystyle\lim_{t\to 0}\frac{\sin t}{t}=1$ の証明

$0<t<\dfrac{\pi}{2}$ のときを考える.

単位円周上の t に対応する点を P, P から x 軸に下ろした垂線の足を H, 直線 OP と $x=1$ の交点を Q とする. また, A$(1,\ 0)$ とする.

PH$=\sin t$, QA$=\tan t$ なので,

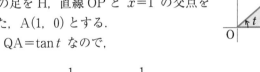

$$(\triangle\mathrm{OAP}\ \text{の面積})=\frac{1}{2}\cdot 1\cdot\sin t=\frac{1}{2}\sin t$$

$$(\text{扇形 OAP の面積})=\pi\cdot 1^2\cdot\frac{t}{2\pi}=\frac{1}{2}t$$

$$(\triangle\mathrm{OAQ}\ \text{の面積})=\frac{1}{2}\cdot 1\cdot\tan t=\frac{1}{2}\tan t$$

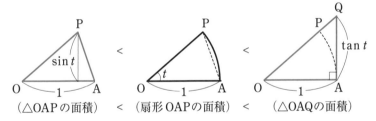

$(\triangle\mathrm{OAP}\ \text{の面積})$ $<$ (扇形 OAP の面積) $<$ $(\triangle\mathrm{OAQ}\ \text{の面積})$

なので,

$$\frac{1}{2}\sin t<\frac{1}{2}t<\frac{1}{2}\tan t$$

$$\underbrace{\sin t<t}_{\textcircled{1}}\underbrace{<t<\tan t}_{\textcircled{2}}$$

①より $\dfrac{\sin t}{t}<1$, ②より $t<\dfrac{\sin t}{\cos t}$, $\cos t<\dfrac{\sin t}{t}$

よって, $\cos t<\dfrac{\sin t}{t}<1$

$\displaystyle\lim_{t\to +0}\cos t=1$ なので, はさみうちの原理より

$$\lim_{t\to +0}\frac{\sin t}{t}=1$$

$t<0$ のときは, $s=-t$ とすると

$$\lim_{t \to -0} \frac{\sin t}{t} = \lim_{s \to +0} \frac{\sin(-s)}{-s} = \lim_{s \to +0} \frac{\sin s}{s} = 1$$

$\overset{\frown}{} \sin(-s) = -\sin s$

以上より

$$\lim_{t \to 0} \frac{\sin t}{t} = 1$$

合成関数の微分の公式の証明

　関数 f, g はともに微分可能であるとして，合成関数 $y = f(g(x))$ の微分を考える．

　$k = g(x+h) - g(x)$ とすると，$g(x)$ は連続なので，

$\lim\limits_{h \to 0} g(x+h) = g(x)$，すなわち $\lim\limits_{h \to 0} k = 0$ である．

$$\lim_{h \to 0} \frac{f(g(x+h)) - f(g(x))}{h} = \lim_{h \to 0} \frac{f(g(x+h)) - f(g(x))}{g(x+h) - g(x)} \cdot \frac{g(x+h) - g(x)}{h}$$

$$= \lim_{h \to 0} \frac{f(g(x)+k) - f(g(x))}{k} \cdot \frac{g(x+h) - g(x)}{h} \quad \cdots\cdots(*)$$

$$\begin{cases} \lim\limits_{h \to 0} \dfrac{f(g(x)+k) - f(g(x))}{k} = \lim\limits_{k \to 0} \dfrac{f(g(x)+k) - f(g(x))}{k} = f'(g(x)) \\ \lim\limits_{h \to 0} \dfrac{g(x+h) - g(x)}{h} = g'(x) \end{cases}$$

なので，

$$(*) = f'(g(x)) \cdot g'(x)$$

　いま，$y = f(t)$, $t = g(x)$ と書くと，上の式は

$$\frac{dy}{dx} = \frac{dy}{dt} \cdot \frac{dt}{dx}$$

と書ける．これが，合成関数の微分の公式である．

memo

自然対数表

x	$-\log_e x$	x	$-\log_e x$	x	$\log_e x$	x	$\log_e x$	x	$\log_e x$	x	$\log_e x$	x	$\log_e x$
0.00	───	0.50	0.69315	1.00	0.00000	1.50	0.40547	2.00	0.69315	2.50	0.91629	3.00	1.09861
0.01	4.60517	0.51	0.67334	1.01	0.00995	1.51	0.41211	2.01	0.69813	2.51	0.92028	3.01	1.10194
0.02	3.91202	0.52	0.65393	1.02	0.01980	1.52	0.41871	2.02	0.70310	2.52	0.92426	3.02	1.10526
0.03	3.50656	0.53	0.63488	1.03	0.02956	1.53	0.42527	2.03	0.70804	2.53	0.92822	3.03	1.10856
0.04	3.21888	0.54	0.61619	1.04	0.03922	1.54	0.43178	2.04	0.71295	2.54	0.93216	3.04	1.11186
0.05	2.99573	0.55	0.59784	1.05	0.04879	1.55	0.43825	2.05	0.71784	2.55	0.93609	3.05	1.11514
0.06	2.81341	0.56	0.57982	1.06	0.05827	1.56	0.44469	2.06	0.72271	2.56	0.94001	3.06	1.11841
0.07	2.65926	0.57	0.56212	1.07	0.06766	1.57	0.45108	2.07	0.72755	2.57	0.94391	3.07	1.12168
0.08	2.52573	0.58	0.54473	1.08	0.07696	1.58	0.45742	2.08	0.73237	2.58	0.94779	3.08	1.12493
0.09	2.40795	0.59	0.52763	1.09	0.08618	1.59	0.46373	2.09	0.73716	2.59	0.95166	3.09	1.12817
0.10	2.30259	0.60	0.51083	1.10	0.09531	1.60	0.47000	2.10	0.74194	2.60	0.95551	3.10	1.13140
0.11	2.20727	0.61	0.49430	1.11	0.10436	1.61	0.47623	2.11	0.74669	2.61	0.95935	3.11	1.13462
0.12	2.12026	0.62	0.47804	1.12	0.11333	1.62	0.48243	2.12	0.75142	2.62	0.96317	3.12	1.13783
0.13	2.04022	0.63	0.46204	1.13	0.12222	1.63	0.48858	2.13	0.75612	2.63	0.96698	3.13	1.14103
0.14	1.96611	0.64	0.44629	1.14	0.13103	1.64	0.49470	2.14	0.76081	2.64	0.97078	3.14	1.14422
0.15	1.89712	0.65	0.43078	1.15	0.13976	1.65	0.50078	2.15	0.76547	2.65	0.97456	3.15	1.14740
0.16	1.83258	0.66	0.41552	1.16	0.14842	1.66	0.50682	2.16	0.77011	2.66	0.97833	3.16	1.15057
0.17	1.77196	0.67	0.40048	1.17	0.15700	1.67	0.51282	2.17	0.77473	2.67	0.98208	3.17	1.15373
0.18	1.71480	0.68	0.38566	1.18	0.16551	1.68	0.51879	2.18	0.77932	2.68	0.98582	3.18	1.15688
0.19	1.66073	0.69	0.37106	1.19	0.17395	1.69	0.52473	2.19	0.78390	2.69	0.98954	3.19	1.16002
0.20	1.60944	0.70	0.35667	1.20	0.18232	1.70	0.53063	2.20	0.78846	2.70	0.99325	3.20	1.16315
0.21	1.56065	0.71	0.34249	1.21	0.19062	1.71	0.53649	2.21	0.79299	2.71	0.99695	3.21	1.16627
0.22	1.51413	0.72	0.32850	1.22	0.19885	1.72	0.54232	2.22	0.79751	2.72	1.00063	3.22	1.16938
0.23	1.46968	0.73	0.31471	1.23	0.20701	1.73	0.54812	2.23	0.80200	2.73	1.00430	3.23	1.17248
0.24	1.42712	0.74	0.30111	1.24	0.21511	1.74	0.55389	2.24	0.80648	2.74	1.00796	3.24	1.17557
0.25	1.38629	0.75	0.28768	1.25	0.22314	1.75	0.55962	2.25	0.81093	2.75	1.01160	3.25	1.17865
0.26	1.34707	0.76	0.27444	1.26	0.23111	1.76	0.56531	2.26	0.81536	2.76	1.01523	3.26	1.18173
0.27	1.30933	0.77	0.26136	1.27	0.23902	1.77	0.57098	2.27	0.81978	2.77	1.01885	3.27	1.18479
0.28	1.27297	0.78	0.24846	1.28	0.24686	1.78	0.57661	2.28	0.82418	2.78	1.02245	3.28	1.18784
0.29	1.23787	0.79	0.23572	1.29	0.25464	1.79	0.58222	2.29	0.82855	2.79	1.02604	3.29	1.19089
0.30	1.20397	0.80	0.22314	1.30	0.26236	1.80	0.58779	2.30	0.83291	2.80	1.02962	3.30	1.19392
0.31	1.17118	0.81	0.21072	1.31	0.27003	1.81	0.59333	2.31	0.83725	2.81	1.03318	3.31	1.19695
0.32	1.13943	0.82	0.19845	1.32	0.27763	1.82	0.59884	2.32	0.84157	2.82	1.03674	3.32	1.19996
0.33	1.10866	0.83	0.18633	1.33	0.28518	1.83	0.60432	2.33	0.84587	2.83	1.04028	3.33	1.20297
0.34	1.07881	0.84	0.17435	1.34	0.29267	1.84	0.60977	2.34	0.85015	2.84	1.04380	3.34	1.20597
0.35	1.04982	0.85	0.16252	1.35	0.30010	1.85	0.61519	2.35	0.85442	2.85	1.04732	3.35	1.20896
0.36	1.02165	0.86	0.15082	1.36	0.30748	1.86	0.62058	2.36	0.85866	2.86	1.05082	3.36	1.21194
0.37	0.99425	0.87	0.13926	1.37	0.31481	1.87	0.62594	2.37	0.86289	2.87	1.05431	3.37	1.21491
0.38	0.96758	0.88	0.12783	1.38	0.32208	1.88	0.63127	2.38	0.86710	2.88	1.05779	3.38	1.21788
0.39	0.94161	0.89	0.11653	1.39	0.32930	1.89	0.63658	2.39	0.87129	2.89	1.06126	3.39	1.22083
0.40	0.91629	0.90	0.10536	1.40	0.33647	1.90	0.64185	2.40	0.87547	2.90	1.06471	3.40	1.22378
0.41	0.89160	0.91	0.09431	1.41	0.34359	1.91	0.64710	2.41	0.87963	2.91	1.06815	3.41	1.22671
0.42	0.86750	0.92	0.08338	1.42	0.35066	1.92	0.65233	2.42	0.88377	2.92	1.07158	3.42	1.22964
0.43	0.84397	0.93	0.07257	1.43	0.35767	1.93	0.65752	2.43	0.88789	2.93	1.07500	3.43	1.23256
0.44	0.82098	0.94	0.06188	1.44	0.36464	1.94	0.66269	2.44	0.89200	2.94	1.07841	3.44	1.23547
0.45	0.79851	0.95	0.05129	1.45	0.37156	1.95	0.66783	2.45	0.89609	2.95	1.08181	3.45	1.23837
0.46	0.77653	0.96	0.04082	1.46	0.37844	1.96	0.67294	2.46	0.90016	2.96	1.08519	3.46	1.24127
0.47	0.75502	0.97	0.03046	1.47	0.38526	1.97	0.67803	2.47	0.90422	2.97	1.08856	3.47	1.24415
0.48	0.73397	0.98	0.02020	1.48	0.39204	1.98	0.68310	2.48	0.90826	2.98	1.09192	3.48	1.24703
0.49	0.71335	0.99	0.01005	1.49	0.39878	1.99	0.68813	2.49	0.91228	2.99	1.09527	3.49	1.24990
0.50	0.69315	1.00	0.00000	1.50	0.40547	2.00	0.69315	2.50	0.91629	3.00	1.09861	3.50	1.25276

〔数学 III・C 入門問題精講 改訂版〕池田洋介